高职高专教育国家级精品规划教材
普通高等教育"十一五"国家级规划教材
中国水利教育协会策划组织

土 力 学

（第3版）

主 编 务新超
副主编 丁友斌 魏坤肖 程 健 李 姝
魏 闯 范大明 田 玲
主 审 王启亮

黄河水利出版社
·郑州·

内 容 提 要

本书是高职高专教育国家级精品规划教材，是普通高等教育"十一五"国家级规划教材，是按照教育部对高职高专教育的教学基本要求和相关专业课程标准，在中国水利教育协会的精心组织和指导下编写完成的。本书吸收了国家标准规范，以及水利、建筑、交通等行业颁布的最新规范。全书共11个项目，主要内容包括：土的物理性质及工程分类、土的渗透性、土中应力、土的压缩性及地基变形、土的抗剪强度、土压力、土坡稳定性分析、地基承载力、浅基础、桩基础、特殊地基。

本书适用于高职高专院校水利水电工程、农业水利技术、工业与民用建筑及道路桥梁等相关专业教学使用，亦可作为水利、土木、道路桥梁类工程技术人员的继续教育教材，也可供有关专业工程技术人员参考。

图书在版编目(CIP)数据

土力学/务新超主编. —3版. —郑州：黄河水利出版社，2018.5

高职高专教育国家级精品规划教材

ISBN 978-7-5509-1967-9

Ⅰ.土… Ⅱ.①务… Ⅲ.①土力学-高等职业教育-教材 Ⅳ.①TU43

中国版本图书馆CIP数据核字(2018)第030762号

组稿编辑：王路平　电话：0371-66022212　E-mail：hhslwlp@163.com

出 版 社：黄河水利出版社　网址：www.yrcp.com

地址：河南省郑州市顺河路黄委会综合楼14层　邮政编码：450003

发行单位：黄河水利出版社

发行部电话：0371-66026940、66020550、66028024、66022620(传真)

E-mail：hhslcbs@126.com

承印单位：河南日报报业集团有限公司彩印厂

开本：787 mm×1 092 mm　1/16

印张：21.25

字数：490千字　印数：1—4 100

版次：2003年1月第1版　印次：2018年5月第1次印刷

2009年7月第2版

2018年5月第3版

定价：50.00元

第 3 版前言

本书是贯彻落实《国家中长期教育改革和发展规划纲要(2010～2020 年)》、《国务院关于加快发展现代职业教育的决定》(国发〔2014〕19 号)、《现代职业教育体系建设规划(2014～2020 年)》和《水利部 教育部关于进一步推进水利职业教育改革发展的意见》(水人事〔2013〕121 号)等文件精神,在中国水利教育协会的精心组织和指导下,由中国水利教育协会职业技术教育分会高等职业教育教学研究会组织编写的高职高专教育国家级精品规划教材。该套教材以学生能力培养为主线,体现出实用性、实践性、创新性的教材特色,是一套理论联系实际、教学面向生产的精品规划教材。

本书在第 2 版教材编写中考虑教材适用地域广、专业面宽,广泛征求了高职高专有关院校对本课程教学改革的意见,并吸收了本领域工程技术的最新进展。自 2009 年 7 月出版以来,因其通俗易懂,全面系统,适用于不同地域、不同行业,应用性知识突出,可操作性强等特点,深受全国高职高专院校水利、土木及交通等土建类专业师生及广大从业人员的喜爱。随着我国岩土类相关技术规范的不断修订,为进一步满足相关专业的教学需要,应广大读者的要求,编者在第 2 版的基础上对原教材内容进行了全面修订、补充和完善。

考虑到高职高专学生的特点及培养目标的要求,在本书中主要体现以下特点:

(1)以基本概念、基本原理以及有关计算公式的应用条件为重点,减少烦琐的公式推导过程,加强工程应用内容,强调学生应用能力的培养。

(2)在每个任务前以引导问题形式提出了学习重点,任务结束提出了相关问题,便于学生在学习过程中进行深入思考,有利于加深理解,并培养学生的独立思考能力。

(3)力求体现相关行业有关岩土工程的最新规范。本书吸收了国家标准规范,以及水利、建筑、交通等行业颁布的最新规范,如《岩土工程勘察规范》(GB 50021—2001)(2009 年版)、《建筑地基基础设计规范》(GB 50007—2011)、《建筑抗震设计规范》(GB 50011—2010)、《膨胀土地区建筑技术规范》(GB 50112—2013)、《水闸设计规范》(SL 265—2016)、《土工试验规程》(SL 237—1999)、《建筑桩基技术规范》(JGJ 94—2008)、《建筑地基处理技术规范》(JGJ 79—2012)、《公路桥涵地基与基础设计规范》(JTG D63—2007)、《公路土工试验规程》(JTG E40—2007)等不同行业的最新技术规范。

(4)本书在处理与技术规范的关系时,对不同行业的工程技术规范进行归纳分类,以介绍普遍性为主,同时兼顾不同行业的特殊性,使学生能灵活应用不同行业的规范,培养学生解决工程实际问题的能力。

(5)考虑到本教材适用地域广,介绍了特殊地基的有关性质。特殊土分布具有一定的地域性,教学中可根据所处的地域选学相关内容。

土力学是土木工程类各专业的技术基础课。本书可用于水利水电工程、农业水利技术、工业与民用建筑以及道路桥梁等专业的专科教育,也可以供工程技术人员参考。

本书编写人员及编写分工如下:黄河水利职业技术学院务新超(绪论、项目一、项目五、各项目学习指导及小结),辽宁水利职业学院魏坤肖(项目二、项目三),四川水利职业技术学院李姝(项目四),长江工程职业技术学院范大明(项目六),黄河水利职业技术学院田玲(项目七),山西水利职业技术学院魏闯(项目八、项目十一),安徽水利水电职业技术学院丁友斌(项目九),安徽水利水电职业技术学院程健(项目十)。本书由务新超担任主编,并负责全书统稿;由丁友斌、魏坤肖、程健、李姝、魏闯、范大明、田玲担任副主编;由山西水利职业技术学院王启亮教授担任主审。

由于编者水平有限,缺点和错误在所难免,敬请广大读者批评指正。

编　者

2018年2月

目 录

绪 论

一、土的概念及特点

地球表层多由岩石和土组成。未经风化的岩石,其矿物颗粒间有较强的连接,具有较高的强度、压缩性小、透水性弱,一般为坚硬的块体。而土是岩石风化的产物,是矿物颗粒的松散集合体。土的成土母岩不同,以及形成历史的不同,使得土体在自然界中的种类繁多、分布复杂、性质各异。由于土粒之间的连接强度远小于土颗粒自身的强度,故此土体常表现出散体性;由于土体之间的孔隙内存在水和空气,而常受外界温度、湿度及压力的影响,所以土又具有多孔性、多样性和易变性等特点。

土与土木工程建筑有着密切的联系,工程中常将土作为地基(如房屋、水闸、码头、公路、桥梁等),或作为建筑材料(如土坝、路基、堤防等),或作为建筑物周围环境(如隧道、涵洞、涵闸、运河以及其他地下建筑物)。因此,土的性质对建筑物有着直接的影响。

二、地基与基础的概念

建筑物的下部结构称为基础,它不仅承担建筑物的上部荷载,而且将此荷载传给基础底面以下的土体,起着中间的连接作用;基础下面的土层中,因修建工程建筑物而引起的应力增加值所不可忽略的部分土层,称为建筑物的地基,如图 0-1 所示。直接与基底接触并承受基底压力的土层称为持力层;下部的土层称为下卧层,下卧层中的软弱土层称为软弱下卧层。地基、基础以及建筑物的上部结构三者相互作用、相互影响,构成一个共同工作的整体。

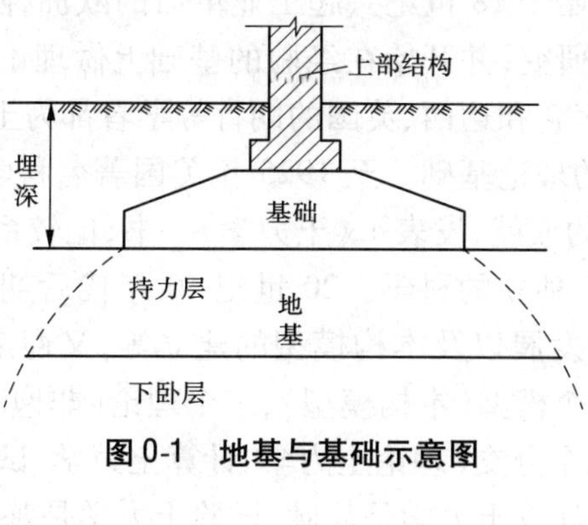

图 0-1 地基与基础示意图

三、与土有关的工程问题

建筑物在外荷载作用下,不仅要保证建筑物自身的强度和稳定性,还要求地基必须具有足够的强度和稳定性,并且不能产生过大的变形。在工程设计中,若缺乏对地基土性质的了解,或采用不规范的施工方法,往往会带来严重的后果。此外,在建筑物施工期间以及正常使用时期的费用要尽可能减少。

我国连云港钢板桩码头的抛石棱体于1974年发生多次滑坡，其主要原因是地基中有一层5~6 m厚的淤泥层，且带有倾向外部的坡度，如图0-2所示；美国纽约水泥仓库、加拿大特朗斯康谷仓的倒塌破坏，都是由于地基强度不足而引起的；而墨西哥市的艺术宫、原上海锦江饭店都是因地基产生过大的变形而影响了正常使用；意大利比萨斜塔、苏州虎丘塔、瑞典皇宫等工程均因地基不均匀沉降而导致严重倾斜；又如，软基高速公路的“桥头跳车”问题、软基处理问题、振动液化问题，以及水利工程的渗透稳定问题、土坝滑坡问题等都是与土有关的工程问题。

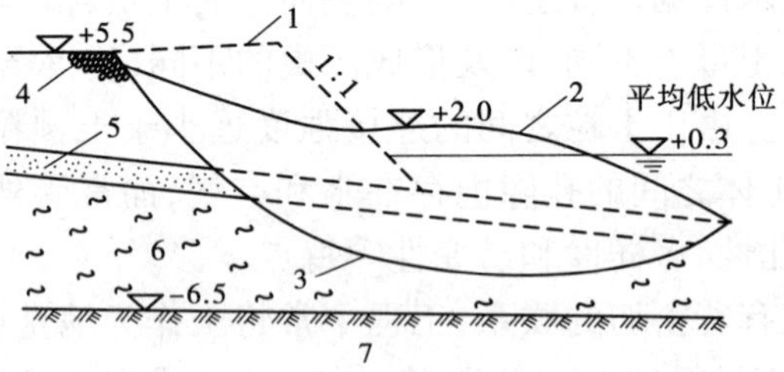

1—原抛石棱体面；2—滑动后的地面；3—滑动面；
4—抛石；5—砂垫层；6—淤泥；7—硬土层

图0-2 连云港钢板桩码头抛石棱体滑动示意图

四、土力学及其发展简史

土力学是利用力学知识和土工试验技术来研究土的强度、变形及其规律的一门科学。它是一门既古老又年轻的应用科学。古代人类兴建的大型水利工程、宫殿、庙宇、堤坝、桥梁以及灵巧的水榭楼台、巍峨的高塔、蜿蜒万里的长城、大运河等，都为本学科的发展积累了丰富的经验，奠定了古典土力学的基础。然而，这些仅限于工程实践经验，未能形成系统的理论。土力学的理论始于18世纪兴起工业革命的欧洲，随着大量建筑物的兴建，促使人们对土进行进一步的研究，并开始在经验的基础上做理论解释。经过17、18世纪很多学者的研究，如法国的库仑和达西、英国的朗肯等学者都为土力学的发展做出了大量的贡献，初步奠定了土力学的理论基础。至1925年美国著名科学家、土力学奠基人太沙基(K. Terzaghi)归纳了前人的成就，发表了《土力学》一书，比较系统地介绍了土力学的基本内容，土力学才成为了一门独立的科学。20世纪60年代后期，由于计算机的产生、计算方法的改进与测试技术的发展以及本构模型的建立等，又迎来了土力学发展的新时期。现代土力学主要表现为一个模型(本构模型)，三个理论(非饱和土的固结理论、液化破坏理论和逐渐破坏理论)，四个分支(理论土力学、计算土力学、试验土力学和应用土力学)。其中，理论土力学是龙头、计算土力学是筋脉、试验土力学是基础、应用土力学是动力。

五、土力学研究内容与学习方法

土力学主要有以下三部分内容：一是土的基本性质，包括物理性质和力学性质；二是土体受力后的变形与稳定性问题；三是工程应用中的要求和措施，主要是地基设计与处理等。

土力学的学习包括理论、试验和经验。理论是土力学研究中的一些方法，理论研究中常做一些假设，学习中要重点掌握理论公式的意义和应用条件，明确理论的假定条件，掌握理论的适用范围；试验是了解土的物理性质和力学性质的基本手段，学习中要重点掌握基本的土工试验技术，尽可能多动手操作，从实践中获取认识，积累经验；经验在工程应用中是必不可少的，工程技术人员要不断地从实践中总结经验，以便能切合实际地解决工程实际问题。学习土力学还要注意着重搞清基本概念，抓住中心内容，重点落实应用。

每一门课都有特有的基本概念，对于这些基本概念要着重理解概念的含义和有关概念之间的关系，在理解的基础上尽可能熟记；土力学主要是解决工程中土体的稳定和变形问题，这就是本课程的中心内容，所以整个课程都是围绕这两个中心内容，学习时要找出各项目之间的联系，明确学习的重点，做到零而不乱。

六、社会发展对岩土工程的新挑战

2009 年 6 月 27 日，上海莲花河畔景苑因基坑开挖堆土造成一幢 13 层在建商品楼发生倒塌，事发楼房附近第一次堆土施工在事故发生的半年前，堆土距离楼房约 20 m，离防汛墙 10 m，高 3 ~ 4 m；第二次堆土施工发生在 6 月 20 日，施工方在事发楼盘前方开挖基坑，土方紧贴建筑物堆积在楼房北侧，堆土在 6 d 内即高达 10 m。第二次堆土是造成楼房倒塌的主要原因。土方在短时间内快速堆积，产生了 3 000 t 左右的侧向力，加之楼房南侧由于开挖基坑出现凌空面，导致楼房产生 10 cm 左右的位移，对 PHC（预应力高强度混凝土）管桩产生很大的偏心弯矩，最终破坏桩基，引起楼房整体倒塌。事发后，专家组经过勘察、检验、复核，认为倒塌大楼的原勘察报告、原设计结构和大楼所用的 PHC 管桩都符合规范要求；基坑设计 4.6 m 深，也符合规范要求。专家认为：“在建楼房的倒塌事故，简单地说就是无知导致无畏，是认识上缺乏科学态度、蛮干。”事故说明，未来人类的发展将面对资源与环境对人类生存的挑战，更多的各种岩土工程问题还需进一步去认识，需要运用土力学基本原理解决，青年学生——祖国的栋梁要肩负起历史的重任。

项目一　土的物理性质及工程分类

三基导学

(一)基本概念与指标

土的形成过程(岩石、风化、搬运、沉积),土的类别(残积土、坡积土、洪积土、冲积土、淤积土、冰积土、风积土)。

物理风化、化学风化、生物风化、粒径、界限粒径、颗粒级配、重力水、毛细水、自由水、结合水、稠度、界限含水率、缩限 ω_s、塑限 ω_P、液限 ω_L、塑性图、压实度 P。

密度 ρ、含水率 ω、土粒比重(土粒相对密度)G_s、重度 γ、饱和重度 γ_{sat}、干重度 γ_d、有效重度 γ'、干密度 ρ_d、饱和密度 ρ_{sat}、孔隙率 n、孔隙比 e、饱和度 S_r、不均匀系数 C_u、曲率系数 C_c、相对密实度 D_r、塑性指数 I_P、液性指数 I_L、最优含水率 ω_{op}、最大干密度 ρ_{dmax}。

(二)基本方法

(1)试验方法:颗粒分析(筛分法、比重计法)、密度(环刀法、灌砂法、灌水法、核子密度仪法等)、含水率(烘干法、酒精燃烧法)、土粒比重(比重瓶法)、塑限(搓条法、液塑限联合测定)、液限(圆锥仪、碟式液限仪、液塑限联合测定)。

(2)土的分类方法:水利行业中粗粒土按颗粒级配分类、细粒土按塑性图分类,工民建行业中粗粒土按颗粒级配分类、细粒土按塑性指数分类。

教学基本要求

(一)土的组成

掌握颗粒级配的概念、评价指标和评价标准。理解土的粒组概念、划分标准及其颗粒分析方法,土中水的类型及其特点。了解土的矿物组成、特点,以及土中气体对土性质的影响,土的结构与灵敏度。

(二)土的物理性质指标

掌握土的各物理性质指标的概念及获取方法和相互间的关系。理解土的三相草图。明确各物理性质指标在工程中的应用。

(三)土的物理状态指标

掌握现行规程中的液限和塑限的测定方法,塑性指数、液性指数的概念及其作用,掌握无黏性土密实度的评价方法及黏性土稠度的判别。理解无黏性土密实度的概念、黏性土的稠度及状态。明确土的物理状态指标在工程中的应用。

(四)土的击实性

掌握黏性土击实试验的目的、方法以及成果的应用。理解黏性土击实性的影响因素。了解黏性土击实曲线与饱和曲线的关系以及砂土的击实特性。

(五)土的工程分类

掌握《土工试验规程》(SL 237—1999)对土的分类定名方法。了解《建筑地基基础设计规范》(GB 50007—2011)对土的分类方法。

能力培养目标

(1)能通过颗分试验绘出颗粒级配曲线,用颗粒级配曲线判别土的颗粒级配的优劣;能根据工程要求选择料场。

(2)能测定土的物理性质指标和物理状态指标,进行有关指标的计算及土的性状评价。

(3)会根据击实试验成果确定压实参数、进行填土压实质量的检查。

(4)能对土体分类定名。

学习重点与难点

重点是土的物理性质指标和物理状态指标,土工试验成果及其应用,土的工程分类。

难点是各物理性质指标之间的换算,有关指标在工程中的应用,物理状态指标及其应用。

案例及分析

某地拟在土基上修建水闸,试分析地质勘察应该提供哪些地质资料?

分析:修建建筑物要保证正常使用状态下的安全稳定,地质勘察要完成以下任务:①地基有哪些土层、空间上是如何分布的;②各层土的类别、颗粒组成情况;③各层土的物理性质如何,物理状态是软还是硬、是松还是密;④各层土的力学性质,如透水性如何、是否易变形、抗剪能力大小、能承受多大荷载等。

任务一 土体的成因与结构

问题引导:什么是土,土是怎么形成的?土成因有哪些类别,各类土有什么特征?什么是土的结构?土的结构有哪些类型?什么是土的结构性?土体有哪些构造类型?

土体是地壳表层母岩风化后的产物,是各种矿物颗粒的集合体,包括岩石经物理风化崩解而成的碎块以及经化学风化后形成的细粒物质,粗至巨砾、细至黏粒统称为土。

完整坚硬的岩石经过风化、剥蚀等外力作用而形成的碎块或矿物颗粒,再经水流、风力或重力及冰川等作用的搬运,在适当的条件下沉积成各种类型的土体。由于形成土的母岩成分的差异,以及颗粒大小、形态的不同,在搬运过程中,矿物成分又进一步发生变化,经搬运和沉积过程的分选作用后,形成了在成分、结构、构造和性质上有一定变化规律的土体。土虽然是岩石风化后的产物,由于成土的过程错综复杂,土颗粒之间没有连接或连接力较弱,土具有一种区别于岩石的散粒性特性。正是由于这一基本特性,决定了土体具有多样性、多相性、散体性、多矿物集合体的特征,土与其他工程材料相比具有压缩性大、强度低、渗透性大的特点。

一、土的主要成因类型及特征

土的形成要经历风化、剥蚀、搬运、沉积等作用过程。土的成因类型根据搬运沉积情况一般可分为残积土、坡积土、洪积土、湖积土、冲积土、海积土、冰积土和风积土。土体的形成和演化经历了不同的作用,沉积于不同的作用阶段,土体就表现出不同的特点。

(一)残积土

残积土是残留在原地未被搬运的那一部分岩石风化剥蚀后的碎屑堆积物,其成分与母岩相同或相近,一般没有层理构造,均质性差,孔隙率较大,作为建筑物地基容易引起不均匀沉降。

(二)坡积土

坡积土是高处的风化碎屑物在雨、雪、水或自身重力的作用下搬运、沉积而成的山坡堆积物。它一般分布在坡腰或坡脚下,其上部与残积土相接,厚度变化较大,在斜坡陡处厚度较薄,坡脚处较厚。在坡积土上进行工程建设时,要考虑坡积土本身的稳定性和施工开挖后边坡的稳定性。此外,新近堆积的坡积土具有较高的压缩性。

(三)洪积土

洪积土是指暂时性水流(如洪水)作用,将山区或高地大量的残积物、坡积物等搬运堆积在山谷中或山前平原上的堆积物。洪积土随近山到远山呈现由粗到细的分选作用,但由于每次洪流的搬运能力不同,使洪积土具有不规则交错层理。

(四)湖积土

湖积土在内陆分布广泛,一般分为淡水湖积土和咸水湖积土。淡水湖积土分为湖岸土和湖心土两种。湖岸土多为砾石土、砂土或粉质砂土;湖心土主要为静水沉积物,成分复杂,以淤泥、黏性土为主,可见水平层理。咸水湖积土以石膏、岩盐、芒硝及RCO_3(碳酸盐)岩类为主,有时以淤泥为主。

(五)冲积土

冲积土是由河流流水的地质作用,将两岸基岩及其上部覆盖的坡积、洪积物质剥蚀后搬运沉积在河流坡降平缓地带形成的沉积物。颗粒在河流上游较粗,向下游逐渐变细,分选性和磨圆度较好,呈现明显的层理构造。

二、土的结构与构造

(一)土的结构

土的结构是指土粒或粒团的排列方式及其粒间或粒团间连接的特征。土的结构是在地质作用过程中逐渐形成的。它与土的矿物成分、颗粒形状和沉积条件有关。通常土的结构可分为三种基本类型,即单粒结构、蜂窝结构和絮凝结构。

1. 单粒结构

粗粒土(如砂土和砂砾石土等)由于其比表面积小,在沉积过程中,主要依靠自重下沉。下沉过程中的土颗粒一旦与已经沉积稳定的颗粒相接触,找到自己的平衡位置而稳定下来,就形成点与点接触的单粒结构,如图1-1(a)所示。随着形成条件的不同,其排列有松有密。紧密排列的单粒结构比较稳定,孔隙占的比例较小,承载力较高,变形较小;疏松排列的单粒结构，如松砂，由于孔隙大，在荷载作用下，土粒易发生移动，引起土体变形，承载力也较低，特别是饱和状态的细砂、粉砂及匀粒粉土，受振动荷载作用后，易产生液化现象，此时土体承载力将完全丧失(见项目五)。

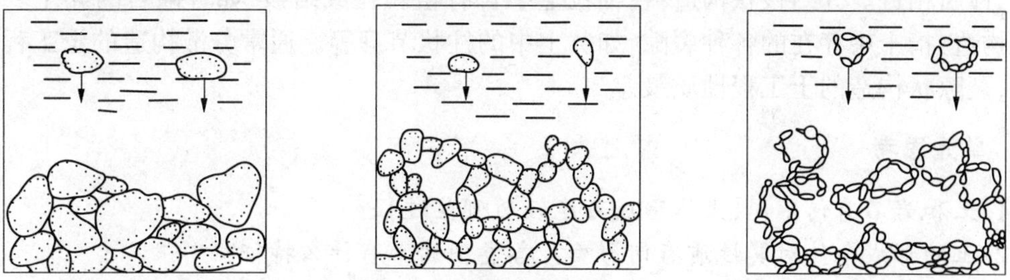

(a)单粒结构　(b)蜂窝结构　(c)絮凝结构

图 1-1　土的结构

2. 蜂窝结构

较细的土粒(主要指粉粒和部分黏粒)，由于土粒细、比表面积大，粒间引力大于下沉土粒的重量，在自重作用下沉积时，碰到别的正在下沉或已经沉稳的土粒，在粒间接触点上产生连接，逐渐形成链环状团粒，很多这样的链环状团粒连接起来，形成孔隙较大的蜂窝结构，如图 1-1(b)所示。

3. 絮凝结构

极细小的黏土颗粒($d<0.002$ mm)，能在水中长期悬浮，一般不以单粒下沉，而是聚合成絮状团粒下沉。下沉后接触到已经沉稳的絮状团粒时，由于引力作用又产生连接，最终形成孔隙很大的絮凝结构，如图 1-1(c)所示。

蜂窝结构和絮凝结构的特点都是土中孔隙较多，结构不稳定，相对于单粒结构而言，具有较大的压缩性，强度也较低。但是也不尽然，无论是蜂窝结构，还是絮凝结构的黏性土，如果形成的年代比较久远，其土粒之间的连接强度(结构强度)会由于长期受自重压力作用和胶结作用而可能得到加强。胶结作用是指由于原来溶解在水中的各种胶结物质(如氯盐、碳酸盐、氢氧化铁、氢氧化硅等)随着土中水分的蒸发而析出，在颗粒接触点处形成结晶，将土粒胶结在一起，这种连接作用也称胶结物连接。胶结物连接是在整个漫长的地质作用过程中逐渐形成的。如把这种连接破坏，土的连接强度也会降低，则短时间内是无法恢复的。

(二)土的结构性

从天然土层中取出的土样，如能保持原有的结构及含水率不变，则称为原状土；若土样结构或含水率受到人为的破坏发生变化，则称为扰动土。土的结构性是指土的天然结构扰动后，土原有的物理力学性质会降低的特性。一般把具有蜂窝结构和絮凝结构的土称为结构性土。黏性土一般具有结构性，而砂土则不具有结构性。

对于结构性土，当其天然结构扰动后，土中的胶结物连接遭到破坏，土的力学性质往往发生很大变化，如压缩性增大、抗剪强度降低等。为评价土的结构性大小，常用灵敏度 S_t 来反映黏性土在结构扰动后强度的损失程度(见项目五任务四)。

（三）土的构造

土的构造是指同一土层中，土粒或土粒集合体之间相互关系的特征。常见的有：①层状构造：由不同颜色或不同粒径的土，在垂直方向上的规律排列。②分散构造：土粒分布均匀，性质相近。③结核状构造：在细粒土中含有粗颗粒或结核，如含礓石的黏土。④裂隙状构造：指土中存在的各种裂隙，如黄土中的柱状节理等。通常分散构造的土工程性质较好，裂隙状构造的土工程性质最差。

单元思考

1. 土和岩石有何不同，土体形成可能经历哪些过程？
2. 土的形成条件对其性质有何影响？各类型的土有什么特征？
3. 土体为何会有不同的结构？各种结构的土体有什么特点？

任务二　土的组成

问题引导：土的组成部分有哪些？什么成分对土的性质起决定性的作用？什么是粒组，如何划分粒组？什么是土的颗粒级配，怎么表达？土中的水有哪些类型，对土的性质有什么影响？

天然状态的土一般由固体、液体和气体三部分组成，这三部分通常称为土的三相。其中，固相即为土颗粒，它构成土的骨架。土骨架之间存在有许多孔隙，孔隙被水和气体所填充。水和溶解于水的物质构成土的液相；空气以及其他气体构成土的气相。当土中孔隙全部由气体所填充时，称为干土；当孔隙全部由水所充填时，称为饱和土；当孔隙中同时存在水和气体时，称为湿土。饱和土和干土都是二相系，湿土为三相系。这三相物质本身的特征以及它们之间的相互作用，对土的物理力学性质影响很大，下面将分别介绍三相物质的属性及其对土的物理力学性质的影响。

一、土的固相

土的固相是土中最主要的组成部分，它由各种矿物成分组成，有时还包括土中所含的有机质。土粒的矿物成分不同、粗细不同、形状不同，土的性质也不同。

（一）土的矿物成分和土中的有机质

土的矿物成分取决于成土母岩的成分以及所经受的风化作用。按所经受的风化作用不同，土的矿物成分可分为原生矿物和次生矿物两大类。

1. 原生矿物和次生矿物

岩石经物理风化作用后破碎形成的矿物颗粒，称为原生矿物。原生矿物在风化过程中，其化学成分并没有发生变化，它与母岩的矿物成分是相同的。常见的原生矿物有石英、长石和云母等。

岩石经化学风化作用所形成的矿物颗粒，称为次生矿物。次生矿物的矿物成分与母岩不同。常见的次生矿物有高岭石、伊利石（水云母）和蒙脱石（微晶高岭石）等三大黏土矿物。另外,还有一类易溶于水的次生矿物,称水溶盐。水溶盐的矿物种类很多,按其溶解度可区分为难溶盐、中溶盐和易溶盐三类。难溶盐主要是碳酸钙($CaCO_3$),中溶盐常见的是石膏($CaSO_4 \cdot 2H_2O$),易溶盐常见的是各种氯化物(如 NaCl、KCl、$CaCl_2$)以及易溶的钾与钠的硫酸盐和碳酸盐等。

2. 各粒组中所含的主要矿物成分

自然界的土,是岩石风化的产物,其颗粒大小的变化很大,相差极为悬殊。大的土颗粒可大至数百毫米,小的土颗粒可小至千分之几毫米甚至万分之几毫米。通常把自然界的土颗粒划分为漂石(块石)、卵石(碎石)、砾石、砂粒、粉粒和黏粒等六大粒组(划分标准见表 1-1、表 1-2)。不同粒组的土,其矿物成分不同,性质也差别很大。

表 1-1 GB 50021—2001 和 GB 50007—2011 对土的粒组的划分标准

粒组名称	漂石(块石)粒组	卵石(碎石)粒组	砾石粒组	砂粒组	粉粒组	黏粒组
粒组范围(mm)	>200	20~200	2~20	0.075~2	0.005~0.075	<0.005

表 1-2 SL 237—1999 与 JTG E40—2007 对土的粒组的划分标准

粒组名称	巨粒组		粗粒组						细粒组	
	漂石(块石)	卵石(碎石)	砾石(角砾石)			砂粒			粉粒	黏粒
			粗	中	细	粗	中	细		
粒组范围(mm)	>200	200~60	60~20	20~5	5~2	2~0.5	0.5~0.25	0.25~0.075	0.075~0.005 (0.075~0.002)	<0.005 (<0.002)

注:JTG E40—2007 粉粒、黏粒分界粒径为 0.002 mm。

石英和长石多呈粒状,是砾石和砂粒的主要矿物成分,性质较稳定,强度很高。云母呈薄片状,强度较低,压缩性大,在外力作用下易变形。含云母较多的土,做建筑物的地基时,沉降量较大,承载力较低;做筑坝土料时不易压实。

黏土矿物的颗粒很细,都小于 0.005 mm,多是片状(或针状)的晶体,颗粒的比表面积(单位体积或单位质量的颗粒表面积的总和)大,亲水性(指黏土颗粒表面与水相互作用的能力)强。不同类型的黏土矿物具有不同程度的亲水性,如蒙脱石是由多个晶体层构造成的矿物颗粒,结构不稳定,水容易渗入使晶体劈开,因而颗粒最小,所以它的亲水性最强;而高岭石颗粒相对较大,晶体结构比较稳定,亲水性较弱;伊利石则介于两者之间,但比较接近蒙脱石。黏土矿物的亲水性使黏性土具有黏聚性、可塑性、膨胀性、收缩性以及透水性小等一系列特性。

黏性土中的水溶盐,通常是由土中的水溶液蒸发后沉淀充填在土孔隙中的,它构成了土粒间不稳定的胶结物质。例如,黏性土中含有水溶盐类矿物,遇水溶解后会被渗透水流带走,导致地基或土坝坝体产生集中渗流,引起不均匀沉降以及强度降低。因此,通常规定筑坝土料的水溶盐含量不得超过 8%。如果水工建筑物地基土的水溶盐含量较大,则必须采取适当的防渗措施,以防水溶盐流失造成对建筑物的危害。

3. 土中的有机质

土中的有机质是在土的形成过程中动、植物的残骸及其分解物质与土混掺沉积在一起,经生物化学作用生成的物质。其成分比较复杂,主要是植物残骸、未完全分解的泥碳和完全分解的腐殖质。当有机质含量超过 5% 时,称为有机土。有机质亲水性很强,因此有机土压缩性大、强度低。有机土不能作为堤坝工程的填筑土料,否则会影响工程的质量。

(二)土的粒组划分

颗粒的大小及其含量直接影响着土的工程性质。例如,颗粒较粗的卵石、砾石和砂粒等,其透水性较大,无黏性和可塑性;而颗粒很小的黏粒则透水性较小,黏性和可塑性较大。土颗粒的大小常以粒径来表示。土的粒径与土的性质之间有一定的对应关系,土的粒径相近时,土的矿物成分接近,所呈现出的物理力学性质基本相同。因此,通常将土的性质相近的土粒划分为一组,称为粒组。把土在性质上表现出有明显差异的粒径作为划分粒组的分界粒径。

粒组的划分标准在各个国家,甚至一个国家的各个部门都有不同的规定。在我国土建工程中,常用的规范系统有公路工程行业、水利工程行业和建筑工程行业等,这三大行业的粒组划分标准是不相同的,现分别阐述如下:

住建部颁发的《建筑地基基础设计规范》(GB 50007—2011)和《岩土工程勘察规范》(GB 50021—2001)(2009 年版)中粒组划分标准见表 1-1。水利部颁发的《土工试验规程》(SL 237—1999)在砂粒组与粉粒组的界限上与上述规范的划分标准相同,但要将卵石粒组与砾石粒组的分界粒径改为 60 mm,其粒组划分标准见表 1-2。交通部颁发的《公路土工试验规程》(JTG E40—2007)中的粒组划分与水利部颁发的 SL 237—1999 基本相同,只是将粉粒组与黏粒组的分界粒径改为 0.002 mm 即可,其粒组划分标准见表 1-2。

(三)土的颗粒级配

在自然界里,绝大多数的土都是由几种粒组混合搭配而成的。而土的性质取决于不同粒组的相对含量。土中各粒组的相对含量用各粒组占土粒总质量的百分数表示,称为土的颗粒级配。颗粒级配是通过颗粒大小分析试验来测定的。

1. 颗粒大小分析试验

土的颗粒大小分析试验,简称颗分试验。常用的颗分试验方法有筛分法和密度计法两种。

筛分法适用于粒径大于 0.075 mm 的粗粒土。它是用一套从孔径依次由大到小的标准筛,如图 1-2 所示,将一定质量的有代表性的风干土样倒入标准筛的顶部,再经人工或机械的方法充分振摇,然后称出留在各筛上土的质量,分别算出小于某一孔径(粒径)的土质量占土样总质量的百分数,简称小于某粒径的质量百分数。

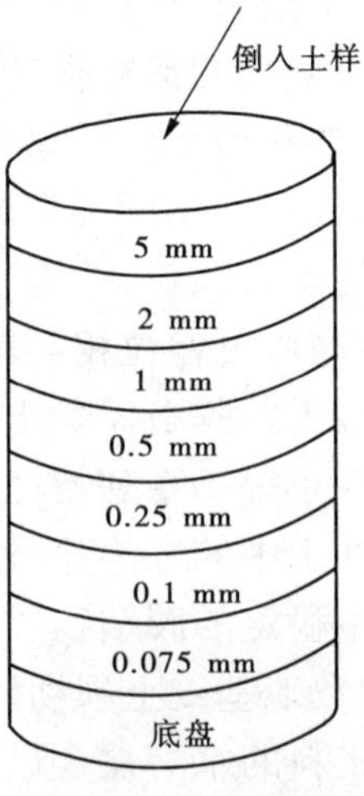

图 1-2 标准筛

密度计法适用于粒径小于 0.075 mm 的细粒土。它是将一定质量的风干土样倒入盛水的玻璃量筒中,将其搅拌成均匀的悬液状。根据土颗粒的大小不同在水中沉降的速度也不同的特性,将密度计放入悬液中,测记 1 min、5 min、30 min、120 min 和 1 440 min 的密度计读数,然后通过公式算出不同土粒的粒径及其小于该粒径的质量百分数。密度计法的原理和试验方法请参阅土工试验规范。

若土中粗、细粒组兼有时，可将土样用振摇法或水冲法过0.075 mm的筛子，使其分为两部分。大于0.075 mm的土样用筛分法进行分析，小于0.075 mm的土样用密度计法进行分析，然后将两种试验成果组合在一起。

2. 颗粒级配曲线

土颗粒大小分析试验的成果，通常在半对数坐标系中点绘成一条曲线，称为土的颗粒级配曲线，如图1-3所示，图中曲线的纵坐标为小于某粒径的土的质量百分数，横坐标为用对数尺度表示的土粒粒径。因为土中的粒径通常相差悬殊，横坐标用对数尺度可以把细粒部分的粒径间距放大，而将粗粒部分的间距缩小，把粒径相差悬殊的粗、细粒的含量都表示出来。尤其能把占总质量小，但对土的性质影响较大的微小土粒部分的含量清楚地表示出来。

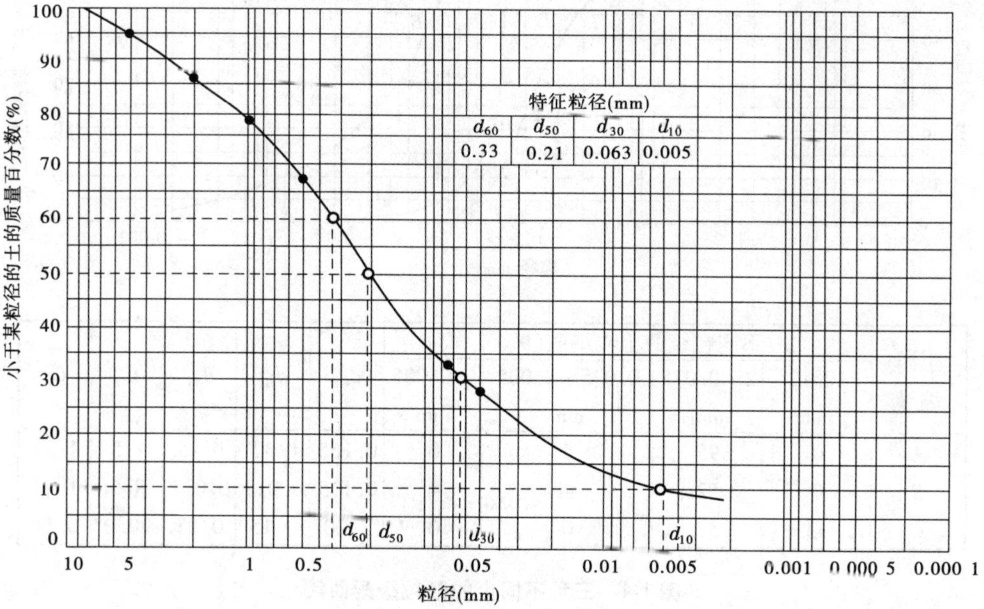

图1-3　土的颗粒级配曲线

由于粒径相近的颗粒所组成的土，具有某些共同的成分和特性，所以常根据颗粒级配曲线计算各粒组的百分比含量，可以根据颗粒级配曲线评价土的级配是否良好，并作为对土进行工程分类的依据。

土中各粒组的相对含量为小于两个分界粒径质量百分数之差。图1-3中的曲线，对应各粒组的百分比含量分别为：砾石（60～2 mm）占15%；砂粒（2～0.05 mm）占85%。

3. 良好级配的判别

级配良好的土，粗、细颗粒搭配较好，粗颗粒间的孔隙有细颗粒填充，易被压实到较高的密度，因而渗透性和压缩性较小，强度较大。所以，颗粒级配常作为选择筑填土料的依据。

在颗粒级配曲线上，可根据土粒的分布情况，定性地判别土的均匀程度或级配情况。如果曲线的坡度是渐变的，则表示土的颗粒大小分布是连续的，称为连续级配；如果曲线中出现水平段,则表示土中缺乏某些粒径的土粒,这样的级配称为不连续级配。如图 1-4 曲线 C,粒径在 0.6 ~ 1.8 mm 之间曲线是水平的,说明该土缺少这部分粒径的土粒,所以颗粒大小分布是不连续的。如果曲线形状平缓(见图 1-4 曲线 A),土粒大小变化范围宽,表示土粒大小不均匀,土的级配良好;如果曲线形状较陡(见图 1-4 曲线 B),土粒大小变化范围窄,表示土粒均匀,土的颗粒级配不良。

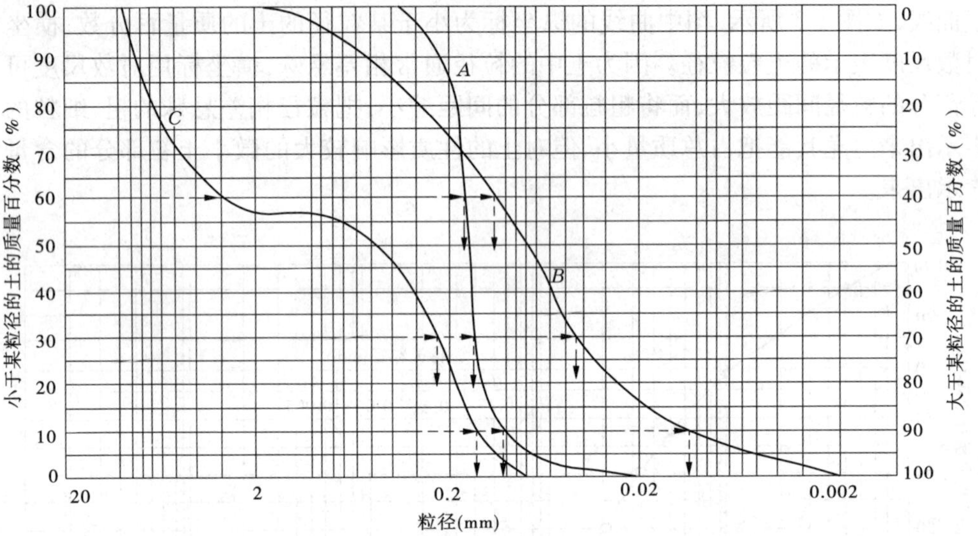

土样编号	不同粒级的土粒组成(%)				d_{60}	d_{10}	d_{30}	C_u	C_c
	10 ~ 2 mm	2 ~ 0.075 mm	0.075 ~ 0.005 mm	<0.005 mm					
A	0	95	5	0	0.165	0.11	0.15	1.5	1.24
B	0	52	44	4	0.115	0.012	0.044	9.6	1.40
C	43	57	0	0	3.00	0.15	0.25	20.0	0.14

图 1-4　三种不同土的颗粒级配曲线

为了能定量地衡量土的颗粒级配是否良好,常用不均匀系数 C_u 和曲率系数 C_c 两个判别指标:

$$C_u = \frac{d_{60}}{d_{10}} \tag{1-1}$$

$$C_c = \frac{d_{30}^2}{d_{60}d_{10}} \tag{1-2}$$

式中　d_{60}、d_{30}、d_{10}——颗粒级配曲线上纵坐标为 60%、30%、10% 时所对应的粒径,d_{10} 称为有效粒径,d_{60} 称为控制粒径。

不均匀系数 C_u 是反映级配曲线坡度和颗粒大小不均匀程度的指标。C_u 值愈大,表示颗粒级配曲线的坡度就愈平缓,土粒粒径的变化范围愈大,土粒就愈不均匀;反之,C_u 值愈小,表示曲线的坡度就愈陡。土粒粒径的变化范围愈小,土粒也就愈均匀,工程上常

将 $C_u<5$ 的土称为均匀土，把 $C_u \geq 5$ 的土称为不均匀土。

曲率系数 C_c 是反映 d_{60} 与 d_{10} 之间曲线主段弯曲形状的指标。一般 C_c 值在 1~3 时，表明颗粒级配曲线主段的弯曲适中，土粒大小的连续性较好；C_c 值小于 1 或大于 3 时，颗粒级配曲线都有明显弯曲而呈阶梯状。如图 1-4 中的曲线 C，颗粒级配不连续，主要由粗颗粒和细颗粒组成，缺乏中间颗粒。

在我国水利部颁发的《土工试验规程》(SL 237—1999)中规定：级配良好的土必须同时满足两个条件，即 $C_u \geq 5$ 且 $C_c=1\sim3$；如不能同时满足这两个条件，则为级配不良的土。

【例 1-1】 如图 1-4 所示，曲线 A、B、C 表示三种不同粒径组成的土，试求三种土中各粒组的百分含量为多少？各土的不均匀系数 C_u 和曲率系数 C_c 为多少？对各种土的颗粒级配情况进行评价。

解：(1)由曲线 A 查得各粒组的含量百分比为

砂粒（0.075~2 mm）占 100% −5% =95%；

粉粒（0.005~0.075 mm）占 5%。

查曲线 A 得知：$d_{60}=0.165$ mm，$d_{10}=0.11$ mm，$d_{30}=0.15$ mm，则有

$$C_u=\frac{d_{60}}{d_{10}}=\frac{0.165}{0.11}=1.5<5 \quad (\text{土粒均匀})$$

$$C_c=\frac{d_{30}^2}{d_{60}d_{10}}=\frac{0.15^2}{0.165\times0.11}=1.24 \quad (\text{在 } 1\sim3 \text{ 之间})$$

虽然 C_c 在 1~3 之间，但 $C_u<5$，其中有一个条件不满足，故 A 土为级配不良的土。

(2)由曲线 B 中查得各粒组的含量百分比为

砂粒占 100% −48% =52%；

粉粒占 48% −4% =44%；

黏粒占 4%。

查曲线 B 得知：$d_{60}=0.115$ mm，$d_{10}=0.012$ mm，$d_{30}=0.044$ mm，则有

$$C_u=\frac{d_{60}}{d_{10}}=\frac{0.115}{0.012}=9.6>5 \quad (\text{土粒不均匀})$$

$$C_c=\frac{d_{30}^2}{d_{60}d_{10}}=\frac{0.044^2}{0.115\times0.012}=1.4 \quad (\text{在 } 1\sim3 \text{ 之间})$$

由于 C_u 和 C_c 同时满足 $C_u>5$ 且 $C_c=1\sim3$ 的条件，故 B 土为级配良好的土。

(3)由曲线 C 中查得各粒组的含量百分比为

砾石占 100% −57% =43%；

砂粒占 57%。

查曲线 C 得知：$d_{60}=3.00$ mm，$d_{10}=0.15$ mm，$d_{30}=0.25$ mm，则有

$$C_u=\frac{d_{60}}{d_{10}}=\frac{3.00}{0.15}=20>5 \quad (\text{土粒不均匀})$$

$$C_c=\frac{d_{30}^2}{d_{60}d_{10}}=\frac{0.25^2}{3.00\times0.15}=0.14 \quad (\text{不在 } 1\sim3 \text{ 之间})$$

虽然 $C_u>5$,但因缺乏中间粒径,C_c 不在 1~3 之间,故 C 土为级配不良的土。

二、土中的水

(一)结合水

研究表明,大多数黏土颗粒表面带有负电荷,因而围绕土粒周围形成了一定强度的电场,使孔隙中的水分子极化,这些极化后的极性水分子和水溶液中所含的阳离子(如钾、钠、钙、镁等阳离子),在电场力的作用下定向地吸附在土颗粒周围,形成一层不可自由移动的水膜,该水膜称为结合水,如图 1-5(a)所示。最靠近颗粒表面的水分子受电场力的作用很强,可以达到 1 000 MPa,随着远离土粒表面,电场力将迅速减小,当达到一定距离时电场力消失,如图 1-5(b)所示。为此,结合水又可根据受电场力作用的强弱分成强结合水和弱结合水。

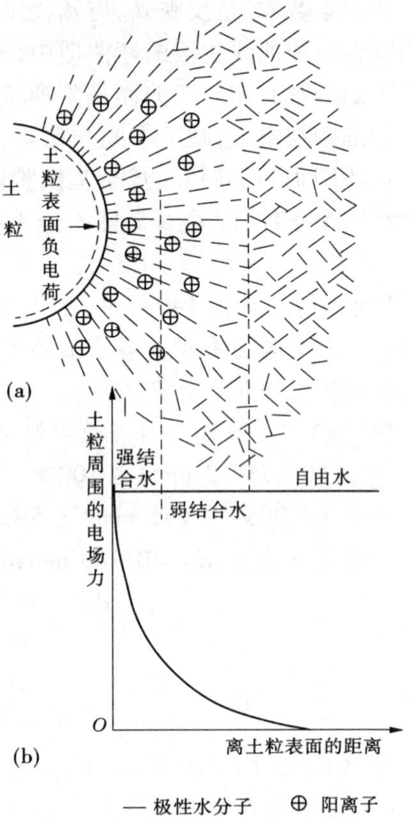

图 1-5　土粒与水分子相互作用的模拟

1. 强结合水

强结合水是指被强电场力紧紧地吸附在土粒表面附近的结合水膜。这部分水膜因受电场力作用大,与土粒表面结合得十分紧密,所以分子排列密度大,其密度为 1.2 ~ 2.4 g/cm³,冰点很低,可达 −78 ℃,沸点较高,在 105 ℃以上才蒸发,而且很难移动,没有溶解能力,不传递静水压力,失去了普通水的基本特性,其性质接近于固体,具有很大的黏滞性、弹性和抗剪强度。

2. 弱结合水

弱结合水是指分布在强结合水外围的结合水。这部分水膜由于距颗粒表面较远,受电场力作用较小,它与土粒表面的结合不如强结合水紧密。其密度为 1.0 ~ 1.7 g/cm³,冰点低于 0 ℃,不传递静水压力,也不能在孔隙中自由流动,只能以水膜的形式由水膜较厚处缓慢移向水膜较薄的地方,这种移动不受重力影响。弱结合水的存在对黏性土的性质影响很大,将在本项目任务四中论述。

(二)自由水

土孔隙中位于结合水以外的水称为自由水。自由水由于不受土粒表面静电场力的作用,且可在孔隙中自由移动,按其运动时所受的作用力不同,可分为重力水和毛细水。

1. 重力水

受重力作用在土的孔隙中流动的水称为重力水。重力水常处于地下水位以下,与一般水一样,可以传递静水压力和动水压力。重力水具有溶解能力,可溶解土中的水溶盐,使土的强度降低,压缩性增大;可以对土颗粒产生浮托力,使土的重力密度减小;还可以在水头差的作用下形成渗透水流,并对土粒产生渗透力,使土体发生渗透变形。

2. 毛细水

土中存在着很多大小不同的孔隙,这些孔隙有的可以相互连通形成弯曲的细小通道(毛细管),由于水分子与土粒表面之间的附着力和水表面张力的作用,地下水将沿着土中的细小通道逐渐上升,形成一定高度的毛细水带。这部分在地下水位以上的自由水称为毛细水,如图1-6所示。在土层中,毛细水上升的高度取决于土的粒径、矿物成分、孔隙的大小和形状等因素,可用试验方法测定。一般黏性土的上升高度较大,可达几米,而砂土的上升高度很小,仅几厘米至几十厘米,卵石、砾石土的毛细水上升高度接近于零。

在工程实践中应注意,毛细水的上升可能使地基浸湿,使地下室受潮或使地基、路基产生冻胀,造成土地盐渍化等问题。此外,在一般潮湿的砂土(尤其是粉砂、细砂)中,孔隙中的水仅在土粒接触点周围并形成互不连通的弯液面。由于水的表面张力的作用,使弯液面下孔隙水中的压力小于大气压力,因而产生使土粒相互挤紧的力,这个力称为毛细压力,如图1-7所示。由于毛细压力的作用,砂土也会像黏性土一样,具有一定的黏聚力,如在湿砂中能开挖一定深度的直立坑壁,一旦砂土处在干燥或饱和状态时,毛细现象便不存在,毛细水联结即可消失,直立坑壁就会坍塌,故又把无黏性土粒间的这种连接力称为"假黏聚力"。

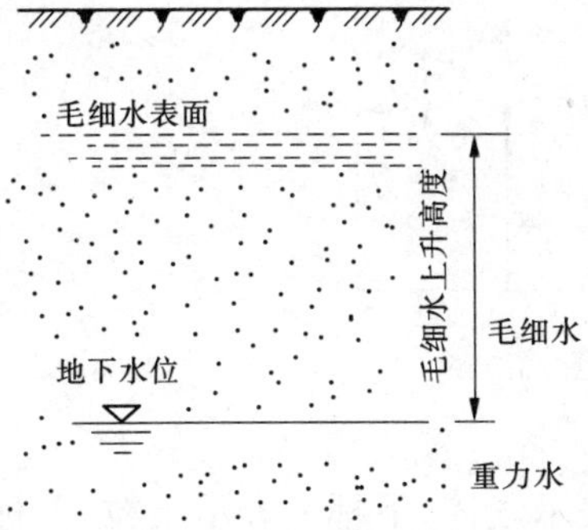

图1-6 土层中的水

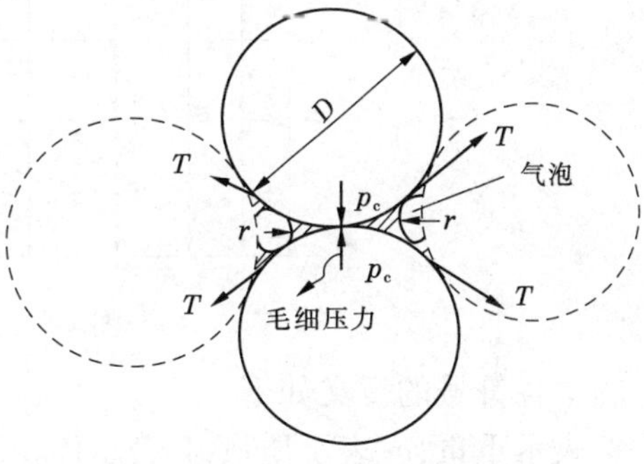

图1-7 毛细压力

三、土中的气体

土中的气体可分为两种基本类型:一种是与大气连通的气体;另一种是与大气不连通的、以气泡形式存在的封闭气体。

与大气连通的气体,受外荷作用时,易被排出土外,对土的工程力学性质影响不大。封闭气体在压力作用下,气泡被压缩;而当压力减小时,气泡就会膨胀。所以,封闭气体可以使土的弹性增大,延长土的压缩过程,使土层不易压实。此外,封闭气体还能阻塞土内的渗流通道,使土的渗透性减小。

单元思考

1. 为什么要划分粒组?一般划分为哪些粒组?为什么采用不同的颗粒分析方法?

2. 土的颗粒级配曲线反映什么,有什么用途?级配良好有什么意义,如何判别?
3. 各种类型的水对土的性质有何影响?
4. 土的结构对工程有什么影响?

任务三　土的物理性质指标

问题引导:土的三相组成是什么,这三者之间的相互关系是什么?土的实测物理指标有哪些,测试方法有哪些?土的各项基本物理指标之间有什么相互关系?

一、土的三相草图

为了便于研究土中三相数量之间的比例关系,常常理想地把土中实际交错混杂在一起的三相分别集中在一起,并以图1-8的形式表示出来,该图称为土的三相草图。

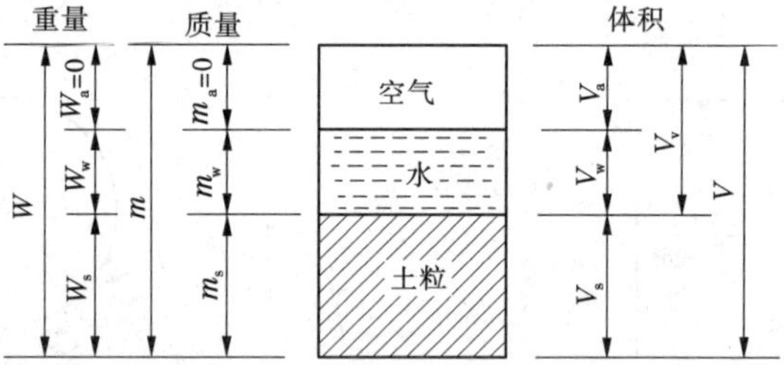

图1-8　土的三相草图

图中各符号的意义如下:

W表示重量,m表示质量,V表示体积。下标a表示气体,下标s表示土粒,下标w表示水,下标v表示孔隙。如W_s、m_s、V_s分别表示土粒重量、土粒质量和土粒体积。

二、实测指标

(一)土的质量密度ρ和土的重度γ

天然土的质量密度(也称天然密度)是指单位体积天然土的总质量,可简称为土的密度,常用ρ(g/cm³)表示,其表达式为

$$\rho = \frac{m}{V} = \frac{m_s + m_w}{V} \tag{1-3}$$

土的天然密度变化较大,随土的密实程度和孔隙水含量的多少而变化,一般为1.6~2.0 g/cm³。当天然土体为三相土时,天然密度称为湿密度;天然土体为饱和状态时,天然密度称为饱和密度。

土的重度是指单位土体所受的重力,常用γ(kN/m³)表示,其表达式为

$$\gamma = \frac{W}{V} = \frac{W_s + W_w}{V} \tag{1-4}$$

土的密度是通过试验测定的，土的重度可以由土的密度换算得到。其换算关系式为

$$\gamma = \rho g \tag{1-5}$$

式中　g——重力加速度，在国际单位制中常用 9.81 m/s^2，为换算方便，也可近似用 g = 10 m/s^{2}进行计算。

土的密度常用环刀法测定，具体方法见《土工试验规程》(SL 237—1999)。工程中现场测定土的密度常用灌砂法、灌水法，以及近期引进的核子密度仪测定方法。

(二)土粒比重 G_s

土粒比重是指土粒在 105～110 ℃温度下烘至恒重时的质量与同体积 4 ℃时纯水的质量之比，简称比重，其表达式为

$$G_s = \frac{m_s}{V_s \rho_w} \tag{1-6}$$

式中　ρ_w—— 4 ℃时纯水的密度，取 $\rho_w = 1$ g/cm^3。

土粒比重常用比重瓶法来测定，试验方法详见《土工试验规程》(SL 237—1999)。

土粒比重是一个无因次指标，其值取决于土的矿物成分和有机质含量，一般为 2.60～2.80，但当土中含有较多的有机质时，土粒比重会明显减小，甚至达到 2.40 以下。工程实践中，由于各类土的比重变化幅度不大，除重大建筑物及特殊情况外，可按经验数值选用。土粒比重的一般数值见表 1-3。

表 1-3　土粒比重的一般数值

土名	砂土	砂质粉土	黏质粉土	粉质黏土	黏土
土粒比重	2.65～2.69	2.70	2.71	2.72～2.73	2.74～2.76

(三)土的含水率 ω

土的含水率是指土中水的质量与土粒质量之比，以百分数表示，其表达式为

$$\omega = \frac{m_w}{m_s} \times 100\% \tag{1-7}$$

土的含水率是反映土干湿程度的指标，土的含水率常用烘干法测定，试验方法详见《土工试验规程》(SL 237—1999)，现场也可以用核子密度仪测定。在天然状态下，土的含水率变化幅度很大，一般来说，砂土的含水率 ω = 0～40%；黏性土的含水率 ω = 15%～60%；淤泥或泥炭的含水率可高达 100%～300%。同一种土，随土的含水率增高，土变湿、变软，强度会降低，压缩性也会增大。所以，土的含水率是控制填土压实质量、确定地基承载力特征值和换算其他物理性质指标的重要指标。

三、换算指标

(一)几种不同状态下土的密度和重度

1. 干密度 ρ_d 和干重度 γ_d

土的干密度 ρ_d 是指单位体积土体中土粒的质量，即土体中土粒质量 m_s 与总体积 V 之比，表达式为

$$\rho_d = \frac{m_s}{V} \tag{1-8}$$

单位体积的干土所受的重力称为干重度 γ_d，可按下式计算：

$$\gamma_d = \frac{W_s}{V} \tag{1-9}$$

土的干密度(或干重度)是评价土的密实程度的指标，干密度大表明土密实，干密度小表明土疏松。因此，在填筑堤坝、路基等填方工程中，常把干密度作为填土设计和施工质量控制的指标。一般填土的设计干密度为 15 ~ 17 g/cm^3。

2. 饱和密度 ρ_{sat} 和饱和重度 γ_{sat}

土的饱和密度 ρ_{sat} 是指土在饱和状态时，单位体积土的密度。此时，土中的孔隙完全被水所充满，土体处于固相和液相的二相状态，其表达式为

$$\rho_{sat} = \frac{m_s + m'_w}{V} = \frac{m_s + m_v\rho_w}{V} \tag{1-10}$$

式中　m'_w——土中孔隙全部充满水时的水的质量；

ρ_w——水的密度，$\rho_w = 1$ g/cm^3。

饱和重度的表达式为

$$\gamma_{sat} = \rho_{sat} g \tag{1-11}$$

3. 浮重度 γ'

土在水下时，单位体积的有效重量称为土的浮重度，或称为有效重度。地下水位以下的土，由于受到水的浮力作用，土体的有效重量应扣除水的浮力作用，浮重度 γ'(kN/m^3)的表达式为

$$\gamma' = \frac{W_s - V_s\gamma_w}{V} \tag{1-12}$$

从上述四种重度的定义可知，同一种土的四种重度在数值上的关系是：$\gamma_{sat} \geq \gamma > \gamma_d > \gamma'$。

(二) 孔隙率 n 与孔隙比 e

土的孔隙率是指土体孔隙体积与总体积之比，常用百分数表示，其表达式为

$$n = \frac{V_v}{V} \times 100\% \tag{1-13}$$

土的孔隙比是指土体孔隙体积与土颗粒体积之比，其表达式为

$$e = \frac{V_v}{V_s} \tag{1-14}$$

孔隙率表示孔隙体积占土的总体积的百分数，所以其值恒小于100%。土的孔隙比主要与土粒的大小及其排列的松密程度有关。一般砂土的孔隙比为0.4 ~ 0.8，黏土的孔隙比为0.6 ~ 1.5，有机质含量高的土的孔隙比甚至可高达2.0以上。

孔隙比和孔隙率都是反映土的密实程度的指标。对于同一种土，e 或 n 愈大，表明土愈疏松；反之，土愈密实。在计算地基沉降量和评价砂土的密实度时，常用孔隙比而不用孔隙率。

(三)饱和度 S_r

饱和度是指土中水的体积与孔隙体积之比,用百分数表示,其表达式为

$$S_r = \frac{V_w}{V_v} \times 100\% \tag{1-15}$$

饱和度反映土中孔隙被水充满的程度。理论上,当 $S_r = 100\%$ 时,表示土体孔隙中全部充满了水,土是完全饱和的;当 $S_r = 0$ 时,表明土是完全干燥的。实际上,土在天然状态下极少达到完全干燥或完全饱和状态。因为风干的土仍含有少量水分,即使完全浸没在水下,土中还可能会有一些封闭气体存在。

按饱和度的大小,可将砂土分为以下几种不同的湿润状态:$S_r \leqslant 50\%$,稍湿;$50\% < S_r \leqslant 80\%$,很湿;$S_r > 80\%$,饱和。

四、指标间的换算

在上述土的物理性质指标中,天然密度 ρ、土粒比重 G_s 和含水率 ω 三个指标是通过试验测定的。在测定这三个指标后,其他各指标可根据它们的定义并利用土中三相关系导出其换算公式。例如:

$$\gamma_d = \frac{W_s}{V} = \frac{W_s}{W/\gamma} = \frac{\gamma W_s}{W_s + W_w} = \frac{\gamma}{1 + \omega}$$

$$e = \frac{V_v}{V_s} = \frac{V - V_s}{V_s} = \frac{W_s V}{W_s V_s} - 1 = \frac{W_s \gamma_w V}{V_s \gamma_w W_s} - 1 = \frac{G_s \gamma_w}{\gamma_d} - 1$$

图 1-9 给出了土的物理性质指标的关系及其最常用的计算公式,以便掌握和应用。

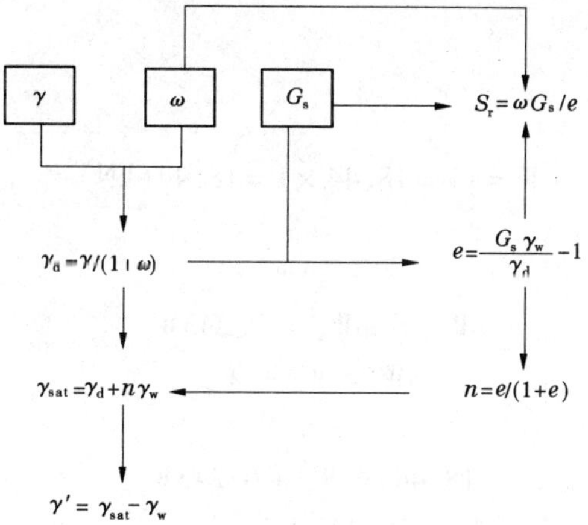

图 1-9 土的物理性质指标换算关系

各换算指标也可假定 $V_s = 1\ m^3$ 或 $V = 1\ m^3$,根据定义利用三相草图算出各相的数值,然后由它们的定义式求得。

【例 1-2】 用体积 $V = 50\ cm^3$ 的环刀切取原状土样,用天平称出土样的湿土质量为 94.00 g,烘干后为 75.63 g,测得土样的比重 $G_s = 2.68$。求该土的湿重度 γ、含水率 ω、干重度 γ_d、孔隙比 e 和饱和度 S_r 各为多少?

解:(1)湿重度:

$$\rho = \frac{m}{V} = \frac{94.00}{50} = 1.88(\mathrm{g/cm^3})$$

$$\gamma = \rho g = 1.88 \times 9.81 = 18.44(\mathrm{kN/m^3})$$

(2)含水率:

$$\omega = \frac{m_w}{m_s} \times 100\% = \frac{m - m_s}{m_s} \times 100\% = \frac{94.00 - 75.63}{75.63} \times 100\% = 24.29\%$$

(3)干重度:

$$\gamma_d = \frac{\gamma}{1 + \omega} = \frac{18.44}{1 + 0.2429} = 14.84(\mathrm{kN/m^3})$$

(4)孔隙比:

$$e = \frac{G_s \gamma_w}{\gamma_d} - 1 = \frac{2.68 \times 9.81}{14.84} - 1 = 0.772$$

(5)饱和度:

$$S_r = \frac{\omega G_s}{e} \times 100\% = \frac{0.2429 \times 2.68}{0.772} \times 100\% = 84.32\%$$

【例1-3】　某原状土样,经试验测得土的湿重度 $\gamma = 18.44\ \mathrm{kN/m^3}$,天然含水率 $\omega = 24.3\%$,土粒比重 $G_s = 2.68$,试利用三相草图求该土样的干重度 γ_d、饱和重度 γ_{sat}、孔隙比 e 和饱和度 S_r 等指标值。

解:1.求基本物理量

设 $V = 1\ \mathrm{m^3}$,求三相草图(见图1-8)中各相的数值。

(1)求 W_s、W_w、W。

由 $\gamma = \frac{W}{V}$ 得

$$W = \gamma V = 18.44 \times 1 = 18.44(\mathrm{kN})$$

又由 $\omega = \frac{W_w}{W_s}$ 得

$$W_w = \omega W_s = 0.243 W_s \tag{1}$$

$$W = W_s + W_w \tag{2}$$

将(1)代入式(2)求得

$$18.44 = W_s + 0.243 W_s$$

$$W_s = \frac{18.44}{1.243} = 14.84(\mathrm{kN})$$

$$W_w = \omega W_s = 0.243 \times 14.84 = 3.61(\mathrm{kN})$$

(2)求 V_s、V_w、V_v。

由 $G_s = \frac{W_s}{V_s \gamma_w}$ 得

$$V_s = \frac{W_s}{G_s \gamma_w} = \frac{14.84}{2.68 \times 9.81} = 0.564(\mathrm{m^3})$$

又由 $\gamma_w = \dfrac{W_w}{V_w}$ 得

$$V_w = \frac{W_w}{\gamma_w} = \frac{3.61}{9.81} = 0.368(\text{m}^3)$$

$$V_v = V - V_s = 1.0 - 0.564 = 0.436(\text{m}^3)$$

2. 求 γ_d、γ_{sat}、e、S_r

$$\gamma_d = \frac{W_s}{V} = \frac{14.84}{1} = 14.84(\text{kN/m}^3)$$

$$\gamma_{sat} = \rho_{sat} g = \frac{m_s + V_v\rho_w}{V} g = \frac{W_s + V_v\gamma_w}{V} = \frac{14.84 + 0.436 \times 9.81}{1} = 19.12(\text{kN/m}^3)$$

$$e = \frac{V_v}{V_s} = \frac{0.436}{0.564} = 0.773$$

$$S_r = \frac{V_w}{V_v} \times 100\% = \frac{0.368}{0.436} \times 100\% = 84.4\%$$

【例 1-4】 某饱和黏性土的含水率 $\omega = 38\%$，土粒比重 $G_s = 2.71$，求该土的孔隙比 e 和干重度 γ_d。

解：1. 计算基本物理量

设 $V_s = 1\ \text{m}^3$，绘三相草图，见图 1-10，求三相草图中的各基本物理量。

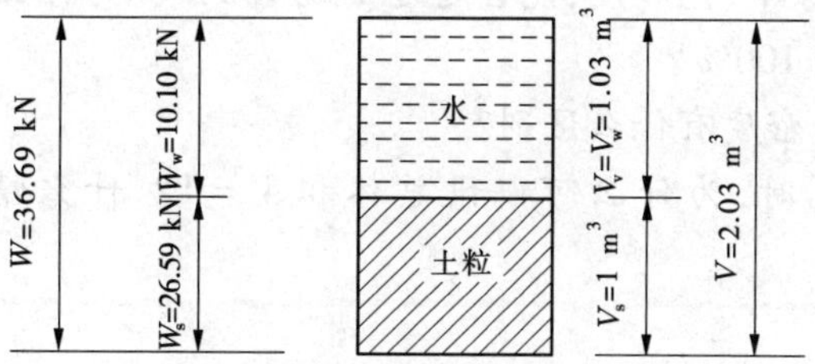

图 1-10　例 1-4 附图

(1) 求 W_s、W_w、W。

由 $G_s = \dfrac{W_s}{V_s\gamma_w}$ 得

$$W_s = G_s V_s \gamma_w = 2.71 \times 1 \times 9.81 = 26.59(\text{kN})$$

由 $\omega = \dfrac{W_w}{W_s}$ 得

$$W_w = \omega W_s = 0.38 \times 26.59 = 10.10(\text{kN})$$

$$W = W_s + W_w = 26.59 + 10.10 = 36.69(\text{kN})$$

(2) 求 V_w、V_v、V。

由 $\gamma_w = \dfrac{W_w}{V_w}$ 得

$$V_w = \frac{W_w}{\gamma_w} = \frac{10.10}{9.81} = 1.03(\text{m}^3)$$

因为是饱和土体,所以

$$V_w = V_v, \quad V = V_s + V_w = 1 + 1.03 = 2.03(m^3)$$

2. 求 e 和 γ_d

$$e = \frac{V_v}{V_s} = \frac{1.03}{1} = 1.03$$

$$\gamma_d = \frac{W_s}{V} = \frac{26.59}{2.03} = 13.10(kN/m^3)$$

应当注意,在以上三个例题中,例 1-3 是假设土的总体积 $V=1.0\ m^3$,例 1-4 则是假设土粒的体积 $V_s=1.0\ m^3$。事实上,因为土的物理性质指标都是三相基本物理量间的相对比例关系,因此取三相草图中任一个基本物理量等于任何数值进行计算都应得到相同的指标值。但如假定的已知量选取合适,则可以减少计算工作量。而例 1-2 是根据测定的三个试验指标按换算公式计算的,它比按三相草图计算简便迅速,但在学习中必须首先掌握物理性质指标的定义、三相草图的概念以及计算公式的推导过程。在此基础上,利用换算公式就不会发生概念模糊,甚至出现错误现象。

单元思考

1. 绘三相草图有何意义?
2. 物理性质指标有哪几类? 实测指标有哪些? 是否可以以其他指标作为实测指标?
3. 何谓孔隙比、孔隙率、饱和度,能否超过 1 或 100%? 为什么?
4. 含水率能否超过 100%?
5. 土粒密度与天然密度有什么区别?
6. 用三相草图计算时,为什么可以设总体积 $V=1$? 什么情况下设 $V_s=1$ 计算更简便?

任务四　土的物理状态指标

问题引导:黏性土的水理性质有哪些? 黏性土的稠度状态是什么? 黏性土的界限含水率有哪些? 黏性土的物理状态如何判别? 光电式液塑限联合测定仪如何使用,如何获得各项水理指标?

一、无黏性土的密实状态

无黏性土的密实状态对其工程性质影响很大。密实的无黏性土,结构稳定,强度较高,压缩性较小,是良好的天然地基;疏松的砂土,特别是饱和的松散粉细砂,结构常处于不稳定状态,容易产生流砂,在振动荷载作用下,可能会发生液化,对工程建筑不利。无黏性土密实度判别方法如下。

(一)孔隙比判别

判别无黏性土密实度最简便的方法是用孔隙比 e。孔隙比愈小,表示土愈密实;孔隙比愈大,则表示土愈疏松。但由于颗粒的形状和级配对密实度的影响很大,而孔隙比没有考虑颗粒级配这一重要因素的影响,故应用时存有缺陷。为说明这个问题,取两种不同级配的砂土进行分析。如图1-11所示,把砂土颗粒视为理想的圆球。图1-11(a)为均匀级配的砂最紧密的排列,可以算出这时的不均匀系数 $C_u = 1.0$、孔隙比 $e = 0.35$;图1-11(b)同样是理想的圆球状砂,但其中除大的圆球外,还有小的圆球可以充填于孔隙中,即不均匀系数 $C_u > 1.0$,显然这种砂最紧密排列时的孔隙比 $e < 0.35$。也就是说,两种级配不同的砂若都具有相同的孔隙比 $e = 0.35$,级配均匀的砂已处于最密实的状态,而级配不均匀的砂则达不到最密实的状态;反之,相同密实状态下,级配良好的砂,其孔隙比较小。

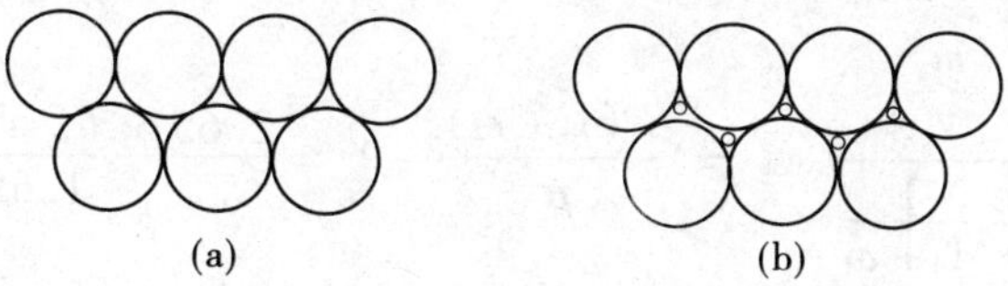

图1-11　颗粒级配对砂土密实度的影响

(二)标准贯入试验判别

标准贯入试验是在现场进行的原位试验。该法是用质量为63.5 kg的穿心锤,以76 cm的落距将贯入器打入土中30 cm时所需要的锤击数作为判别指标,称为标准贯入锤击数 N。在《岩土工程勘察规范》(GB 50021—2001)(2009年版)中按标准贯入锤击数 N 划分砂土密实度的标准,如表1-4所示。

表1-4　砂土的密实度

密实度	密实	中密	稍密	松散
标准贯入锤击数 N	$N > 30$	$30 \geqslant N > 15$	$15 \geqslant N > 10$	$N \leqslant 10$

(三)相对密实度判别

相对密实度 D_r 是将天然状态的孔隙比 e 与最疏松状态的孔隙比 e_{max} 和最密实状态的孔隙比 e_{min} 进行对比,作为衡量无黏性土密实度的指标,其表达式为

$$D_r = \frac{e_{max} - e}{e_{max} - e_{min}} \tag{1-16}$$

式中　e_{max}——最大孔隙比;

e_{min}——最小孔隙比;

e——砂土的天然孔隙比。

从式(1-16)可知,当砂性土的天然孔隙比 e 接近于 e_{min},即相对密实度 D_r 接近于1时,土呈密实状态;当 e 接近于 e_{max},即相对密实度 D_r 接近于0时,土呈松散状态。具体划分标准见表1-5。

表1-5　砂土密实度划分标准

密实状态	密实	中密	松散
相对密实度 D_r	$1 > D_r \geqslant 0.67$	$0.67 > D_r \geqslant 0.33$	$0.33 > D_r \geqslant 0$

在工程实践中，主要用 D_r 检查压实砂土的密实度，而对于天然土体，较普遍的做法是采用标准贯入试验锤击数 N 来现场判定砂土的密实度。

【例1-5】 某天然砂土，测得其天然密度为1.65 g/cm³，天然含水率为12.3%，土粒比重为2.65，烘干后测得其最小孔隙比为0.53，最大孔隙比为0.88。①试求出天然孔隙比、饱和含水率和相对密实度，并判别该砂土层处于何种密实状态？②若将土体压实到密实状态，孔隙比应达到多少？

解：(1)已知 $\rho = 1.65\ \text{g/cm}^3$，$\omega = 12.3\%$，$G_s = 2.65$，$e_{min} = 0.53$，$e_{max} = 0.88$，则天然孔隙比、饱和含水率和相对密实度分别为

$$e = \frac{V_v}{V_s} = \frac{V}{V_s} - 1 = \frac{\dfrac{m_s}{V_s}}{\dfrac{m}{V}\dfrac{1}{1+\omega}} - 1 = \frac{G_s(1+\omega)}{\rho} - 1 = \frac{2.65 \times (1 + 12.3\%)}{1.65} - 1 = 0.80$$

$$\omega_{sat} = \frac{m_{wsat}}{m_s} = \frac{\rho_w V_v}{\rho_s V_s} = \frac{\rho_w}{\rho_s}e = \frac{\rho_w}{G_s}e = \frac{1}{2.65} \times 0.80 = 30.2\%$$

$$D_r = \frac{e_{max} - e}{e_{max} - e_{min}} = \frac{0.88 - 0.80}{0.88 - 0.53} = 0.23 < 0.33$$

该砂土层松散。

(2)密实状态 $D_r \geqslant 0.67$ 时，由式(1-16)可以计算孔隙比为

$$e \geqslant e_{max} - D_r(e_{max} - e_{min}) = 0.88 - 0.67 \times (0.88 - 0.53) = 0.646$$

由上可知，土体压到密实状态，孔隙比应不小于0.646。

二、黏性土的稠度状态及特征

(一)黏性土的稠度状态

稠度是黏性土在某一含水率时表现出的稀稠或软硬程度。稠度还反映了土粒间的连接强度，稠度不同，土的强度及变形特性也不同。所以，稠度也可以指土对外力引起变形或破坏的抵抗能力。黏性土稠度状态根据含水率的不同划分为固态、半固态、可塑态和液(流)态等状态，如图1-12所示。

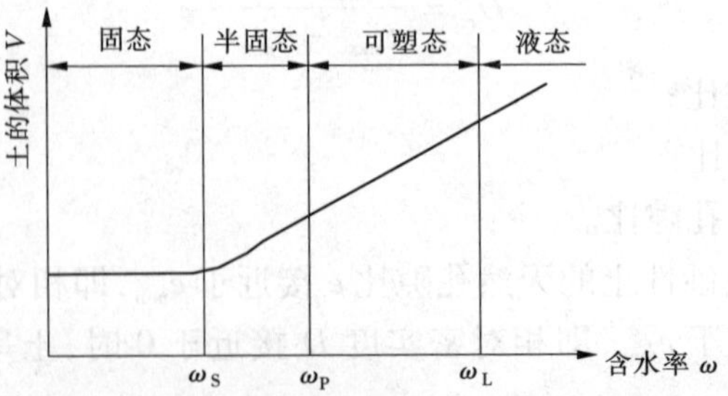

图1-12　黏性土状态与含水率的关系

每种状态各有其特点：①固态的含水率相对较少，土粒间主要以强结合水连接，比较牢固，土质坚硬，力学强度高，土体形状大小固定。②塑态的含水率比固态多，粒间主要以弱结合水连接，在外力作用下容易产生变形，可揉塑成任意形状不破裂、无裂纹，去掉外力

后不能恢复原状。③流态的含水率比塑态更多、粒间主要以液态水为主，连接极微弱，强度极低，不能维持一定的形状，土体呈泥浆状，受重力作用即可流动。

（二）界限含水率

界限含水率是黏性土从一种状态变到另一种状态的分界含水率。如图1-12所示，界限含水率包括液限 ω_L、塑限 ω_P、缩限 ω_S。

1. 缩限 ω_S

固态与半固态之间的界限含水率称为缩限。当含水率小于缩限 ω_S 时，土体的体积不随含水率的减小而发生变化；当含水率大于缩限 ω_S 时，土体的体积随含水率的增加而变大。

2. 塑限 ω_P

半固态与可塑态之间的界限含水率称为塑限。也就是可塑状态的下限，含水率小于塑限时，黏性土不具有可塑性。

3. 液限 ω_L

可塑状态与流动状态之间的界限含水率称为液限，即黏性土可塑状态的上限含水率。

上述三种界限含水率都必须通过试验来测定。从工程性质来看，缩限在工程中不常用，塑限与液限对黏性土的工程性质影响很大。在此只介绍液限、塑限的试验方法。液限和塑限常采用光电式液塑限联合测定仪测定。该试验是将待测的土样调成三个不同含水率的均匀土膏，用质量为76 g、锥角为30°的圆锥仪分别测出在5 s时圆锥的下沉深度 h，在双对数坐标纸上点绘出圆锥下沉深度 h 和含水率 ω 对数的关系直线，在 $h \sim \lg\omega$ 直线上查得圆锥下沉深度为2 mm处的相应含水率为塑限。测得液限时的圆锥下沉深度试验标准有两种规定，《建筑地基基础设计规范》（GB 50007—2011）和《岩土工程勘察规范》（GB 50021—2001）（2009版）采用的下沉深度为10 mm，而水利部颁发的《土工试验规程》（SL 237—1999）采用的下沉深度为17 mm。按两种不同标准得到的液限值是不同的，后一种液限值大于前一种液限值，应用时务必注意区分。

公路系统采用的液限、塑限联合测定法的标准与前两种方法的标准不同，其圆锥的质量为100 g、锥角为30°，用与前述相同的方法，在双对数坐标纸上点绘出圆锥下沉深度与含水率的关系直线，即 $h \sim \omega$ 关系直线。在 $h \sim \omega$ 直线上查出下沉深度为20 mm处相应的含水率为液限 ω_L。根据查出的液限，通过规范提供的液限与塑限状态入土深度的关系曲线，即 $\omega_L \sim h_P$ 关系曲线，查得 h_P，再由 $h \sim \omega$ 关系直线上查出入土深度为 h_P 时所对应的含水率，即为该土的塑限 ω_P。

试验表明，76 g圆锥仪的17 mm液限和100 g圆锥仪的20 mm液限均与碟式液限仪的液限相近。

应当注意，液限测定标准的差别给不同系统之间数据的交流与利用带来了困难，基于这些指标的一系列技术标准也存在一定的差异，故不能互相通用。此外，我国一直还采用搓条法测定塑限、锥式液限仪测定液限。

（三）塑性和塑性指数

1. 土的塑性

土的塑性是黏性土具备一定含水率时，土体在外力作用下，可被塑成任何形态，而整体性不破坏，不产生裂隙，外力除去后，物体能保持形状不变的现象。

2. 塑性指数

塑性指数是指液限和塑限的差值,用符号 I_P表示,即

$$I_P = \omega_L - \omega_P \tag{1-17}$$

塑性指数表示黏性土具有可塑性的含水率变化范围,习惯上用直接去掉百分号的数值来表示,如 $I_P = \omega_L - \omega_P = 38\% - 16\% = 22\%$,通常写为 $I_P = 22$。塑性指数的大小与土颗粒大小、黏性矿物含量及水中高价阳离子浓度成正比,土中黏粒含量越多,土处于可塑状态的含水率范围也愈大,塑性指数愈大,土的塑性愈强。

由于塑性指数在一定程度上综合反映了影响黏性土特征的各种重要因素,因此塑性指数是土体工程分类的依据之一。

3. 影响黏性土可塑性的因素

黏性土塑性大小取决于矿物成分、粒度成分与交换阳离子等土的物质成分和孔隙水溶液的化学成分及其浓度。①矿物成分会引起晶格构造的变化,与水的结合程度不同,导致土的可塑性也不同。例如,蒙脱石具有较大的可塑性。②有机质具有很高的分散性,颗粒越细,比表面积越大,分散度就越高。液限值或塑限值随着土中有机质含量的增加而变大。③土中易溶盐溶于水后,改变了水溶液的离子成分和浓度,引起扩散层厚度的变化,导致土的可塑性的增强或减弱。④黏性土的可塑性与黏粒含量成正比,黏粒含量越多,分散度越高,塑性越大。

(四)黏性土物理状态的判别

黏性土物理状态的变化主要取决于土中水分含量及其与界限含水率的关系。可以用液性指数来表示,液性指数表征土的天然含水率与界限含水率之间的相对关系,用符号 I_L 来表示,计算公式如下:

$$I_L = \frac{\omega - \omega_P}{\omega_L - \omega_P} \tag{1-18}$$

式中　ω——天然含水率;

　　ω_L——液限含水率;

　　ω_P——塑限含水率。

从式(1-18)来看,当 $\omega < \omega_P$时,$I_L < 0$;当 $\omega = \omega_P$时,$I_L = 0$;当 $\omega > \omega_P$时,$I_L > 0$;当 $\omega = \omega_L$时,$I_L = 1$;当 $\omega > \omega_L$时,$I_L > 1$。

黏性土的物理状态可以用液性指数来判别,根据液性指数把黏性土的物理状态划分为:坚硬、硬塑、可塑、软塑、流塑五种状态,见表1-6。

表1-6　黏性土的物理状态分类

$I_L \leqslant 0$	$0 < I_L \leqslant 0.25$	$0.25 < I_L \leqslant 0.75$	$0.75 < I_L \leqslant 1$	$1 < I_L$
坚硬	硬塑	可塑	软塑	流塑

单元思考

1. 黏性土的稠度状态指什么?用什么指标反映?如何评价黏性土的稠度状态?

2. 黏性土的界限含水率与其稠度状态是什么关系?

3. 有机质的含量对黏性土的可塑性有什么影响?

任务五　土的击实性

问题引导:土在击实过程中有什么特性?如何进行击实试验?影响土体击实性的因素有哪些?工程中如何控制填土质量?

一、细粒土的击实性

土的击实就是指土体在一定的击实功能作用下,土颗粒克服粒间阻力产生位移,颗粒重新排列,使土中的孔隙比减小,密实度增加,并具有较高的强度。但是在击实过程中,即使采用相同的击实功能,对于不同种类、不同含水率的土,击实效果也不完全相同。

(一)击实试验

击实试验就是用标准击实方法,测定土的干密度和含水率的关系,从击实曲线上确定土的最大干密度 ρ_{dmax} 和相应的最优含水率 ω_{oP},为填土的设计与施工提供重要的依据。

《土工试验规程》(SL 237—1999)中采用的标准击实仪如图 1-13 所示,该击实仪主要由击实筒和击实锤组成,击实筒体积为 947.4 cm^3,击实锤质量为 2.5 kg,落高 30.5 cm。《公路土工试验规程》(JTG E40—2007)中击实仪对应的分别为击实筒体积 997 cm^3,击实锤质量 2.5 kg,落高 30 cm。

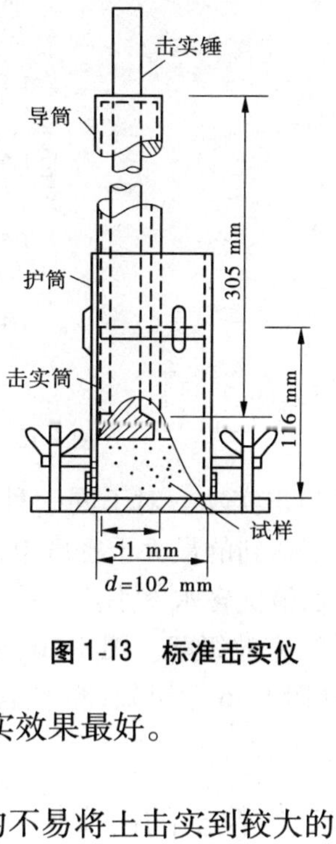

图 1-13　标准击实仪

击实试验时,先将待测的土料按不同的预定含水率(不少于 5 个)制备成不同含水率的试样。测出击实后试样的湿密度和含水率,然后计算出该试样的干密度。以干密度为纵坐标,含水率为横坐标、绘制含水率 ω 与干密度 ρ_d 的关系曲线,如图 1-14 即为土的击实曲线。

从击实曲线上可以看出,曲线上有一峰值,此处的干密度最大,称为最大干密度,用 ρ_{dmax} 表示,与最大干密度对应的含水率称为最优含水率,用 ω_{oP} 表示。这说明,当击实功一定,土料的含水率为最优含水率时,击实效果最好。

(二)影响土击实性的因素

(1)土的含水率。当黏性土的含水率过低或过高时,均不易将土击实到较大的密度。在一定的击实功下,只有当含水率达到最优含水率时,才能将土击实到较大的密度。黏性土的最优含水率一般接近黏性土的塑限,可近似取为 $\omega_{oP}=\omega_P+2$。

将不同含水率及所对应的土体达到饱和状态时的干密度点绘于图 1-15 中,得到饱和

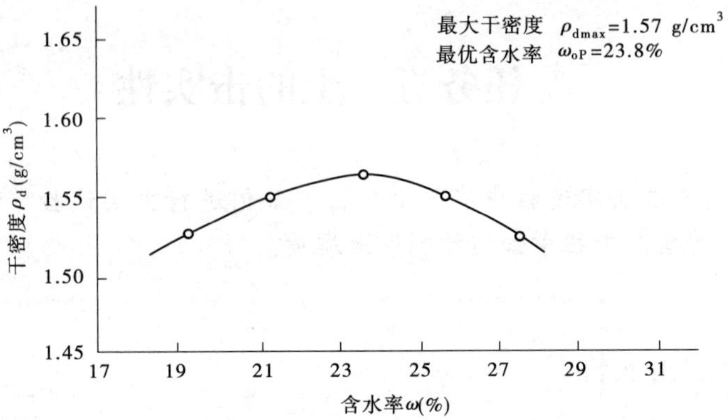

图 1-14　$\omega \sim \rho_d$击实曲线

度 $S_r = 100\%$ 的饱和曲线。从图 1-15 中可见,试验的击实曲线在峰值以右逐渐接近于饱和曲线,并且大体上与它平行,但永不相交。试验证明,一般黏性土在其最佳击实状态下(击实曲线峰点),其饱和度通常约为 80%。

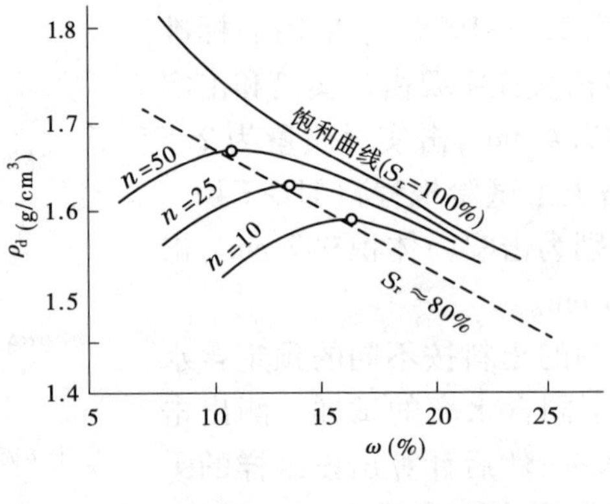

图 1-15　土的含水率、干密度和击实功能关系曲线

(2)击实功。对于同一种土,击实功小,所能达到的最大干密度也小;反之,击实功大,所能达到的最大干密度也大。而最优含水率正好相反,即击实功小,最优含水率大;击实功大,最优含水率小。

(3)土粒级配。图 1-16(a)是五种不同土的级配曲线,图 1-16(b)是它们的击实曲线。从图 1-16 中可知,粗粒含量多、颗粒级配良好的土,最大干密度较大,最优含水率较小。

二、粗粒土的击实性

砂和砾等粗粒土的击实性也与含水率有关。一般在完全干燥或者充分洒水饱和的状态下,容易击实到较大的干密度。而在潮湿状态,由于毛细压力的作用,增加了土粒间的联结,填土不易击实,干密度显著降低,如图 1-17 所示。从砂土的击实曲线可见,粗砂的

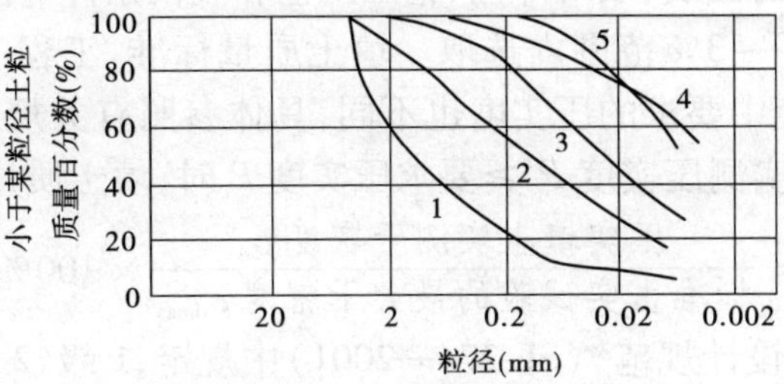

(a)

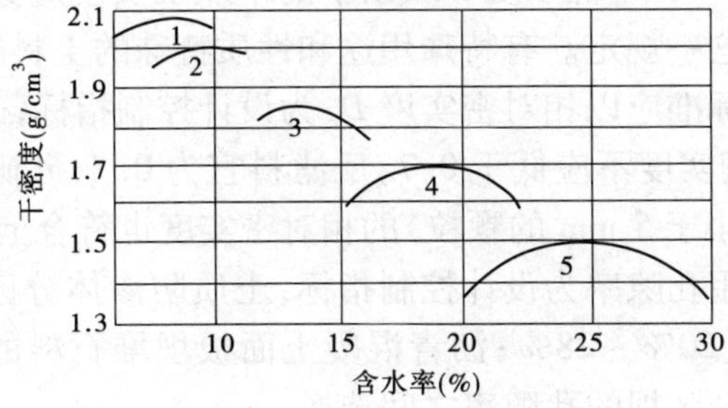

(b)

1、2、3—粗粒;4、5—细粒

图 1-16　各种土的击实曲线

含水率为4% ~5%、中砂的含水率为7%左右时,击实干密度最小。所以,粗粒土一般不做击实试验,在击实功一定时,对其充分洒水使土料接近饱和,击实后得到的密度较大。

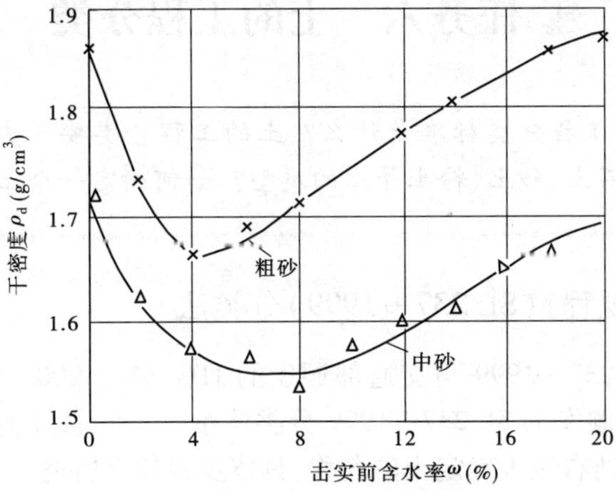

图 1-17　粗粒土的击实曲线

另外,级配情况对砂土、砂砾土等粗粒土的击实性影响较大,本项目任务四曾指出,粗粒土的密实程度可用其相对密实度 D_r 的大小来衡量。

三、压实填土的质量控制

由于黏性填土存在着最优含水率,因此在填土施工时应将土料的含水率控制在最优含水率左右,应根据土料的性质、填筑部位、施工工艺和气候条件等因素综合考虑,一般在最优含水率 ω_{oP} 的 -2% ~ +3% 范围内选取。填土质量标准,工程上采用压实度 P 来控制,不同的填土部位,规范中要求的压实度也不同,具体参照有关规范。施工中填土压实度可按式(1-19)得到,当实测压实度 $P'\geq$ 要求压实度 P 时,填土质量符合要求。

$$P' = \frac{\text{压实填土实测干密度}\rho_d}{\text{标准击实试验的最大干密度}\rho_{dmax}} \times 100\% \tag{1-19}$$

我国《碾压式土石坝设计规范》(SL 274—2001)中规定,1 级、2 级坝和高坝填土的压实度应为 98% ~100%,3 级中、低坝及 3 级以下的中坝压实度应为 96% ~98%。填土地基的压实标准也可参照这一规定。有特殊用途和性质特殊的土料的压实度宜另行确定。

砂砾石和砂的填筑标准应以相对密实度 D_r 为设计控制指标,砂砾石的相对密实度不应低于 0.75,砂的相对密实度不应低于 0.7,反滤料宜为 0.7;砂砾石中粗粒料含量小于 50% 时,应保证细粒料(小于 5 mm 的颗粒)的相对密实度也符合上述要求。

堆石的填筑标准宜用孔隙率为设计控制指标,土质防渗体分区坝和沥青混凝土心墙坝的堆石料,孔隙率宜为 20% ~28%;沥青混凝土面板坝堆石料的孔隙率宜在混凝土面板堆石坝和土质防渗体分区坝的孔隙率之间选择。

单元思考

1. 击实试验的目的是什么?击实成果是什么?有何作用?
2. 填土质量如何控制?与击实试验有什么关系?

任务六　土的工程分类

问题引导:土的工程分类标准是什么?土的工程分类要考虑哪些因素?根据规范如何确定碎石土、砂土、粉土等土的类型?如何确定一个土样的工程类别?

一、《土工试验规程》(SL 237—1999)分类法

水利部颁发的 SL 237—1999 与交通部颁发的 JTG E40—2007 分类体系和标准基本相同,以下介绍水利部颁发的 SL 237—1999 分类体系。土的总分类体系见图 1-18,分类时应以图 1-18 中从左到右逐步确定土的名称,具体步骤如下所述。

(一)鉴别有机土和无机土

土中的有机质无固定粒径,是由完全分解、部分分解到未分解的动植物残骸构成的物质。有机质含量可根据颜色、气味、纤维质来鉴别,如土样呈黑色、青黑色或暗色,有臭味,含纤维质,手触有弹性和海绵感时,一般为有机土。不含或基本不含有机质时,为无机土。《土工试验规程》(SL 237—1999)与《岩土工程勘察规范》(GB 50021—2001)(2009 年版)规定:有机质含量 $Q_u \geq 5\%$ 时称有机土,其中分为有机质土($5\% \leq Q_u \leq 10\%$)、泥炭质土($10\% < Q_u \leq 60\%$)和泥炭($Q_u > 60\%$)。

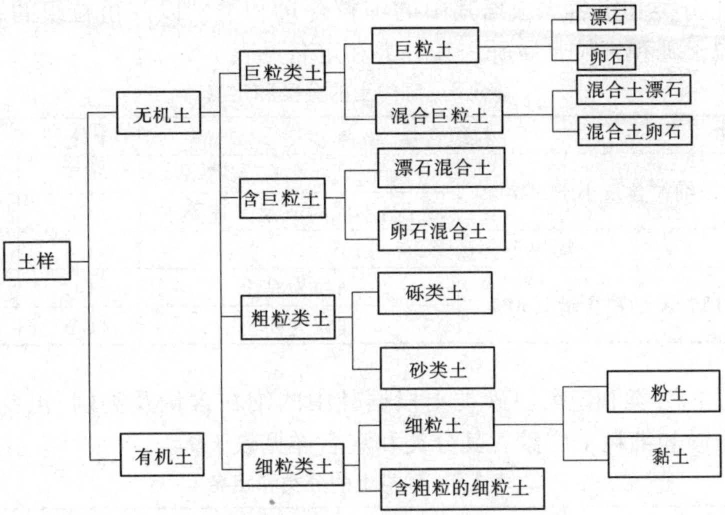

图1-18　土的总分类体系

(二)鉴别巨粒类土、含巨粒土、粗粒类土或细粒类土

对于无机土,先根据该土样的颗粒级配曲线,确定巨粒组($d>60$ mm)的质量占土总质量的百分数,当土样中巨粒组质量大于总质量的50%时,该土称为巨粒类土;当土样中巨粒组质量为总质量的15%~50%时,该土称为含巨粒土;当土样中巨粒组质量小于总质量的15%时,可扣除巨粒,按粗粒类土或细粒类土的相应规定分类定名。

当粗粒组(60 mm$\geqslant d>0.075$ mm)质量大于总质量的50%时,该土称为粗粒类土;当细粒组质量大于或等于总质量的50%时,该土则称为细粒类土。然后对巨粒类土、含巨粒土、粗粒类土或细粒类土进一步细分。

(三)对巨粒类土、含巨粒类土、粗粒类土或细粒类土的进一步分类

1. 巨粒类土和含巨粒土的分类和定名

巨粒类土和含巨粒土的详细分类和定名详见表1-7。

表1-7　巨粒类土和含巨粒土的分类和定名

土类	粒组含量		土代号	土名称
巨粒土	巨粒含量 100%~75%	漂石粒含量>50%	B	漂石
		漂石粒含量≤50%	C_b	卵石
混合巨粒土	巨粒含量小于75%,大于50%	漂石粒含量>50%	BSI	混合土漂石
		漂石粒含量≤50%	C_bSI	混合土卵石
含巨粒土	巨粒含量 50%~15%	漂石含量>卵石含量	SIB	漂石混合土
		漂石含量≤卵石含量	SIC_b	卵石混合土

2. 粗粒类土的分类和定名

粗粒组质量大于总质量50%的土称为粗粒类土。粗粒类土又分为砾类土和砂类土。粗粒类土中砾粒组(60 mm$\geqslant d>2$ mm)质量大于总质量50%的土称为砾类土;砾粒组质量小于或等于总质量50%的土称为砂类土。砾类土和砂类土又细分如下:

(1)砾类土分类和定名。根据其中的细粒含量和类别以及粗粒组的级配,砾类土又分为砾、含细粒土砾和细粒土质砾。其分类和定名见表 1-8。

表 1-8　砾类土的分类和定名

土类	粒组含量		土代号	土名称
砾	细粒含量小于 5%	级配:$C_u > 5, C_c = 1 \sim 3$	GW	级配良好的砾
		级配:不同时满足上述要求	GP	级配不良的砾
含细粒土砾	细粒土含量为 5% ~15%		GF	含细粒土砾
细粒土质砾	15% < 细粒含量≤50%	细粒为黏土	GC	黏土质砾
		细粒为粉土	GM	粉土质砾

(2)砂类土的分类和定名。砂类土根据其中的细粒含量及类别、粗粒组的级配又分为砂、含细粒土砂和细粒土质砂。其分类和定名详见表 1-9。

表 1-9　砂类土的分类和定名

土类	粒组含量		土代号	土名称
砂	细粒含量小于 5%	级配:$C_u > 5, C_c = 1 \sim 3$	SW	级配良好的砂
		级配:不同时满足上述要求	SP	级配不良的砂
含细粒土砂	细粒土含量为 5% ~15%		SF	含细粒土砂
细粒土质砂	15% < 细粒含量≤50%	细粒为黏土	SC	黏土质砂
		细粒为粉土	SM	粉土质砂

3. 细粒类土的分类和定名

细粒类土又分为细粒土、含粗粒的细粒土和有机质土。粗粒组质量小于总质量 25% 的土称为细粒土;粗粒组质量为总质量 25% ~50% 的土称为含粗粒的细粒土;试样中有机质含量大于或等于 5%,且少于 10% 的土称为有机质土。细粒土、含粗粒的细粒土和有机质土细分如下:

(1)细粒土的分类和定点。细粒土应根据塑性图分类。塑性图以土的液限 ω_L 为横坐标、塑性指数 I_P 为纵坐标,见图 1-19。塑性图中有 A、B 两条线,A 线方程式为 $I_P = 0.73(\omega_L - 20)$,$A$ 线上侧为黏土、下侧为粉土。B 线方程式为 $\omega_L = 50\%$,$\omega_L < 50\%$ 为低液限 、$\omega_L \geq 50\%$ 为高液限。这样A、B两条线将塑性图划分为四个区域,每个区域都标出两

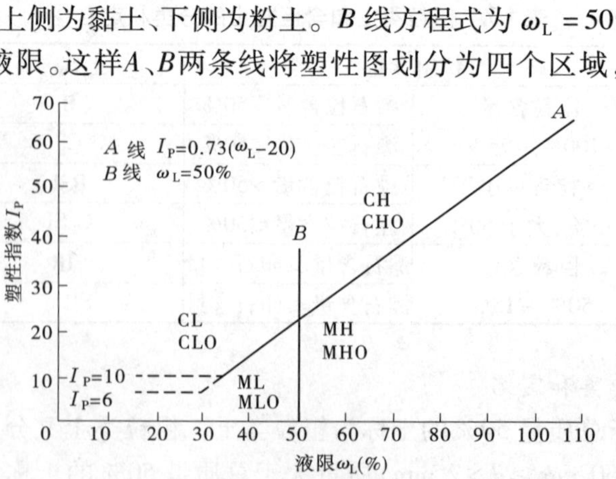

图 1-19　塑性图

种土类名称的符号。应用时,根据土的ω_L和I_P值可在图中得到相应的交点。按照该点所在区域的符号,由表1-10便可查出土的典型名称。

表1-10 细粒土的分类和定名

土的塑性指标在图中的位置		土代号	土名称
塑性指数(I_P)	液限(ω_L)		
$I_P \geqslant 0.73(\omega_L-20)$ 和 $I_P \geqslant 10$	$\omega_L \geqslant 50\%$	CH	高液限黏土
	$\omega_L < 50\%$	CL	低液限黏土
$I_P < 0.73(\omega_L-20)$ 和 $I_P < 10$	$\omega_L \geqslant 50\%$	MH	高液限粉土
	$\omega_L < 50\%$	ML	低液限粉土

(2)含粗粒的细粒土分类和定名。先按表1-10的规定确定细粒土名称,再按下列规定最终定名:①粗粒中砾粒占优势,称为含砾细粒土,土代号之后缀以代号G,如CHG表示含砾高液限黏土,MLG表示含砾低液限黏土。②粗粒中砂粒占优势,称为含砂细粒土,土代号后缀以代号S,如CHS表示含砂高液限黏土,MLS表示含砂低液限黏土。

此外,自然界中还分布有许多一般土所没有的特殊性质的土,如黄土、红黏土、膨胀土、冻土等特殊土。它们的分类都有专门的规范,工程实践中遇到时,可选择相应的规范查用。

有机质土的分类和定名是按表1-10规定定出细粒土名称,再在各相应土类代号之后缀以代号O,如CHO表示有机质高液限黏土;MLO表示有机质低液限粉土。也可直接从塑性图中查出有机质土的定名。

二、《建筑地基基础设计规范》(GB 50007—2011)分类法

《建筑地基基础设计规范》(GB 50007—2011)将作为建筑地基的土(岩),分为岩石、碎石土、砂土、粉土、黏性土和人工填土六大类,另有淤泥和淤泥质土、红黏土、膨胀土、湿陷性黄土等特殊土。

(一)岩石

作为建筑地基的岩石,根据其坚硬程度和完整程度分类。岩石按饱和单轴抗压强度分为坚硬岩、较坚硬岩、较软岩和软岩;岩石风化程度可分为未风化、微风化、中等风化、强风化和全风化岩石。

(二)碎石土

粒径大于2 mm的颗粒含量超过总质量50%的土为碎石土,根据粒组含量及颗粒形状可进一步分为漂石或块石、卵石或碎石、圆砾或角砾。分类标准见表1-11。

表 1-11 GB 50007—2011 中碎石土的分类

土的名称	颗粒形状	粒组含量
漂石	圆形及亚圆形为主	粒径大于 200 mm 的颗粒含量超过总质量 50%
块石	棱角形为主	
卵石	圆形及亚圆形为主	粒径大于 20 mm 的颗粒含量超过总质量 50%
碎石	棱角形为主	
圆砾	圆形及亚圆形为主	粒径大于 2 mm 的颗粒含量超过总质量 50%
角砾	棱角形为主	

注:分类时应根据粒组含量由上到下以最先符合者确定。

(三)砂土

粒径大于2 mm 的颗粒含量不超过总质量的50%、粒径大于0.075 mm 的颗粒含量超过总质量50%的土为砂土。砂土根据粒组含量可进一步分为砾砂、粗砂、中砂、细砂和粉砂,分类标准见表1-12。

表 1-12 GB 50007—2011 中砂土的分类

土的名称	粒组含量
砾 砂	粒径大于2 mm 的颗粒含量占总质量的25% ~50%
粗 砂	粒径大于0.5 mm 的颗粒含量超过总质量的50%
中 砂	粒径大于0.25 mm 的颗粒含量超过总质量的50%
细 砂	粒径大于0.075 mm 的颗粒含量超过总质量的85%
粉 砂	粒径大于0.075 mm 的颗粒含量超过总质量的50%

注:1. 定名时应根据颗粒级配由大到小以最先符合者确定。

2. 当砂土中粒径小于0.075 mm 的土的塑性指数大于10 时,应冠以“含黏性土”定名,如含黏性土的粗砂等(塑性指数由相应于76 g 圆锥体沉入土样中深度为10 mm 时测定的液限计算而得)。

(四)粉土

塑性指数 $I_P \leqslant 10$ 且粒径大于0.075 mm 的颗粒含量不超过总质量50%的土称为粉土。

(五)黏性土

塑性指数 $I_P > 10$ 的土称为黏性土。黏性土按塑性指数大小又分为黏土($I_P > 17$)和粉质黏土($10 < I_P \leqslant 17$)。

(六)人工填土

人工填土是指由于人类活动而形成的堆积物。人工填土物质成分较复杂,均匀性也较差,按堆积物的成分和成因可分为:

(1)素填土。由碎石、砂土、粉土或黏性土所组成的填土。

(2)杂填土。含有建筑物垃圾、工业废料及生活垃圾等杂物的填土。

(3)冲填土。由水力冲填泥沙形成的填土。

在工程建设中所遇到的人工填土各地区往往不一样。在历代古城，一般都保留有人类文化活动的遗物或古建筑的碎石、瓦砾。在山区常是由于平整场地而堆积、未经压实的素填土。城市建设常遇到的是煤渣、建筑垃圾或生活垃圾堆积的杂填土，一般是不良地基，多需进行处理。

（七）特殊性土

《建筑地基基础设计规范》（GB 50007—2011）中又把淤泥和淤泥质土、红黏土和膨胀土及湿陷性黄土单独制定了它们的分类标准。

1. 淤泥和淤泥质土

淤泥和淤泥质土是指在静水或缓慢流水环境中沉积，经生物化学作用形成的黏性土。天然含水率大于液限，天然孔隙比 $e \geqslant 1.5$ 的黏性土称为淤泥。天然含水率大于液限而天然孔隙比 $1 \leqslant e < 1.5$ 的黏性土称为淤泥质土。

淤泥和淤泥质土的主要特点是含水率大、强度低、压缩性高、透水性差，固结需时间长。

2. 红黏土

红黏土是指碳酸盐岩系出露的岩石，经红土化作用形成的棕红、褐黄等色的高塑性黏土。其液限一般大于50%，具有上层土硬、下层土软，失水后有明显的收缩性及裂隙发育的特性。

红黏土经再搬运后，仍保留其基本特征，其液限 ω_L 大于45%的土称为次红黏土。

3. 膨胀土

土中黏粒成分主要由亲水性矿物组成，同时具有显著的吸水膨胀性和失水收缩性，其自由胀缩率大于或等于40%的黏性土称为膨胀土。

4. 湿陷性黄土

当土体浸水后沉降，其湿陷系数大于或等于0.015的土称为湿陷性黄土。

【例1-6】　已知从某土样的颗粒级配曲线上查得粒径大于0.075 mm的颗粒含量为64%，粒径大于0.25 mm的颗粒含量为38.5%，粒径大于2 mm的颗粒含量为8.5%，并测得该土样细粒部分的液限 $\omega_L = 38\%$，塑限 $\omega_P = 19\%$，试按GB 50007—2011对该土分类和定名。

解：（1）因该土样粒径大于2 mm的颗粒含量为8.5% < 50%，而且粒径大于0.075 mm的颗粒含量为64% > 50%，所以该土定名为砂土。

（2）查表1-13，因粒径大于0.25 mm的颗粒含量为38.5% < 50%，粒径大于0.075 mm的颗粒含量为64%，不超过85%，且超过50%，所以该土定名为粉砂。

【例1-7】　从某土样颗粒级配曲线上查得粒径大于0.075 mm的颗粒含量为38%，粒径大于2 mm的颗粒含量为13%，并测得该土样细粒部分的液限 $\omega_L = 46\%$，塑限 $\omega_P = 28\%$，试按GB 50007—2011对该土分类和定名。

解：（1）因该土粒径大于0.075 mm的颗粒含量为38% < 50%，又因塑性指数 $I_P = 46 - 28 = 18 > 10$，查塑性图（见图1-19），故该土定名为黏性土。

（2）因 $I_P = 18 > 17$，所以该土定名为黏土。

三、《公路桥梁地基与基础设计规范》(JTG D63—2007)分类法

JTG D63—2007 规范中采用的土的工程分类体系与 GB 50007—2011 规范中采用的分类体系基本相同,但分类标准并不同。JTG D63—2007 规范将地基土分为岩石、碎石土、砂土和黏性土四大类。

(一)岩石

根据岩石的坚固性可分为硬质岩石、软质岩石和极软质岩石三类;根据岩石风化程度又可分为微风化岩石、软风化岩石、强风化岩石和全风化岩石四大类。

(二)碎石土

碎石土是指粒径大于 2 mm 的颗粒含量超过总质量 50% 的土。JTG D63—2007 对碎石土的定名和划分标准与 GB 50007—2011 采用的完全相同,都是将碎石土分为漂石和块石、卵石和碎石、圆砾和角砾,划分标准与表 1-11 中相同。

(三)砂土

砂土是指粒径大于 2 mm 的颗粒含量不超过总质量的 50%,且粒径大于 0.1 mm 的颗粒含量超过或不超过总质量 75% 的土。砂土也可再分为砾砂、粗砂、中砂、细砂和粉砂,但划分标准与 GB 50007—2011 采用的标准不同,详见表 1-13。

表 1-13　JTG D63—2007 砂土的分类

土的名称	粒组含量
砾砂	粒径大于 2 mm 的颗粒含量占总质量的 25% ~ 50%
粗砂	粒径大于 0.5 mm 的颗粒含量超过总质量的 50%
中砂	粒径大于 0.25 mm 的颗粒含量超过总质量的 50%
细砂	粒径大于 0.1 mm 的颗粒含量超过总质量的 75%
粉砂	粒径大于 0.1 mm 的颗粒含量不超过总质量的 75%

注:定名时应根据颗粒级配由大到小以最先符合者确定。

(四)黏性土

按塑性指数的大小,JTG D63—2007 对黏性土的分类标准为:$1 < I_P \leq 7$ 为亚砂土;$7 < I_P \leq 17$ 为亚黏土;$I_P > 17$ 为黏土。

(五)特殊岩土

特殊岩土是具有一些特殊成分、结构和性质的区域性地基土,包括软土、膨胀土、湿陷性土、红黏土、冻土、盐渍土和填土等。

四、土的简易鉴别、分类和描述

土的简易鉴别方法是指用目测法代替筛分法确定土粒组成及其特征的方法;用干强度、手捻、韧性和摇震反应等定性方法代替用液塑限仪测定细粒土塑性的方法。

(一)鉴别方法

1. 干强度试验

将一小块土捏成土团,风干后再用手指捏碎、掰断及捻碎,根据用力大小区分干强度大小。很难或用力才能捏碎或掰断者为干强度高,稍用力即可捏碎或掰断者为干强度中

等,易于捏碎或捻成粉末者为干强度低。

2. 手捻试验

将稍湿或硬塑的土块在手中揉捏均匀,然后用拇指和食指捏成片状,根据手感和土片光滑度区分土的韧性。手感光滑,无砂,捻面光滑者为塑性高;稍有光滑感,有砂粒,捻面有光泽者为塑性中等;稍有黏性,手感强,捻面粗糙者为塑性低。

3. 搓条试验

将含水率略大于塑限的湿土块在手中揉捏均匀,再在手掌上搓成土条,根据土条不断裂时能达到的最小直径区分土的塑性。能搓成直径小于1 mm 土条者为塑性高;能搓成直径为1～3 mm 土条而不断者为塑性中等;能搓成直径大于3 mm 土条即断裂者为塑性低。

4. 韧性试验

将含水率略大于塑限的湿土块在手中揉捏均匀,然后在手掌中搓成直径3 mm 的土条,再揉成土团,根据再次搓条的可能性区分土的韧性高低。能揉成土团,再搓成土条,捏而不碎者为韧性高;可再揉成土团,捏而不碎者为韧性中等;勉强或不能揉成土团,捏而易碎者为韧性低。

5. 摇振反应试验

将软塑至流动状态的小土块捏成土球,放在手掌中反复摇晃,并以另一手掌击此手掌,土中自由水渗出,球面呈现光泽。用两手指捏土球,放松后水又被吸入,光泽消失。根据上述渗水和吸水反应快慢区分。

(二)分类方法

确定粗粒土含量时,可将研散的风干土样摊成一薄层,凭目测估计土中粗、细粒组所占的比例,再按各粒组含量确定为巨粒土、粗粒土或细粒土。

细粒土可按前述方法的试验结果再按表1-14 进行分类和定名。

表1-14　细粒土简易分类

半固态时的干强度	硬塑—可塑态时的手捻感和光滑度	土在可塑态时		软塑—流塑态时的摇振反应	土类代号
		可搓成最小直径(mm)	韧性		
低—中	灰黑色,粉粒为主,稍黏,捻面粗糙	3	低	快—中	MLO
中	砂粒稍多,有黏性,捻面较粗糙,无光泽	2～3	低—中	快—中	ML
中—高	有砂粒,稍有滑腻感,捻面稍有光泽,灰黑色者为CLO	1～2	中	无—很慢	CL CLO
中	粉粒较多,有滑腻感强,捻面光滑	1～2	中	无—慢	MH
中—高	灰黑色,无砂,滑腻感强,捻面光滑	<1	中—高	无—慢	MHO
高—很高	无砂感,滑腻感强,捻面有光泽,灰黑色者为CHO	<1	高	无	CH CHO

(三)简易描述

1. 在现场采样或试验开启时的描述内容

(1)巨粒土和粗粒土。描述通俗名称,土粒最大粒径,漂石粒、卵石粒、砾粒、砂粒组的含量,土颗粒形状(圆、次圆、棱角或次棱角),土颗粒的矿物成分,土的颜色和有机质,细粒土(黏土或粉土),土的代号和名称。

(2)细粒土。描述通俗名称,土粒最大粒径,漂石粒、卵石粒、砾粒、砂粒组的含量,潮湿时的颜色及有机质,土的湿度(干、湿、很湿或饱和),土的状态(流动、软塑、可塑或硬塑),土的塑性(高、中、低),土的代号和名称。

2. 根据土的不同用途分别描述内容

当作为填料时,描述天然含水率、有机质含量、粗细粒的搭配情况,不同土类的分布层次及范围;当作为地基时描述土的分布层次及范围、稠度状态、结构性和密度等。

单元思考

1. 土的工程分类依据是什么? 不同规范分类有什么异同?

2. 现场鉴别土的类别从哪些方面着手,依据什么手段?

小　结

(一)土的颗粒级配

两相邻分界粒径之间性质相近的土粒并成的组,称为粒组。土中各粒组的相对含量,用各粒组质量占土总质量的百分数表示,称为土的颗粒级配。不均匀系数和曲率系数也是判别土颗粒级配的指标。现行的土工试验规程中规定:当同时满足 $C_u \geqslant 5$ 和 $C_c = 1 \sim 3$ 时,称为级配良好的土;当不能同时满足这两个条件时,称为级配不良的土。级配良好的土,颗粒之间粗细搭配填充好,易被压实,因而土的密度较大,强度较高,渗透性和压实性较小。

(二)土的物理性质指标

土的密度随土的矿物成分、密实程度和孔隙水的含量而变化。土的密度由天然密度、干密度、饱和密度;单位体积土粒受到的重力称为土的重度,不同情况下的重度有天然重度、干重度、饱和重度和浮重度。干重度是评定土密实程度的指标,工程上常用其控制填土工程设计和施工质量。同一种土各种状态下的重度在数值上的关系是 $\gamma_{sat} > \gamma > \gamma_d > \gamma'$。

土的含水率是反映土干湿程度的指标。在天然状态下,土的含水率变化程度很大。砂性土的含水率一般为1%~40%;一般黏性土的含水率,风干时常为3%~6%,潮湿状态时为15%~60%;可塑性软黏土、淤泥或泥炭的含水率可高达100%~300%。

土粒质量与同体积4 ℃时纯水的质量之比称为土粒比重,其大小取决于土粒的矿物成分和有机质含量,一般为2.60~2.80,当土中含有有机质时,其值会减小。

土中孔隙体积(V_v)与土粒体积(V_s)之比称为孔隙比,土中孔隙体积(V_v)与总体积

(V)的比值称为孔隙率，两者都反映了土的孔隙特征。

饱和度 S_r 是土中水的体积(V_w)与孔隙体积(V_v)的比值百分数，反映土中孔隙被水充满的程度，$S_r=0$ 时为干土；$S_r=100\%$ 时为饱和土。

土的各物理指标之间的换算可以按照表 1-15 中公式计算，也可以从定义出发进行换算。

表 1-15 土的各物理指标换算关系

名 称	定义式	常用换算公式	单位
天然重度	$\gamma=\frac{W}{V}$	$\gamma=\gamma_d(1+\omega)$	kN/m^3
含水率	$\omega=\frac{m_w}{m_s}\times100\%$	$\omega=\frac{\gamma}{\gamma_d}-1$	
土粒比重	$G_s=\frac{m_s}{V_s\rho_w}$	$G_s=\frac{S_r e}{\omega}$	
干重度	$\gamma_d=\frac{W_s}{V}$	$\gamma_d=\frac{\gamma}{1+\omega}$	kN/m^3
孔隙比	$e=\frac{V_v}{V_w}$	$e=\frac{G_s\gamma_w}{\gamma_d}-1$	
孔隙率	$n=\frac{V_v}{V}\times100\%$	$n=\frac{e}{1+e}$	
饱和重度	$\gamma_{sat}=\frac{W_s+V_v\gamma_w}{V}$	$\gamma_{sat}=\gamma_d-n\gamma_w$	kN/m^3
浮重度	$\gamma'=\frac{W_s-V_s\gamma_w}{V}$	$\gamma'=\gamma_{sat}-\gamma_w$	kN/m^3
饱和度	$S_r=\frac{V_w}{V_v}\times100\%$	$S_r=\frac{\omega G_s}{e}$	

(三)土的物理状态指标

相对密实度 D_r 是判别砂性土密实程度的指标，砂土的密实度还可以用孔隙比或标准贯入锤击数评价。

黏性土在某一含水率时的软硬程度称为稠度，常用液性指数大小反映黏性土的稠度状态。黏性土在不同含水率情况下可能会有不同的状态，其状态除与土体的含水率有关，还与土的性质有关。塑性指数 I_P 反映了黏性土处在可塑状态时含水率的变化范围，其大小与黏性土中的土粒组成、黏粒含量及矿物成分有关。塑性指数可综合反映土的颗粒大小、矿物成分，并可用于土的分类，黏粒含量越高，I_P 也越大。

(四)黏性土的击实性

黏性土在一定击实功作用下，随含水率的变化而得到不同的击实干密度，击实曲线顶点对应最大干密度与最优含水率。最大干密度是确定填土设计指标的依据，最优含水率是填土施工控制的指标之一。工程施工中填筑土料的含水率一般控制在 $(0.98\sim1.03)\omega_{oP}$，质量检查时，往往用实际测定的干密度与最大干密度的比值(压实度)

作为填土质量控制指标。

影响土击实性的因素很多,主要有含水率、击实功及土的种类和级配。

(五)土的工程分类

土的分类目前还没有完全统一,不同部门有不同的分类方法和标准,但基本分类方法是一致的。粗粒土按照颗粒级配进行分类,细粒土按照塑性图或塑性指数进行分类。

练习题

1-1 按SL 237—1999的规定,试求出图1-20颗粒级配曲线①、②所示土中各粒组的百分比含量,并分析其颗粒级配情况。

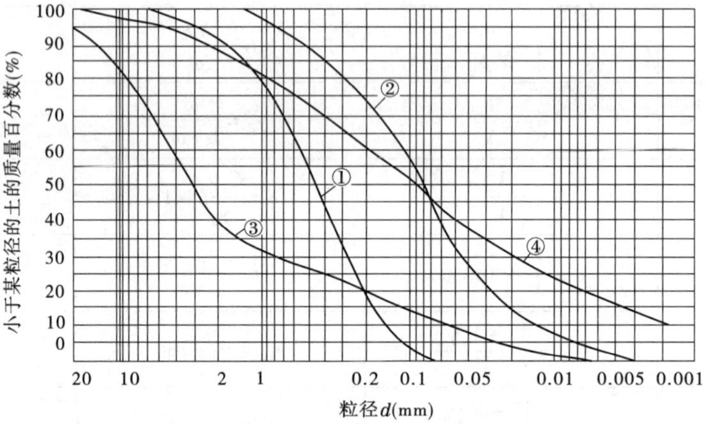

图1-20

1-2 使用体积60 cm^3 的环刀切取土样,测得土样质量为114 g,烘干后的质量为91.2 g,又经比重试验测得 $G_s = 2.70$,试求:①该土的湿密度 ρ、湿重度 γ、含水率 ω 和干重度 γ_d;②在1 m^3 土体中,土颗粒、水与空气所占的体积和质量。

1-3 试按三相草图推证下列两个关系式:

(1) $S_r = \dfrac{\omega G_s}{e}$

(2) $\gamma_d = \dfrac{G_s\gamma_w}{1+e} = \dfrac{G_s\gamma_w}{1-n}$

1-4 某原状土样,测出该土的 $\gamma = 17.8$ kN/m^3,$\omega = 25\%$,$G_s = 2.65$,试计算该土的干重度 γ_d、孔隙比 e、饱和重度 γ_{sat}、浮重度 γ' 和饱和度 S_r。

1-5 某饱和土样的含水率 $\omega = 40\%$,饱和重度 $\gamma_{sat} = 18.3$ kN/m^3,试用三相草图求它的孔隙比 e 和土粒比重 G_s。

1-6 有 A、B 两种土样,测得其指标如表1-16所示,试求:①哪一种土样的黏粒含量高?②哪一种土样的孔隙比 e 大?③哪一种土样的饱和重度 γ_{sat} 大?④用GB 50007—2011确定 A、B 土样的名称及状态。

表 1-16

土样	ω_L(%)	ω_P(%)	ω(%)	G_s	S_r(%)
A	30	12	45	2.70	100
B	29	16	26	2.68	100

1-7　某土料场土料的分类为低液限黏土“CL”，天然含水率 $\omega = 21\%$，土粒比重 $G_s = 2.70$，室内标准击实试验得到最大干重度 $\gamma_{dmax} = 18.5\ kN/m^3$，设计中取压实度 $P = 0.97$，并要求压实后土的饱和度 $S_r \leqslant 90\%$。问：碾压时土料应控制多大的含水率？土料的天然含水率是否适于填筑？

1-8　已测得图 1-20 中曲线③所示土的细粒部分土的液限 $\omega_L = 34.3\%$、塑限 $\omega_P = 19.5\%$，试分别用 SL 237—1999 和 GB 50007—2011 对其进行分类和定名。

1-9　根据试验测得图 1-20 中颗粒级配曲线④所示土的液限 $\omega_L = 31.5\%$、塑限 $\omega_P = 18.6\%$，试分别用 SL 237—1999 和 GB 50007—2011 对该土进行分类和定名。

项目二　土的渗透性

三基导学

(一)基本概念

渗流、土的渗透性、渗透系数、渗透变形、渗透速度、全断面流速、孔隙水应力、中性应力、有效应力、渗透力、管涌、流土、临界水力坡降、逸出水力坡降、允许水力坡降、流网、等势线、流线。

(二)基本原理

达西定律、有效应力原理。

(三)基本方法

抽水法、注水法、常水头试验、变水头试验,管涌和流土的判别方法,渗透变形防治方法,流网绘制方法。

教学基本要求

(一)达西定律

掌握达西定律及其适用条件、渗透系数 k 的物理意义。理解各种土体中的渗透规律。了解渗透速度与实际渗透速度的关系。

(二)渗透系数的测定

掌握渗透试验方法和适用条件。理解渗透系数的影响因素及各种土体渗透系数 k 的取值范围。了解成层土渗透系数的计算。

(三)渗透力与渗透变形

掌握渗透力的概念和计算,掌握渗透变形的基本形式及产生条件。理解渗透变形的判别方法及其防治措施。了解孔隙水应力与有效应力的概念。

能力培养目标

能根据具体情况判别渗透变形,并能选择恰当的处理方法。

能正确选择渗透试验方法,会测定土的渗透系数。

学习重点与难点

重点是达西定律表达式的物理意义及其适用条件,根据试验确定土体的渗透系数,判别渗透变形,选择恰当的处理方法。

难点是渗透变形的判别和处理。

案例及分析

某地修建一座水库,在砂卵石河床上用砂石料堆填挡水大坝,蓄水后水位下降严重,请分析原因,怎么预防?

分析:①坝体砂石料之间孔隙大,形成水流通道,水通过坝体流失引起水位下降;②砂卵石河床透水性较强,也会使水库中水量流失。总之,土体的透水性造成了水库不能正常发挥效益,所以要先了解土的透水性和渗透规律,根据原理采取相应预防措施。

任务一　土的渗透规律

问题引导:土体中为何会有渗流? 土体的渗流有什么规律? 达西定律成立的条件是什么? 何谓土的渗透系数? 影响土渗透性的因素有哪些?

一、渗流的概念

土是一种松散的固体颗粒集合体,土体内具有互相连通的孔隙,当有水头差作用时,水就会从水位高的一侧流向水位低的一侧。如图 2-1(a)所示,土坝蓄水后,水从上游透过坝身或坝基土体流向下游;又如图 2-1(b)所示,在上、下游水头差作用下,水从上游透过水闸地基土流向下游。这些都是水在土体中的渗流现象。

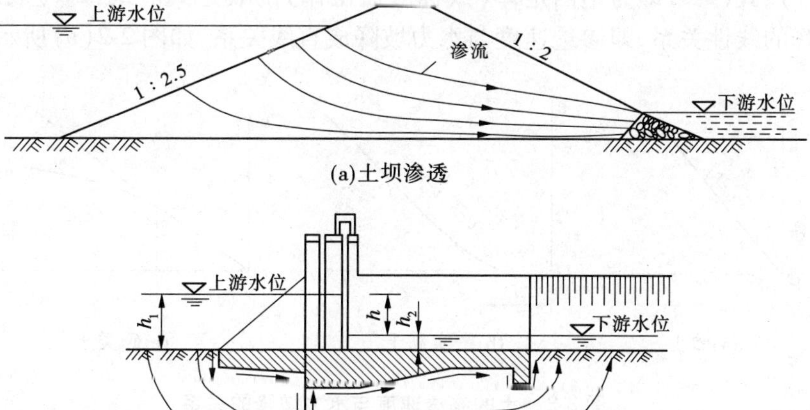

(a)土坝渗透

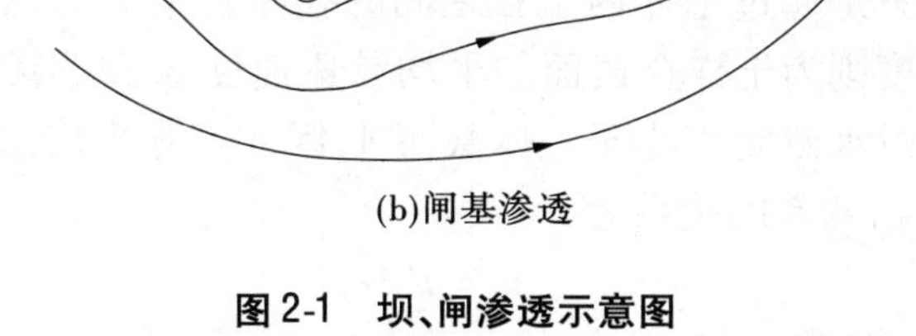

(b)闸基渗透

图 2-1　坝、闸渗透示意图

在水位差作用下,水穿过土中连通孔隙发生流动的现象,称为渗流。土体被水透过的性能,称为土的渗透性。渗流将会引起两方面的问题:一方面,渗漏造成水量损失,如挡水土坝的坝体、坝基的渗水,输水渠道的渗漏等,直接关系到工程的经济效益;另一方面,渗流将引起土体内部应力的变化,使土体产生渗透变形(或称渗透破坏),从而引起建筑物的破坏。如 1998 年大洪水,长江大堤多处险情都是由渗流造成的。为此,必须对土的渗透性、水在土中的渗透规律及其与工程的关系进行研究,从而为土工建筑物或地基的设计、施工提供必要的资料。

二、达西定律

早在1856年,法国工程师达西用渗透试验装置对不同粒径的砂土进行大量的试验研究,发现当渗流为层流状态时,水在砂土中的渗透速度与土样两端的水头差 h 成正比,而与渗径长度 L 成反比,即渗透速度与水力坡降成正比。可用下列关系式表示:

$$v = k\frac{h}{L} = ki \tag{2-1}$$

或

$$Q = kiA \tag{2-2}$$

式中 v——断面平均渗透速度,cm/s 或 m/d;

i——水力坡降,表示单位渗径长度上的水头损失 ($i = h/L$);

k——土的渗透系数,其物理意义是当水力坡降 $i = 1$ 时的渗透速度,与渗透速度的量纲相同,是表示土的渗透性强弱的指标;

Q——渗透流量,cm^3/s 或 m^3/d;

A——垂直于渗流方向的土样截面面积,cm^2 或 m^2。

式(2-1)、式(2-2)即为达西定律(或称渗透定律)的表达式。式(2-1)表示渗透速度与水力坡降的线性关系,即渗透速度与水力坡降成直线关系,如图2-2(a)所示。

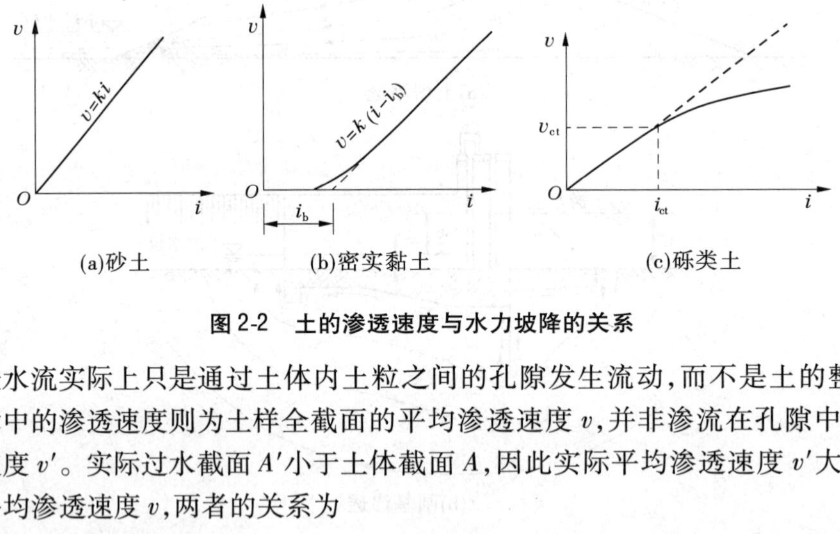

图2-2　土的渗透速度与水力坡降的关系

渗透水流实际上只是通过土体内土粒之间的孔隙发生流动,而不是土的整个截面。达西定律中的渗透速度则为土样全截面的平均渗透速度 v,并非渗流在孔隙中运动的实际渗透速度 v'。实际过水截面 A' 小于土体截面 A,因此实际平均渗透速度 v' 大于达西定律中的平均渗透速度 v,两者的关系为

$$v = nv' \tag{2-3}$$

式中 n——土的孔隙率。

三、达西定律的适用范围

达西定律是描述层流状态下渗透速度与水力坡降关系的基本规律,即达西定律只适用于层流状态。在土建工程中遇到的多数渗流情况均属于层流范围。如坝基和灌溉渠道的渗透量以及基坑、水井的涌水量的计算,均可以用达西定律来解决。研究表明,土的渗

透性与土的性质有关。

(1)对于密实的黏土,其孔隙主要被结合水所占据,当水力坡降较小时,由于受到结合水的黏滞阻力作用,渗流极为缓慢,甚至不发生渗流,只有当水力坡降达到某一数值,克服了结合水的黏滞阻力作用后,才能发生渗流。渗透速度与水力坡降呈非线性关系,如图2-2(b)中的实线所示。工程中一般将曲线简化为直线关系,如图2-2(b)中的虚线所示,并可用下式表示:

$$v = k(i - i_b) \tag{2-4}$$

式中　i_b——密实黏土的起始水力坡降。

(2)对于某些粗粒土(砾类土和巨粒土)中的渗流,只有在水力坡降小的情况下,渗透速度与水力坡降呈线性关系,符合达西定律。随着水力坡降的增大,水在土中的渗流呈现紊流状态,渗透规律呈非线性关系,此时达西定律不再适用,如图2-2(c)所示。

单元思考

1. 渗透速度与实际渗透速度有何关系?
2. 达西定律的含义是什么?适用于什么情况?
3. 为什么黏性土渗透试验要用变水头试验,变水头试验为什么不能用于砂土?

任务二　渗透系数的测定

问题引导:实验室测定渗透系数的方法有哪些,它们之间有何异同?现场如何测定土的渗透系数?影响渗透系数的因素有哪些?不同方向的渗透系数有何不同?

一、渗透系数的测定方法

渗透系数 k 是衡量土体渗透性强弱的一个重要力学性质指标,也是渗透计算时用到的一个基本参数。由于自然界中土的沉积条件复杂,渗透系数 k 值相差很大,因此渗透系数难以用理论计算求得,只能通过试验直接测定。

渗透系数测定方法可分为室内渗透试验和现场渗透试验两大类。室内渗透试验可根据不同类别的土,选择不同的仪器进行试验;现场渗透试验可采用试坑注水法(测定非饱和土的渗透系数)或抽水法(测定饱和土的渗透系数)进行试验。室内与现场渗透试验的基本原理相同,均以达西定律为依据。本任务将主要介绍室内渗透试验,对于现场渗透试验仅做简要介绍,可参考水文地质方面的书籍。

(一)室内测定渗透系数

室内渗透试验的仪器种类和试验方法较多,但按试验原理可划分为常水头试验法和变水头试验法两种。

1. 常水头试验法

常水头试验法适用于透水性较强的粗粒土。常水头试验法是指在整个试验过程中,水头保持不变。其试验装置如图 2-3 所示。前述达西渗透试验属于此种类型。

设土样渗径长度为 L,土样截面面积为 A,试验时的水头差为 h,这三项在试验前可以直接量测。试验中用量筒和秒表测定在某一时段 t 内流经土样的水量 V,由达西定律得

$$V = kiAt = k\frac{h}{L}At$$

即

$$k = \frac{VL}{hAt} \tag{2-5}$$

2. 变水头试验法

由于细粒土的渗透性很小,在短时间内流经土样的水量少,采用常水头试验法难以准确测定其渗透系数,因此细粒土(如粉土和黏性土)常采用变水头试验法测定渗透系数。

变水头渗透试验装置如图 2-4 所示,将土样的一端与一根带有刻度的直立细玻璃管(水头管)相连,细玻璃管的内横截面面积为 a。变水头试验法在整个试验过程中,水头差随时间不断变化,试验时分别量出某一时段 t 开始和结束时细玻璃管中的水头差(h_1、h_2)。

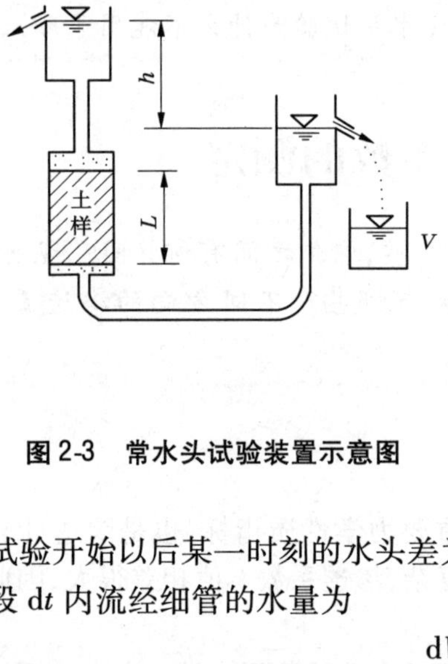

图 2-3　常水头试验装置示意图

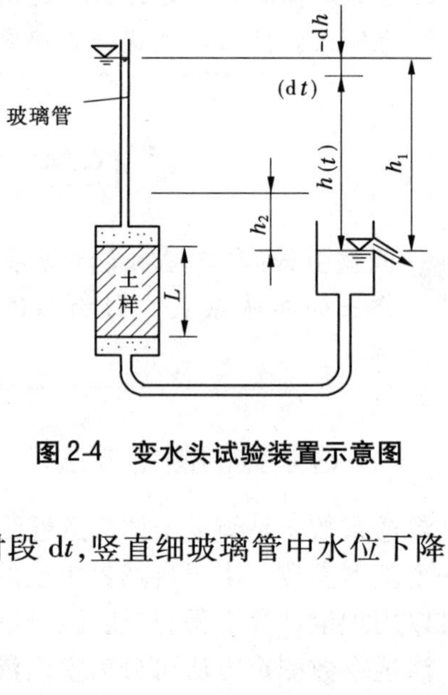

图 2-4　变水头试验装置示意图

设试验开始以后某一时刻的水头差为 h,经过时段 dt,竖直细玻璃管中水位下降 dh,则在时段 dt 内流经细管的水量为

$$dV = -a dh$$

式中,负号表示渗水量随水头差 h 的减小而增加。

根据达西定律,可得出在时段 dt 内流经土样的水量为

$$dV = kiAdt = k\frac{h}{L}Adt$$

由于在同一时段内流经土样水量与细管内减少的水量相等,即

$$kA\frac{h}{L} = -a\frac{dh}{dt}$$

分离变量后积分得

$$\frac{kA}{aL}\int_{t_1}^{t_2} dt = -\int_{h_1}^{h_2}\frac{dh}{h}$$

即可得出土的渗透系数为

$$k = \frac{aL}{A(t_2 - t_1)}\ln\frac{h_1}{h_2} \tag{2-6a}$$

或

$$k = 2.3\frac{aL}{A(t_2 - t_1)}\lg\frac{h_1}{h_2} \tag{2-6b}$$

应当指出,室内渗透试验要注意土样各向异性的特点。一般沉积土层水平方向与垂直方向的物质成分及结构等存在差异,使各向渗透性相差较大;由于土坝分层碾压施工,各向渗透性也存在差异。因此,在试验时必须使水流流经土样的方向与天然土层或坝体的渗流方向一致。

综上所述,渗透系数不仅可以用来判断土的渗透性,还可以作为选择坝体填筑土料的依据,而且用于计算坝身、坝基及渠道的渗水量,分析堤坝和基坑边坡的渗透稳定性及黏土地基的沉降历时等。因而,正确测定和应用这一力学性质指标,具有非常重要的实际意义。

(二)现场测定渗透系数

对于粗颗粒土或成层土,室内试验时不易取得原状土样,或者土样不能反映天然土层的层次或土颗粒的排列情况。这时,从现场试验得到的渗透系数将比室内试验准确。现场进行土的渗透系数测定通常采用井孔抽水试验或井孔注水试验两种方法。

1. 井孔抽水试验

井孔抽水试验是现场测定渗透系数的常用方法。现场井孔抽水试验多适用于均质粗粒土体,其试验示意图如图2-5所示,在现场打一口试验井(抽水孔),使其贯穿要测定渗透系数的砂土层,然后在距井中心不同距离处设置两个以上观测地下水位变化的观测孔。自井中以不变的速率连续抽水,抽水的过程中将使井周围的地下水迅速向井中渗透,造成试验井周围的地下水位下降。当稳定的渗流条件建立时,测定试验井和观测井的稳定水位可以画出测压管水位变化图形。测压管水头差形成的水力坡降使水流向试验井内。假定水流的流向是水平的,则流向试验井的渗流过水断面应该是一系列的同心圆柱面。

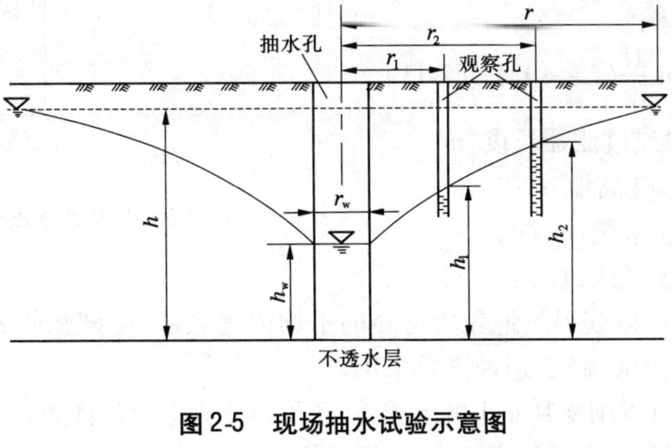

图2-5　现场抽水试验示意图

若测出的单位抽水量为 q,观测井孔距试验井轴线的距离分别为 r_1、r_2,两个观测孔内的水位高度分别为 h_1、h_2,根据达西定律即可求出土层的平均渗透系数。

围绕试验井取一过水断面,该断面距井中心的距离为 r,水面高度为 h,则过水断面的面积为

$$A = 2\pi rh \tag{2-7}$$

假使该过水断面上各处的水力坡降为常数,且等于地下水位在该处的坡降,则有

$$i = \frac{\mathrm{d}h}{\mathrm{d}r} \tag{2-8}$$

据达西定律,单位时间自试验井内抽出的水量即单位渗水量 q 为

$$q = Aki = 2\pi rhk\frac{\mathrm{d}h}{\mathrm{d}r} \tag{2-9}$$

于是可得

$$q\frac{\mathrm{d}r}{r} = 2\pi hk\mathrm{d}h$$

对上式两边进行积分,即

$$q\int_{r_1}^{r_2}\frac{dr}{r} = 2\pi k\int_{h_1}^{h_2}h\mathrm{d}h$$

从而可得土的渗透系数为

$$k = \frac{q\ln(r_2/r_1)}{\pi(h_2^2 - h_1^2)} \tag{2-10a}$$

若用常用对数表示,则式(2-10a)可变为

$$k = 2.3\frac{q\lg(r_2/r_1)}{\pi(h_2^2 - h_1^2)} \tag{2-10b}$$

2. 井孔注水试验

井孔注水试验的原理与井孔抽水试验的相似,只是以注水代替抽水,连续向试验孔内注水,直至形成稳定的水位和注入量,再以此数据进行土体渗透系数的计算。试验示意图如图 2-6 所示。渗透系数可按式(2-11)计算:

$$k = \frac{Q}{2\pi lS}\ln\frac{2l}{r_0}(l - 4r_0) \tag{2-11}$$

式中 l——试验段或过滤器长度,m;

S——孔中水柱高度,m;

Q——稳定注水量,m^3/d;

r_0——钻孔半径或过滤器半径,m。

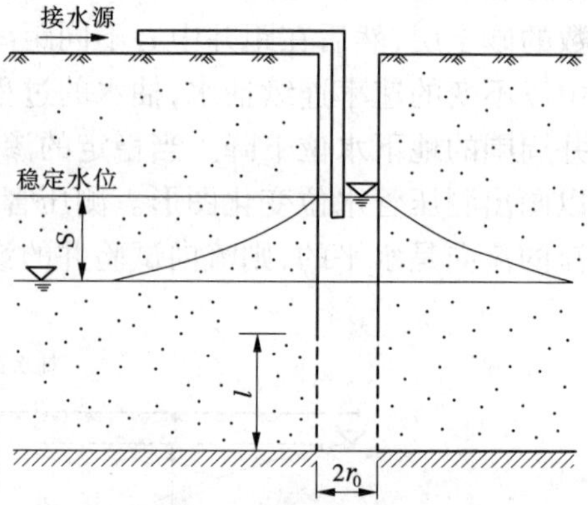

图2-6　井孔注水试验示意图

现场测定 k 值可以获得场地较为可靠的平均渗透系数,但试验所需费用较多,故要根据工程规模和勘察要求,确定是否需要采用。

渗透系数不仅可以用来判断土的渗透性,还可以作为选择坝体填筑土料的依据,而且可从用于计算坝身、坝基及渠道的渗流量,分析堤坝和基坑开挖边坡的渗透稳定性及黏土地基的沉降历时等。因而,正确测定和应用这一力学性质指标,具有非常重要的实际意义。

各种土的渗透系数参考值见表 2-1。

表 2-1 各种土的渗透系数参考值

土的类别	渗透系数 k		土的类别	渗透系数 k	
	m/d	cm/s		m/d	cm/s
黏土	<0.005	$<6\times10^{-6}$	细砂	1.0~5	$1\times10^{-3}\sim6\times10^{-3}$
粉质黏土	0.005~0.1	$6\times10^{-6}\sim1\times10^{-4}$	中砂	5~20	$6\times10^{-3}\sim2\times10^{-2}$
粉土	0.1~0.5	$1\times10^{-4}\sim6\times10^{-4}$	粗砂	20~50	$2\times10^{-2}\sim6\times10^{-2}$
黄土	0.25~0.5	$3\times10^{-4}\sim6\times10^{-4}$	圆砾	50~100	$6\times10^{-2}\sim1\times10^{-1}$
粉砂	0.5~1.0	$6\times10^{-4}\sim1\times10^{-3}$	卵石	100~500	$1\times10^{-1}\sim6\times10^{-1}$

二、影响渗透系数的主要因素

渗透系数表明了水在土中流动的难易程度,大小受土的颗粒级配、密实程度、水温等因素的影响。

(一)土粒大小与级配

土粒大小与级配直接决定土中孔隙的大小,对土的渗透系数影响最大。粗粒土颗粒愈粗、愈均匀、愈浑圆,其渗透系数则愈大。细粒土颗粒愈细、黏粒含量愈多,其渗透系数则愈小。

(二)土的密实度

同一种土,在不同密实状态下具有不同的渗透系数。土的密度增加,孔隙比变小,土的渗透性随之减小。因此,在测定渗透系数时,必须考虑实际土的密度状态,并控制土样孔隙比与实际相同,或者在不同孔隙比下测定土的渗透系数,绘出孔隙比与渗透系数的关系曲线,从中查出所需孔隙比下的渗透系数。

(三)水的温度

渗透系数直接受水的动力黏滞系数的影响。不同水温情况,水的动力黏滞系数变化较大。水温愈高,水的动力黏滞系数就愈小,水在土中的渗透速度则愈大。同一种土在不同的温度下,将有不同的渗透系数。在某一温度 T 下测定的渗透系数,应换算为标准温度(能使度量准确又能使测量仪器都具有正确指示的温度)20 ℃下的渗透系数,即

$$k_{20} = k_T \frac{\eta_T}{\eta_{20}} \tag{2-12}$$

式中 k_T、k_{20}——温度为 T 和 20 ℃时土的渗透系数;

η_T、η_{20}——温度为 T 和 20 ℃时水的动力黏滞系数,见《土工试验规程》(SL 237—1999)。

(四)封闭气体含量

土中封闭气泡的存在,使土的有效渗透面积减小,渗透系数降低。封闭气泡含量愈多,土的渗透性愈弱。渗透试验时,土的渗透系数受土体饱和度影响,饱和度低的土,可能有封闭气泡,渗透系数减小。为了保证试验的可靠性,要求土样必须充分饱和。

三、成层土的渗透系数

天然地基往往由渗透性不同的土层组成,其各向渗透性也不相同。对于成层土,应分

别测定各层土的渗透系数,然后根据渗流方向求出与层面平行或与层面垂直的平均渗透系数。

(一)与层面平行渗流情况

如图2-7所示,各层土的渗透系数为k_1、k_2、…、k_n,厚度为H_1、H_2、…、H_n,总厚度为H。若流经各层土单位宽度的渗流量为q_{x1}、q_{x2}、…、q_{xn},则总单宽渗流量q_x应为

$$q_x = q_{x1} + q_{x2} + \cdots + q_{xn}$$

根据达西定律有

$$q_x = k_x iH$$

$$q_{xi} = k_{xi} iH_i$$

式中　k_x——与层面平行的渗流平均渗透系数;

i——成层土的平均水力坡降。

对于平行层面的渗流,流经各层土相同距离的水头损失均相等,各层土的水力坡降亦相等。与层面平行渗流的平均渗透系数为

$$k_x iH = k_{x1} iH_1 + k_{x2} iH_2 + \cdots + k_{xn} iH_n$$

$$k_x = \frac{1}{H}(k_{x1}H_1 + k_{x2}H_2 + \cdots + k_{xn}H_n) \tag{2-13}$$

(二)与层面垂直渗流情况

如图2-8所示,流经各土层的渗流量为q_{y1}、q_{y2}、…、q_{yn},根据水流连续原理,流经整个土层的单宽渗流量应为

$$q_y = q_{y1} = q_{y2} = \cdots = q_{yn} \tag{1}$$

设渗流通过土层H的总水头为h,流经各土层的水头为h_1、h_2、…、h_n,则各土层的水力坡降为i_1、i_2、…、i_n,整个土层的平均水力坡降为i,根据达西定律可得各土层的渗流量与总渗流量,即

$$q_{yi} = k_{yi} i_i A = k_{yi} \frac{h_i}{H_i} A$$

$$h_i = \frac{q_{yi} H_i}{k_{yi} A} \tag{2}$$

$$q_y = k_y iA = k_y \frac{h}{H} A$$

$$h = \frac{q_y H}{k_y A} \tag{3}$$

式中　k_y——与层面垂直渗流的平均渗透系数;

A——渗流截面面积。

对垂直于层面的渗流,通过整个土层的总水头损失应等于各层水头损失之和,即

$$h = \sum h_i \tag{4}$$

将式(2)、式(3)代入式(4)中,经整理后可得与层面垂直渗流整个土层的平均渗透系数为

$$k_y = \frac{H}{\frac{H_1}{k_1} + \frac{H_2}{k_2} + \cdots + \frac{H_n}{k_n}} \tag{2-14}$$

比较式(2-13)与式(2-14)可知,成层土水平方向渗流的平均渗透系数取决于最透水土层的渗透系数和厚度;垂直方向的渗透系数取决于最不透水土层的渗透系数和厚度。因此,平行层面渗流的平均渗透系数总是大于垂直层面渗流的平均渗透系数。

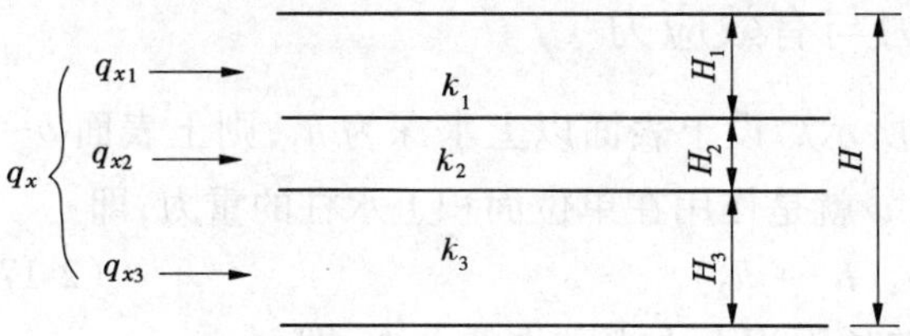

图 2-7　与层面平行渗流

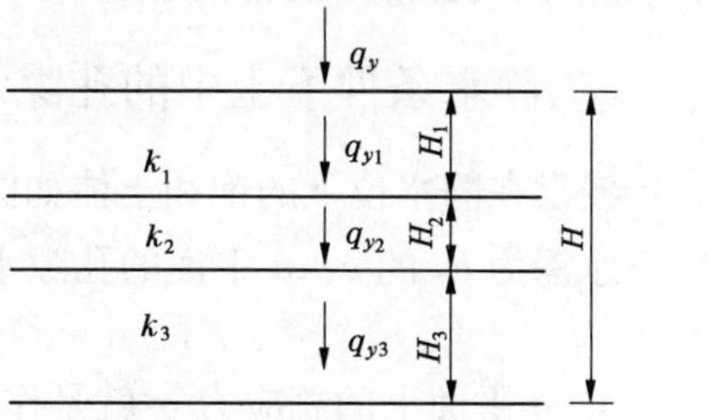

图 2-8　与层面垂直渗流

单元思考

1. 为何选用不同的渗透试验方法?各适用于什么情况?
2. 成层土渗透有何特点?如何利用?
3. 对渗透系数影响最大的因素是什么?

任务三　渗流作用下土的应力状态

问题引导:何谓有效应力原理,它表达了什么?孔隙水应力和有效应力与渗流有什么关系?什么是渗透力,对土体稳定有什么影响?

一、有效应力原理

在饱和土体中,孔隙水传递(或承担)的应力称为孔隙水应力,常以 u 表示。因为土中的孔隙是互相连通的,饱和土体中的孔隙水也是连续的,所以孔隙水应力与通常的静水压力一样,方向垂直于作用面,任一点的孔隙水应力各向都相等,其值等于该点的测压管水柱高度 h_w 与水的重度 γ_w 的乘积,即

$$u = \gamma_w h_w \tag{2-15}$$

只要已知某点的测压管水柱高度,即可求出该点的孔隙水应力。孔隙水应力不会使土体骨架发生变形,故又称为中性应力。

土体中,由土粒间接触面(或点)传递的应力,称为有效应力,常以 σ' 表示。该应力作用在土体骨架上,会引起土粒间的相互错动而使土体产生变形。由于土粒间接触面微小

且复杂,直接计算有效应力是不可能的,通常以间接的方法求解。

外荷载作用下,在某一平面上引起的总应力 σ,必将由该面上的孔隙水和土粒间接触面共同承担,即总应力应分解为孔隙水应力与有效应力,可表示为

$$\sigma = \sigma' + u \tag{2-16}$$

式(2-16)是由太沙基首先提出来的,称为有效应力原理。它表达了平面上的总应力、有效应力和孔隙水应力的关系。

二、静水条件下土中的孔隙水应力与有效应力

浸没在静水位下的饱和土体如图2-9所示。设土表面以上水深为 h_1,则土表面 $b—b$ 以下水深为 h_2 的 $a—a$ 平面的孔隙水应力 u 就是作用在单位面积上水柱的重力,即

$$u = \gamma_w(h_1 + h_2) \tag{2-17}$$

$a—a$ 平面上的总应力 σ 就是作用在单位面积上土水重力的合力,即

$$\sigma = \gamma_w h_1 + \gamma_{sat} h_2 \tag{2-18}$$

根据有效应力原理,$a—a$ 平面上的有效应力为

$$\sigma' = \sigma - u = (\gamma_w h_1 + \gamma_{sat} h_2) - \gamma_w(h_1 + h_2) = (\gamma_{sat} - \gamma_w) h_2 = \gamma' h_2 \tag{2-19}$$

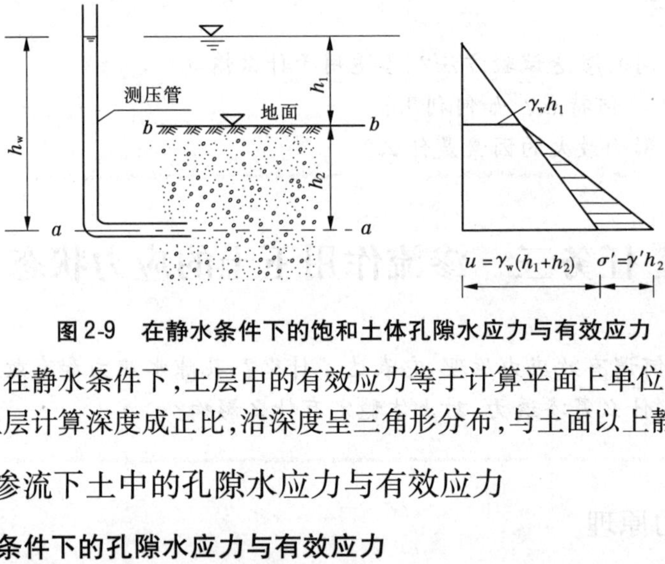

图2-9　在静水条件下的饱和土体孔隙水应力与有效应力

由此可见,在静水条件下,土层中的有效应力等于计算平面上单位面积土柱的有效重力,其大小与土层计算深度成正比,沿深度呈三角形分布,与土面以上静水位深度无关。

三、稳定渗流下土中的孔隙水应力与有效应力

(一)渗流条件下的孔隙水应力与有效应力

1. 渗流入口处发生向下渗流情况

如图2-10所示为溢流坝坝基在上、下游水头差作用下发生渗流的情况。a 点处的应力状态为

总应力　　$\sigma = \gamma_w h_1 + \gamma_{sat} h_2$

孔隙水应力　　$u = \gamma_w(h_1 + h_2 - h)$

有效应力　　$\sigma' = \sigma - u = \gamma_w h_1 + \gamma_{sat} h_2 - \gamma_w(h_1 + h_2 - h) = \gamma' h_2 + \gamma_w h$

2. 渗流出逸处发生向上渗流情况

图2-10中所示的 b 点处发生向上渗流,其应力状态为

总应力　　$\sigma = \gamma_w h_1' + \gamma_{sat} h_2'$

孔隙水应力　$u=\gamma_w(h_1'+h_2'+h')$

有效应力　$\sigma'=\sigma-u=\gamma_w h_1'+\gamma_{sat}h_2'-\gamma_w(h_1'+h_2'+h')=\gamma' h_2'-\gamma_w h'$

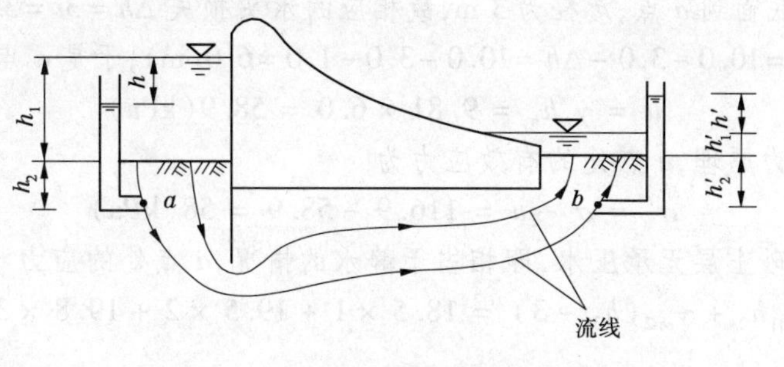

图 2-10　溢流坝坝基渗流

综上所述，在渗流作用下，土粒间传递的有效应力与渗流的方向有关。与静水情况相比，渗流向下时，使有效应力增加了 $\gamma_w h$（孔隙水应力相应地减少了 $\gamma_w h$）；当发生向上渗流时，使有效应力减小了 $\gamma_w h$（孔隙水应力相应地增大了 $\gamma_w h$）。这说明，在透水地基中有向下渗流作用时，因有效应力的增加，渗流对土体的稳定是有利的；当渗流向上作用时，因有效应力的减小，从而降低了土体的稳定性。

【例 2-1】　图 2-11 所示为一成层土的地质剖面。上层为砂土层，中部为黏土层，下部也为砂土层，但存在着承压水，测压管水头、地下水的位置及各土层情况如图 2-11 所示（假定承压水头全部损失在黏土层）。①试求图中 a 点的总应力、孔隙水应力和有效应力；②若下部砂层不存在承压水，情况又将如何？

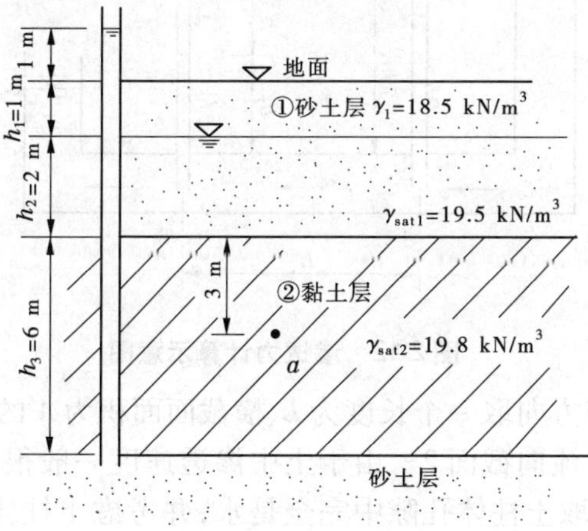

图 2-11　例 2-1 图

解：(1) 由于下部砂土层存在承压水，其测压管水头为 10 m，与地下水位之间的水头差为 2 m。此承压水在水头差的作用下，通过黏土层发生由下向上的渗流。a 点处的总应力为

$$\sigma=\gamma_1 h_1+\gamma_{sat1}h_2+\gamma_{sat2}(h_3-3)=18.5\times1+19.5\times2+19.8\times3=116.9(\text{kPa})$$

首先求出 a 点处的测压管水头 h_a，因承压水水头全部损失在黏土层，其渗径长度为 6

m,水头差为 2 m,所以水力坡降为

$$i = h/L = 1/3$$

渗流从黏土底面到 a 点,渗径为 3 m,故相应的水头损失 $\Delta h = 3i = 3/3 = 1.0(\text{m})$,则测压管的水头为 $h_a = 10.0 - 3.0 - \Delta h = 10.0 - 3.0 - 1.0 = 6.0(\text{m})$,于是 a 点的孔隙水应力为

$$u = \gamma_w h_a = 9.81 \times 6.0 = 58.9(\text{kPa})$$

根据有效应力原理,a 点处的有效应力为

$$\sigma' = \sigma - u = 116.9 - 58.9 = 58(\text{kPa})$$

(2)若下部砂土层无承压水,即相当于静水的情况,a 点处的应力状态为总应力

$$\sigma = \gamma_1 h_1 + \gamma_{sat1} h_2 + \gamma_{sat2}(h_3 - 3) = 18.5 \times 1 + 19.5 \times 2 + 19.8 \times 3 = 116.9(\text{kPa})$$

孔隙水应力

$$u = \gamma_w h'_a = 9.81 \times 5.0 = 49.1(\text{kPa})$$

有效应力

$$\sigma' = \sigma - u = 116.9 - 49.1 = 67.8(\text{kPa})$$

(二)渗透力

如图 2-12 所示,在一定水头作用下发生的渗流,当水在土体孔隙中流动时,将会受到土颗粒的阻力作用,从而引起水头损失。根据作用力与反作用力相等的原理可知,渗流必然对土颗粒产生一个相等的反作用力。常将渗流作用在单位土体中的土颗粒上的作用力称为渗透力,以 j 表示。

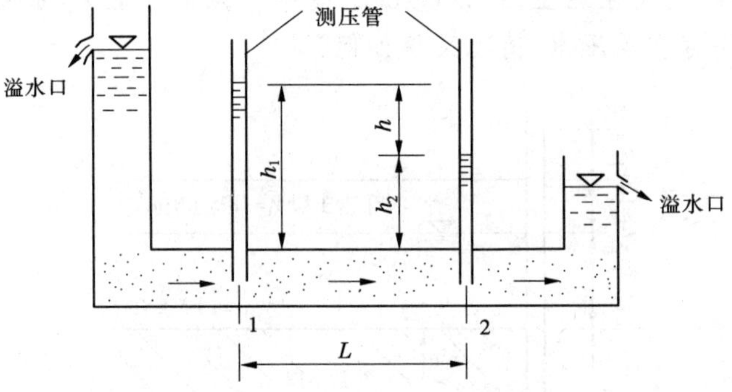

图 2-12　渗透力计算示意图

在图 2-12 中沿渗流方向取一个长度为 L、横截面面积为 A 的柱体来研究。因 $h_1 > h_2$,水头差为 h,水从截面 1 流向截面 2。由于土中渗透速度一般很小,其流动水流惯性力可以忽略不计。现假设所取土柱体孔隙中完全是水,并考虑土柱体中的土颗粒对渗流阻力影响,则作用于土柱体中水体上的力有:

(1)截面 1 上的总水压力 $P_1 = \gamma_w h_1 A$,其方向与渗流方向一致。

(2)截面 2 上的总水压力 $P_2 = \gamma_w h_2 A$,其方向与渗流方向相反。

(3)土柱体中的土颗粒对渗流水的总阻力 F,其大小应与总渗透力 J 相等,即 $F = J = jLA$,方向与渗流方向相反。

根据渗流方向力的平衡条件得

$$J = P_1 - P_2$$

或
$$jLA = \gamma_w (h_1 - h_2) A$$

则渗透力

$$j = \frac{h_1 - h_2}{L} = \gamma_w \frac{h}{L} = \gamma_w i \tag{2-20}$$

渗透力是一种体积力,单位为 kN/m^3,其大小与水力坡降成正比,方向与渗流方向一致。

由于渗透力的方向与渗流方向一致,因此它对土体稳定性有着很大的影响。如图2-13所示的水闸地基,渗流的进口处 A 点受到向下渗流的作用,渗透力与土的有效重力方向一致,渗透力增大了土有效重力的作用,对土体稳定有利;在渗流近似水平部位的 B 点处,渗透力与土的有效重力近似正交,它使土粒产生向下游移动的趋势,对土体稳定是不利的;在渗流的出逸处 C 点,受向上的渗流作用,渗透力与土的有效重力方向相反,渗透力起到了减轻土的有效重力的作用,对土体的稳定不利。渗透力愈大,渗流对土体稳定性的影响就愈大。在渗流出口处,当向上的渗透力大于土的有效重力时,土粒将会被渗流挟带向上涌出,土体失去稳定,发生渗透破坏。因此,在对闸坝地基、土坝、基坑开挖等情况进行土体稳定分析时,应考虑渗透力的影响。

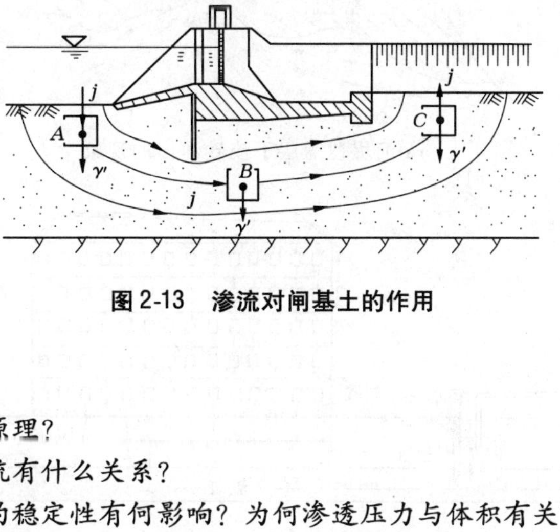

图2-13　渗流对闸基土的作用

单元思考

1. 何为有效应力原理?
2. 有效应力与渗流有什么关系?
3. 渗透压力对土的稳定性有何影响?为何渗透压力与体积有关?

任务四　渗透变形

问题引导:渗透变形有几种形式?各具有什么特征?何为临界水力坡降?如何判断土可能发生渗透破坏?渗透破坏有哪些防治措施?

土工建筑物及地基在渗流作用下,土体中的细颗粒被冲走或局部土体同时浮起而流失,导致土体变形或破坏的现象称为渗透变形(也称为渗透破坏)。土体渗透变形的实质就是由渗透力的作用而引起的。大量的研究和实践证明,单一土层渗透变形通常分为流土和管涌两种基本形式。

研究渗透变形的目的是弄清渗透变形的形式，确定濒临破坏时的水力坡降，从而合理地选择防止渗透变形的措施。

一、渗透变形的基本形式

（一）流土

流土是指在渗流作用下，局部土体隆起、浮动或颗粒群同时发生起动而流失的现象。流土一般发生在无保护的渗流出口处，而不发生在土体内部。开挖基坑或渠道时出现的所谓流砂现象，就是流土的常见形式。如图2-14（a）为河堤覆盖层下流砂涌出的现象，由于覆盖层下有一强透水砂层，堤内外水头差大，弱透水层薄弱处被冲溃，大量砂土涌出，危及河堤的安全；在图2-14（b）中，由于细砂层的承压水作用，当基坑开挖至细砂层时，在渗透力作用下，细砂向上涌出，出现大量流土，房屋地基不均匀变形，引起上部结构开裂，影响了正常使用。流土的发生一般是突发性的，对工程危害较大。

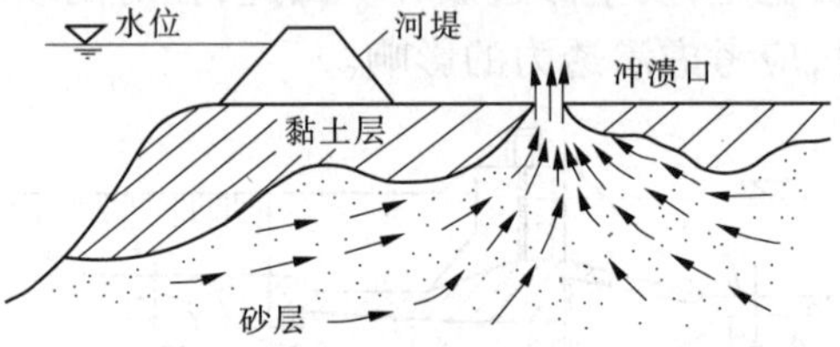

(a)河堤覆盖层下流砂涌出的现象

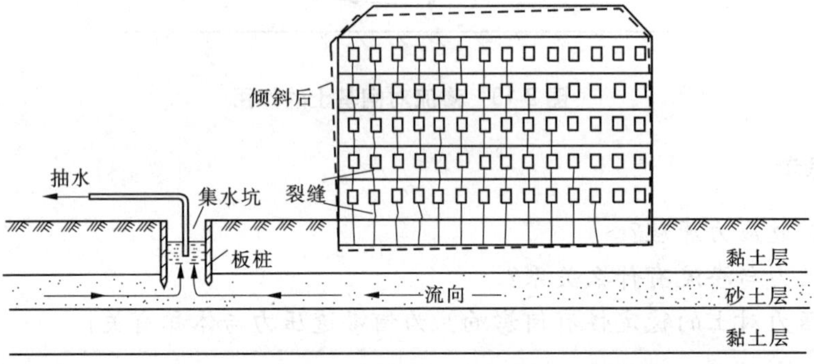

(b)流砂涌向基坑引起房屋不均匀下沉的现象

图2-14　流土的危害

（二）管涌

管涌是指在渗流作用下，土中的细颗粒通过粗颗粒的孔隙被带出土体以外的现象。管涌可以发生在土体的所有部位。如图2-15所示坝基发生管涌的现象，首先细颗粒在粗颗粒的孔隙中移动，随着土中孔隙的逐渐扩大，渗流速度不断增大，较粗的颗粒也被水流逐渐冲走，最后导致土体内部形成贯通的渗流通道，酿成

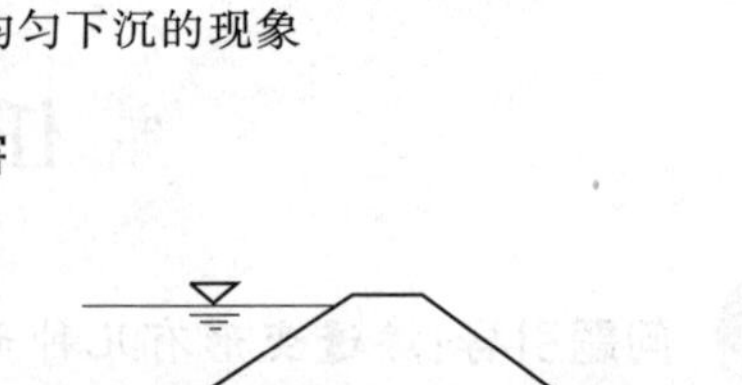

图2-15　坝基发生管涌的现象

溃坝(堤)的严重后果。由此可见，管涌的发生要有一定的发展过程，因而是一种渐进性的破坏。

渗透变形的两种基本形式是水力坡降较大的情况下，土体表现出来的两种不同破坏现象，渗透变形的形式与土的性质有关。一般黏性土，细颗粒呈粒团存在，颗粒间具有较大的黏聚力，且孔隙直径极小，细颗粒不会在孔隙中随渗流移动并带出，所以不会发生管涌破坏，而多在渗透坡降大时以流土形式出现。无黏性土的渗透变形形式主要取决于颗粒组成。研究表明，不均匀系数 $C_u \leqslant 10$ 的匀粒砂土，只可能出现流土破坏形式；$C_u > 10$ 的砂砾土，既可能发生管涌，也可能产生流土，主要取决于土的级配情况与细料含量。对于缺乏中间粒径的不连续级配土，其渗透变形形式主要取决于细料含量(细料含量是指级配曲线水平段下限的粒径)，当细料含量少于25%时，不能充满粗料所形成的孔隙，细颗粒可以很容易在孔隙中移动，渗透变形常以管涌形式出现；当细料含量在35%以上时，细料填满粗料孔隙，粗细料形成一个整体，细颗粒移动困难，多发生流土破坏。对于级配连续的不均匀土，根据试验研究，我国有些学者提出，用土的孔隙直径比较法，以判别土的渗透变形的形式。当土中有5%以上细颗粒的粒径小于孔隙平均直径，在较小的水力坡降下细颗粒将会被渗流所带走，而形成管涌破坏；当土中对应3%细颗粒的粒径大于孔隙平均直径时，细颗粒很少流失，不会发生管涌，渗透变形呈流土形式。

综上所述，无黏性土渗透破坏形式的判别准则可概括为下列形式：

$$
\text{天然无黏性土}\begin{cases}
\text{较均匀土}, C_u \leqslant 10 & \text{流土} \\
\text{不均匀土}, C_u > 10 \begin{cases}
\text{级配不连续}\begin{cases} P > 35\% & \text{流土} \\ P < 25\% & \text{管涌} \\ P = 25\% \sim 35\% & \text{过渡} \end{cases} \\
\text{级配连续}\begin{cases} D_0 < d_3 & \text{流土} \\ D_0 > d_5 & \text{管涌} \\ D_0 = d_3 \sim d_5 & \text{过渡} \end{cases}
\end{cases}
\end{cases}
$$

其中　P——级配曲线上断点以下对应颗粒含量，即为细料含量；

D_0　孔隙平均直径，可用 $D_0 = 0.25d_{20}$ 计算；

d_3、d_5、d_{20}——小于该粒径土粒含量为3%、5%、20%对应的粒径。

另外，无黏性土的渗透变形还与土的密度有关，有些土在较大密度下可能发生流土，而在小密度下则可能出现管涌。

二、流土和管涌的临界水力坡降

渗透破坏是当渗透水力坡降达到一定值后才可能发生的。土体开始发生渗透变形时的水力坡降，称为临界水力坡降(也称抗渗坡降)，它表示土抵抗渗透破坏的能力。土的临界水力坡降是评价土体或水工建筑物渗透稳定的重要参数，选用合理与否，直接关系到建筑物的造价和安全。对于重要工程，应尽可能结合实际条件通过试验确定，一般工程可用半经验公式确定。

(一)流土的临界水力坡降

如前所述，渗透力与渗透方向一致，在堤坝下游渗流逸出面处，若为一水平面，由渗流产生的向上的渗透力与土的重力方向相反。如果向上的渗透力足够大,就会导致流土的发生,其条件就是$j>\gamma'$。当渗透力与土的有效重力相等时,土体处于流土的临界状态,此时的水力坡降即为流土的临界水力坡降,用i_{cr}表示。于是可写成

$$j=\gamma'$$

临界状态时土的渗透力　$j=\gamma_w i_{cr}$

土的有效重度　$\gamma'=\dfrac{G_s-1}{1+e}\gamma_w=\gamma_{sat}-\gamma_w$

所以

$$i_{cr}=\frac{\gamma'}{\gamma_w}=\frac{G_s-1}{1+e}=\frac{\gamma_{sat}-\gamma_w}{\gamma_w} \tag{2-21}$$

由式(2-21)可知,流土的临界水力坡降取决于土的物理性质,当土的G_s和e已知时,该土的临界水力坡降即为一定值,一般为0.8~1.2。

流土往往发生在渗流的逸出处,如果工程中用渗流逸出处的水力坡降i与其临界水力坡降i_{cr}比较,即可判别流土的可能性。

若$i<i_{cr}$,则土体处于稳定状态,不发生流土;

若$i=i_{cr}$,则土体处于临界状态;

若$i>i_{cr}$,则土体发生流土。

在设计中,应考虑流土发生历时短及土的复杂性等因素,确保建筑物的安全,所以常将临界水力坡降除以适当的安全系数作为允许水力坡降[i],设计中将出逸处的水力坡降i控制在容许水力坡降[i]之内,即要求:

$$i\leqslant[i]=i_{cr}/K \tag{2-22}$$

式中　K——流土的安全系数,一般取2.0~2.5,《碾压式土石坝设计规范》(SL 274—2001)及《小型水利水电工程碾压式土石坝设计规范》(SL 189—2013)规定安全系数$K=1.5\sim2.0$。

(二)管涌的临界水力坡降

渗透力能带动细颗粒在孔隙中滚动或移动而开始发生管涌,也可以用临界水力坡降表示,但至今管涌的临界水力坡降尚无成熟的计算公式可循。对于重要工程,需通过渗透破坏试验确定,通常可按图2-16所示的管涌试验装置进行,试验时,可将水头逐渐升高,直至开始发生管涌。除目测细颗粒的移动判断外,还要建立水力坡降与渗透速度的关系来判断管涌是否发生。如图2-17所示,当水力坡降增至某一数值后(A点),$i\sim v$关系曲线明显转折,这说明细颗粒已被带出,孔隙通道加大,渗透速度随之增大。最后取其A点对应的水力坡降和肉眼观察到细颗粒移动时的水力坡降两者中的较小值,作为管涌临界水力坡降。

由于管涌临界水力坡降的影响因素较多,国内外学者对此进行了很多研究。对于中小型工程,无黏性土发生管涌的临界水力坡降,南京水利科学研究院提供的经验公式如下:

$$i_{cr}=\frac{42d_3}{\sqrt{\dfrac{k}{n^3}}} \tag{2-23}$$

式中　d_3——小于该粒径颗粒含量为3%所对应的粒径,cm;

n——孔隙比;

k——渗透系数,cm/s。

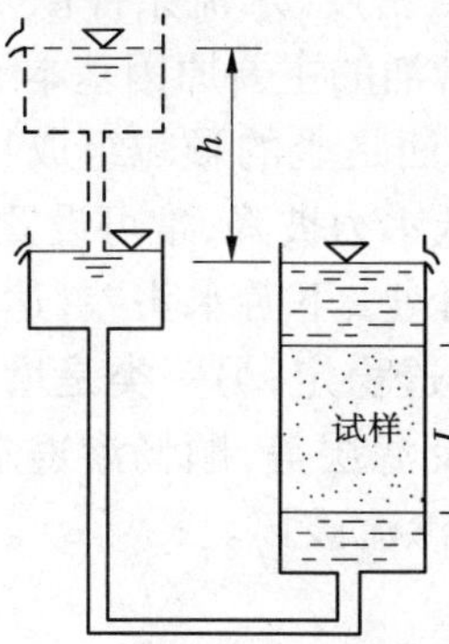

图 2-16 管涌试验装置示意图

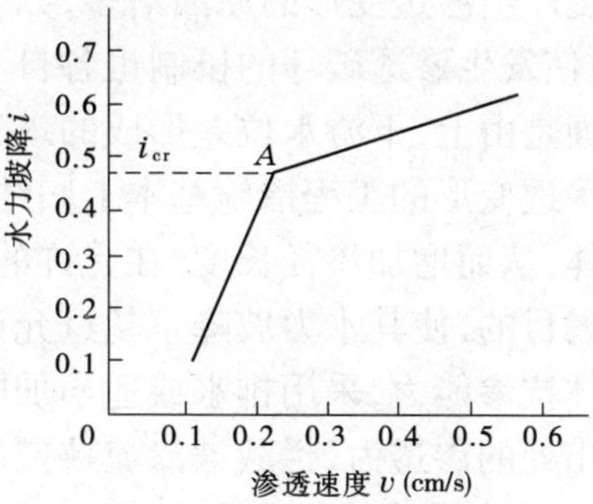

图 2-17 $i \sim v$ 关系曲线

伊斯托美娜根据理论分析,并结合一定数量的试验资料,认为管涌的水力坡降与土颗粒的不均匀程度有关,提出了无黏性土发生管涌临界水力坡降与不均匀系数的关系曲线,如图 2-18所示。C_u 愈大的土,发生管涌的 i_{cr} 愈小;渗流的水力坡降若超过图中曲线(在曲线上方),土将发生管涌。但仅以不均匀系数 C_u 值作为确定水力坡降的唯一指标,显然具有局限性。我国学者对级配连续与否的土进行了理论分析与试验研究,在此基础上提出了无黏性土发生管涌的临界水力坡降与允许水力坡降的范围值,列于表 2-2 中以供参考。

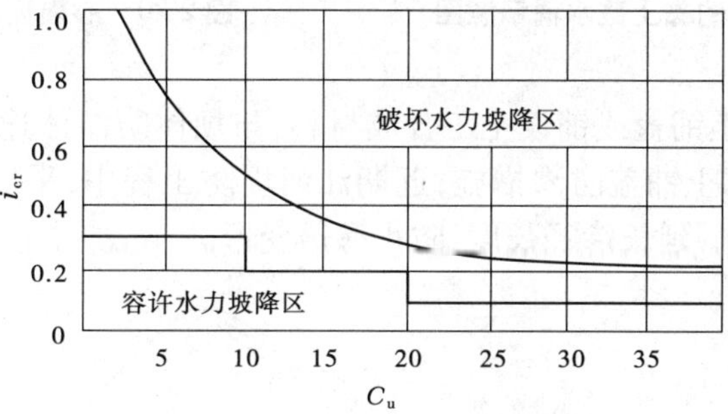

图 2-18 i_{cr}与 C_u的关系曲线

表 2-2 无黏性土管涌的水力坡降变化范围

水力坡降	级配连续土	级配不连续土
临界水力坡降 i_{cr}	0. 20 ~ 0. 40	0. 10 ~ 0. 30
容许水力坡降[i]	0. 15 ~ 0. 25	0. 10 ~ 0. 20

注:1. 表中数据只适用于渗流逸出处无反滤保护的情况;若有满足要求的反滤保护,则临界水力坡降要提高。

2. 表中小值适用于一、二级建筑物,大值可用于三、四级建筑物。

三、渗透变形的防治

土产生渗透变形的原因诸多,如土的类别、颗粒组成、密度、水流条件以及防渗、排渗等,致使发生渗透破坏的机制也各自不同,但产生流土、管涌的主要原因基本上有两方面:一方面是由上、下游水位差形成的水力坡降作用;另一方面是土的颗粒组成特性。因此,防治渗透变形的工程措施基本上归结为两类:一类是降低水力坡降,常可设置水平与垂直防渗体,从而增加渗径长度,在允许的条件下,也可以减小上、下游水头差,达到降低水力坡降的目的,使其水力坡降不超过允许值,保持土体的渗透稳定;另一类是增强渗流逸出处土体抗渗能力,采用排水或适当加固措施,如排水沟、反滤层等,顺畅渗透水流,减小下游逸出处的渗透力,拦截被渗流挟带的细颗粒,防止产生渗流破坏。

(一)水工建筑物防渗措施

(1)设置垂直防渗体延长渗径。截水槽如图2-19所示,混凝土防渗墙如图2-20所示,板桩和帷幕灌浆及新发展的防渗技术,如劈裂灌浆、高压定向喷射灌浆、倒挂井防渗墙等。

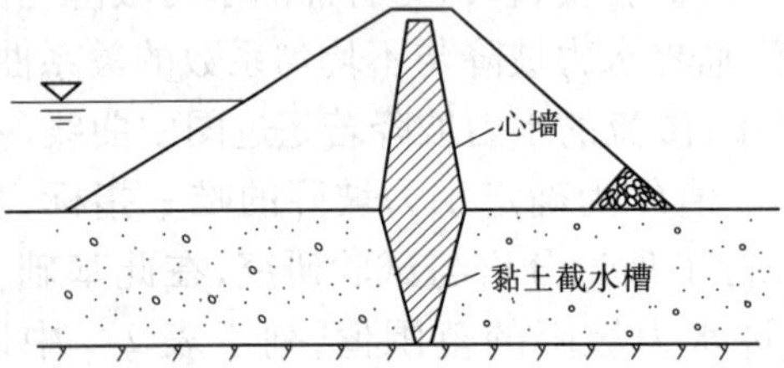

图2-19　心墙坝的黏土截水槽示意图

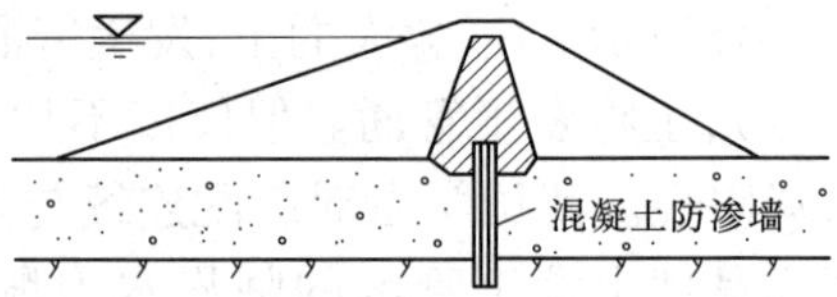

图2-20　心墙坝混凝土防渗墙示意图

(2)设置水平黏土铺盖或铺设土工合成材料,与坝体防渗体连接,延长渗径长度。如图2-21所示为坝体黏土铺盖防渗措施;近期江河堤防工程中,采取临河或背河吹填固堤的措施,通过增加堤宽,延长渗径长度,防止渗透变形。

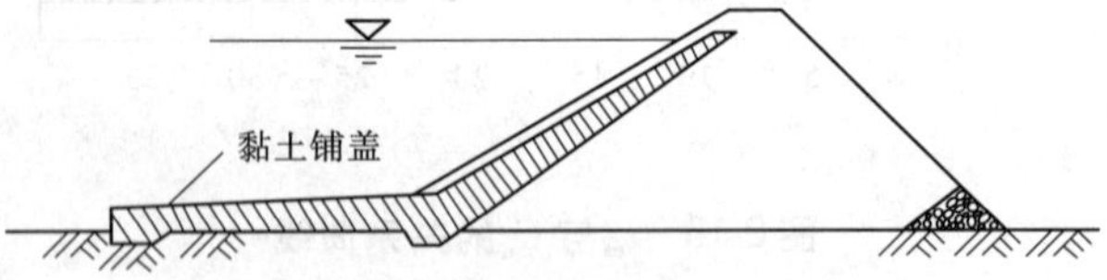

图2-21　水平黏土铺盖防渗措施示意图

(3)设置反滤层和盖重。在渗流逸出部位铺筑2~3层不同粒径的无黏性土料(砂、砾、卵石或碎石)即为反滤层,其作用是滤土排水。它是一项提高抗渗能力防止渗透变形很有效的措施。在下游可能发生流土的部位设置透水盖重,增强土体抵抗流土破坏的能力,如图2-22所示为水闸防渗。

(4)设置减压设备。减压措施常根据上面相对不透水层的厚薄采用排水沟或减压井切入下面不透水层中以减小渗透压力,提高抗渗能力。

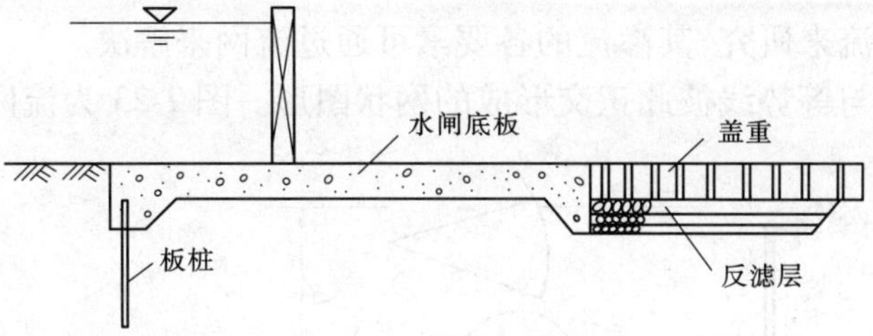

图2-22　水闸防渗措施示意图

(二)基坑开挖防渗措施

在地下水位以下开挖基坑时,若采用明式排水开挖,坑内外造成水位差,则基坑底部的地下水将向上渗流,地基中产生向上的渗透力,当渗透水力坡降大于临界水力坡降 i_{cr} 时,坑底泥沙翻涌,出现流砂现象,不仅给施工带来很大困难,甚至影响邻近建筑物的安全,所以在开挖基坑时要防止流砂的发生。其主要措施有:

(1)井点降水法,即先在基坑范围以外设置井点降低地下水位后再开挖,减小或消除基坑内外的水位差,达到降低水力坡降的目的。

(2)设置板桩,可增长渗透路径,减小水力坡降。板桩沿坑壁打入,其深度要超过坑底,使受保护土体内的水力坡降小于临界水力坡降,同时可以起到加固坑壁的作用。

(3)采用水下挖掘或枯水期开挖,也可进行土层加固处理,如冻结法、注浆法等。

在设计中,如何结合工程和地质情况分别或综合采取这些防渗措施及具体设计要求,将在有关的专业课中介绍。

单元思考

1. 渗透变形的基本形式有哪些?产生的条件是什么?
2. 什么是临界水力坡降?
3. 水工建筑物中常用的防治渗透变形的措施有哪些?
4. 为什么在基坑开挖时,与坑底接触的侧壁易发生流砂?

任务五　流网在渗流计算中的作用

问题引导:何谓流网?流网具有什么特征?流网有什么用途?如何利用流网进行渗流计算?

一、流网的特征

在简单边界条件下发生水平或垂直流动的单向渗流情况,水力坡降、渗透速度和渗流量等渗流要素可直接根据达西定律确定。但在工程中遇到的渗流,常常是边界条件复杂的二维或三维问题,如闸坝透水地基以及土坝坝身等的渗流,问题要比单向渗流复杂,通常将其作为二维渗流来研究,其渗流的各要素可通过流网来解决。

流网是由流线与等势线彼此正交形成的网状图形。图 2-23 为流网示意图。

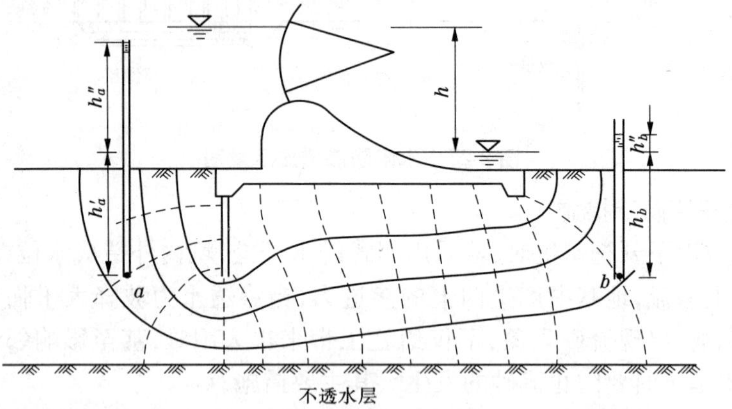

(a)坝基的流网

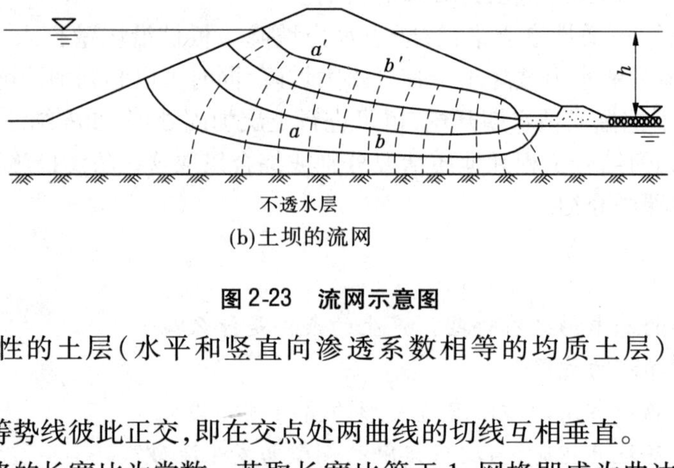

(b)土坝的流网

图 2-23　流网示意图

对于各向同性的土层(水平和竖直向渗透系数相等的均质土层),流网具有下列特征:

(1)流线与等势线彼此正交,即在交点处两曲线的切线互相垂直。

(2)各个网格的长宽比为常数。若取长宽比等于 1,网格即成为曲边正方形,这是最常见的一种流网。

(3)流网中各个流槽的渗透流量相等。

(4)任意两相邻等势线间水头损失相等。

由这些特征可知,流网中流线越密的部位流速越大,等势线越密的部位水力坡降越大。流网能够形象地表示出渗流的情况。

流网可以利用试验方法得出,也可由图解法绘制出。图解法绘制流网易于掌握,并能用于建筑物边界轮廓较复杂的情况,只要按照绘制流网的基本要求进行,精确度也可以得到保证,所以在工程上应用广泛。随着电子计算机的普及,目前多用有限元法编程绘制流网,其精度高、速度快,并且可以绘制三维渗流情况的流网。

二、流网的应用

流网绘好后，就可以直观地获得渗流要素的总体轮廓，并可计算确定渗流场中各点测压管水头、水力坡降、渗透速度、渗透力、渗透流量、孔隙水应力等。这里主要介绍根据流网确定水力坡降、渗透力和孔隙水应力。

（一）水力坡降的计算

根据流网特性可知，任意两相邻等势线间的水头损失相等。如图2-21中，上、下游的水头差为 h，等势线的间距数为 n，则相邻两条等势线之间的水头损失 Δh 为

$$\Delta h = h/n \tag{2-24}$$

每个网格沿流线方向的中线长度为 ΔL（可从图中量出），在流网中网格的水力坡降为

$$i = \Delta h/\Delta L \tag{2-25}$$

在地基的渗流稳定分析时，常需知道渗流的逸出坡降，由于某一点的逸出坡降难以求得，往往将渗流逸出处附近网格上的平均坡降作为逸出坡降。逸出坡降可用式(2-25)计算，式中的 ΔL 取渗流逸出处附近网格沿流线方向的中线长度。

（二）渗透力的计算

利用流网求出任一网格的水力坡降 i，按式(2 20)即可计算出该网格单位十体的平均渗透力，即

$$j = \gamma_w i = \gamma_w \Delta h/\Delta L \tag{2-26}$$

若任一个网格在两相邻流线间的平均长度为 ΔS，则作用在该网格范围内单宽土体上的渗透力，即

$$j_i = j_i \Delta L \Delta S = \gamma_w \Delta h \Delta S \tag{2-27}$$

j_i通过网格的形心，方向与流线平行。

作用在渗流场内的总渗透力 J 等于各网格渗透力的矢量之和，即

$$\vec{J} = \sum \vec{J_i}$$

总渗透力作用在渗流场面积的形心上。

在进行地基渗透变形分析时，渗流逸出处的渗透力应是渗流逸出处附近网格单位上体的渗透力，可用式(2-26)计算。

（三）孔隙水应力的计算

渗流场中任意一点的孔隙水应力，可以利用流网确定该点的测压管水头 h_u（水柱高度）来确定，即各点的孔隙水应力为

$$u = \gamma_w h_u \tag{2-28}$$

如图2-21(a)中的 a 点，测压管水头 $h_{ua} = h_a' + h_a''$，其中 h_a'为 a 点与下游静水位的高差，可从流网图中直接量得，h_a''为测压管水位与下游静水位高差，应比上游水头低 n 个 Δh，即 $h_a'' = h - n\Delta h$。

上述各渗流要素常用于有渗流作用下的地基与土坡的渗透和抗滑稳定性分析。

【例2-2】 图2-24所示地基土的土粒比重 $G_s = 2.7$，孔隙比 $e = 0.65$，试确定：①若 a 点位于上游地基表面以下3 m，a 点孔隙水应力为多少？②网格1243的平均渗透力为多

大？③渗流出逸处1、2之间是否会发生流土？

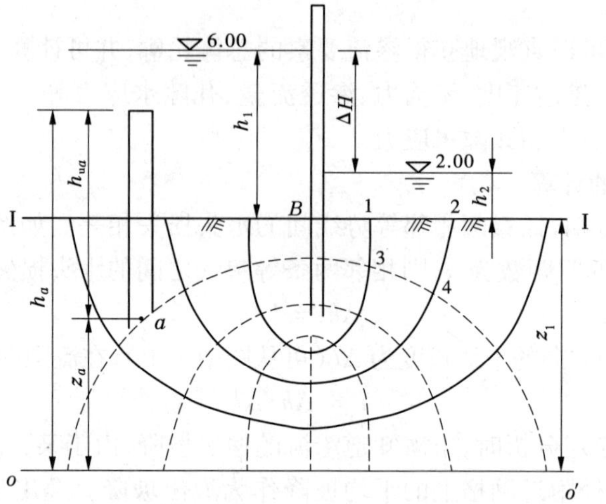

图2-24 例2-2图

解：(1)图中的流网等势线数 $n=9$，上、下游水位差 $h=h_1-h_2=4(\mathrm{m})$，则相邻等势线间的水头损失 $\Delta h=h/(n-1)=4/8=0.5(\mathrm{m})$，$a$ 点位于第2条等势线上，即 $n=2$，则 a 点的测压管水柱高度为

$$h_{ua}=h_a-z_a=h_1+(z_1-z_a)-(n-1)\Delta h=6+3-(2-1)\times 0.5=8.5(\mathrm{m})$$

a 点孔隙水应力为

$$u_a=\gamma_w h_{ua}=9.81\times 8.5=83.4(\mathrm{Pa})$$

(2)从图上直接量出网格1243的平均渗径长度 $\Delta L=2.5\ \mathrm{m}$，而任一网格水头损失 $\Delta h=0.5\ \mathrm{m}$，其平均渗透力为

$$j=\gamma_w i=\gamma_w \Delta h/\Delta L=9.81\times 0.5/2.5=1.96(\mathrm{kN/m^3})$$

(3)流土的临界水力坡降，按式(2-21)计算

$$i_{cr}=\frac{G_s-1}{1+e}=\frac{2.7-1}{1+0.65}=1.03$$

地面处网格1243的逸出坡降 $i=\dfrac{\Delta h}{\Delta L}=\dfrac{0.5}{2.5}=0.2$，则地面处抵抗流土破坏安全系数为

$$K=\frac{i_{cr}}{i}=\frac{1.03}{0.2}=5.15>2\sim 2.5$$

因此，在渗流逸出处1、2之间不会发生流土。

单元思考

1. 流线和等势线的物理意义是什么？
2. 流网有什么特点？在工程中有何应用价值？

小　结

(一)达西定律

在水头差的作用下,水穿过土中相互连通的孔隙发生流动的现象称为渗流。土体被水透过的性质称为土的渗透性,其大小反映了水通过土中相互连通孔隙中流动的难易程度,渗流引起土体内部应力的变化,常造成土工建筑物及地基产生渗透破坏。达西定律揭示了在渗流为层流情况渗透速度与水力坡降成正比。

(二)渗透系数及其测定

当水力坡降 $i=1$ 时的渗透速度称为土的渗透系数 k,渗透系数是表示土的渗透性强弱的一个重要力学性质指标,也是渗流计算的一个基本参数。土粒大小与级配、土的密实度、水的温度、封闭气体含量等都会影响渗透系数。室内测定黏性土的渗透系数时常用常水头法,测定粗粒土渗透系数时常用变水头法;现场测定时可用注水法或抽水法。

(三)渗流作用下的应力状态

通过孔隙水传递的应力称为孔隙水压力,通过土骨架传递的应力称为有效应力,渗流向下时土中有效应力增大,渗流向上时土中有效应力减小。渗流作用在单位土体中土颗粒上的作用力称为渗透力 j,渗透力是一个体积力(kN/m^3),其大小与水力坡降成正比,方向与渗流方向一致。

(四)渗透变形及其防治

渗透变形的基本形式有流土和管涌。流土是在渗流作用下,局部土体隆起、浮动或颗粒群同时发生移动而流失的现象;管涌是在渗流作用下,土中的细颗粒通过粗颗粒的孔隙被带出土体以外的现象。流土一般发生在无保护的渗流出口处,而不发生在土体内部,它的发生一般是突发性的;管涌可以发生在土体的所有部位,它的发生是一种渐进性破坏。不同的土体发生渗透变形的种类不同,任何种类的土,只要水力坡降达到临界水力坡降 i_{cr},就可能会发生渗透变形。

流土的防渗措施:设置垂直防渗体延长渗径;在上游设置水平防渗体,延长渗径长度;下游挖减压沟或打减压井,贯穿渗透性小的黏性土层,以减小作用在黏性土层底面的渗透力;下游渗流逸出处设透水盖重,以防止土体被渗透力浮起冲走。

管涌的防渗措施:改变水力条件,降低土层内部和渗流逸出处的水力坡降;改变几何条件,在渗流逸出部位铺设反滤层(1~3 层不同粒径的无黏性土料),滤土排水。

(五)流网在渗流计算中的作用

流网是由流线与等势线两组彼此正交的曲线形成的网状图形。流网的特征是:流线与等势线彼此正交,各个网格的长宽比为常数,流网中各个流槽的渗流量相等,任意两相邻等势线间水头损失相等。流网中可以直观地获得渗流要素的总体轮廓,并可计算确定渗流场中各点测压管水头、水力坡降、渗透速度、渗透力、渗流量、孔隙水应力等。

练习题

2-1　室内做常水头渗透试验。土样截面面积为 70 cm^2,两测压管间的土样长为 10

cm,两端作用的水头为 7 cm,在 60 s 时间内测得渗透水量为 100 cm^3,水温为 15 ℃。试计算渗透系数 k_{20}。

2-2　对一原状土样进行变水头渗透试验,土样截面面积为 30 cm^2,长度为 4 cm,水头管截面面积为 0.3 cm^2,观测开始水头为 160 cm,终了水头为 150 cm,经历时间为 5 min,试验水温为 12.5 ℃,试计算渗透系数 k_{20}。

2-3　图 2-25 所示土层剖面,下部砂土层中存在承压水,其测压管水位高出地面 2 m,试确定 A、B 两点的总应力、孔隙水应力和有效应力。

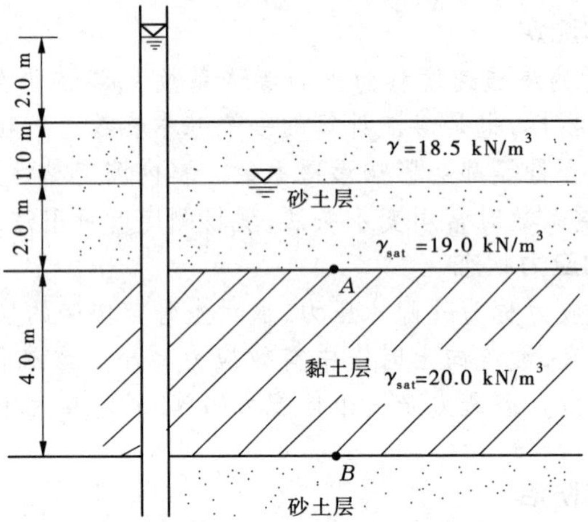

图 2-25

2-4　图 2-26 所示为板桩围堰。已知基坑土质为细砂,土粒比重为 2.70,孔隙比为 0.7。若防止细砂发生流砂的安全系数为 1.5,试问板桩的最小打入深度 t 为多少?

2-5　图 2-27 所示水闸地基流网图。地基土的土粒比重为 2.70,孔隙比为 0.6,饱和重度为 19.8 kN/m^3,a 点至地面的垂直距离为 4 m,试求:①a 点的孔隙水应力和有效应力;②网格 1234 中的渗透力;③渗流逸出处 1、2 之间是否发生流土? 其抵抗流土的安全系数为多少?

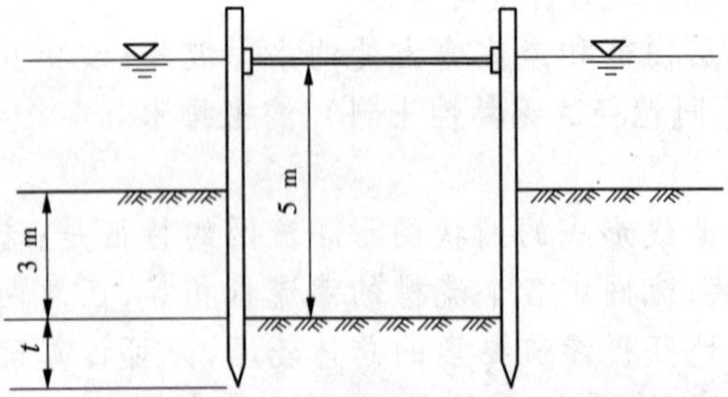

图 2-26

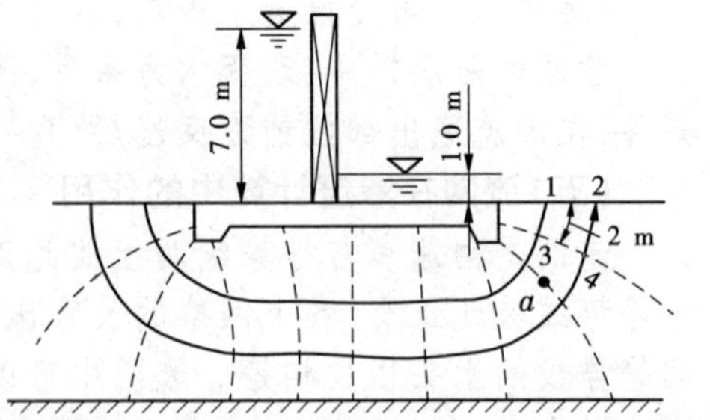

图 2-27

项目三　土中应力

三基导学

（一）基本概念

自重应力、附加应力、基底压力、基底附加压力、应力扩散、应力积聚、等值线图、空间问题、平面问题、相邻基础影响。

（二）基本原理与规律

叠加原理，附加应力分布规律，自重应力分布规律。

（三）基本方法

基底压力简化计算法，附加应力计算的叠加法。

教学基本要求

（一）土的自重应力

掌握土的自重应力概念、计算方法及其分布形态和规律。理解地下水对自重应力的影响。了解自重应力与地基变形的关系。

（二）基底压力

掌握刚性基础和柔性基础的基底压力计算方法、基底附加压力的概念及其计算。了解基底压力的分布规律及其影响因素。

（三）地基中附加应力

掌握矩形基础利用综合角点法计算附加应力的方法以及条形基础下地基中的附加应力的计算方法。理解应力的积聚和扩散现象，理解附加应力的分布规律。

能力培养目标

（1）能正确计算土体自重应力，并会分析地下水位变化对土体变形的影响。

（2）能运用附加应力计算方法分析计算一般建筑物的地基附加应力。

（3）会分析相邻建筑物之间的影响。

学习重点与难点

重点是自重应力计算、附加应力概念和分布规律、竖直均布荷载作用下的附加应力计算、地下水位变化对地基应力的影响、相邻建筑物之间的影响等。

难点是空间问题中用综合角点法计算非角点的附加应力。

案例及分析

某地基为均质土体，重度 $\gamma = 20\ \mathrm{kN/m^3}$，一矩形基础埋深 2 m，底面面积 2 m×4 m，上部荷载及基础自重引起的基底压力为 200 kPa。基底处的应力有何变化？基底以下土体中的应力有何变化？地基中的附加应力分布如何？

分析:基础修建之前基础底面处埋在土体2 m以下,受自重应力的作用,基础施工时开挖2 m,卸去了自重应力,基础修建后基底压力为200 kPa,而此处增加的应力为基底压力扣除自重应力以后的剩余部分,即基底附加压力。基底以下土体中的应力变化是由基底附加应力引起的,可以通过计算得到任意点处的应力变化值(附加应力)。

土体在自身重力、建筑物荷载或其他因素(如土中水的渗流、地震等)作用下,均可产生应力,由此将引起土体或地基的变形,使建造在土体上的建筑物(如土坝、路堤、房屋、桥梁等)发生下沉、倾斜等。若变形超过允许值,则往往会影响建筑物的正常使用,甚至会使建筑物遭到破坏;若土中应力超过土的强度,则将导致土体破坏使其失去稳定性。因此,掌握土中应力的大小及分布规律,是研究土体强度、变形及进行稳定性分析的基础。

土中应力按其起因分为自重应力和附加应力:①土的自重应力是指土体由自身重力作用所产生的竖直方向上的应力。成土年代悠久的土体在自重作用下已经压缩稳定或完全固结,自重应力不再引起地基的变形。若成土年代不久,如新近沉积土或近期人工填土,在自重作用下尚未压缩稳定或未完成固结,则自重应力将使土体进一步产生变形。②土中的附加应力是指受外荷载(建筑物荷载、堤坝荷载、交通荷载等)作用前后土体中应力变化的增量。它是引起地基变形和导致土体破坏而失去稳定的外因。因此,研究地基变形与稳定问题,必须明确地基中附加应力的大小和分布。

任务一　土的自重应力

问题引导:土的自重应力有何特点?如何计算?成层土体中自重应力如何计算?地下水对土体自重应力有何影响?自重应力分布有什么特点?

一、均质土层中的自重应力

在计算土体自重应力时,通常把土体(或地基)视为均质、连续、各向同性的半无限体。在半无限土体中任意竖直面和水平面上剪应力均为零,土体内相同深度各点的土体自重应力相等。如图3-1(a)为均质天然地基,重度为γ,在任意深度z处的水平面上任取一单位面积的土柱进行分析。由土柱的静力平衡条件可知,z深度处的竖向自重应力(简称自重应力)应等于单位面积上的上覆土柱的有效重力,即

$$\sigma_{cz} = \gamma z \tag{3-1}$$

σ_{cz}沿水平面均匀分布,且与z成正比,所以σ_{cz}随深度z线性增加,呈三角形分布,如图3-1(b)所示。

土体在自重作用下除有竖向的自重应力σ_{cz}外,还作用有水平向应力σ_{cx}、σ_{cy}。在半无限弹性体内,土不可能发生侧向变形,水平向自重应力σ_{cx}、σ_{cy}相等,且与σ_{cz}成正比,而剪应力为零,即

$$\sigma_{cx} = \sigma_{cy} = k_0\sigma_{cz} \tag{3-2}$$

式中　k_0——土的静止侧压力系数(或称静止土压力系数),表示土体在无侧向变形条件下,水平向应力与竖向应力的比值,可由试验确定,当无试验资料时,可参考经验数值确定。

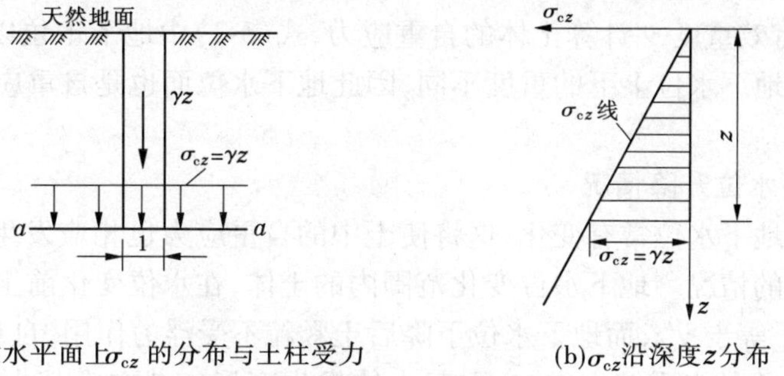

(a)任意水平面上σ_{cz}的分布与土柱受力　(b)σ_{cz}沿深度z分布

图 3-1　均质土中竖向自重应力

二、成层土的自重应力

一般情况下,土体由不同性质的成层土组成,如图 3-2 所示。若各层土的重度分别为 γ_1、γ_2、…、γ_n,相应土层的厚度为 h_1、h_2、…、h_n,则地基中第 n 层底面处的竖向自重应力应等于各层土自重应力的总和,即

$$\sigma_{cz} = \gamma_1 h_1 + \gamma_2 h_2 + \cdots + \gamma_n h_n = \sum_{i=1}^{n} \gamma_i h_i \tag{3-3}$$

式中　γ_i——第 i 层土的天然重度,地下水位以下的土层取 γ_i',kN/m^3;

　　　h_i——第 i 层土的厚度,m。

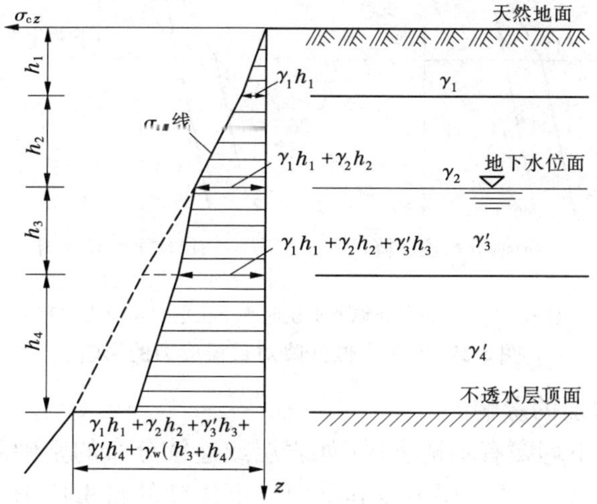

图 3-2　成层土中自重应力分布

由式(3-3)与图 3-2 可看出,由于各层土的重度不同,所以成层土中自重应力沿深度呈折线分布,转折点位于土层分界面处。

三、地下水对土自重应力的影响

(一)有地下水存在的情况

当土层中有地下水存在时,计算地下水位以下土的自重应力,应考虑水对土颗粒的浮力作用,采用有效重度γ'计算土体的自重应力,式(3-3)中地下水位以下γ_i取γ_i'的原因就在于此。由于地下水位上下的重度不同,因此地下水位面也是自重应力分布线的转折点,如图3-2所示。

(二)地下水位升降情况

土层中的地下水位常有变化,这将使土中的自重应力也相应发生变化。图3-3(a)为地下水位下降的情况。地下水位变化范围内的土体,在水位变化前土颗粒受浮力作用,土的自重应力σ_{cz}等于$\gamma' z$,而地下水位下降后土颗粒不受浮力作用,自重应力σ_{cz}等于γz,因为$\gamma > \gamma'$,所以土的自重应力增加,引起土体发生变形。若在土基中大量开采地下水,会造成地下水位大幅度下降,还将会引起地面大面积下沉的严重后果。

图3-3(b)为地下水位上升的情况。一般发生在人工提高蓄水水位的地区(如筑坝蓄水)或工业用水大量渗入地下的地区。由于地下水位上升使原来未受浮力作用的土颗粒受到了浮力作用,致使土的自重应力减小。地下水上升除引起自重应力减小外,还将引起黏性土地基承载力降低、自重湿陷性黄土湿陷、挡土墙侧向压力增大、土坡的稳定性降低等。

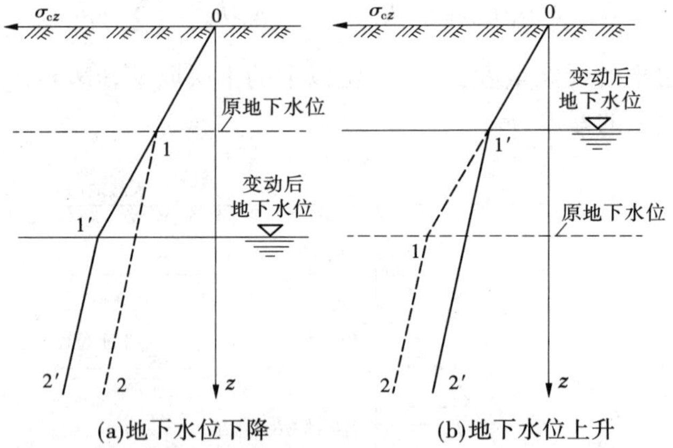

注:图中虚线表示原地下水位时水下土的自重应力分布

图3-3　地下水位升降对自重应力的影响

(三)相对不透水层的影响

若在地下水位以下埋藏有不透水层(如岩层或连续分布的坚硬黏土层),因不透水层中不存在水的浮力,所以不透水层面及其层面以下深度的自重应力应按上覆土层的土水总重力计算。因此,在不透水层界面上的自重应力发生突变,具有两个自重应力值。

四、土坝或土堤的自重应力

土坝或土堤等土工建筑物，由于不属于半无限体，坝身和坝基的受力条件较复杂。通常可简化计算，仍假定土坝断面中任一深度处一点的自重应力等于该点以上土体有效重力，则仍按式(3-3)计算。按此简化计算土坝坝身和坝基表面处的自重应力，其分布如图3-4所示。要求精确计算土坝中的自重应力时，可采用有限元法。

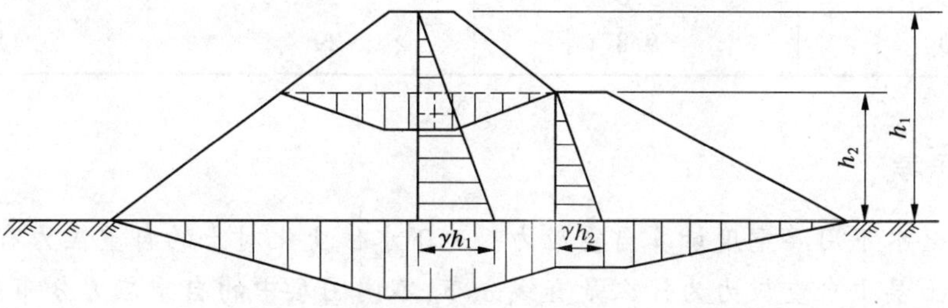

图3-4 土坝坝身与坝基的自重应力分布

【例3-1】 某地基土层剖面如图3-5所示，试计算各分层面处的自重应力，并绘制自重应力 σ_{cz} 沿深度的分布图。

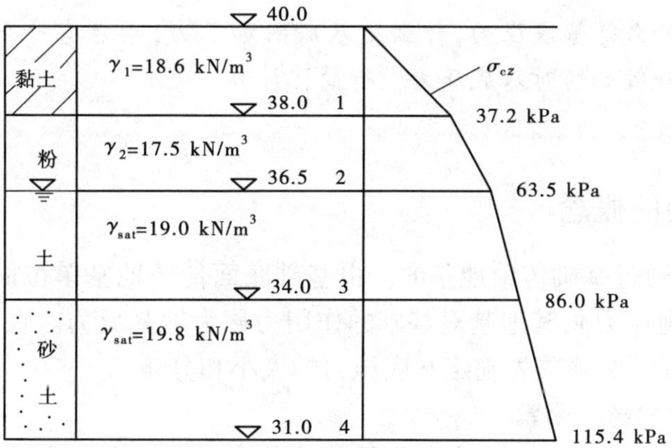

图3-5 例题3-1图

解：按题中所给资料，根据式(3-3)计算如下：

38.0 m 高程处，$h_1=2.0$ m，则

$$\sigma_{cz1}=\gamma_1 h_1=18.6\times 2.0=37.2(\text{kPa})$$

36.5 m 高程处，$h_2=1.5$ m，则

$$\sigma_{cz2}=\gamma_1 h_1+\gamma_2 h_2=37.2+17.5\times 1.5=63.5(\text{kPa})$$

34.0 m 高程处，$h_3=2.5$ m，则

$$\sigma_{cz3}=\gamma_1 h_1+\gamma_2 h_2+\gamma'_3 h_3=63.5+(19.0-10)\times 2.5=86.0(\text{kPa})$$

31.0 m 高程处，$h_4=3.0$ m，则

$$\sigma_{cz4}=\gamma_1 h_1+\gamma_2 h_2+\gamma'_3 h_3+\gamma'_4 h_4=86.0+(19.8-10)\times 3.0=115.4(\text{kPa})$$

将此自重应力计算可列成表 3-1。绘制自重应力 σ_{cz} 沿深度的分布曲线如图 3-5 所示。

表 3-1 自重应力计算

h_i(m)	γ_i(kN/m^3)	σ_{czi}(kPa)	σ_{cz}(kPa)
2.0	18.6	37.2	37.2
1.5	17.5	26.3	63.5
2.5	9.0	22.5	86.0
3.0	9.8	29.4	115.4

单元思考

1. 为什么水下用浮重度计算自重应力？地下水位变化对土的自重应力有何影响？
2. 任一土层中自重应力为什么是直线分布，不同图层中的自重应力分布如何？

任务二 基底压力

问题引导：什么是基底压力，什么是基底附加压力，两者有什么关系？基底压力分布如何，一般如何对基底压力进行简化计算？

一、基底压力的概念

建筑物荷载是通过基础传给地基的。由基础底面传至地基单位面积上的压力，称为基底压力(或称接触压力)，其地基对基础的作用力称为地基反力。在计算地基附加应力以及基础结构设计时，必须首先确定基底压力的大小和分布。

(一)基底压力的影响因素

研究表明，基底压力大小和分布状况受基础上作用荷载的性质、大小、基础刚度、尺寸和形状、埋置深度以及地基土性质等诸多因素的影响。精确地确定基底压力是一个非常复杂的问题。

(二)基底压力的分布规律

通常依据基础刚度、考虑荷载与土的性质等因素分析确定基底压力的分布形式。基础的刚度是指其抗弯刚度，基础按刚度可划分为如下三种类型。

1. 柔性基础

基础刚度很小，在荷载作用下，基础的变形与地基土表面的变形协调一致，如土坝、土堤、路基等土工建筑物，其基底压力分布和大小与作用在基底面上的荷载分布和大小相同。当基底面上的荷载为均匀分布时，基底压力也是均匀分布，如图 3-6 所示；当基底面上荷载为梯形分布时，基底压力也是梯形分布，如图 3-4 所示。其基底压力大小等于上部荷载的强度。

2. 刚性基础

基础的刚度很大，在荷载作用下，基础本身几乎不变形，基底始终保持为平面，不能适应地基变形。如混凝土基础和砖石基础，这类基础基底压力分布将与作用在基底面上的荷载大小、土的性质及基础埋深等因素有关。试验结果表明，中心受压的刚性基础随荷载的增大，基底压力为马鞍形、抛物线形、钟形等三种分布形态，如图 3-7 所示。

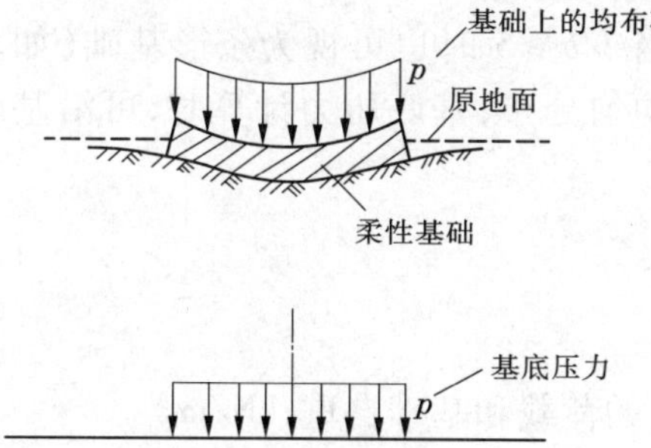

图 3-6　柔性基础基底压力分布

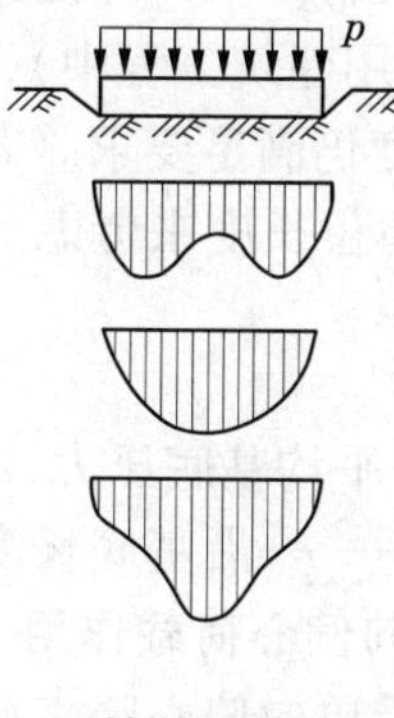

图 3-7　刚性基础基底压力分布

3. 半刚性基础

基础具有一定的刚度，是介于柔性基础和刚性基础之间的类型。因受地基土变形的影响，基础将发生一些弯曲变形，如水闸底板等钢筋混凝土基础，可以调整基础本身的应力和变形。

实际工程中，基础都具有一定的埋置深度，基础宽度又不是很小，而且由于受地基承载力的限制，荷载不会太大，其基底压力分布接近马鞍形，并趋向于直线分布。据弹性理论，基础底面一定深度（一般为 1.5 ~ 2 倍的基础宽度）以下的附加应力，几乎与基底压力分布形态无关，而只与其合力的大小及作用点位置有关。由此，对于刚性基础或具有一定刚度的基础，在基础宽度大于 1.0 m，荷载小于 300 ~ 500 kPa 的情况下，常假定基底压力为直线分布，其基底压力可按材料力学中受压杆件的计算公式进行简化计算，则在地基变形计算中由此引起的误差在工程允许范围内。

二、基底压力的简化计算

（一）中心荷载作用下的基底压力

承受竖向中心荷载作用的基础，其荷载的合力通过基底形心，基底压力为均匀分布。

1. 矩形基础和圆形基础

基底压力计算公式为

$$p = \frac{F + G}{A} \tag{3-4}$$

式中　p——矩形基础和圆形基础上的基底压力，kPa；

F——上部结构传至基础顶面的竖向力，kN；

G——基础及底面以上回填土的总重力,kN,$G=\gamma_G A\bar{h}$,其中 γ_G 为基础及回填土的平均重度,一般可取 20 kN/m^3,地下水位以下应取有效重度,$\bar{h}$ 必须从设计地面或室内、外平均地面算起;

A——基础底面积,m^2,对于矩形基础 $A=bl$,b 与 l 分别为基础的宽度与长度,对于圆形基础 $A=\pi d^2/4$,d 为基础底面直径。

2. 条形基础

理论上,当 $l/b=\infty$ 时视为条形基础,但是在使用上当 $l/b\geqslant 10$ 时即可称为条形基础(如工业与民用建筑工程中),有些工程的基础,当 $l/b\geqslant 5$ 时也可视为条形基础(如水利工程),其精度仍满足要求。若荷载沿长度方向均匀分布,基底压力计算时,可沿基底长度方向取一单位长度来考虑。其基底压力为

$$\bar{p}=\frac{\bar{F}+\bar{G}}{b} \tag{3-5}$$

式中 $\bar{p}$——平均基底压力,kPa;

$\bar{F}$、$\bar{G}$——沿基底长度方向 1 m 长基础上的荷载和基础自重,kN/m。

(二)单向偏心荷载作用下的基底压力

基础承受单向偏心竖直荷载作用,如图 3-8 所示的矩形基础,为了抵抗荷载的偏心作用,通常取基础长边 l 与偏心方向一致。假定基底压力为直线分布,基底两端最大与最小压力 $p_{\max}$、$p_{\min}$,按材料力学的偏心受压公式计算,即

$$p_{\min}^{\max}=\frac{F+G}{A}\pm\frac{M}{W} \tag{3-6}$$

式中 M——作用于基础底面的力矩,kN · m;

W——基础底面的抵抗矩,m^3,对于矩形基础 $W=bl^2/6$。

将荷载的偏心距 $e=M/(F+G)$ 及 $W=bl^2/6$ 代入式(3-6)中,得

$$p_{\min}^{\max}=\frac{F+G}{A}\left(1\pm\frac{6e}{l}\right) \tag{3-7}$$

对于条形基础,仍沿长边方向取 1 m 进行计算,则 $A=b\times 1$,偏心方向与基础宽度一致。基底压力分别为

$$p_{\min}^{\max}=\frac{\bar{F}+\bar{G}}{b}\left(1\pm\frac{6e}{b}\right) \tag{3-8}$$

由式(3-7)及式(3-8)可见,基底压力有以下三种分布形式(以矩形基础基底压力分布为例说明):

(1)当 $e<l/6$ 时,$p_{\min}>0$,基底压力呈梯形分布,如图 3-8(a)所示;

(2)当 $e=l/6$ 时,$p_{\min}=0$,基底压力呈三角形分布,如图 3-8(b)所示;

(3)当 $e>l/6$ 时,$p_{\min}<0$,基底出现拉应力,如图 3-8(c)所示。

由于基底与地基之间不能承受拉力,此时基底与地基之间发生局部脱开,使其基底压力重新分布。根据作用在基础底面上的偏心荷载与基底反力相平衡的条件,偏心竖向荷载的合力 $F+G$ 应通过基底压力分布图形的形心,由此可得最大基底压力 $p_{\max}$ 为

$$p_{\max}=\frac{2(F+G)}{3ab} \tag{3-9}$$

式中　a——竖向偏心荷载作用点至基底最大压力边缘的距离，m，$a = l/2 - e$。

从上述分析可见，$e > l/6$ 时，p_{max}将增加很多，因此在工程设计时，一般不允许 $e > l/6$，以便充分发挥地基承载力。

若矩形基础在双向偏心竖直荷载作用下，基底压力仍按材料力学的偏心受压公式计算，两端最大、最小压力为

$$p_{min}^{max} = \frac{F+G}{A} \pm \frac{M_x}{W_x} \pm \frac{M_y}{W_y} \tag{3-10}$$

式中　M_x、M_y——荷载合力分别对基底面 x、y 轴的力矩；

W_x、W_y——基底面分别对 x、y 轴的抵抗矩。

（三）偏心斜向荷载作用下的基底压力

如图 3-9 所示，当基础承受偏心斜向荷载作用时（如基础在竖直荷载、水压力共同作用），可将其斜向荷载 P 分解为竖向分量 P_v 和水平向分量 P_h，其中，$P_v = P\cos\delta$，$P_h = P\sin\delta$，δ 为斜向荷载与竖直线的夹角。

由竖向偏心荷载 P_v 引起的基底压力，可按式（3-7）或式（3-8）计算。

由水平荷载 P_h 引起的基底压力，一般假定为均匀分布，其水平基底压力计算公式为

矩形基础　$$p_h = \frac{P_h}{A} \tag{3-11}$$

条形基础　$$p_h = \frac{\bar{P}_h}{b} \tag{3-12}$$

式中　$\bar{P}_h$——1 m 长基底上作用的水平荷载，kN/m；

p_h——水平荷载引起的基底压力，kPa。

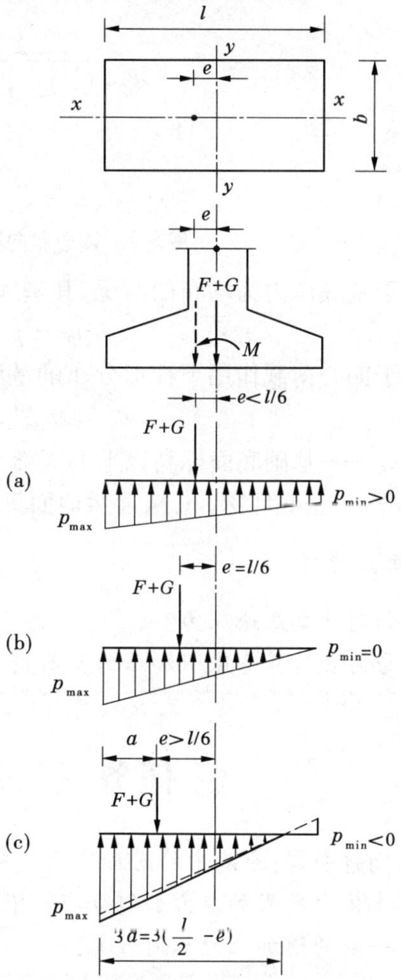

图 3-8　单向偏心荷载下矩形基础基底压力分布

三、基底附加压力

建筑物修建前地基土的自重应力早已存在，并且一般地基在自重作用下的变形已经完成，只有建筑物荷载引起的地基应力的增量，才能导致地基产生新的变形。建筑物基础一般都有埋深，建筑物修建时进行的基坑开挖，减小了地基原有的自重应力，相当于加了一个负荷载。因此，在计算地基附加应力时，应该在基底压力中扣除基底处原有的自重应力，剩余的部分称为基底附加压力。显然，在基底压力相同时，基底埋深越大，其附加压力越小，越有利于减小基础的沉降，根据该原理可以对基础采用补偿性设计。

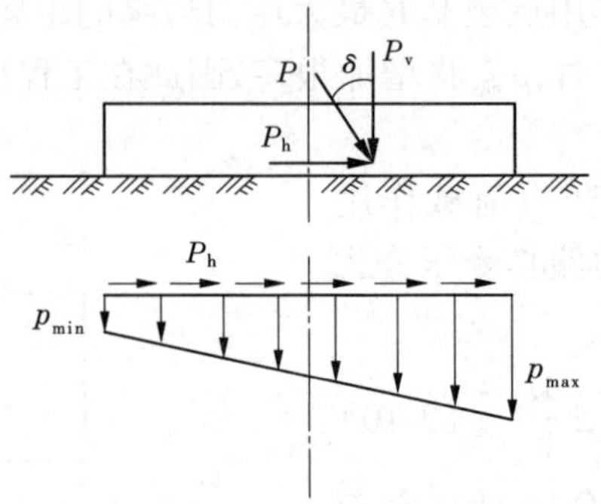

图 3-9　偏心斜向荷载作用下基底压力的分布

对于基底压力为均布的情况,其基底附加压力为

$$p_0 = p - \sigma_c = p - \gamma_0 d \tag{3-13}$$

对于偏心荷载作用下梯形分布的基底压力,其基底附加压力为

$$p_{0\,\min}^{\ \max} = p_{\min}^{\max} - \gamma_0 d \tag{3-14}$$

式中　γ_0——基础底面标高以上的天然土体的加权平均重度,kN/m³;

d——基底埋深,m,从天然地面算起,对于新填土地区则从老地面算起。

单元思考

1. 如何计算基地压力?
2. 为何要计算基底附加压力?有何作用?

任务三　地基中的附加应力

问题引导:地基中的附加应力是如何产生的,在土体中如何传播?集中力作用下土体中的附加应力如何分布?附加应力的分布与基础有什么关系?基础下任意一点的附加应力如何计算?

地基中的附加应力是指建筑物等荷载通过基底压力在地基中引起的应力增量。目前,关于地基中附加应力的计算,仍然依据弹性理论解答。研究表明,当作用荷载不大时,应力与应变基本上呈直线关系,若基底平均压力不超过直线比例界限,用弹性理论计算的结果与实际基本一致。因此,假设地基土为均质、连续、各向同性的半无限线性变形体,这样就可借助弹性理论解决地基中附加应力的计算问题。

按照弹性力学,地基附加应力计算分为空间问题和平面问题两类。矩形基础和圆形基础下地基中任一点的附加应力与该点的 x、y、z 三个坐标位置有关,属于空间问题,而条形基础下地基中任一点的附加应力只与 x(基础宽度方向)及 z(地基深度方向)有关,故属于平面问题。集中力及线荷载作用分别是空间问题和平面问题的理想情况(基本课题),也是借助弹性理论求解局部荷载(基底压力)作用下地基中附加应力的基础。

一、集中力作用下地基中的附加应力

(一)竖直集中力作用下地基中的附加应力

1885 年,法国学者布辛涅斯克用弹性理论推导出半无限弹性体地基在竖直集中力 P 作用下(见图 3-10),地基任一点 M 的 6 个应力分量 σ_x、σ_y、σ_z、τ_{xy}、τ_{xz}、τ_{yz}的计算公式,这是弹性理论的基本课题之一。其中竖向应力分量 σ_z对计算地基变形最有意义,其计算公式为

$$\sigma_z = \frac{3P}{2\pi}\frac{z^3}{R^5} \tag{3-15}$$

式中 R——集中力 P 作用点至计算点 M 的距离,根据图 3-10 有如下几何关系:$R = \sqrt{x^2 + y^2 + z^2} = \sqrt{z^2 + r^2} = z\sqrt{1 + (r/z)^2}$,$r$ 为 M 点到集中力 P 作用线的水平距离。

以 $R = z\sqrt{1 + (r/z)^2}$ 代入式(3-15)中,则

$$\sigma_z = \frac{3}{2\pi}\frac{1}{\left[1 + \left(\frac{r}{z}\right)^2\right]^{5/2}}\frac{P}{z^2} = K\frac{P}{z^2} \tag{3-16}$$

式中 K——竖直集中力作用下的地基竖向附加应力系数,是 r/z 的函数,$K = \frac{3}{2\pi}\frac{1}{\left[1 + \left(\frac{r}{z}\right)^2\right]^{5/2}}$。

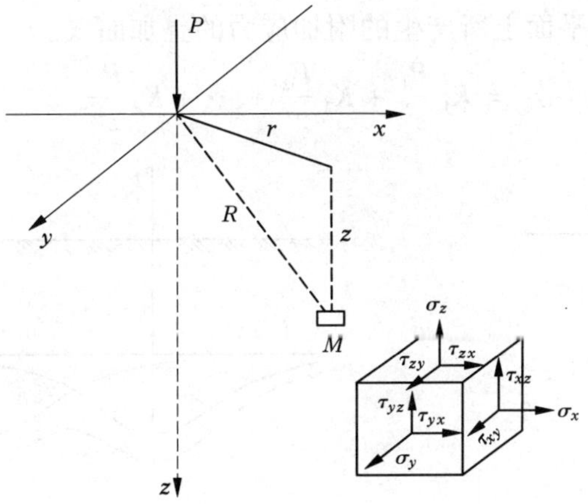

图 3-10 竖直集中力作用下土中一点的应力

由式(3-16)计算竖直集中力在地基中引起的竖向附加应力 σ_z,表现出如图 3-11 所示的分布规律:

(1)在集中力 P 的作用线上($r=0$),当 $z=0$ 时,竖向附加应力 $\sigma_z \to \infty$,随着深度增加而 σ_z逐渐减小。

(2)在深度 z 为定值的水平面上,竖直附加应力 σ_z呈钟形分布,在集中力的作用线上($r=0$ 处)最大,随水平距离 r 的增大而 σ_z逐渐减小。这一分布形态随着深度 z 增大保持不变,但峰值随深度的增大而减小,分布范围随深度的增大而增大。

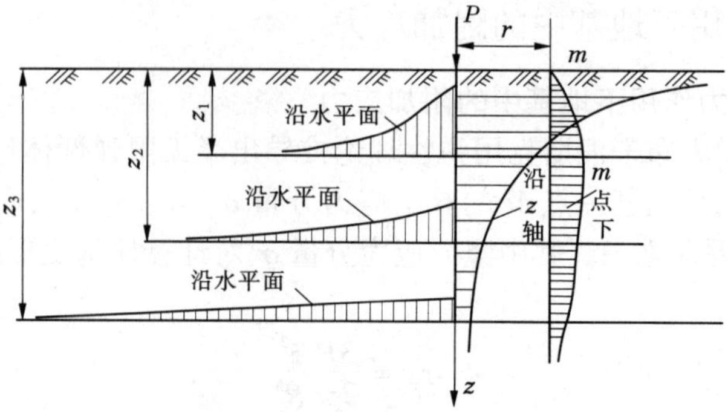

图 3-11 竖直集中力作用下土中一点的应力 σ_z 的分布

从上述分析可见,集中力在地基中产生的附加应力向下及四周传播扩散。离集中力作用点越远,竖向附加应力 σ_z 越小。因此,将 σ_z 随深度和水平距离增大而逐渐减小的现象,称为附加应力的扩散现象。

若把地基中 σ_z 值相等的各点连接起来,便可绘出附加应力 σ_z 的等值线图,如图 3-12 所示,形如泡状,故又称为应力泡。图 3-12 表示了 σ_z 的大小及分布规律,也反映了应力扩散现象。

当地基表面由 n 个相邻的竖直集中力作用时,可利用式(3-16)分别计算各个集中力在土中引起的附加应力(图 3-13 中 a、b 线),然后根据应力叠加原理求出附加应力的总和,即得在 n 个集中力共同作用下在同一点产生的附加应力,图 3-13 中的 c 线为两集中力作用下在深度 z 处的水平面上所产生的附加应力的叠加曲线。

$$\sigma_z = K_1 \frac{P_1}{z^2} + K_2 \frac{P_2}{z^2} + \cdots + K_n \frac{P_n}{z^2} \tag{3-17}$$

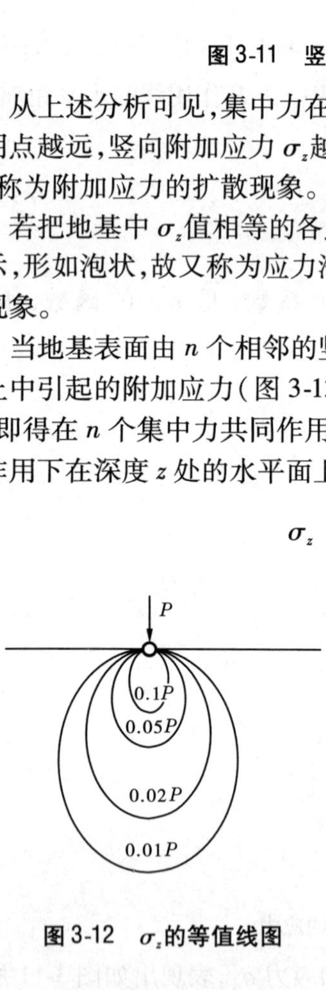

图 3-12 σ_z 的等值线图

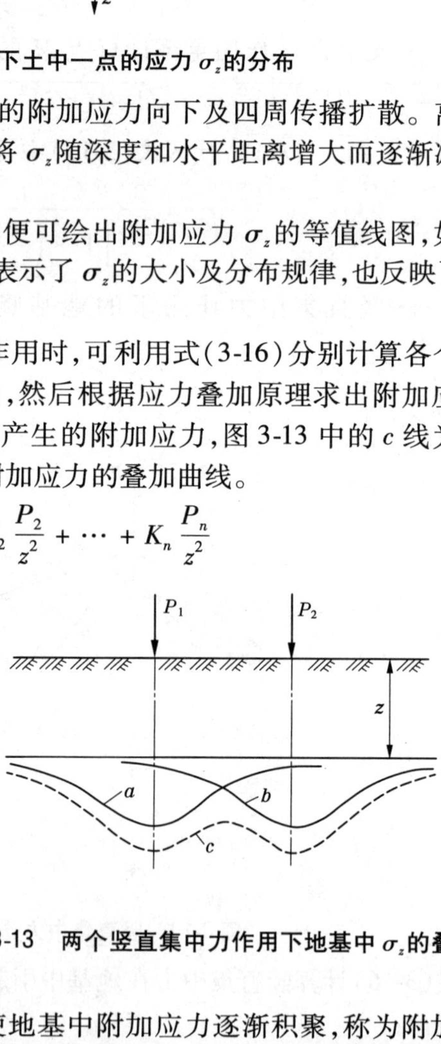

图 3-13 两个竖直集中力作用下地基中 σ_z 的叠加

由此表明,在多个相邻荷载的作用下,使地基中附加应力逐渐积聚,称为附加应力的积聚现象。因附加应力的扩散和积聚作用,邻近基础将互相影响,引起基础附加沉降,如新建筑物可能使相邻的旧建筑物产生裂缝和倾斜,这在软土地基上尤为突出。因此,在工程设计与施工中必须考虑相邻基础的互相影响。

(二)水平集中力作用下地基中的附加应力

地基表面有水平集中力 P_h 作用时,在地基中任一点 M 引起的附加应力,是弹性理论

中另一基本课题，由西罗蒂提出，其中竖向附加应力 σ_z 计算公式为

$$\sigma_z = \frac{3P_h}{2\pi}\frac{xz^2}{R^5} \tag{3-18}$$

二、空间问题

任何建筑物的荷载都是通过一定尺寸的基础传递给地基的，因此属于分布在一定面积上的局部荷载（基底压力），各种情况的基底压力（竖直均匀分布、竖直三角形分布、水平均匀分布）均可利用上述基本课题的计算方法和应力叠加原理，计算地基中任意点的附加应力。所谓空间问题，是指荷载分布在长宽相近的有限范围内，所产生的附加应力与空间坐标位置有关。而矩形基础是工程中最常见的基础，当 $l/b < 10$ 时，按空间问题计算附加应力。圆形分布荷载也属于空间问题。

（一）矩形基础受竖直均布荷载作用下的附加应力

1. 基础角点下的附加应力

如图 3-14 所示，在矩形面积上任取微小面积 $\mathrm{d}x\mathrm{d}y$，将其上作用荷载以集中力 $\mathrm{d}P = p\mathrm{d}x\mathrm{d}y$ 代替，因此矩形基底角点下任一深度 z 处 M 点的竖向附加应力，可对式(3-15)沿长度 l 和宽度 b 两个方向进行二重积分求得，即

$$\sigma_z = \int_0^l \int_0^b \frac{3p}{2\pi}\frac{z^3}{(x^2+y^2+z^2)^{5/2}}\mathrm{d}x\mathrm{d}y$$

$$= \frac{p}{2\pi}\left[\arctan\frac{m}{n\sqrt{1+m^2+n^2}} + \frac{mn}{\sqrt{1+m^2+n^2}}\left(\frac{1}{m^2+n^2}+\frac{1}{1+n^2}\right)\right]$$

为了计算方便，将上式简写成为

$$\sigma_z = K_c p \tag{3-19}$$

式中　K_c ——矩形基础受竖直均布荷载作用时角点下的竖向附加应力系数，它是 m、n 的函数，其值可由 $m = l/b$、$n = z/b$ 查表 3-2 得出。

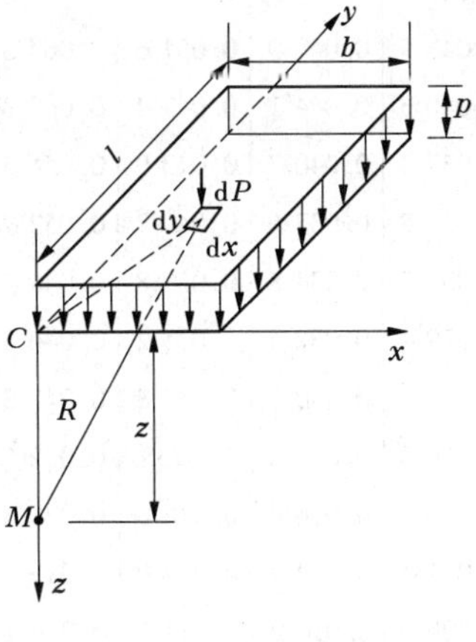

图 3-14　矩形基础受竖直均布荷载作用时角点下的附加应力

表 3-2　矩形基础受竖直均布荷载作用时角点下竖向附加应力系数 K_c

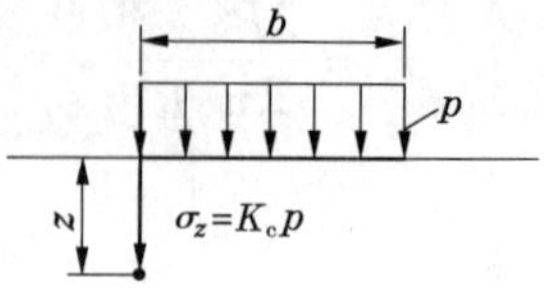

$n=z/b$	$m=l/b$										
	1. 0	1. 2	1. 4	1. 6	1. 8	2. 0	3. 0	4. 0	5. 0	6. 0	10. 0
0	0. 250 0	0. 250 0	0. 250 0	0. 250 0	0. 250 0	0. 250 0	0. 250 0	0. 250 0	0. 250 0	0. 250 0	0. 250 0
0. 2	0. 248 6	0. 248 9	0. 249 0	0. 249 1	0. 249 1	0. 249 1	0. 249 2	0. 249 2	0. 249 2	0. 249 2	0. 249 2
0. 4	0. 240 1	0. 242 0	0. 242 9	0. 243 4	0. 243 7	0. 243 9	0. 244 2	0. 244 3	0. 244 3	0. 244 3	0. 244 3
0. 6	0. 222 9	0. 227 5	0. 230 0	0. 231 5	0. 232 4	0. 232 9	0. 233 9	0. 234 1	0. 234 2	0. 234 2	0. 234 2
0. 8	0. 199 9	0. 207 5	0. 212 0	0. 214 7	0. 216 5	0. 217 6	0. 219 6	0. 220 0	0. 220 2	0. 220 2	0. 220 2
1. 0	0. 175 2	0. 185 1	0. 191 1	0. 195 5	0. 198 1	0. 199 9	0. 203 4	0. 204 2	0. 204 4	0. 204 5	0. 204 6
1. 2	0. 151 6	0. 162 6	0. 170 5	0. 175 8	0. 179 3	0. 181 8	0. 187 0	0. 188 2	0. 188 5	0. 188 7	0. 188 8
1. 4	0. 130 8	0. 142 3	0. 150 8	0. 156 9	0. 161 3	0. 164 4	0. 171 2	0. 173 0	0. 173 5	0. 173 8	0. 174 0
1. 6	0. 112 3	0. 124 1	0. 132 9	0. 143 6	0. 144 5	0. 148 2	0. 156 7	0. 159 0	0. 159 8	0. 160 1	0. 160 4
1. 8	0. 096 9	0. 108 3	0. 117 2	0. 124 1	0. 129 4	0. 133 4	0. 143 4	0. 146 3	0. 147 4	0. 147 8	0. 148 2
2. 0	0. 084 0	0. 094 7	0. 103 4	0. 110 3	0. 115 8	0. 120 2	0. 131 4	0. 135 0	0. 136 3	0. 136 8	0. 137 4
2. 2	0. 073 2	0. 083 2	0. 091 7	0. 098 4	0. 103 9	0. 108 4	0. 120 5	0. 124 8	0. 126 4	0. 127 1	0. 127 7
2. 4	0. 064 2	0. 073 4	0. 081 2	0. 087 9	0. 093 4	0. 097 9	0. 110 8	0. 115 6	0. 117 5	0. 118 4	0. 119 2
2. 6	0. 056 6	0. 065 1	0. 072 5	0. 078 8	0. 084 2	0. 088 7	0. 102 0	0. 107 3	0. 109 5	0. 110 6	0. 111 6
2. 8	0. 050 2	0. 058 0	0. 064 9	0. 070 9	0. 076 1	0. 080 5	0. 094 2	0. 099 9	0. 102 4	0. 103 6	0. 104 8
3. 0	0. 044 7	0. 051 9	0. 058 3	0. 064 0	0. 069 0	0. 073 2	0. 087 0	0. 093 1	0. 095 9	0. 097 3	0. 098 7
3. 2	0. 040 1	0. 046 7	0. 052 6	0. 058 0	0. 062 7	0. 066 8	0. 080 6	0. 087 0	0. 090 0	0. 091 6	0. 093 3
3. 4	0. 036 1	0. 042 1	0. 047 7	0. 052 7	0. 057 1	0. 061 1	0. 074 7	0. 081 4	0. 084 7	0. 086 4	0. 088 2
3. 6	0. 032 6	0. 038 2	0. 043 3	0. 048 0	0. 052 3	0. 056 1	0. 069 4	0. 076 3	0. 079 9	0. 081 6	0. 083 7
3. 8	0. 029 6	0. 034 8	0. 039 5	0. 043 9	0. 047 9	0. 051 6	0. 064 5	0. 071 7	0. 075 3	0. 077 3	0. 079 6
4. 0	0. 027 0	0. 031 8	0. 036 2	0. 040 3	0. 044 1	0. 047 4	0. 060 3	0. 067 4	0. 071 2	0. 073 3	0. 075 8
4. 2	0. 024 7	0. 029 1	0. 033 3	0. 037 1	0. 040 7	0. 043 9	0. 056 3	0. 063 4	0. 067 4	0. 069 6	0. 072 4
4. 4	0. 022 7	0. 026 8	0. 030 6	0. 034 3	0. 037 6	0. 040 7	0. 052 7	0. 059 7	0. 063 9	0. 066 2	0. 069 2
4. 6	0. 020 9	0. 024 7	0. 028 3	0. 031 7	0. 034 8	0. 037 8	0. 049 3	0. 056 4	0. 060 6	0. 063 0	0. 066 3
4. 8	0. 019 3	0. 022 9	0. 026 2	0. 029 4	0. 032 4	0. 035 2	0. 046 3	0. 053 3	0. 057 6	0. 060 1	0. 063 5
5. 0	0. 017 9	0. 021 2	0. 024 3	0. 027 4	0. 030 2	0. 032 8	0. 043 5	0. 050 4	0. 054 7	0. 057 3	0. 061 0
6. 0	0. 012 7	0. 015 1	0. 017 4	0. 019 6	0. 021 8	0. 0238	0. 032 5	0. 038 8	0. 043 1	0. 046 0	0. 050 6
7. 0	0. 009 4	0. 011 2	0. 013 0	0. 014 7	0. 016 4	0. 018 0	0. 025 1	0. 030 6	0. 034 6	0. 037 6	0. 042 8
8. 0	0. 007 3	0. 008 7	0. 010 1	0. 011 4	0. 012 7	0. 014 0	0. 019 8	0. 024 6	0. 028 3	0. 031 1	0. 036 7
9. 0	0. 005 8	0. 006 9	0. 008 0	0. 009 1	0. 010 2	0. 011 2	0. 016 1	0. 020 2	0. 023 5	0. 026 2	0. 031 9
10. 0	0. 004 7	0. 005 6	0. 006 5	0. 007 4	0. 008 3	0. 009 2	0. 013 2	0. 016 7	0. 019 8	0. 022 2	0. 028 0

2. 地基中任一点的附加应力

对于地基任意点的附加应力,可利用式(3-19)和应力叠加原理求得,常称为“综合角点法”。根据计算点的位置可有如图 3-15 所示的四种情况。计算时,首先通过计算点 N 把荷载面分成若干个矩形面积,使 N 点成为各个矩形的公共角点,然后按式(3-19)计算各个矩形角点下同深度 z 处的附加应力,并求其代数和。

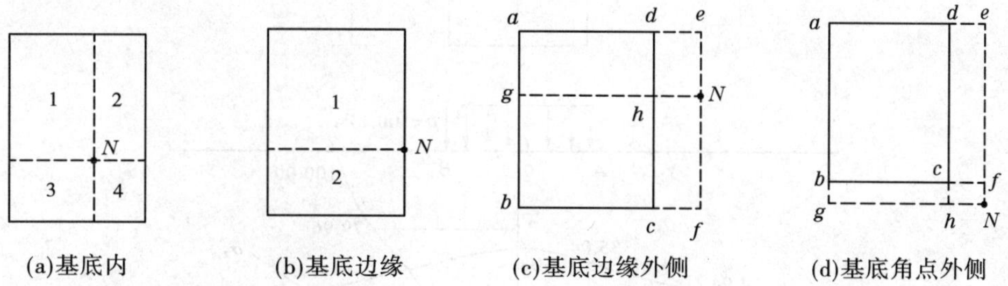

图 3-15　综合角点法的应用示意图

(1)计算点 N 在基底内,如图 3-15(a)所示,则

$$\sigma_z = (K_{c1} + K_{c2} + K_{c3} + K_{c4})p \tag{3-20}$$

(2)计算点 N 在基底边缘下,如图 3-15(b)所示,则

$$\sigma_z = (K_{c1} + K_{c2})p \tag{3-21}$$

(3)计算点 N 在基底边缘外侧,如图 3-15(c)所示,则

$$\sigma_z = (K_{c1} + K_{c2} - K_{c3} - K_{c4})p \tag{3-22}$$

其中,下标 1、2、3、4 分别为矩形 $Neag$、$Ngbf$、$Nedh$ 和 $Nhcf$ 的编号。

(4)计算点 N 在基底角点外侧,如图 3-15(d)所示,则

$$\sigma_z = (K_{c1} - K_{c2} - K_{c3} + K_{c4})p \tag{3-23}$$

其中,下标 1、2、3、4 分别为矩形 $Neag$、$Nfbg$、$Nedh$ 和 $Nfch$ 的编号。

需要指出,矩形基础受竖直均布荷载作用情况下,在应用角点法计算附加应力,确定每个矩形荷载的 K_c 值时,l 始终为矩形基底的长边,b 始终为基底的短边,否则无法查表。

【例 3-2】　图 3-16 所示 12.0 m×6.0 m 的矩形基础,其上作用竖直均布荷载 $p=100$ kPa,试求:①图中所示基础中心 O 点下 0 m、3 m、6 m、9 m、12 m 深度处竖向附加应力 σ_z,并绘出 σ_z 沿深度分布曲线;②基础中心 AB 线下深度 $z=6$ m 的水平面上(距中心垂线为 0 m、3 m、6 m、9 m)竖向附加应力分布。

解:(1)基础中心 O 点下的附加应力。

利用角点法,应通过 O 点划分为 4 个相同的小矩形,$l_1=6$ m,$b_1=3$ m,则 $\sigma_z=4K_c p$,具体各点处 σ_z 计算列于表 3-3。根据计算绘出 σ_z 沿深度分布曲线 。

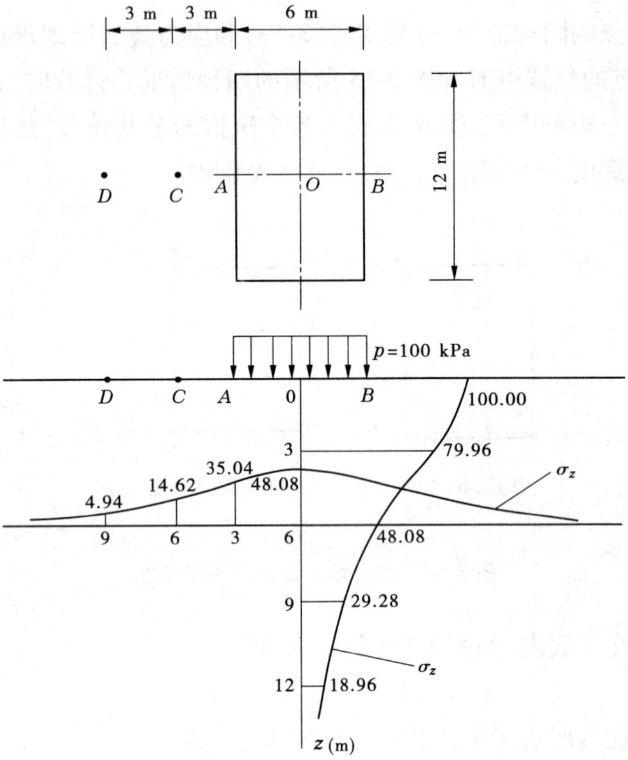

图 3-16　例 3-2 图

表 3-3　中心点 O 下附加应力计算表

z(m)	l_1/b_1	z/b_1	K_c	$\sigma_z=4K_cp$(kPa)
0		0	0.250 0	100.00
3		1	0.199 9	79.96
6	6/3 = 2	2	0.120 2	48.08
9		3	0.073 2	29.28
12		4	0.047 4	18.96

(2)深度 $z=6$ m 处水平面上的附加应力计算。

仍运用角点法,通过计算点划分矩形,具体计算列于表 3-4。依据(1)的计算结果,基础中心 O 点下 6 m 深度处的 $\sigma_z=48.08$ kPa,根据计算绘出沿水平方向的分布图。

表 3-4　$z=6$ m 的水平面上各点附加应力计算表

计算点	l_1/b_1	z/b_1	K_c	σ_z(kPa)
A	6/6 = 1.0	1.0	2 × 0.175 2	35.04
C	9/6 = 1.5 6/3 = 2.0	1.0 2.0	2 × 0.193 3 − 2 × 0.120 2	14.62
D	12/6 = 2.0 6/6 = 1.0	1.0 1.0	2 × 0.199 9 − 2 × 0.175 2	4.94

本例题的计算结果证实前述的附加应力的扩散规律。

(二)矩形基础受竖直三角形分布荷载作用下的附加应力

设矩形基础上作用的竖直荷载沿宽度 b 方向呈三角形分布(沿 l 方向的荷载不变),最大荷载强度为 p_t,如图 3-17 所示。

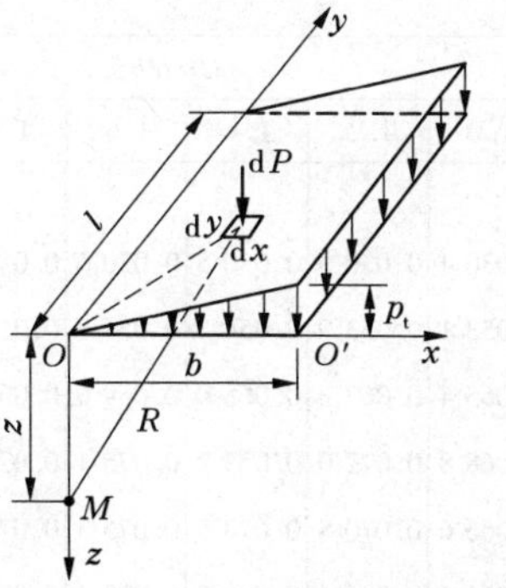

图 3-17　矩形基础受竖直三角形分布荷载作用时角点下的附加应力

1. 零角点下任一深度处的 σ_z

计算荷载强度为零的角点下任意深度 z 处 M 点的竖向附加应力 σ_z,同样取微小面积,利用式(3-15)沿整个基底面积积分而得,简化后的表达式为

$$\sigma_z = K_t p_t \tag{3-24}$$

$$K_t = \frac{mn}{2\pi}\left[\frac{1}{\sqrt{m^2+n^2}} - \frac{n^2}{(1+n^2)\sqrt{1+m^2+n^2}}\right]$$

式中　K_t——矩形基础受竖直三角形分布荷载作用时零角点下的竖向附加应力系数,其值可由 $m=l/b$、$n=z/b$ 查表 3-5,其中 b 为沿三角形分布荷载变化方向的矩形基底的长度,l 为矩形基底另一边长度。

2. 荷载最大值角点下的 σ_z

对于荷载强度最大值角点下任意深度 z 处,竖向附加应力 σ_z 可利用竖直均布荷载下的式(3-19)和三角形分布荷载下的式(3-24)叠加而得,即

$$\sigma_z = (K_c - K_t)p_t \tag{3-25}$$

对于矩形基底内、外各点下任意深度 z 处的竖向附加应力,仍可用角点法进行计算。但需注意,计算点必须落在三角形分布荷载为零的角点下,否则不能直接查表 3-5;当计算点在最大角点时,可用荷载叠加计算;b 始终为沿三角形分布荷载变化方向的矩形基底长度。

表3-5　矩形基础受竖直三角形分布荷载作用时零角点下竖向附加应力系数 K_t

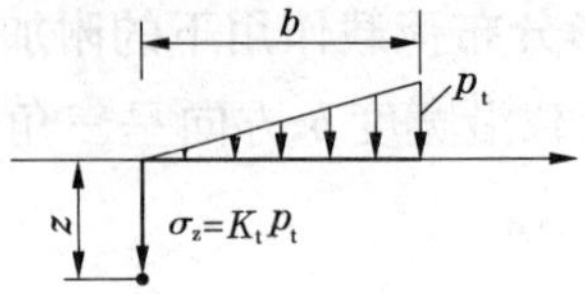

$n=z/b$	$m=l/b$													
	0.2	0.4	0.6	0.8	1.0	1.2	1.4	1.6	1.8	2.0	4.0	6.0	8.0	10.0
0														
0.2	0.022 3	0.028 0	0.029 6	0.030 1	0.030 4	0.030 5	0.030 5	0.030 6	0.030 6	0.030 6	0.030 6	0.030 6	0.030 6	0.030 6
0.4	0.026 9	0.042 0	0.048 7	0.051 7	0.053 1	0.053 9	0.054 3	0.054 5	0.054 6	0.054 7	0.054 9	0.054 9	0.054 9	0.054 9
0.6	0.025 9	0.044 8	0.056 0	0.062 1	0.065 4	0.067 3	0.068 4	0.069 0	0.069 4	0.069 6	0.070 2	0.070 2	0.070 2	0.070 2
0.8	0.023 2	0.042 1	0.055 3	0.063 7	0.068 8	0.072 0	0.073 9	0.075 1	0.075 9	0.076 4	0.077 6	0.077 6	0.077 6	0.077 6
1.0	0.020 1	0.037 5	0.050 8	0.060 2	0.066 6	0.070 8	0.073 5	0.075 3	0.076 6	0.077 4	0.079 4	0.079 5	0.079 6	0.079 6
1.2	0.017 1	0.032 7	0.045 0	0.054 6	0.061 5	0.066 4	0.069 8	0.072 1	0.073 8	0.074 9	0.077 9	0.078 2	0.078 3	0.078 3
1.4	0.014 5	0.027 8	0.039 2	0.048 3	0.055 4	0.060 6	0.064 4	0.067 2	0.069 2	0.070 7	0.074 8	0.075 2	0.075 2	0.075 3
1.6	0.012 3	0.023 8	0.033 9	0.042 4	0.049 2	0.054 5	0.058 6	0.061 6	0.063 9	0.065 6	0.070 8	0.071 4	0.071 5	0.071 5
1.8	0.010 5	0.020 4	0.029 4	0.037 1	0.043 5	0.048 7	0.052 8	0.056 0	0.058 5	0.060 4	0.066 6	0.067 3	0.067 5	0.067 5
2.0	0.009 0	0.017 6	0.025 5	0.032 4	0.038 4	0.043 4	0.047 4	0.050 7	0.053 3	0.055 3	0.062 4	0.063 4	0.063 6	0.063 6
2.5	0.006 3	0.012 5	0.018 3	0.023 6	0.028 4	0.032 6	0.036 2	0.039 3	0.041 9	0.044 0	0.052 9	0.054 3	0.054 7	0.054 8
3.0	0.004 6	0.009 2	0.013 5	0.017 6	0.021 4	0.024 9	0.028 0	0.030 7	0.033 1	0.035 2	0.044 9	0.046 9	0.047 4	0.047 6
5.0	0.001 8	0.003 6	0.005 4	0.007 1	0.008 8	0.010 4	0.012 0	0.013 5	0.014 8	0.016 1	0.024 8	0.028 3	0.029 6	0.030 1
7.0	0.000 9	0.001 9	0.002 8	0.003 8	0.004 7	0.005 6	0.006 4	0.007 3	0.008 1	0.008 9	0.015 2	0.018 6	0.020 4	0.021 2
10.0	0.000 5	0.000 9	0.001 4	0.001 9	0.002 3	0.002 8	0.003 3	0.003 7	0.004 1	0.004 6	0.008 4	0.011 1	0.021 8	0.013 9

(三)矩形基础受水平均布荷载作用下的附加应力

如图3-18所示,矩形基础上作用水平均布荷载 p_h,可通过式(3-18)对基底面积积分,求出矩形基础沿水平荷载方向左、右两角点下任意深度 z 处的竖向附加应力 σ_z,即

$$\sigma_z = \pm K_h p_h \tag{3-26}$$

$$K_h = \frac{m}{2\pi}\left[\frac{1}{\sqrt{m^2+n^2}} - \frac{n^2}{(1+n^2)\sqrt{1+m^2+n^2}}\right]$$

式中　K_h——矩形基础受水平均布荷载作用时角点下的竖向附加应力系数,其值可根据 $m=l/b$、$n=z/b$ 查表3-6,b 为平行于水平荷载方向的矩形基底的长度,l 为基底的另一边长。

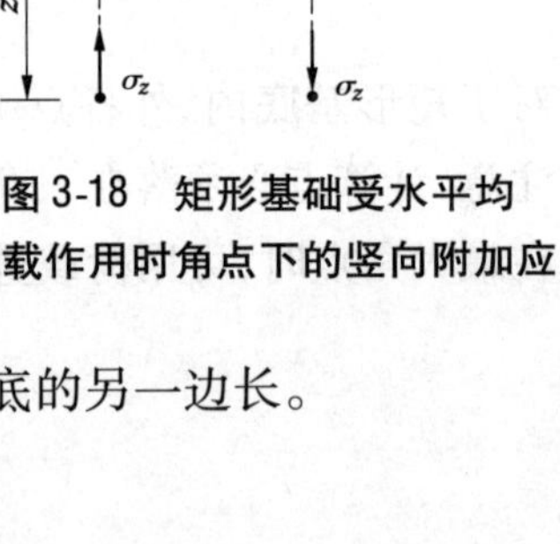

图3-18　矩形基础受水平均布荷载作用时角点下的竖向附加应力

表 3-6　矩形基础受水平均布荷载作用时角点下竖向附加应力系数 K_h

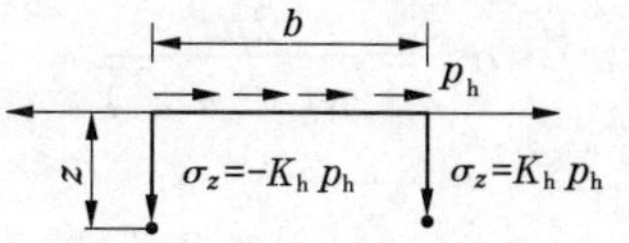

$n=z/b$	$m=l/b$										
	1.0	1.2	1.4	1.6	1.8	2.0	3.0	4.0	6.0	8.0	10.0
0	0.159 2	0.159 2	0.159 2	0.159 2	0.159 2	0.159 2	0.159 2	0.159 2	0.159 2	0.159 2	0.159 2
0.2	0.151 8	0.151 8	0.152 6	0.152 8	0.152 9	0.152 9	0.153 0	0.153 0	0.153 0	0.153 0	0.153 0
0.4	0.132 8	0.134 7	0.135 6	0.136 2	0.136 5	0.136 7	0.137 1	0.137 2	0.137 2	0.137 2	0.137 2
0.6	0.109 1	0.112 1	0.113 9	0.115 0	0.115 6	0.116 0	0.116 8	0.116 9	0.117 0	0.117 0	0.117 0
0.8	0.086 1	0.090 0	0.092 4	0.093 9	0.094 8	0.095 5	0.096 7	0.096 9	0.097 0	0.097 0	0.097 0
1.0	0.066 6	0.070 8	0.073 5	0.075 3	0.076 6	0.077 4	0.079 0	0.079 4	0.079 5	0.079 6	0.079 6
1.2	0.051 2	0.055 3	0.058 2	0.060 1	0.061 5	0.062 4	0.064 5	0.065 0	0.065 2	0.065 2	0.065 2
1.4	0.039 5	0.043 3	0.046 0	0.048 0	0.049 4	0.050 5	0.052 8	0.053 4	0.053 7	0.053 7	0.053 8
1.6	0.030 8	0.034 1	0.036 6	0.038 5	0.040 0	0.041 0	0.043 6	0.044 3	0.044 6	0.044 7	0.044 7
1.8	0.024 2	0.027 0	0.029 3	0.031 1	0.032 5	0.033 6	0.036 2	0.037 0	0.037 4	0.037 5	0.037 5
2.0	0.019 2	0.021 7	0.023 7	0.025 3	0.026 6	0.027 7	0.030 3	0.031 2	0.031 7	0.031 8	0.031 8
2.5	0.011 3	0.013 0	0.014 5	0.015 7	0.016 7	0.017 6	0.020 2	0.021 1	0.021 7	0.021 9	0.021 9
3.0	0.007 0	0.008 3	0.009 3	0.010 2	0.011 0	0.011 7	0.014 0	0.015 0	0.015 6	0.015 8	0.015 9
5.0	0.001 8	0.002 1	0.002 4	0.002 7	0.003 0	0.003 2	0.004 3	0.005 0	0.005 7	0.005 9	0.006 0
7.0	0.000 7	0.000 8	0.000 9	0.001 0	0.001 2	0.001 3	0.001 8	0.002 2	0.002 7	0.002 9	0.003 0
10.0	0.000 2	0.000 3	0.000 3	0.000 4	0.000 4	0.000 5	0.000 7	0.000 8	0.001 1	0.001 3	0.001 4

式(3-26)中当计算点在水平荷载的起始端下时,σ_z为负值(拉应力),取“ - ”号;当计算点在水平荷载的终止端下时,σ_z为正值(压应力),取“ + ”号。

同理,可利用角点法计算矩形基底内、外任一点任意深度 z 处的竖向附加应力 σ_z。但必须注意,b 始终为矩形基底平行于水平均布荷载作用方向的长度。

(四)矩形基础受梯形竖直荷载及水平均布荷载作用下的附加应力

矩形基础受梯形竖直荷载及水平均布荷载作用是在水利工程中经常遇到的一种荷载组合。可将荷载分为竖直均布荷载、三角形分布荷载及水平均布荷载,按前述三种情况角点下的附加应力公式分别计算,然后叠加,即可得出地基内任意点的附加应力。

三、平面问题

当基础长宽比 $l/b=\infty$ 时,其上作用的荷载沿长度方向分布相同,地基中在垂直于长度方向,各个截面的附加应力分布规律均相同,与长度无关,此种情况地基中的应力状态属于平面问题。但在实际工程中,并不存在无限长的基础。研究表明,当基础的长宽比 $l/b\geqslant10$(或 $l/b\geqslant5$)时,地基的附加应力与按 $l/b=\infty$ 时计算的数值相差甚少。因此,土坝、堤、水闸、挡土墙、路基、墙基等条形基础,均按平面问题计算地基中的附加应力。

(一)竖直线荷载作用下的附加应力

如图 3-19 所示,地基表面无限长直线上,作用有竖直均布线荷载 p,地基中任一点 M

的竖向附加应力 σ_z 由费拉曼于 1892 年根据布辛涅斯克公式沿长度方向积分而得，即

$$\sigma_z = \frac{2pz^3}{\pi(x^2 + z^2)} \tag{3-27}$$

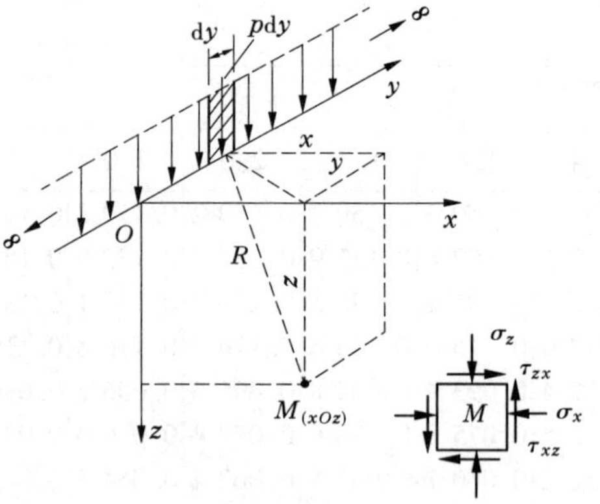

图 3-19　竖直线荷载作用下的附加应力

(二)条形基础受均布荷载作用下的附加应力

如图 3-20 所示，宽度为 b 的条形基础底面上作用竖直均布荷载 p。将坐标原点 O 取在基础一侧的端点上，荷载作用的一侧为 x 正方向。地基中任意点 M 的竖向附加应力 σ_z，可由线荷载的解答式(3-27)沿基础宽度方向积分求得，即

$$\sigma_z = \frac{p}{\pi}\left[\arctan\frac{m}{n} - \arctan\frac{m-1}{n} + \frac{mn}{m^2+n^2} - \frac{n(m-1)}{n^2+(m-1)^2}\right]$$

简化形式为

$$\sigma_z = K_z^s p \tag{3-28}$$

式中　K_z^s——条形基础受竖直均布荷载作用时的竖向附加应力系数，可根据 $m = x/b$、$n = z/b$ 由表 3-7 查取。

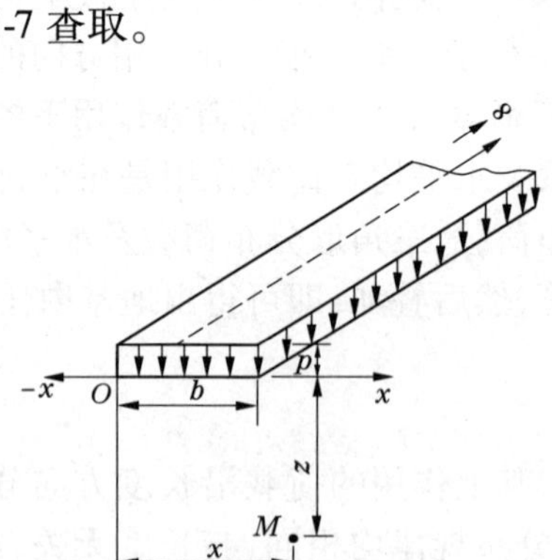

图 3-20　条形基础受竖直均布荷载作用下的附加应力

表 3-7　条形基础受竖直均布荷载作用时的竖向附加应力系数 K_z^s

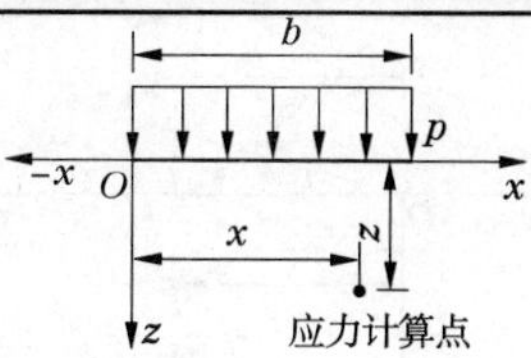

$n=z/b$	$m=x/b$								
	-0.5	-0.25	0	0.25	0.5	0.75	1.00	1.25	1.50
0.01	0.001	0	0.500	0.999	0.999	0.999	0.500	0	0.001
0.1	0.002	0.011	0.499	0.988	0.997	0.988	0.499	0.011	0.002
0.2	0.011	0.091	0.498	0.936	0.978	0.936	0.498	0.091	0.011
0.4	0.056	0.174	0.489	0.797	0.881	0.797	0.489	0.174	0.056
0.6	0.111	0.243	0.468	0.679	0.756	0.679	0.468	0.243	0.111
0.8	0.155	0.276	0.440	0.586	0.642	0.586	0.440	0.276	0.155
1.0	0.186	0.288	0.409	0.511	0.549	0.511	0.409	0.288	0.186
1.2	0.202	0.287	0.375	0.450	0.478	0.450	0.375	0.287	0.202
1.4	0.210	0.279	0.348	0.400	0.420	0.400	0.348	0.279	0.210
1.6	0.212	0.268	0.321	0.360	0.374	0.360	0.321	0.268	0.212
1.8	0.209	0.255	0.297	0.326	0.337	0.326	0.297	0.255	0.209
2.0	0.205	0.242	0.275	0.298	0.306	0.298	0.275	0.242	0.205
2.5	0.188	0.212	0.231	0.244	0.248	0.244	0.231	0.212	0.188
3.0	0.171	0.186	0.198	0.206	0.208	0.206	0.198	0.186	0.171
3.5	0.154	0.165	0.173	0.278	0.179	0.178	0.173	0.165	0.154
4.0	0.140	0.147	0.153	0.156	0.158	0.156	0.153	0.147	0.140
4.5	0.128	0.133	0.137	0.139	0.140	0.139	0.137	0.133	0.128
5.0	0.117	0.121	0.124	0.126	0.126	0.126	0.124	0.121	0.117

(三)条形基础受竖直三角形分布荷载作用下的附加应力

图 3-21 所示为条形基础受竖直三角形分布荷载作用下，荷载最大值为 p_t。现将坐标原点 O 取在荷载强度为零侧的端点上，以荷载强度增大方向为 x 正方向。地基内任意点 M 的竖向附加应力 σ_z，仍通过对式(3-27)沿基底宽度积分而得，简化后表达式为

$$\sigma_z = K_z^t p_t \qquad (3\text{-}29)$$

$$K_z^t = \frac{1}{\pi}\left\{m\left[\arctan\left(\frac{m}{n}\right) - \text{actan}\left(\frac{m-1}{n}\right)\right] - \frac{n(m-1)}{n^2+(m-1)^2}\right\}$$

式中　K_z^t——条形基础受竖直三角形分布荷载作用时的竖向附加应力系数，根据 $m=x/b$、$n=z/b$ 由表 3-8 查取。

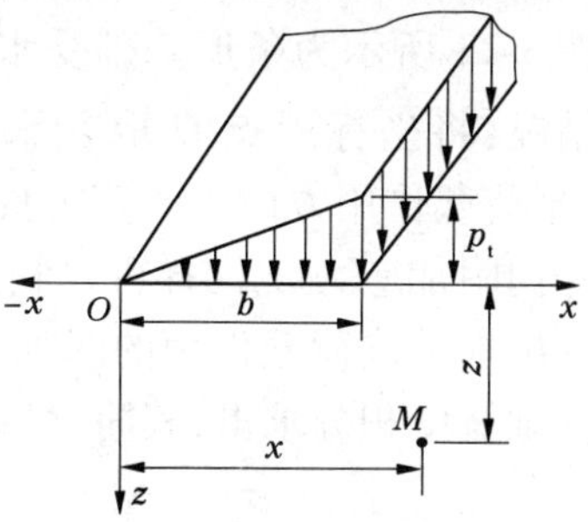

图 3-21　条形基础受竖直三角形分布荷载作用下的附加应力

表 3-8　条形基础受竖直三角形分布荷载作用时的竖向附加应力系数 K_z^t

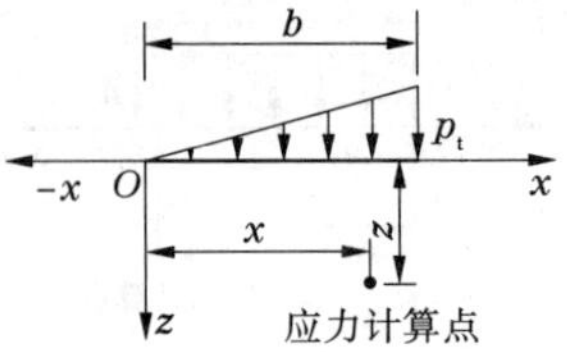

$n=z/b$	$m=x/b$								
	-0.5	-0.25	0.00	0.25	0.50	0.75	1.00	1.25	1.50
0.01	0	0	0.003	0.249	0.500	0.750	0.497	0	0
0.1	0	0.002	0.032	0.251	0.498	0.737	0.468	0.010	0.002
0.2	0.003	0.009	0.061	0.255	0.489	0.682	0.437	0.050	0.009
0.4	0.010	0.036	0.110	0.263	0.441	0.534	0.379	0.137	0.043
0.6	0.030	0.066	0.140	0.258	0.378	0.421	0.328	0.177	0.080
0.8	0.050	0.089	0.155	0.243	0.321	0.343	0.285	0.188	0.106
1.0	0.065	0.104	0.159	0.224	0.275	0.286	0.250	0.184	0.121
1.2	0.070	0.111	0.154	0.204	0.239	0.246	0.221	0.176	0.126
1.4	0.083	0.114	0.151	0.186	0.210	0.215	0.198	0.165	0.129
1.6	0.087	0.114	0.143	0.170	0.187	0.190	0.178	0.154	0.124
1.8	0.089	0.112	0.135	0.155	0.168	0.171	0.161	0.143	0.120
2.0	0.090	0.108	0.127	0.143	0.153	0.155	0.147	0.134	0.115
2.5	0.086	0.098	0.110	0.119	0.124	0.125	0.121	0.113	0.103
3.0	0.080	0.088	0.095	0.101	0.104	0.105	0.102	0.098	0.091
3.5	0.073	0.079	0.084	0.088	0.090	0.090	0.089	0.086	0.081
4.0	0.067	0.071	0.075	0.077	0.079	0.079	0.078	0.076	0.073
4.5	0.062	0.065	0.067	0.069	0.070	0.070	0.070	0.068	0.066
5.0	0.057	0.059	0.061	0.063	0.063	0.063	0.063	0.062	0.060

(四)条形基础受水平均布荷载作用下的附加应力

图3-22所示为条形基础受水平均布荷载 p_h 作用的情况,将坐标原点 O 取在水平荷载起始端点侧,水平荷载作用方向为 x 正方向。地基中任意点 M 的竖向附加应力 σ_z 同样可以利用应力叠加原理,先推导出水平线荷载作用的附加应力公式,然后沿条形基础宽度积分求得,其简化后的表达式为

$$\sigma_z = K_z^h p_h \tag{3-30}$$

$$K_z^h = \frac{1}{\pi}\left[\frac{n^2}{(m-1)^2+n^2} - \frac{n^2}{m^2+n^2}\right]$$

式中　K_z^h ——条形基础受水平均布荷载作用时的竖向附加应力系数,根据 $m=x/b$、$n=z/b$ 由表3-9查取。

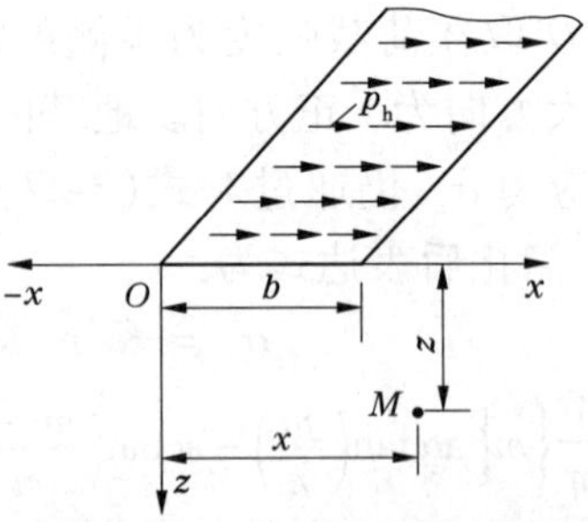

图3-22　条形基础受水平均布荷载作用下的附加应力

表 3-9 条形基础受水平均布荷载作用时的竖向附加应力系数 K_z^h

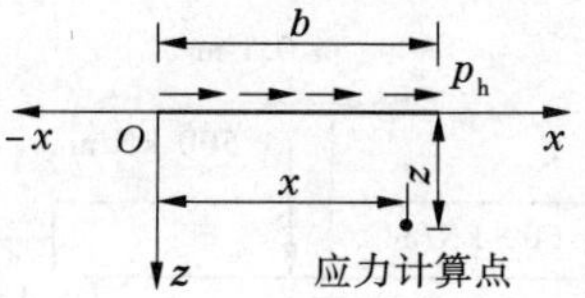

$n=z/b$	$m=x/b$							
	-0.25	0	0.25	0.50	0.75	1.00	1.25	1.50
0.01	-0.001	-0.318	-0.001	0	0.001	0.318	0.001	0.001
0.1	-0.042	-0.315	-0.039	0	0.039	0.315	0.042	0.011
0.2	-0.116	-0.306	-0.103	0	0.103	0.306	0.116	0.038
0.4	-0.199	-0.274	-0.159	0	0.159	0.274	0.199	0.103
0.6	-0.212	-0.234	-0.147	0	0.147	0.234	0.212	0.144
0.8	-0.197	-0.194	-0.121	0	0.121	0.194	0.197	0.158
1.0	-0.175	-0.159	-0.096	0	0.096	0.159	0.175	0.157
1.2	-0.153	-0.131	-0.078	0	0.078	0.131	0.153	0.147
1.4	-0.132	-0.108	-0.061	0	0.061	0.108	0.132	0.133
1.6	-0.113	-0.089	-0.050	0	0.050	0.089	0.113	0.121
1.8	-0.098	-0.075	-0.041	0	0.041	0.075	0.098	0.108
2.0	-0.085	-0.064	-0.034	0	0.034	0.064	0.085	0.096
2.5	-0.061	-0.044	-0.023	0	0.023	0.044	0.061	0.072
3.0	-0.045	-0.032	-0.017	0	0.017	0.032	0.045	0.055
3.5	-0.034	-0.024	-0.012	0	0.012	0.024	0.034	0.043
4.0	-0.027	-0.019	-0.010	0	0.010	0.019	0.027	0.034
4.5	-0.022	-0.015	-0.008	0	0.008	0.015	0.022	0.028
5.0	-0.018	-0.012	-0.006	0	0.006	0.012	0.018	0.023

应当指出，在条形基础受竖直均布、三角形分布、水平均布荷载作用下，计算地基内的附加应力时，坐标系的选择应分别符合图 3-20 ~ 图 3-22 的规定，否则不能查相应的表。

(五) 条形基础受梯形竖直荷载及水平荷载作用下的附加应力

土工建筑物中的土坝与土堤，横截面均为梯形。由坝(堤)身自重引起的基底压力呈梯形分布(见图 3-4)，可将梯形分布荷载分解为三角形分布荷载和均布荷载，分别计算地基中同一点的 σ_z，然后叠加即求得地基中任意点的附加应力。

若实际工程中遇到基础上作用偏心斜向荷载的情况，竖向基底压力呈梯形分布，水平基底压力为均匀分布，对此将基底压力分为竖直均布、竖直三角形分布和水平均布荷载，再应用上述三种荷载作用下 σ_z 的公式分别计算地基中各点的应力，最后进行应力叠加。

【例 3-3】 某水闸基础宽度 $b=15$ m，长度 $l=150$ m，其上作用偏心竖直荷载与水平荷载，如图 3-23 所示。试绘出基底中点 O 以及 A 点以下 30 m 深度范围内的附加应力的分布曲线(基础埋深不大，可不计埋深的影响)。

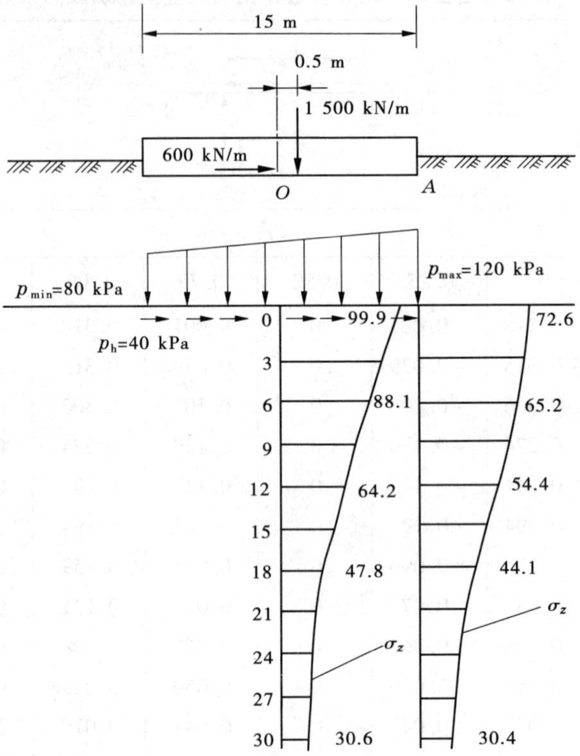

图3-23 例3-3图

解:(1)基底压力的计算。

因 $l/b=150/15=10>5$,故水闸基础属条形基础。

①竖直基底压力。

$$p_{\min}^{\max}=\frac{\overline{P}}{b}\left(1\pm\frac{6e}{b}\right)=\frac{1\ 500}{15}\times\left(1\pm\frac{6\times0.5}{15}\right)=\frac{120}{80}(\text{kPa})$$

②水平基底压力。

$$p_h=\frac{\overline{P}_h}{b}=\frac{600}{15}=40(\text{kPa})$$

(2)基础中心下竖向附加应力的计算。

①在计算时,应用叠加原理,将梯形分布的竖直基底压力分解为两部分,即均布竖直压力 $p=80$ kPa 和三角形分布竖直压力 $p_t=40$ kPa,另有水平向基底压力 $p_h=40$ kPa。

②该基础属于条形基础,可按平面问题计算。

③列表计算基础中心点下不同深度的附加应力如表3-10所示。

④根据计算结果绘出 O 点下的 σ_z 沿深度分布曲线。

(3)基底 A 点下竖向附加应力的计算。

计算步骤同上,σ_z 结果详见计算表3-11。

表 3-10　基础中心点下不同深度的附加应力

基底以下深度 z(m)	$\frac{z}{b}$	竖直均布荷载 $p=80$ kPa $x/b=7.5/15=0.5$		三角形荷载 $p_t=40$ kPa $x/b=7.5/15=0.5$		水平均布荷载 $p_h=40$ kPa $x/b=7.5/15=0.5$		总附加应力 $\Sigma\sigma_z$ (kPa)
		K_z^s	σ_z	K_z^t	σ_z	K_z^h	σ_z	
0.15	0.01	0.999	79.92	0.500	20.00	0	0	99.9
1.5	0.1	0.997	79.76	0.498	19.92	0	0	99.7
3.0	0.2	0.978	78.24	0.489	19.56	0	0	97.8
6.0	0.4	0.881	70.48	0.441	17.64	0	0	88.1
9.0	0.6	0.756	60.48	0.378	15.12	0	0	75.6
12.0	0.8	0.642	51.36	0.321	12.84	0	0	64.2
15.0	1.0	0.549	43.92	0.275	11.00	0	0	54.9
18.0	1.2	0.478	38.24	0.239	9.56	0	0	47.8
21.0	1.4	0.420	33.60	0.210	8.40	0	0	42.0
30.0	2.0	0.306	24.48	0.153	6.12	0	0	30.6

表 3-11　基底 A 点下不同深度的附加应力

基底以下深度 z(m)	$\frac{z}{b}$	竖直均布荷载 $p=80$ kPa $x/b=15/15=1.0$		三角形荷载 $p_t=40$ kPa $x/b=15/15=1.0$		水平均布荷载 $p_h=40$ kPa $x/b=15/15=1.0$		总附加应力 $\Sigma\sigma_z$ (kPa)
		K_z^s	σ_z	K_z^t	σ_z	K_z^h	σ_z	
0.15	0.01	0.500	40.00	0.497	19.88	0.318	12.72	72.6
1.5	0.1	0.499	39.92	0.468	18.72	0.315	12.60	71.2
3.0	0.2	0.498	39.84	0.437	17.48	0.306	12.24	69.6
6.0	0.4	0.489	39.12	0.379	15.16	0.274	10.96	65.2
9.0	0.6	0.468	37.44	0.328	13.12	0.234	9.36	59.9
12.0	0.8	0.440	35.20	0.285	11.40	0.194	7.76	54.4
15.0	1.0	0.409	32.72	0.250	10.00	0.159	6.36	49.1
18.0	1.2	0.375	30.00	0.221	8.84	0.131	5.24	44.1
21.0	1.4	0.348	27.84	0.198	7.92	0.108	4.32	40.1
30.0	2.0	0.275	22.00	0.147	5.88	0.064	2.56	30.4

单元思考

1. 什么是空间问题,什么是平面问题,两者计算附加应力有什么不同?

2. 相邻基础有哪些影响? 如何消除相邻基础之间的影响?

小　结

(一) 基本概念

自重应力、附加应力、基底压力、基底附加压力、中心受荷、偏心受荷、空间问题、平面问题、综合角点法、应力泡、等值线图、柔性基础、刚性基础、附加应力的扩散与积聚。

(二) 基本原理与基本方法

(1) 土的自重应力。自重应力随深度增大,在每一层中沿深度呈直线分布,成层土中的自重应力分布线在土层分界面处发生转折;自重应力是有效应力,所以地下水位以下的土体采用浮重度计算。

(2) 理想课题——集中力作用下的附加应力分布存在扩散性,任意水平面上呈现钟形分布,因此相邻建筑物会引起附加应力叠加。基础面积越大,附加应力影响的深度也越大。

(3) 实际课题——矩形基础和条形基础下的附加应力。空间问题中矩形基础角点下的附加应力,均布荷载和三角形荷载作用时角点下的附加应力利用竖直集中力作用下的附加应力积分求得,附加应力系数由 l/b、z/b 查表;非角点下的附加应力用综合角点法叠加计算,可以分为以下几种情况:①计算点在基础之内;②计算点在基础边上;③计算点在一组对边延长线范围内;④计算点在一边的延长线上;⑤计算点在两组对边延长线范围之外。矩形基础受水平均布荷载作用时角点下的附加应力利用水平集中力作用下的附加应力积分求得,非角点下的附加应力仍用综合角点法叠加计算。平面问题中条形基础任意点的附加应力,明确计算点和坐标的关系,附加应力系数由 x/b、z/b 查表计算。

(4) 地基中附加应力计算公式:无论是空间问题,还是平面问题,都是用附加应力系数乘以荷载强度。

练习题

3-1　某土层的剖面图和资料如图 3-24 所示。

(1) 试计算并绘制竖向自重应力沿深度的分布曲线(▽ 35,141 kPa)。

(2) 若土层中的地下水位由原来的水位下降 2 m(至黏土层底),此时土中的自重应力将有何变化? 并用图表示之。

3-2　有两相邻的矩形基础 A 和 B,其尺寸、相对位置及荷载如图 3-25 所示。考虑相邻基础的影响,试求基础 A 中心点下深度 $z=2$ m 处的竖向附加应力。

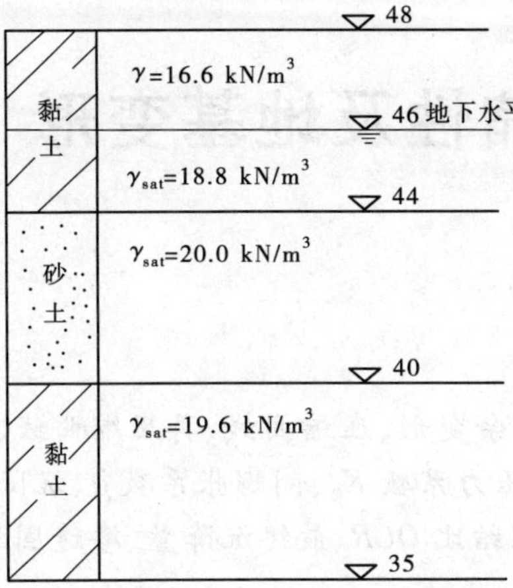

图 3-24

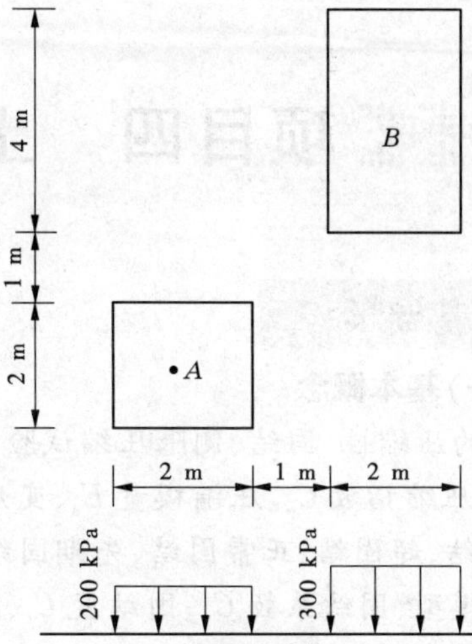

图 3-25

3-3　如图 3-26 所示矩形基础，受竖直梯形分布荷载作用，试写出用角点法计算基础内中心点以下地基中的附加应力 σ_z 的计算式。

3-4　矩形基础的底面面积为 2 m×4 m，其上作用竖直均布荷载 $p=200$ kPa，试求基础中心点下不同深度的附加应力 σ_z，并按比例绘出 σ_z 分布曲线。

3-5　如图 3-27 所示，一宽度 $b=4$ m 的条形基础受中心荷载作用，试计算基础中心下 12 m 深度内的附加应力 σ_z，并按比例绘出 σ_z 分布曲线。

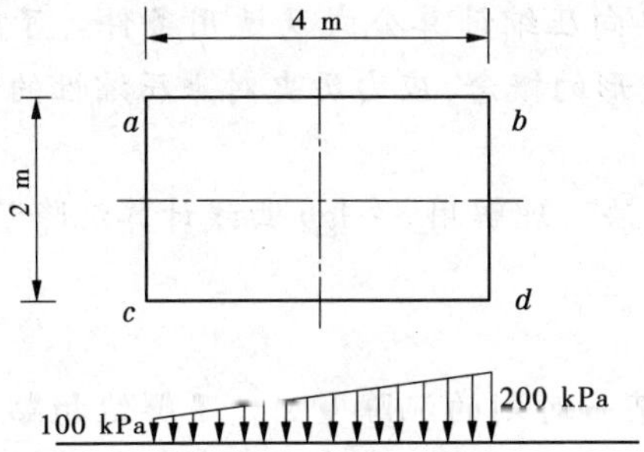

图 3-26

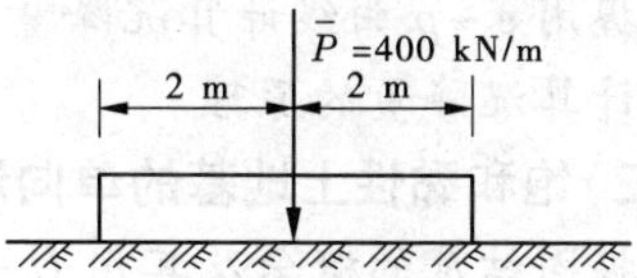

图 3-27

3-6　如图 3-28 所示宽度 $b=10$ m 的条形基础，受偏心竖直荷载及水平荷载作用，试计算基础中心点 O 及 O_1 点下 20 m 深度内的附加应力，并绘出附加应力 σ_z 的分布曲线。

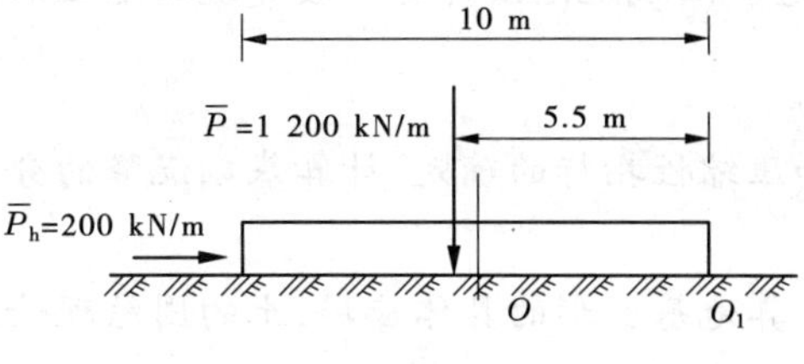

图 3-28

项目四　土的压缩性及地基变形

三基导学

(一)基本概念

土的压缩性、固结、侧限压缩试验、弹性变形、残余变形、压缩曲线、再压缩曲线、压缩系数 a、压缩指数 C_c、压缩模量 E_s、变形模量 E_0、侧压力系数 K_0、侧膨胀系数 μ、沉降系数 ω、欠固结、超固结、正常固结、先期固结压力 p_c、超固结比 OCR、最终沉降量、渗透固结、渗透固结模型、固结系数 C_v、固结度 U_t、时间因数 T_v。

(二)基本原理

侧限压缩试验原理、单一土层沉降计算原理、饱和土体渗透固结原理。

(三)基本方法

土体压缩性判别方法、先期固结压力确定方法、静载荷试验、地基最终沉降量计算方法(分层总和法、应力面积法、现场压缩曲线法)。

教学基本要求

(一)土的压缩性及压缩量计算

掌握压缩试验原理及其压缩性指标,土的单向压缩计算公式及适用条件。了解影响土的压缩性的主要因素,土的弹性变形和残余变形的概念,应力历史对土压缩性的影响。

(二)基础沉降的计算

掌握用 $e \sim p$ 曲线计算沉降量和沉降差的方法。理解用 $e \sim \lg p$ 曲线计算沉降量;了解规范法计算沉降量的原理。

(三)饱和黏性土地基的单向渗透固结理论

掌握固结度的概念及其用 $U \sim T_v$ 曲线计算某一时刻的沉降量 s_t。了解饱和黏性土地基单向渗透固结理论。

能力培养目标

能运用自重应力和附加应力计算方法正确分析计算土体自重应力,一般建筑物的地基附加应力;会运用分层总和法或规范法计算一般建筑物基础的最终沉降量。

学习重点与难点

重点是土的压缩性和压缩性指标的确定,计算基础沉降的分层总和法和规范法,一维固结理论的具体应用。

难点是分层总和法计算地基变形的具体应用,土的固结理论及其应用。

案例及分析

利用项目三的案例,计算基础中心点的地基变形量需要什么条件?如何计算?

分析：若计算地基变形必须首先知道地基土的变形性能，即土体变形的相关指标。然后根据基底附加压力计算地基中的附加应力分布，由此计算地基变形量。

任务一 土的压缩性

问题引导：土体压缩变形是怎么产生的？土体压缩变形有何规律？反映土体压缩性的指标有哪些，如何获取？

土在压力作用下体积缩小的特性称为土的压缩性。土的压缩变形通常由三部分组成：①固体土颗粒自身压缩变形；②孔隙中不同形态的水和气体的压缩变形；③部分水和气体从孔隙中被挤出，土颗粒之间相互靠拢，使孔隙体积减小引起的土体缩小。

试验研究表明，在一般工程压力(100～600 kPa)作用下，固体颗粒和水的压缩量与土体总压缩量相比非常微小，可忽略不计。所以，土的压缩可看作是土孔隙中的水和气体被挤出，土颗粒相互移动，重新排列挤紧，使土中孔隙体积减小而引起的。研究土的压缩性，就是研究土的压缩变形量和压缩过程，即研究压力与孔隙体积的变化关系以及孔隙体积随时间变化的情况。

研究土的压缩性的方法有室内压缩试验和现场载荷试验。室内压缩试验有侧限压缩(无侧胀压缩)和无侧限压缩(有侧胀压缩)。侧限压缩指受压土体的周围受到限制，受压过程中基本上不能向侧面膨胀，只能发生垂直方向变形。无侧限压缩(有侧胀压缩)指土体周围基本上没有限制，受压过程中除垂直方向变形外，还将发生侧向的膨胀变形。

一、压缩变形的原因

在两个完全相同的量筒底部分别装入一层性质相同的松散砂土，如图 4-1 所示。在量筒 A 的松砂顶面加一定质量的钢球，使松砂承受压力 σ，观察发现松砂层表面下降，砂层被压缩，原松砂孔隙比减小。在量筒 B 中缓慢注水，使松砂顶面所受压力等于量筒 A 中钢球对松砂的压力 σ，此时观察量筒 B 中砂的表面并不下降，即表明量筒 B 中砂层没有被压缩，砂土孔隙比 e 不变。

量筒 A 和量筒 B 底部都受到了相同压力 σ 的作用，但产生两种不同的效果，反映了土体中存在两种不同性质的压力，即有效应力和孔隙水应力。

量筒 A 中钢球施加的应力即为通过土颗粒传递的有效应力。有效应力可以使土体颗粒之间相互错动而发生压缩变形，是土体强度变化的原因。

量筒 B 中通过水施加的应力是通过孔隙水传递的，称为孔隙水应力，作用在土颗粒的周围，不能使其产生相互错动，不会使土体产生压缩变形，也不会改变土的强度。

如图 4-2 所示，A 点所受的应力情况分别如下。

作用在 A 点的竖向总应力为

$$\sigma = \gamma_w h_1 + \gamma_{sat} h_2 \tag{4-1}$$

A 点的测压管水位与地面水位相同，测压管高 $h_A = h_1 + h_2$，孔隙水应力为

$$u = \gamma_w h_A = \gamma_w (h_1 + h_2) \tag{4-2}$$

由有效应力原理可得 A 点的有效应力为

$$\sigma' = \sigma - u = \gamma_w h_1 + \gamma_{sat} h_2 - \gamma_w (h_1 + h_2)$$
$$= \gamma_{sat} h_2 - \gamma_w h_2 = (\gamma_{sat} - \gamma_w) h_2$$

即

$$\sigma' = \gamma' h_2 \tag{4-3}$$

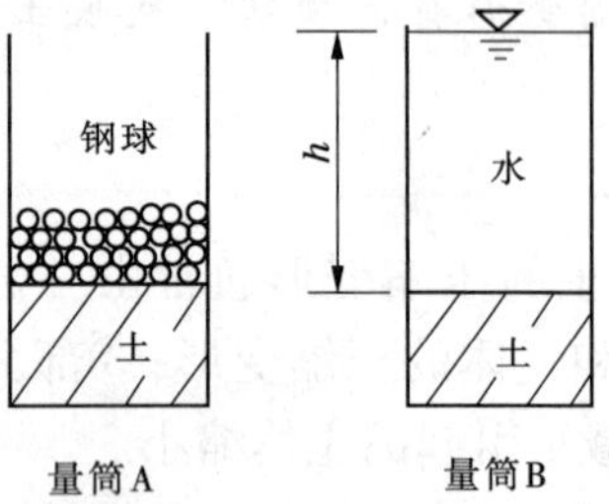

图 4-1　有效应力与孔隙水应力的概念

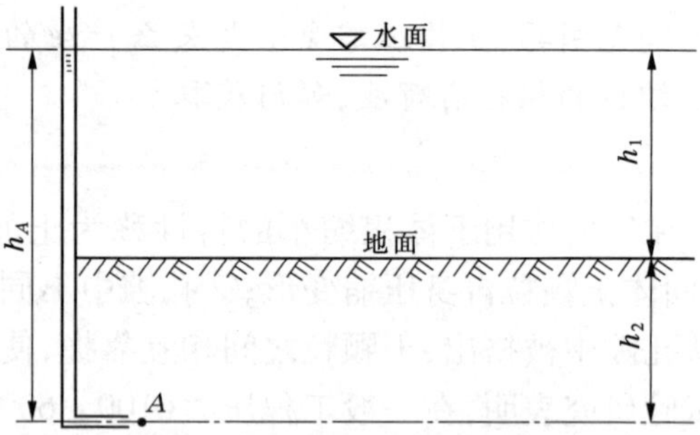

图 4-2　有效应力计算示意图

通过以上分析可以看出，当地面以上水深 h_1 发生升降变化时，可以引起土体中总应力 σ 的变化，但有效应力 σ' 与 h_1 无关，不会随水位的升降发生变化，同时土骨架也不会发生变形。

二、侧限压缩试验

侧限压缩试验通常又称为单向固结试验，即土体侧向受到限制不能变形，只有竖直方向产生压缩变形。通常采用天然土样进行侧限压缩试验，将土样装入如图 4-3 所示的侧限压缩仪（又称固结仪）中，施加不同的荷载测定其土样的变形量。

（一）试验原理

如图 4-4 所示为一固结土样，设土样的初始高度为 H_0，受压后土样的高度为 H_i，则 $H_i = H_0 - s_i$，s_i 为外压力 p 作用下土样压缩至稳定的变形量。根据土的孔隙比的定义，假设土粒体积 V_s 不变，压缩前孔隙比为 e_0，则土样孔隙体积在压缩前为 $e_0 V_s$，在压缩稳定后孔隙比为 e_i，孔隙体积为 $e_i V_s$。

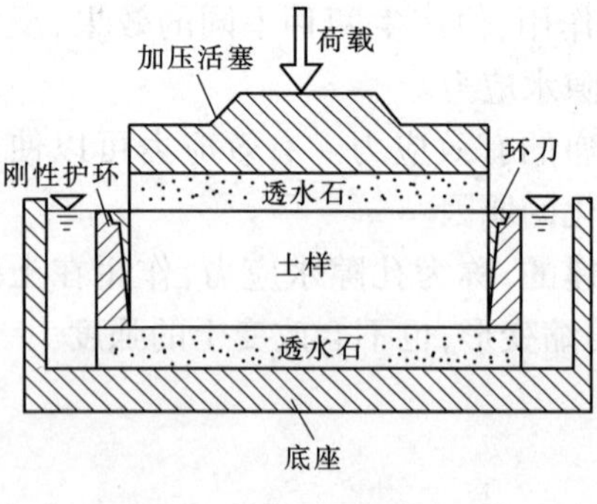

图 4-3　侧限压缩仪示意图

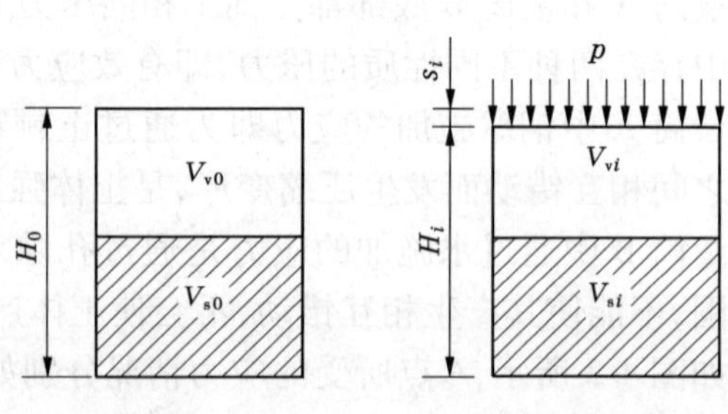

图 4-4　压缩试验中孔隙比变化

为求土样压缩稳定后孔隙比 e_i，利用受压前后土粒体积 V_s 不变和土样横截面面积不变的两个条件，得出：

$$\frac{H_0}{1+e_0}=\frac{H_i}{1+e_i}=\frac{H_0-s_i}{1+e_i} \tag{4-4}$$

或

$$e_i=e_0-(1+e_0)\frac{s_i}{H_0} \tag{4-5}$$

式中　s_i——第 i 级荷载作用下稳定后土样相应的总变形。

（二）试验结果表示方法

利用各级压力以及相应的孔隙比可以按两种方式绘制压缩曲线，一种是普通坐标绘制的常规压力下的 $e\sim p$ 曲线（见图4-5）；另一种是以常用对数 $\lg p$ 为横坐标，采用半对数直角坐标绘制的 $e\sim\lg p$ 曲线（见图4-6），试验时需要加到较大的荷载（1 000 kPa 以上）。由压缩曲线可以看出 $e\sim p$ 曲线较陡时，说明增加压力时土体容易变形，土的压缩性高；曲线平缓时，说明增加压力时土体不容易变形，土的压缩性低。

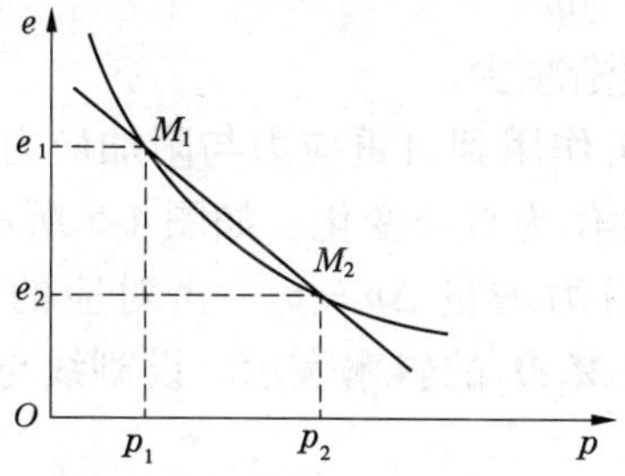

图4-5　$e\sim p$ 曲线

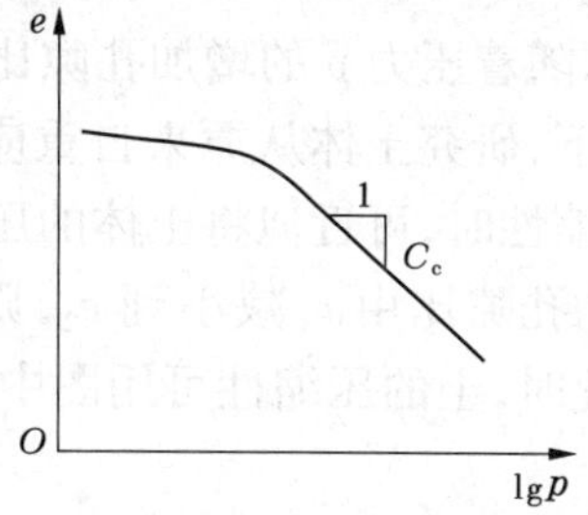

图4-6　$e\sim\lg p$ 曲线

（三）土的回弹曲线和再压缩曲线

在室内压缩试验过程中，逐级施加荷载到一定压力 p_{ai} 后，再逐次减小荷载，土样将逐渐膨胀而恢复一部分变形，但土样变形并不能完全恢复，不沿着原压缩曲线回升，而是形成回弹曲线。待荷载再次增加时，土样再次被压缩而得到再压缩曲线，回弹和再压缩过程形成回滞环，如图4-7所示。

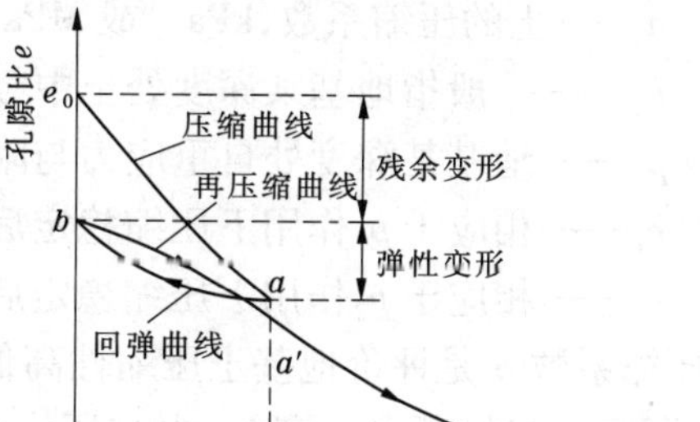

图4-7　土的回弹再压缩曲线

从土的压缩曲线 e_0a 和回弹曲线 ab 可以看出，土的变形包括弹性变形和残余变形两部分。弹性变形是外力解除后能恢复的那部分变形，而外力解除后不能恢复的那部分变形称为残余变形。

土体在加载时产生压缩，卸载时产生回弹，再加载时又产生压缩。但当再加压力小于卸载前的压力 p_{ai} 时，再压缩曲线 ba' 比原压缩曲线 e_0a 平缓得多；当荷载超过卸载前压力 p_{ai} 时，再压缩曲线接近原压缩曲线 e_0a 的走向趋势，此段曲线 $a'c$ 实质上是压缩曲线 e_0a

的延续。由此表明，当土体历史上曾受过的固结压力大于目前所受压力作用时，土体压缩量将大大减小，因而地基的变形也较小。根据这一原理，为了减小高压缩性地基的沉降量，往往在修建筑物前对其进行预压处理。

三、压缩指标及应用

(一)压缩系数 a

侧限压缩试验的 $e \sim p$ 曲线上任一点处切线的斜率 a 反映了土体在该压力 p 作用下土体压缩性的大小。由图4-5可见，①$e \sim p$ 曲线初始段较陡，而后曲线逐渐趋于平缓，土的压缩量也随之减小，这是因为随着孔隙比的减小，土的密实度增加后，土粒移动愈来愈趋于困难，压缩量也就减小。②不同的土类，压缩曲线的形态有别，密实砂土的 $e \sim p$ 曲线比较平稳，而压缩性高的软黏土的 $e \sim p$ 曲线较陡。因此，相应于压力 p 作用下土的压缩性可由曲线上任一点的切线斜率 a 表示：

$$a = -\frac{\mathrm{d}e}{\mathrm{d}p} \tag{4-6}$$

式中，负号表示随着压力 p 的增加孔隙比 e 逐渐减少。

一般情况下，研究土体从原来自重应力 p_1 作用到自重应力与附加应力之和 p_2 作用这一压力段的压缩性时，可近似将土体的压缩性作为直线变化。如图4-5所示，设压力自 p_1 增至 p_2，相应的孔隙比由 e_1 减小到 e_2，则与应力增量 $\Delta p = p_2 - p_1$ 对应的孔隙比变化为 $\Delta e = e_1 - e_2$。此时，土的压缩性可用图中割线 M_1M_2 的斜率表示。设割线与横坐标的夹角为 α，则

$$a \approx \tan\alpha = \frac{\Delta e}{\Delta p} = \frac{e_1 - e_2}{p_2 - p_1} \tag{4-7}$$

式中　a——土的压缩系数，kPa^{-1} 或 MPa^{-1}；

p_1——一般指地基某深度处土中竖向自重应力，kPa；

p_2——地基某深度处自重应力与附加应力之和，kPa；

e_1——相应于 p_1 作用下压缩稳定后土的孔隙比；

e_2——相应于 p_2 作用下压缩稳定后土的孔隙比。

压缩系数 a 是评价地基土压缩性高低的重要指标之一。从曲线上看，它不是一个常量，与所取的起始压力 p_1 有关，也与压力变化范围 Δp 有关。在工程实践中，通常由 $p_1 = 100$ kPa 增加到 $p_2 = 200$ kPa 时对应的压缩系数 a_{1-2} 来评定土的压缩性高低。

一般认为 $a_{1-2} < 0.1\ MPa^{-1}$ 时，属低压缩性土；$0.1\ MPa^{-1} \leqslant a_{1-2} < 0.5\ MPa^{-1}$ 时，属中压缩性土；$a_{1-2} \geqslant 0.5\ MPa^{-1}$ 时，属高压缩性土。

(二)压缩指数 C_c

如果采用 $e \sim \lg p$ 曲线，它的后段接近直线，见图4-6，其斜率 C_c 为

$$C_c = \frac{e_1 - e_2}{\lg p_2 - \lg p_1} = \frac{e_1 - e_2}{\lg\left(\frac{p_2}{p_1}\right)} \tag{4-8}$$

同压缩系数 a 一样，压缩指数 C_c 也能用来确定土的压缩性大小。C_c 愈大，土的压缩

性愈高。一般认为 $C_c<0.2$ 时,属低压缩性土;$C_c=0.2\sim0.4$ 时,属中压缩性土;$C_c>0.4$ 时,属高压缩性土。

(三)压缩模量 E_s

土体在完全侧限条件下,竖向应力的增量 Δp 与相应的竖向应变 $\Delta\varepsilon$ 之比,称为压缩模量,用符号 E_s 表示,即

$$E_s = \Delta p/\Delta\varepsilon \tag{4-9}$$

压力增量 $\Delta p = p_2 - p_1$,竖向应变 $\Delta\varepsilon=\Delta H/H=(H_1-H_2)/H_1$,代入式(4-9)整理可得压缩模量与压缩系数的关系如下:

$$E_s = \frac{1+e_1}{a} \tag{4-10}$$

式中　a——从土自重应力到土自重应力与附加应力之和段的压缩系数,MPa^{-1};

E_s——压缩模量,MPa。

同样,可以用相应于 $p_1=100$ kPa、$p_2=200$ kPa 范围内的压缩模量 E_s 值评价地基土的压缩性。一般认为 $E_s<4$ MPa 时,属高压缩性土;4 MPa$\leqslant E_s\leqslant$15 MPa 时,属中压缩性土;$E_s>15$ MPa 时,属低压缩性土。

四、变形模量及其测试方法

侧限压缩试验方法是目前工程中室内测定地基土压缩性常用的方法,该方法简单、方便,适用于中小型工程及取原状土样较为方便的地基土。但由于受土样扰动、人为因素和周围环境的影响,侧限条件下进行试验并不能真实反映地基的压缩性。因此,对于粉土、细砂、软土等取原状土样十分困难的地基土,以及重要工程、规模大或建筑物对沉降有严格要求的工程,还需要用现场原位试验确定地基土的压缩性。工程中常用原位静载荷试验判定地基土的压缩性,近期规范中又推出了旁压试验等现场原位测试新技术。

(一)静载荷试验

1. 试验装置

试验装置如图4-8和图4-9所示,其构造一般由加载装置(荷载平台或钢梁、千斤顶或堆载)、反力装置(地锚)及沉降观测装置(百分表、固定支架)等三部分组成。

2. 试验方法

(1)在试验点开挖试坑至基础设计深度 d,试坑宽度 $B\geqslant3b$(b 为方形承压板边长或圆形承压板直径),承压板面积一般为0.25~0.50 m^2,不应小于0.1 m^2。为保持土层的原状结构和天然湿度,最好在被测地基表面铺一层10~20 mm厚的中、粗砂,并用水平尺找平。

(2)加荷标准。第一级荷载 $p_1=\gamma d$,即基坑开挖时所卸除的自重应力;第二级荷载及以后每级荷载增量为:松软土 $\Delta p=10\sim25$ kPa,坚硬土 $\Delta p=50$ kPa,加荷等级不应小于8级;最大加荷量不应小于荷载设计值的2倍。

(3)按时间间隔测记沉降量。每施加一级荷载,按时间间隔为10 min、10 min、10 min、15 min、15 min、30 min、30 min、30 min、…、30 min读一次百分表的读数(百分表安装在承压板顶面四角)。当连续两小时内,每小时的沉降量均小于0.1 mm时,认为沉降已

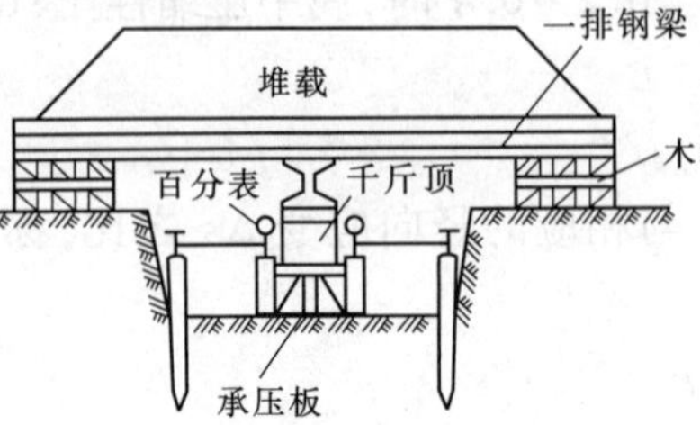

图 4-8　重物式静载荷试验示意图

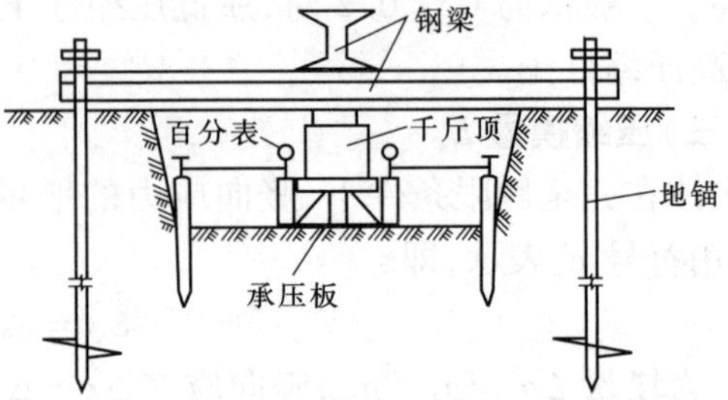

图 4-9　反力式静载荷装置示意图

趋于稳定，继续施加下一级荷载。

(4) 试验结束标准。当出现下列情况之一时，即可终止加载，结束试验：①承压板周围土体明显侧向挤出或发生裂纹；②沉降量 s 急剧增大，荷载—沉降量($p \sim s$)曲线出现明显的陡降段；③在某一级荷载作用下，24 h 沉降速率不能达到稳定标准；④总沉降量 $s \geq 0.06\ b$(b 为承压板宽度或直径)。

3. 试验结果表示方法

根据试验结果，按一定比例以压力 p 为横坐标、以稳定沉降量 s 为纵坐标，绘制荷载—沉降量($p \sim s$)关系曲线，如图 4-10 所示。

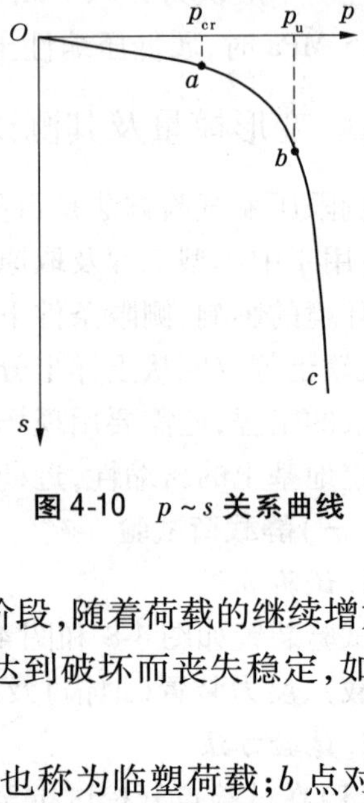

图 4-10　$p \sim s$ 关系曲线

4. 试验结果分析

典型的荷载—沉降量($p \sim s$)关系曲线通常可分为三段：①直线变形阶段(压密阶段)，当荷载较小时，荷载与沉降关系近似于直线，地基土体处于压密状态，相当于图 4-10中的 Oa 段；②局部剪切阶段，随着荷载的增加，荷载与变形关系不再是直线，而呈曲线，其沉降速率明显增加，承压板边缘下的土体局部范围出现剪切破坏(塑性变形区)，如 $p \sim s$ 曲线中的 ab 段；③完全剪切破坏阶段，随着荷载的继续增大，承压板急剧下沉，地基中塑性变形区出现连续滑动面，使地基达到破坏而丧失稳定，如 $p \sim s$ 曲线中的 bc 段。

在 $p \sim s$ 曲线中，a 点对应的荷载 p_{cr} 称为比例界限荷载，也称为临塑荷载；b 点对应的荷载 p_u 称为极限荷载。

5. 变形模量 E_0

地基土的变形模量，指在无限侧情况下土体在单轴受压时的应力与应变之比。土的变形模量是反映土的压缩性的重要指标之一，可以根据静载荷试验的结果，按弹性理论公式反推求得变形模量 E_0 的计算公式为

$$E_0 = (1 - \mu^2)\omega b \frac{p_{cr}}{s} \tag{4-11}$$

式中　μ——地基土的泊松比(又称侧胀系数)，即横向应变与纵向应变的比值，μ 取值可参考表 4-1 确定；

E_0——地基土的变形模量,MPa;

p_{cr}——地基的临塑荷载,$p \sim s$ 曲线的直线段末所对应的压力值(比例界限),kPa;

b——矩形载荷板的短边长或圆形载荷板的直径,cm;

ω——沉降系数,由表 4-2 查得,对刚性载荷板,方形取 0.88,圆形取 0.79。

表 4-1　侧压力系数 K_0 和泊松比 μ 的经验值

土的种类和状态		K_0	μ
碎石土		0.18 ~ 0.25	0.15 ~ 0.20
砂土		0.25 ~ 0.33	0.20 ~ 0.25
粉土		0.33	0.25
粉质黏土	坚硬状态	0.33	0.25
	可塑状态	0.43	0.30
	软塑及流塑状态	0.53	0.35
黏土	坚硬状态	0.33	0.25
	可塑状态	0.53	0.35
	软塑及流塑状态	0.72	0.42

表 4-2　沉降系数 ω

基础类型		圆形	方形	矩形(L/B)										
		—	1.0	1.5	2.0	3.0	4.0	5.0	6.0	7.0	8.0	9.0	10.0	100
柔性基础	ω_c	0.64	0.56	0.68	0.77	0.89	0.98	1.05	1.12	1.17	2.21	1.25	1.27	2.00
	ω_0	1.00	1.12	1.36	1.53	1.78	1.96	2.10	2.23	2.33	2.42	2.49	2.53	4.00
	ω_m	0.85	0.95	1.15	1.30	1.53	1.70	1.83	1.96	2.04	2.12	2.19	2.25	3.69
刚性基础	ω_r	0.79	0.88	1.08	1.22	1.44	1.61	1.72					2.12	3.40

注:ω_c 为矩形基础角点沉降影响系数,ω_0 为中点沉降影响系数,ω_m 为平均沉降影响系数,ω_r 为刚性基础沉降影响系数。

当 $p \sim s$ 曲线不出现明显的直线段时,建议对砂土或低压缩性土取 $s = (0.01 \sim 0.15)b$ 及对应的荷载 p,由理论推导可得压缩模量 E_s 与变形模量 E_0之间的关系为

$$E_0 = \left(1 - \frac{2\mu^2}{1 - \mu}\right)E_s \tag{4-12}$$

6. 侧压力系数和侧膨胀系数

侧压力系数 K_0 是指土体在侧限压缩试验时,由于土体膨胀所产生的侧向水平应力 σ_x与竖向应力 σ_z的比值,可通过试验确定。无试验条件时,可用表 4-1 中的经验数值。

侧膨胀系数 μ 是指土在无侧限条件下进行单向压缩试验时,侧向膨胀的单位变形量与竖向压缩的单位变形量之比,也称泊松比。侧压力系数与侧膨胀系数的关系为

$$K_0 = \frac{\mu}{1 - \mu} \tag{4-13}$$

(二)旁压试验原理简介

当基础埋深很大、试坑开挖深度大以及地下水较浅、基础埋深在地下水位以下时,可用旁压试验进行原位测试,如图4-11所示。

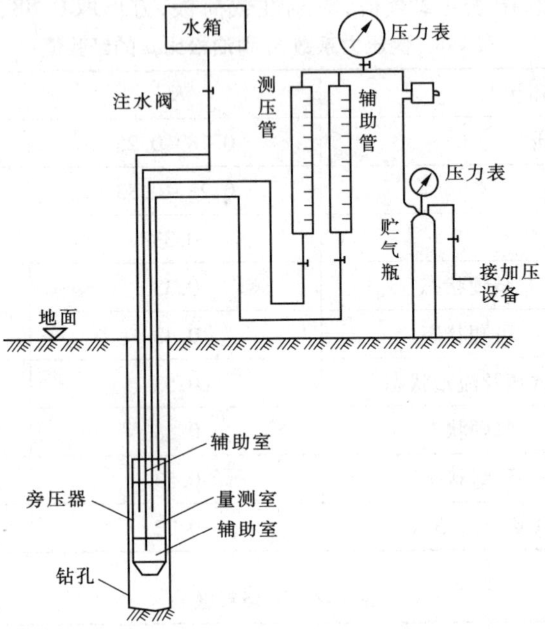

图4-11　旁压试验示意图

1. 试验仪器

旁压试验分为两种:一种为预钻式,即在预先钻好的钻孔内放入旁压器进行试验;另一种为自钻式,在装置下端带有特殊的水冲钻头,可在保持土层的天然结构及应力状态下自钻成孔,并就位于试验深度,这样可以减少由于预先钻孔带来的孔壁天然应力状态发生变化所造成的影响。

旁压器为一个三腔圆筒式骨架,外套为弹性橡胶膜(与自行车内胎相似),其中中腔为测试腔,长度为250 mm,外径为50 mm,上、下腔的直径相同,长度稍短,与中腔隔离,为辅助腔,以便中腔清除边界影响。中腔与上、下腔各设一根进水管和一根排气管,与地面旁压仪表盘上的测压管、压力表相通。

2. 试验原理

旁压试验的原理与静载荷试验的原理相近,只不过将竖直方向加载改为水平方向加载。在钻孔中某一待测深度处放一个带有可扩张橡皮囊的圆柱形装置,即旁压仪,然后从地面通过水(气)加压系统向旁压室内施加压力,使橡皮囊径向膨胀,从而向孔壁施加径向压力 p_h,并引起四周孔壁的径向变形 s,径向变形可通过压力橡皮囊内积水体积 V 的变化间接测量。绘制 $p_h \sim s$ 关系曲线和 $p_h \sim V$ 关系曲线,如图4-12所示。其中,$O \sim p_{0h}$ 段是将橡皮囊撑开,贴近孔壁的区段;$p_{0h} \sim p_{cr}$ 是模量量测段,压力大于 p_{cr} 以后,孔壁周围土体发生局部破坏,达到极限荷载 p_{uh},土体产生整体破坏。

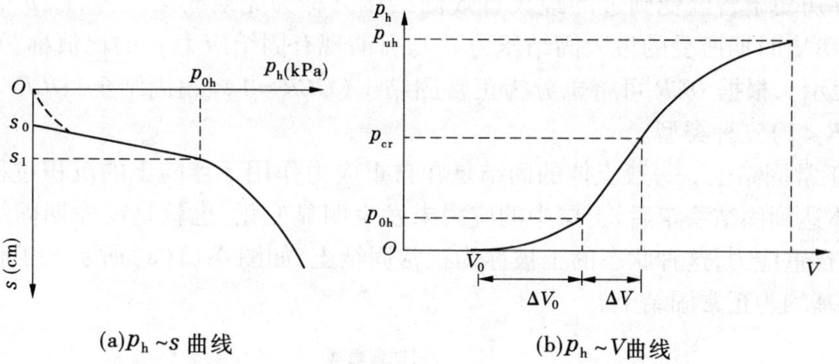

图4-12　旁压曲线

3. 压力特征值及压缩模量的确定

1)压力特征值的确定

三个压力特征值p_{0h}、p_{cr}、p_{uh}可以从绘制的$p_h \sim V$关系曲线上确定。初始压力值p_{0h}为旁压曲线直线段的起点,即曲线与直线的第一个切点所对应的压力为初始压力值p_{0h};临塑压力值p_{cr},可取旁压曲线($p_h \sim V$)直线段的终点,即取曲线与直线段的第二个切点所对应的压力为临塑压力值p_{cr};曲线在临塑压力右侧的曲线段,趋向于与横轴平行的渐近线,其切点对应的压力为极限压力p_{uh}值。因此,极限压力值p_{uh}可根据曲线与渐进线的切点确定。

2)压缩模量的确定

从绘制的$p_h \sim s$曲线可以按下式计算出地基土的变形模量E_0和压缩模量E_s:

$$E_0 = \frac{P_0}{s_1 - s_0}(1 - \mu^2) \tag{4-14}$$

$$E_s = 1.25\frac{P_0}{s_1 - s_0}(1 - \mu^2)r^2 + 4.2m \tag{4-15}$$

式中　s_0——旁压器橡胶薄膜接触孔壁过程中,测压管水位下降值,即$p_h \sim s$曲线中直线段延长线与纵坐标交点值,cm;

μ——土的测膨胀系数(泊松比);

m——旁压系数;

r——试验钻孔半径。

r的计算式为

$$r^2 = \frac{Fs_0}{L\pi} + r_0^2 = \frac{15.28s_0}{25\pi} + 2.5^2 = 0.195s_0 + 6.25 \tag{4-16}$$

测压管水柱截面面积$F = 15.28\ \text{cm}^2$,旁压器中腔长度$L = 25$ cm,旁压器半径$r_0 = 2.5$ cm。

五、应力历史对土体压缩性的影响

(一)不同情况的应力历史

应力历史是指土体历史上曾经受过的应力状态。为了讨论应力历史对土压缩性的影响，将土在历史上曾经受到过的最大有效固结压力称为先期固结压力，以 p_c 表示。将土体在地质历史时期所受的最大固结压力 p_c 与目前现有固结应力 p_0 的比值称为超固结比，以 OCR 表示。根据 OCR 可将土分为正常固结土($OCR=1$)、超固结土($OCR>1$)和欠固结土($OCR<1$)三种类型。

(1)正常固结土。一般土体的固结是在自重应力作用下伴随土的沉积过程逐渐达到的，当土体达到固结稳定后，土层中的应力未发生明显变化，也就是说先期固结压力为目前土层的自重应力，这种状态的土被称为正常固结土，如图 4-13(a)所示。工程中大多数建筑物地基均为正常固结土。

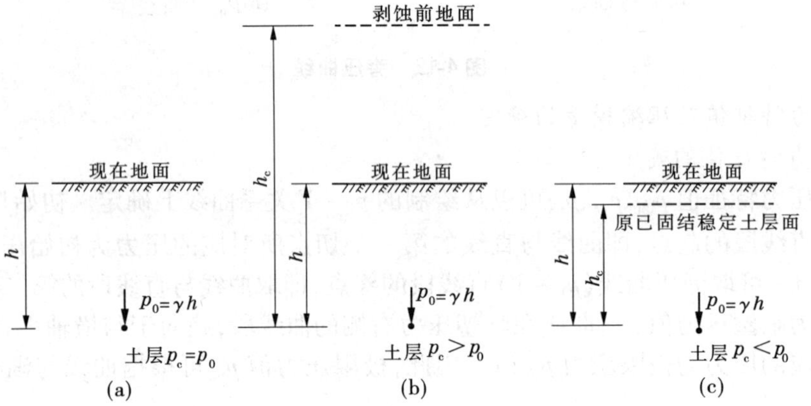

图 4-13　土层按先期固结压力的分类

(2)超固结土。当土层在历史上经受过较大固结应力作用而达到固结稳定后，由于受到强烈的侵蚀、冲刷等，使其目前的自重应力小于先期固结压力，这种状态的土称为超固结土，如图 4-13(b)所示。

(3)欠固结土。土层沉积历史短，在自重应力作用下尚未达到固结稳定，这种状态的土称为欠固结土，如图 4-13(c)所示。

(二)先期固结压力的确定

先期固结压力通常采用作图法确定。图 4-14为卡萨格兰德(A. Cacagrande)经验作图法，具体步骤如下：

(1)作 $e\sim\lg p$ 压缩曲线。

(2)过曲率半径最小点 A 作水平线 $A1$ 和切线 $A2$。

(3)作 $\angle 1A2$ 的角平分线 $A3$。

(4)将 $e\sim\lg p$ 曲线中的直线段反向延长交 $\angle 1A2$ 的角平分线 $A3$ 于 B 点，则 B 点对应的压力为先期固结压力 p_c。

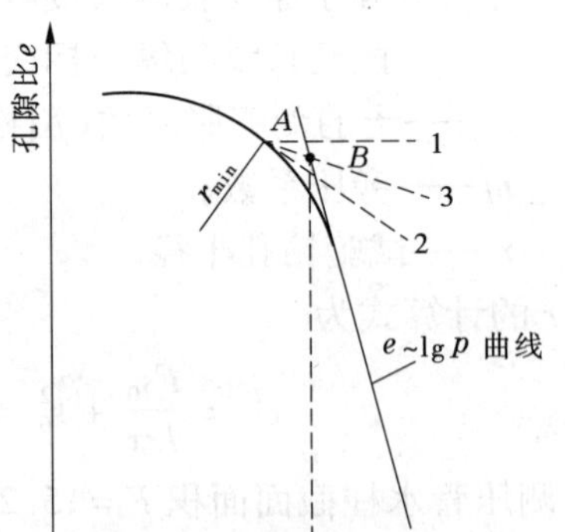

图 4-14　卡萨格兰德法确定先期固结压力

单元思考

1. 土体压缩过程中土的三相有何变化?
2. $e \sim p$ 和 $e \sim \lg p$ 曲线有何区别,如何获取,有什么作用?
3. 土体压缩模量与变形模量有什么不同?
4. 土体的应力历史用什么反映?它对土体的压缩性有什么影响?
5. 土体压缩变形的实质是什么?了解土体的压缩性有何作用?

任务二　地基最终沉降量计算

问题引导:地基沉降量计算方法有哪些?分层总和法的计算原理是什么?现场压缩曲线如何获取,有什么作用?应力面积法计算地基沉降的原理和方法是什么?

地基沉降是荷载作用而引起地基土体变形所致的,按地基沉降过程分为瞬时沉降、固结沉降和次固结沉降,即建筑物基础的沉降量为三部分之和。

瞬时沉降指施加荷载的瞬间土体形变引起的沉降量,该沉降历时时间短,沉降量小,工程中常可忽略不计;固结沉降指土体固结过程中,由土体固结排水和体积压缩所产生的沉降量,该沉降历时时间长,沉降量大,是沉降量的主要部分,也称为主固结沉降;次固结沉降指对某些黏性土在孔隙水压力完全消散、土体达到固结稳定后,由于黏性土的蠕变产生的沉降量,次固结沉降时间长、沉降量小。

地基最终变形量一般指地基土层在荷载作用下变形完成后基底处的最大竖向位移。计算地基最终变形量的目的是确定建筑物可能产生的最大沉降量、沉降差、倾斜及局部倾斜,判断是否超过允许范围,为建筑物设计和地基处理提供依据,保证建筑物的安全。

计算沉降量方法很多,本节主要介绍常用的分层总和法、应力面积法和弹性理论法等。

一、分层总和法计算地基最终沉降量

(一)计算原理

分层总和法是将地基压缩层范围内的土层,分成若干薄层,根据侧限压缩试验得到的 $e \sim p$ 曲线或 $e \sim \lg p$ 曲线计算每一薄层的变形量,然后求和作为地基土压缩的最终沉降量。

压缩层是指压缩变形不可忽视的土层范围。由于一般土体沉积历史比较长,土体在自重作用下变形已经结束,当荷载在土层中引起的应力增量不大时,所引起的变形也很小,可以忽略不计。一般控制附加应力 σ_z 与自重力 σ_{cz} 的比值小于或等于0.2,即 $\sigma_z/\sigma_{cz} \leq 0.2$ 以下的土层可以不计变形量;但对下部有软弱土层时,压缩层计算深度应满足 $\sigma_z/\sigma_{cz} \leq 0.1$。

(二)单一压缩土层的计算

如图4-15所示为单一压缩土层地基,由于无限大面积的均布荷载 q 作用,土层中各点的附加应力均为 Δp,并且只有竖直方向的变形,即与侧限压缩试验的受力状态相同。设受荷前土层厚度为 H_1,取断面面积为 A 的土体为分析体,其体积 $V_1 = AH_1$,根据土的三相草图则有 $V_1 = V_{v1} + V_s$,即

$$AH_1 = V_{v1} + V_s = V_s(1 + e_1) \tag{4-17}$$

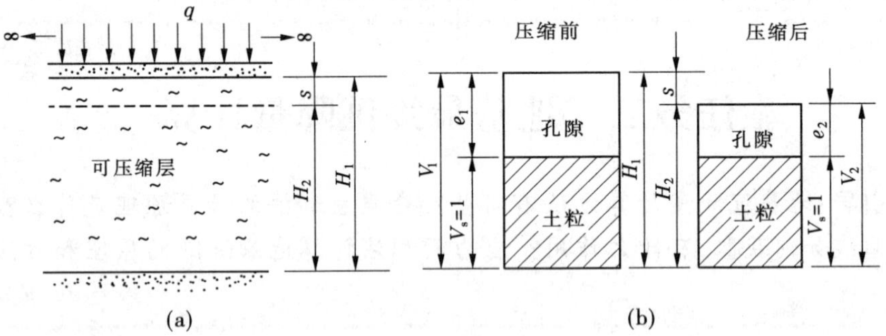

图4-15 单一压缩土层变形计算原理

在均布荷载 q 作用下,土层变形稳定后的厚度为 H_2,面积 A 范围内的土体体积为 $V_2 = AH_2$,由于土体内土颗粒的体积 V_s 未发生变化,则

$$AH_2 = V_{v2} + V_s = V_s(1 + e_2) \tag{4-18}$$

由图4-15可知,土层在压力 p 的作用下,其压缩变形量为

$$s = H_1 - H_2 = (1 - H_2/H_1)H_1 \tag{4-19}$$

由式(4-17)、式(4-18)可得

$$H_2/H_1 = (1 + e_1)/(1 + e_2)$$

代入式(4-19)得

$$s = \left(1 - \frac{1 + e_2}{1 + e_1}\right)H_1 = \frac{e_1 - e_2}{1 + e_1}H_1 \tag{4-20}$$

将压缩系数 a 或压缩模量的公式代入式(4-20)便可得到

$$s = \frac{a}{1 + e_1}\Delta pH_1 \tag{4-21}$$

或

$$s = \frac{\Delta pH_1}{E_s} \tag{4-22}$$

式(4-20)~式(4-22)均为侧限条件下地基单一压缩土层变形量的计算公式。式中 e_1 为附加应力作用前土体的孔隙比,e_2 为自重应力与附加应力共同作用下土层稳定后的孔隙比,均可以根据自重应力平均值 $\bar{\sigma}_{cz}$、自重应力与附加应力平均值之和 $\bar{\sigma}_{cz} + \bar{\sigma}_z$ 查 $e \sim p$ 曲线得到。

天然地基完全无侧胀的情况是不可能的,但人们发现,在基础中心下的土柱压缩量最接近无侧胀的情况。实践证明,当基底面积尺寸较土层厚度大得多时,按前述公式计算出的沉降量与实际沉降的差值是为工程所允许的。

(三)计算方法及步骤

(1)用坐标纸按比例绘制地基土层分布图和基础剖面图。

(2)地基土分层。其原则为:①地基土层中的天然层面必须作为分层界面;②平均地下水位作为分层界面;③每分层内的附加应力分布曲线接近于直线,要求分层厚度 $h<0.4b$(b 为基础宽度),水闸地基分层厚度 $h<0.25b$。

(3)计算基底压力及基底附加压力。

(4)计算各分层上、下层面处土的自重应力和附加应力。

(5)确定压缩层的深度 Z_n。当某层面处的附加应力和自重应力的比值满足 $\sigma_z/\sigma_{cz}\leqslant 0.2$,或软弱土层中满足 $\sigma_z/\sigma_{cz}\leqslant 0.1$ 时,下部土体可不计算变形量。

(6)计算压缩土层深度内各分层的平均自重应力 $\overline{\sigma}_{cz}$ 和平均附加应力 $\overline{\sigma}_z$ ($\overline{\sigma}_{cz}=\dfrac{\sigma_{czi-1}+\sigma_{czi}}{2}$, $\overline{\sigma}_z=\dfrac{\sigma_{zi-1}+\sigma_{zi}}{2}$)。

(7)在 $e\sim p$ 曲线上依据 $p_{1i}=\overline{\sigma}_{czi}$ 和 $p_{2i}=\overline{\sigma}_{czi}+\overline{\sigma}_{zi}$ 查出相应的孔隙比 e_{1i} 和 e_{2i},按照式(4-20)计算各分层的变形量;若是已知土层的压缩模量或压缩系数,可以按照式(4-21)或式(4-22)计算各层土的变形量。

(8)将各分层沉降量 s_i 总和,求出总沉降量 $s=\sum s_i$。

【例 4-1】 某水闸基底长 200 m,宽 20 m,作用在基底上的荷载如图 4-16 所示,沿宽

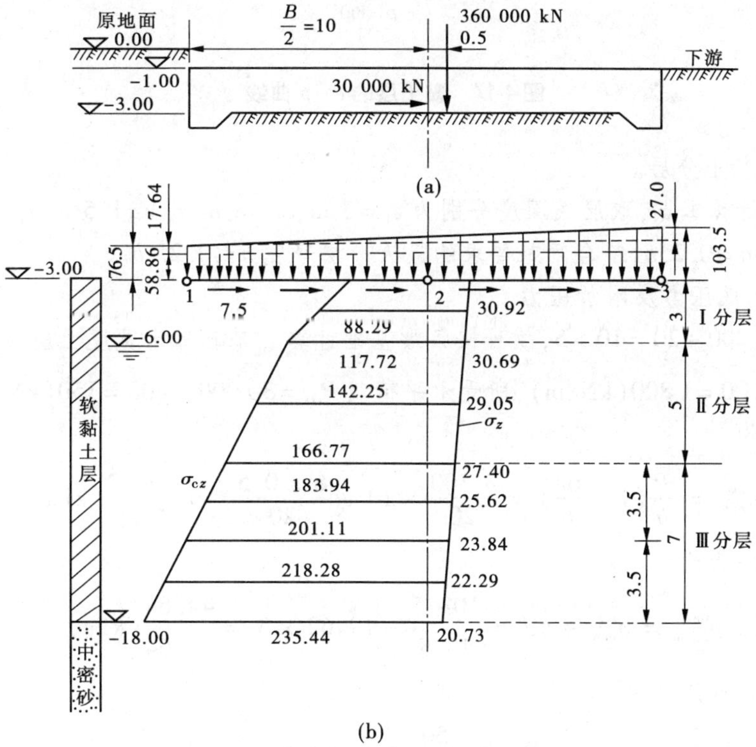

图 4-16　例 4-1 图　(单位:应力,kPa;长度,m)

度方向的轴向偏心荷载 $P=360\ 000$ kN(偏心距 $e=0.5$ m),水平荷载 $P_H=30\ 000$ kN,基底埋深 $d=3$ m,地基土体为正常固结黏性土,地下水位在基底以下 3 m 处,基底以下 0~3 m、3~8 m、8~15 m 范围内土体的压缩性分别如图 4-17 曲线Ⅰ、Ⅱ、Ⅲ所示,基底 15 m 以下为中砂。地下水位以上土体的重度 $\gamma_1=19.62$ kN/m³,地下水位以下土体浮重度 $\gamma'=9.81$ kN/m³,计算基础中线下(点 2)和两侧边点(点 1、点 3)的最终沉降量(不计砂土层的变形)。

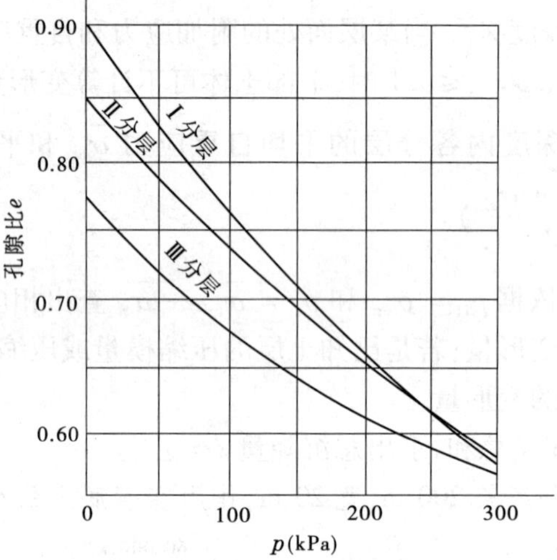

图 4-17 黏土层的 $e\sim p$ 曲线

解:(1)地基土分层。

以基底为计算零点,取层底深度分别为 $z_1=3$ m、$z_2=8$ m、$z_3=11.5$ m、$z_4=15$ m,最大分层厚度为 5 m $=0.25b$,符合闸基要求的最大分层厚度 $h\leqslant 0.25\,b$。

(2)计算基底压力及附加压力。

因为 $l/b=200\div 20=10>5$,故可按条形基础计算。基础每米宽度上所受的竖直荷载 $\overline{P}=360\ 000\div 200=1\ 800$(kN/m),所受水平荷载 $\overline{P}_H=30\ 000\div 200=150$(kN/m)。因此,基底竖直压力为

$$p_{\min}^{\max}=\frac{\overline{P}}{b}\left(1\pm\frac{6e}{b}\right)=\frac{1\ 800}{20}\times\left(1\pm\frac{6\times 0.5}{20}\right)=\frac{103.5}{76.5}\text{(kPa)}$$

基底附加压力为

$$p_{0\min}^{0\max}=p_{\min}^{\max}-\gamma d=\frac{103.5}{76.5}-19.62\times 3=\frac{44.64}{17.64}\text{(kPa)}$$

基底水平基底压力为

$$p_H=\frac{150}{20}=7.5\text{(kPa)}$$

基底压力及基底附加压力分布如图 4-16(b)所示。

(3)计算各分层面处的自重应力。

基础底面处($z=0$)　$\sigma_{c0}=\gamma d=19.62\times3=58.86$(kPa)

地下水位处($z=3$ m)　$\sigma_{c3}=19.62\times(3+3)=117.72$(kPa)

基底以下 8 m 处($z=8$ m)　$\sigma_{c8}=19.62\times(3+3)+9.81\times5=166.77$(kPa)

基底以下 11.5 m 处($z=11.5$ m)　$\sigma_{c11.5}=19.62\times(3+3)+9.81\times8.5=201.11$(kPa)

中密砂层顶面处($z=15$ m)　$\sigma_{c15}=19.62\times(3+3)+9.81\times(5+7)=235.44$(kPa)

自重应力 σ_{cz} 分布如图 4-16(b)所示。

(4)各层面处附加应力计算。

将基底竖直附加应力分为均布荷载和三角形荷载,其中三角形竖直荷载 $p_t=44.64-17.64=27$(kPa),均布竖直荷载 $p_0=17.64$ kPa。此外,水平荷载 $p_H=7.50$ kPa,各荷载在地基中引起的附加应力计算见表 4-3,附加应力分布见图 4-16(b)。

表 4-3　基础中点下(点 2)的附加应力计算表

		$b=20$ m			$x/b=0.5$			
z (m)	z/b	$p_0=17.64$ kPa		$p_t=27.00$ kPa		$p_H=7.5$ kPa		$\Sigma\sigma_z$ (kPa)
		K_z^s	σ_z	K_z^t	σ_z	K_z^h	σ_z	
0	0	1.00	17.64	0.50	13.50	0	0	31.14
3	0.15	0.99	17.46	0.49	13.23	0	0	30.69
8	0.40	0.88	15.52	0.44	11.88	0	0	27.40
11.5	0.58	0.77	13.58	0.38	10.26	0	0	23.84
15	0.75	0.67	11.82	0.33	8.91	0	0	20.73

(5)确定压缩土层计算深度。

由题意可知,中密砂土层的压缩量可以忽略不计,软黏土底部($z=15$ m)处的附加应力 $\sigma_z=20.73$ kPa $<0.1\sigma_{cz}$,故压缩层计算深度可取为 15 m。

(6)计算各土层的自重应力平均值和附加应力平均值。

计算结果见表 4-4,其中第一层应力平均值为

$$\bar{\sigma}_{cz}=\frac{1}{2}\times(58.86+117.72)=88.29(\text{kPa})$$

$$\bar{\sigma}_z=\frac{1}{2}\times(31.14+30.69)=30.92(\text{kPa})$$

同理计算出其他各土层的应力平均值。

(7)计算基础中点下的地基变形量。

由初始应力平均值($\bar{\sigma}_{cz}$)查出初始孔隙比 e_1,由最终应力平均值($\bar{\sigma}_{cz}+\bar{\sigma}_z$)查出最终孔隙比 e_2,代入式(4-22)计算各层的变形量 s_i,然后求和得到基础中点下地基变形量为 21.1 cm。计算结果如表 4-4 所示。

表 4-4 基底中点下的地基变形量计算表

分层编号	分层厚度 (cm)	初始应力平均值 (kPa)	压缩应力平均值 (kPa)	最终应力平均值 (kPa)	e_{1i}	e_{2i}	$\frac{e_{1i}-e_{2i}}{1+e_{1i}}$	s_i (cm)
Ⅰ	300	88.29	30.92	119.19	0.783	0.745	0.021 3	6.4
Ⅱ	500	142.25	29.05	171.3	0.695	0.665	0.017 7	8.9
$Ⅲ_1$	350	183.94	25.62	209.56	0.619	0.604	0.009 3	3.2
$Ⅲ_2$	350	218.28	22.29	240.57	0.602	0.590	0.007 5	2.6
$s=\sum s_i=21.1$(cm)								

按上述同样方法可以计算出点 1 和点 3 的沉降量分别为 4.3 cm 和 7.2 cm。

二、用现场压缩曲线计算地基最终沉降量

用现场压缩曲线计算地基沉降量的原理与分层总和法基本相同。其方法是首先根据 $e\sim \lg p$ 曲线推求出现场压缩曲线，根据现场压缩曲线的压缩指数 C_c 计算各土层的沉降量，然后求和。用现场压缩曲线计算地基最终沉降量可以考虑土体的不同固结状态。下面分别介绍不同固结情况下单一压缩土层沉降量的计算方法。

(一)正常固结土的沉降量计算

1. 现场原始压缩曲线的确定

由于在钻探取样、运输、试验过程中土体将受到不同程度的扰动，其室内压缩曲线不能反映现场土的压缩性，必须根据室内压缩的 $e\sim \lg p$ 曲线进行修正，从而求出现场原始压缩曲线。现场压缩曲线的确定方法如下：正常固结土现场初始孔隙比就是试样压缩前的孔隙比 e_0，而初始应力 p_0 等于先期固结压力 p_c，因此现场压缩曲线应通过 $B'(p_c,e_0)$ 点，如图 4-18 所示。另外，根据大量的试验研究结果，无论土扰动的程度如何，其压缩曲线均在 0.4 e_0 附近趋于一点(见图 4-18 中 C 点)，因此可以认为土的现场压缩曲线即为直线 $B'C$，其斜率即为现场压缩指数 C_c。

2. 正常固结土沉降量计算

图 4-19 为正常固结土的现场原始压缩曲线，设作用于土层中点的自重应力为 p_{0i}，相应的初始孔隙比为 e_{0i}；该点所受的附加应力为 Δp_i，受荷之后的总应力为 $p_{0i}+\Delta p_i$，相应的孔隙比为 e_{1i}，则附加应力作用引起的孔隙比变化量为

$$\Delta e_i = e_{0i} - e_{1i} = C_c \lg\left(\frac{p_{0i}+\Delta p_i}{p_{0i}}\right) \tag{4-23}$$

将式(4-23)代入式(4-20)得

$$s_i = \frac{C_{ci}}{1+e_{0i}} H_i \lg\left(\frac{p_{0i}+\Delta p_i}{p_{0i}}\right) \tag{4-24}$$

式中 H_i——第 i 层土的厚度；

C_{ci}——第 i 层土的压缩指数；

e_{0i}、e_{1i}——自重作用下和受荷稳定后的孔隙比。

计算出各层土的沉降量，然后求和即可算出地基的最终沉降量。

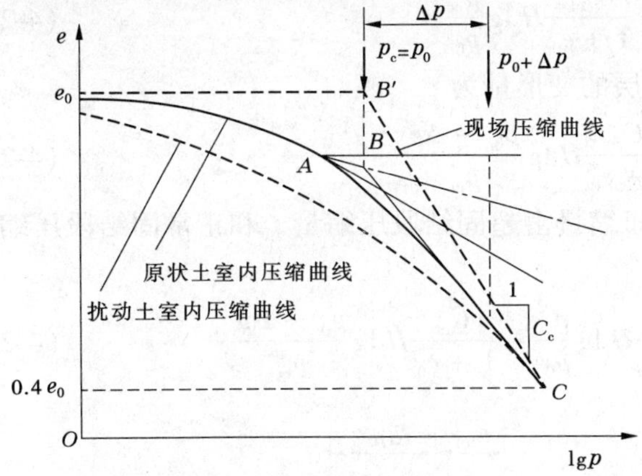

图4-18　正常固结土的现场压缩曲线

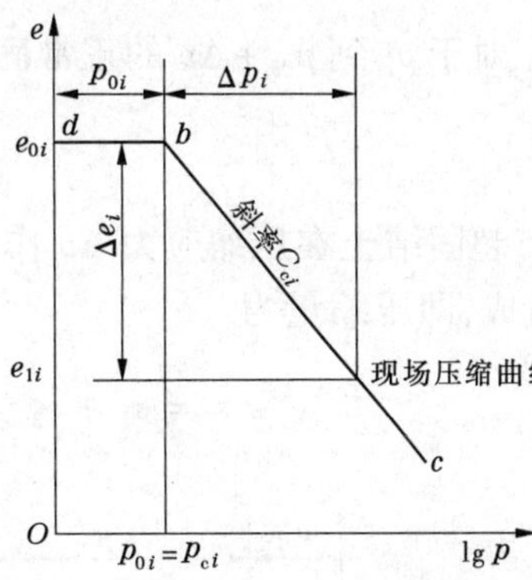

图4-19　正常固结土的孔隙比变化

（二）超固结土的沉降量计算

1. 原始压缩曲线的确定

先期固结压力的确定方法在本项目任务一中已讲述，然后根据现存上覆土压力 p_0 和相应的初始孔隙比 e_0 找出 $D(\lg p_0, e_0)$ 点，如图4-20所示。在压缩试验中先加压超过先期固结压力后再减压至现存上覆压力 p_0，然后压缩，绘出再压缩曲线，根据回滞环求出回弹段的膨胀指数 C_s，即直线 FE 的斜率。过 D 点作 FE 的平行线交先期固结压力线于 B' 点，同样现场压缩曲线通过压缩曲线上 $0.4e_0$ 处。因此，折线 $DB'C$ 即为现场原始压缩曲线，如图4-20所示。

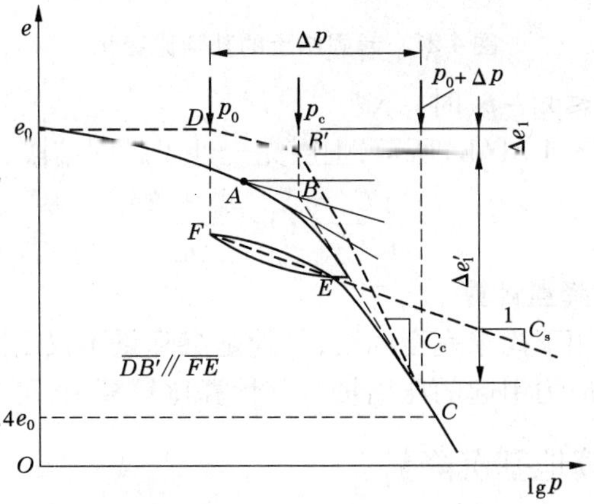

图4-20　超固结土的现场压缩曲线

2. 超固结土沉降量计算

根据现场压缩曲线计算超固结土的沉降量时，可能出现以下两种情况：

（1）当附加应力 $\Delta p > p_{ci} - p_{0i}$ 时。

如图 4-21(a)所示,对于荷载由 p_{0i} 到 p_{ci} 的超固结段,以 C_{si} 代换式(4-24)中的 C_{ci} 计算沉降量为

$$s_1 = \frac{C_{si}}{1 + e_{0i}} H_i \lg \frac{p_{ci}}{p_{0i}} \tag{4-25}$$

对于 p_{ci} 到 $p_{0i} + \Delta p$ 的正常固结段土层的变形量为

$$s_2 = \frac{C_{ci}}{1 + e_{0i}} H_i \lg \frac{p_{0i} + \Delta p}{p_{ci}} \tag{4-26}$$

超固结土在压缩应力 Δp 作用下的压缩量由超固结段压缩量 s_1 和正常固结段压缩量 s_2 组成,即压缩量为

$$s = s_1 + s_2 = \frac{C_{si}}{1 + e_{0i}} H_i \lg \frac{p_{ci}}{p_{0i}} + \frac{C_{ci}}{1 + e_{0i}} H_i \lg \frac{p_{0i} + \Delta p}{p_{ci}} \tag{4-27}$$

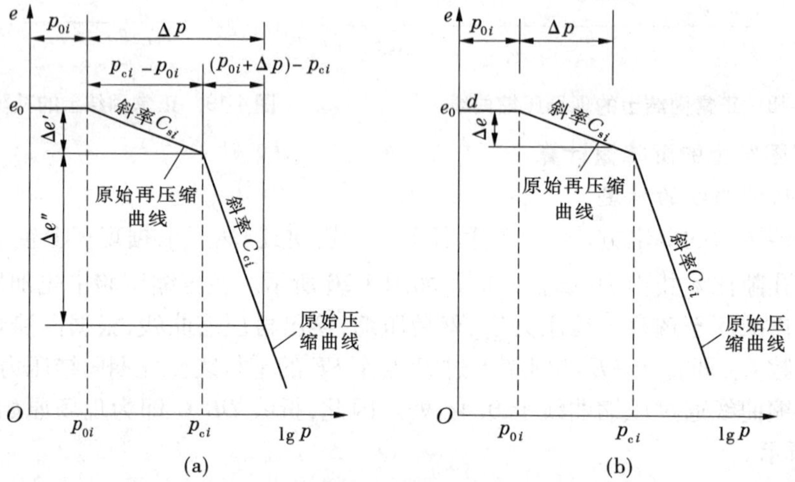

图 4-21　超固结土的孔隙比变化

(2)当附加应力 $\Delta p \leqslant p_{ci} - p_{0i}$ 时。

土层再压缩曲线如图 4-21(b)所示,土层完全处于超固结段,土层最终沉降量为

$$s = \frac{C_{si}}{1 + e_{0i}} H_i \lg \frac{p_{0i} + \Delta p}{p_{0i}} \tag{4-28}$$

(三)欠固结土的沉降量计算

欠固结土在自重作用下尚未完全固结,其地基沉降量不仅由附加应力产生,而且有土体原来欠固结部分自重应力引起的压缩量。其计算比较复杂,可参见有关专著。

三、"规范法"计算地基沉降量

由于地基土的不均匀性,所取土样的代表性与实际情况难免存在诸多差异,再加之分层总和法的几点假定与实际情况不完全符合,使得理论计算值与建筑物沉降实际观测量出现差异。统计发现,计算的沉降量对于软弱地基数值偏小,最多可差 40%;而对于坚实地基,计算量远大于实测沉降量,最多甚至大 5 倍。根据上述情况,我国《建筑地基基础设计规范》(GB 50007—2011)推荐了地基最终沉降量计算的简化公式,常简称"规范法",

其原理是利用附加应力分布图形的面积计算土层变形量，因此也称为"应力面积法"。该法是在总结大量实践经验的基础上，对用分层总和法计算地基沉降量的计算结果做出必要的修正，使计算值更符合实际。

（一）单一土层沉降计算原理及公式

应力面积法与分层总和法的计算原理基本相同，都是分别计算各层土的沉降量，然后求和得出地基的总沉降量，所不同的是两者的单层沉降量计算公式的形式不同，以下介绍应力面积法的基本原理和公式的形式。

图4-22为某地基中附加应力的分布情况，在基底以下深度 z 处取一微薄土层 dz，在附加应力的作用下产生的沉降量为 ds，因此其应变为

$$\varepsilon = \frac{ds}{dz} \tag{4-29}$$

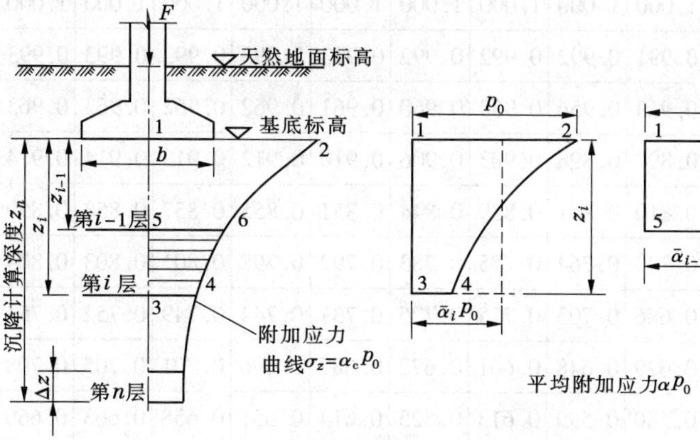

图4-22　应力面积法的计算原理图

由压缩模量的概念可得 $\varepsilon = \sigma_z / E_s$，将其代入式(4-29)中得

$$ds = \frac{\sigma_z}{E_s}dz \tag{4-30}$$

若地基第 i 层土上、下层面的深度分别为 z_{i-1} 和 z_i，则第 i 层土的沉降量可由式(4-30)积分得

$$s_i = \int ds_i = \int_{z_{i-1}}^{z_i} \frac{\sigma_{zi}}{E_{si}}dz = \frac{1}{E_{si}}\int_{z_{i-1}}^{z_i} \sigma_{zi}dz \tag{4-31}$$

式(4-31)中 σ_z 为计算点（基底以下深度为 z）处的附加应力，其积分 $\int_{z_{i-1}}^{z_i} \sigma_{zi}dz$ 为计算层中附加应力的分布图形面积。只要求出附加应力分布图形的面积，很容易计算其变形量。由项目三可知任意深度 z 处的附加应力 $\sigma_z = Kp_0$，由于 p_0 为基底附加压力，对于任何土层，其值不变，故式(4-31)可写成：

$$s_i = \frac{p_0}{E_{si}}\int_{z_{i-1}}^{z_i} Kdz = \frac{p_0}{E_{si}}\left(\int_0^{z_i} Kdz - \int_0^{z_{i-1}} Kdz\right) \tag{4-32}$$

令 $\bar{\alpha}_i = \frac{1}{z_i}\int_0^{z_i} Kdz$ 代入式(4-32)，则得

$$s_i = \frac{p_0}{E_{si}}(z_i \overline{\alpha}_i - z_{i-1} \overline{\alpha}_{i-1}) \tag{4-33}$$

式中 p_0——基底附加压力；

$\overline{\alpha}_i$——地基深度 z_i 范围内的附加应力系数的平均值，与基底压力分布情况有关，矩形面积受均布竖直荷载作用时基础中心点下的平均附加应力系数 $\overline{\alpha}_i$ 可由表4-5查出，有关矩形面积受三角形分布荷载作用下的竖向平均附加应力系数这里从略。

表4-5　矩形面积受均布竖直荷载作用时基础中心点下的平均附加应力系数 $\overline{\alpha}_i$

z/b	l/b												
	1.0	1.2	1.4	1.6	1.8	2.0	2.4	2.8	3.2	3.6	4.0	5.0	>10
0.0	1.000	1.000	1.000	1.000	1.000	1.000	1.000	1.000	1.000	1.000	1.000	1.000	1.000
0.2	0.987	0.990	0.991	0.992	0.992	0.992	0.993	0.993	0.993	0.993	0.993	0.993	0.993
0.4	0.936	0.947	0.953	0.956	0.958	0.960	0.961	0.962	0.962	0.963	0.963	0.963	0.963
0.6	0.858	0.878	0.890	0.898	0.903	0.906	0.910	0.912	0.913	0.914	0.914	0.915	0.915
0.8	0.775	0.801	0.810	0.831	0.839	0.844	0.851	0.855	0.857	0.858	0.859	0.860	0.860
1.0	0.689	0.738	0.749	0.764	0.775	0.783	0.792	0.798	0.801	0.803	0.804	0.806	0.807
1.2	0.631	0.663	0.686	0.703	0.715	0.725	0.737	0.744	0.749	0.752	0.754	0.756	0.758
1.4	0.573	0.605	0.629	0.648	0.661	0.672	0.687	0.696	0.701	0.705	0.708	0.711	0.714
1.6	0.524	0.556	0.580	0.599	0.613	0.625	0.614	0.651	0.658	0.663	0.666	0.670	0.675
1.8	0.482	0.513	0.537	0.556	0.571	0.583	0.600	0.611	0.619	0.624	0.629	0.633	0.638
2.0	0.446	0.475	0.499	0.518	0.533	0.545	0.563	0.575	0.584	0.590	0.594	0.600	0.606
2.2	0.414	0.443	0.466	0.484	0.499	0.511	0.530	0.543	0.552	0.558	0.563	0.570	0.577
2.4	0.387	0.414	0.436	0.454	0.469	0.481	0.500	0.513	0.523	0.530	0.535	0.543	0.551
2.6	0.362	0.389	0.410	0.428	0.442	0.455	0.473	0.487	0.496	0.504	0.509	0.518	0.528
2.8	0.341	0.366	0.387	0.404	0.418	0.430	0.449	0.463	0.472	0.480	0.486	0.495	0.506
3.0	0.322	0.346	0.366	0.383	0.397	0.409	0.427	0.441	0.451	0.459	0.465	0.477	0.487
3.2	0.305	0.328	0.348	0.364	0.377	0.389	0.407	0.420	0.431	0.439	0.445	0.455	0.468
3.4	0.289	0.312	0.331	0.346	0.359	0.371	0.388	0.402	0.412	0.420	0.427	0.437	0.452
3.6	0.276	0.297	0.315	0.330	0.343	0.353	0.372	0.385	0.395	0.403	0.410	0.421	0.436
3.8	0.263	0.284	0.301	0.316	0.328	0.339	0.356	0.369	0.379	0.388	0.394	0.405	0.422
4.0	0.251	0.271	0.288	0.302	0.314	0.325	0.342	0.355	0.365	0.373	0.379	0.391	0.408
4.2	0.241	0.260	0.276	0.290	0.300	0.312	0.328	0.341	0.352	0.359	0.366	0.377	0.396

续表 4-5

z/b	l/b												
	1.0	1.2	1.4	1.6	1.8	2.0	2.4	2.8	3.2	3.6	4.0	5.0	>10
4.4	0.231	0.250	0.265	0.278	0.290	0.300	0.316	0.329	0.339	0.347	0.353	0.365	0.384
4.6	0.222	0.240	0.255	0.268	0.279	0.289	0.305	0.317	0.327	0.335	0.341	0.353	0.373
4.8	0.214	0.231	0.245	0.258	0.269	0.279	0.294	0.300	0.316	0.324	0.330	0.342	0.362
5.0	0.206	0.223	0.237	0.249	0.260	0.269	0.284	0.296	0.306	0.313	0.320	0.332	0.352

注：l、b 为矩形的长边与短边；z 为基底以下的深度。

（二）沉降计算深度 z_n 的确定

《建筑地基基础设计规范》（GB 50007—2011）用符号 z_n 表示沉降计算深度，并规定一般地基应符合下列要求：

$$\Delta s_n' \leqslant 0.025 \sum s_i' \tag{4-34}$$

式中　$\Delta s_n'$——计算深度向上取厚度为 Δz 的土层沉降量计算值，Δz 见图 4-22 并由表 4-6 确定；

s_i'——在计算深度范围内，第 i 层土的计算沉降量。

表 4-6　Δz 取值

b(m)	$b \leqslant 2$	$2 < b \leqslant 4$	$4 < b \leqslant 8$	$8 < b$
Δz(m)	0.3	0.6	0.8	1.0

若确定的计算深度下部仍有较软土层，则应继续计算。当无相邻荷载影响、基础宽度为 1 ~ 30 m 时，基础中点的沉降计算深度也可以按下列简化公式计算：

$$z_n = b(2.5 - 0.4\ln b) \tag{4-35}$$

式中　b—基础宽度，m。

对于地基中较坚硬的黏土层，其孔隙比小于 0.5、压缩模量大于 50 MPa，或压缩模量大于 80 MPa 的密实砂卵石层可以不计算沉降量。

（三）地基最终沉降量计算

地基最终沉降量等于各层土沉降量之和：

$$s' = \sum_{i=1}^{n} s_i = \sum_{i=1}^{n} \frac{p_0}{E_{si}}(z_i \bar{\alpha}_i - z_{i-1} \bar{\alpha}_{i-1}) \tag{4-36}$$

规范规定，按上述公式计算得到的沉降值尚应乘以经验系数 Ψ_s，以提高计算准确度，即

$$s = \Psi_s \sum_{i=1}^{n} s_i = \Psi_s \sum_{i=1}^{n} \frac{p_0}{E_{si}}(z_i \bar{\alpha}_i - z_{i-1} \bar{\alpha}_{i-1}) \tag{4-37}$$

式中　Ψ_s——经验系数，按地区沉降观测资料及经验确定，无地区经验时可按 $\bar{E}_s$ 查表 4-7 中的数值。

$\bar{E}_s$ 为沉降计算深度范围内压缩模量当量值，按下式计算：

$$\bar{E}_s = \frac{\sum A_i}{\sum \frac{A_i}{E_{si}}} \tag{4-38}$$

式中　A_i——第 i 层土附加应力沿土层厚度的积分值。

表 4-7　沉降计算经验系数 Ψ_s

基底附加压力	$\bar{E}_s$ (MPa)				
	2.5	4.0	7.0	15.0	20.0
$p_0 \geq f_{ak}$	1.4	1.3	1.0	0.4	0.2
$p_0 \leq 0.75f_{ak}$	1.1	1.0	0.7	0.4	0.2

注：f_{ak} 为地基承载力特征值。

【例 4-2】　如图 4-23 所示为某建筑物的柱基础，基底为正方形，边长为 4.0 m，基础埋置深度为 $d = 1.0$ m，上部结构传至基础顶面的荷载 $F = 1\ 440$ kN，地基为粉质黏土，其天然重度 $\gamma = 16.0$ kN/m^3，土的天然孔隙比 $e = 0.97$，地下水位埋深 3.4 m，地下水位以下土体的饱和重度 $\gamma_{sat} = 18.2$ kN/m^3。土层压缩模量为：地下水位以上 $E_{s1} = 5.5$ MPa，地下水位以下 $E_{s2} = 6.5$ MPa。地基土的承载力特征值 $f_{ak} = 94$ kPa，试用"规范法"计算柱基中点的沉降量。

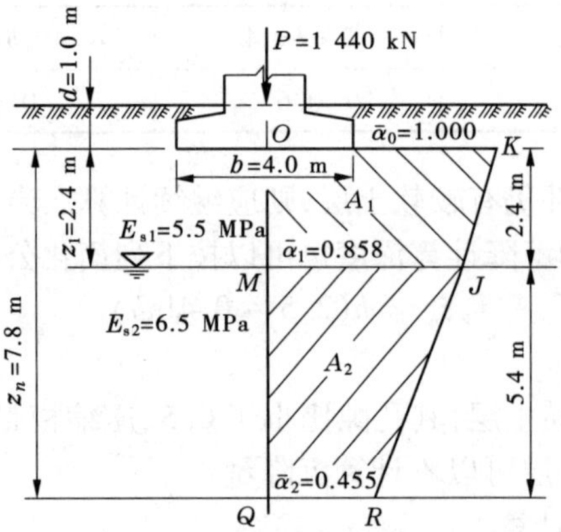

图 4-23　例 4-2 图

解：(1) 计算确定地基压缩层深度。

按式(4-35)计算确定地基压缩层深度 z_n 为

$$z_n = b(2.5 - 0.4\ln b) = 4.0 \times (2.5 - 0.4 \times \ln 4) = 7.8(\text{m})$$

(2) 计算基底附加压力。

取基础平均重度 $\bar{\gamma} = 20.0$ kN/m^3，则

$$p_0 = \frac{F}{lb} + \bar{\gamma}d - \gamma d = \frac{1\ 440}{4 \times 4} + 20 \times 1 - 16 \times 1 = 94.0(\text{kPa})$$

(3) 平均附加应力系数 $\bar{\alpha}_i$ 的计算。

根据 $l/b=1$ 和 z/b 查表 4-5，计算平均附加应力系数，具体数值见表 4-8。

表 4-8　例 4-2 平均附加应力系数 $\overline{\alpha}_i$ 计算表

z/b	0	0.6	1.95
$\overline{\alpha}_i$	1.0	0.858	0.455

(4) 沉降计算经验修正系数的确定。

基底以下 0 ~ 2.4 m 范围内的附加应力系数分布图的面积 $A_1=0.858\times 2.4=2.06$，2.4 ~ 7.8 m 范围内的附加应力系数分布面积 $A_2=0.455\times 7.8-2.06=1.49$，代入式(4-38)得压缩模量当量值为

$$\overline{E}_s=\frac{2.06+1.49}{\dfrac{2.06}{5.5}+\dfrac{1.49}{6.5}}=5.88(\text{MPa})$$

由 $p_0=f_{ak}$ 和 $\overline{E}_s=5.88$ MPa 查表 4-7 得：$\psi_s=1.11$。

(5) 计算柱基中点的沉降量。

由图 4-23 可知 $z_0=0$，$z_1=2\ 400$ mm，$z_2=7\ 800$ mm，将前述数据代入式(4-37)得

$$s=\Psi_s\sum_{i=1}^{n}s_i=\Psi_s\sum_{i=1}^{n}\frac{p_0}{E_{si}}(z_i\overline{\alpha}_i-z_{i-1}\overline{\alpha}_{i-1})$$

$$=1.11\times 94\times\left(\frac{0.858\times 2\ 400}{5\ 500}+\frac{0.455\times 7\ 800-0.858\times 2\ 400}{6\ 500}\right)=63.0(\text{mm})$$

单元思考

1. 地基沉降有何危害？在哪些情况下应验算地基沉降？
2. 分层总和法计算沉降有什么假定？计算步骤是什么？有哪些优缺点？
3. 采用分层总和法和应力面积法确定的地基沉降量有何差异？

任务三　地基沉降与时间的关系

问题引导：饱和土的单向渗透固结模型是什么？单向渗透固结有何假定？什么是固结度？固结度与时间因数有怎样的关系？

施工过程相对于地基固结过程来说是较短的，所以施工阶段完成的地基变形相对较小，建筑物使用阶段的地基变形较大。为了建筑物的安全和正常使用，对于一些重要的和特殊的建筑物应在工程实践和研究分析中掌握沉降与时间关系的规律性。而砂土和碎石土的压缩性很小，且渗透性强，所以受荷后固结稳定所需要的时间很短，一般在外荷载施加过程中其固结变形基本结束，故实际工程中一般只考虑黏性土的变形对建筑物的影响。

对于饱和土体来说，其固结主要是由于孔隙水被排出，固结速度取决于土的渗透性，故称饱和土体的固结为渗透固结。传统的方法均以饱和土体的渗透固结为理论基础研究

沉降与时间的关系。

土体在渗透固结过程中,如果孔隙水只沿一个方向排出,土的压缩也只在一个方向发生(一般指竖直方向),那么这种固结就称为单向固结。工程中,当荷载分布面积很广,靠近地表的薄层土层时,其渗透固结就近似属于这种情况。此处仅介绍饱和土体的单向渗透固结。

一、饱和土的单向固结模型

饱和土的渗透固结可以借助于渗透固结模型来说明。图4-24为饱和黏性土单向渗透固结模型。模型由一个盛满水的容器、弹簧和带孔的轻质活塞组成,弹簧代表土骨架,容器中的水代表孔隙水,活塞模拟土的排水通道,容器壁上装有一根测压管,以显示容器内的水压力。

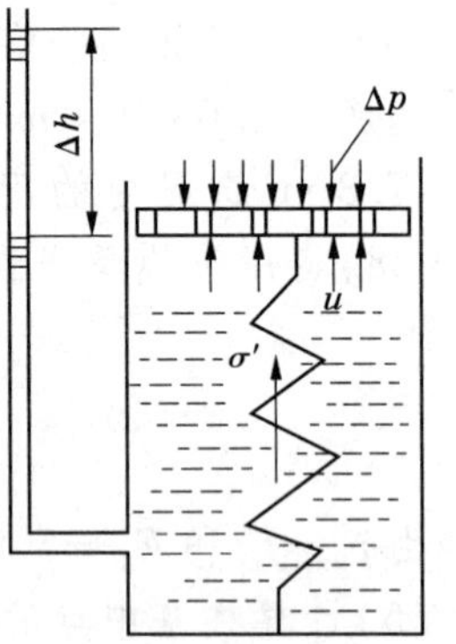

图4-24　饱和黏性土单向渗透固结模型

当活塞上无外力作用时,测压管水位与容器中水位相同,测压管水头 $h=0$,此时孔隙水应力等于静水压力,土中无渗流发生。

在活塞上施加压力强度为 Δp 的外荷载,施加的瞬间,容器中的水还来不及排出,由于水体被视为不可压缩体,此时活塞未下降,弹簧没有变形,说明土骨架未受力,荷载全部由孔隙水承担。孔隙水应力增大,测压管水头升高,其高度 $\Delta h=\Delta p/\gamma_w$。这时有效应力为零,孔隙水中超过原来静水压力部分的超静水压力 u 等于外加压力 Δp,即 $t=0$ 时,$u=\Delta p$、$\sigma'=0$。随着受压时间的延续,容器中的水通过活塞小孔向外排出,测压管水头下降,弹簧逐渐被压缩,说明孔隙水应力在减小,有效应力在增加,总压力由两种应力共同承担,即 $0<t<\infty$ 时,$u\downarrow$、$\sigma'\uparrow$、$\Delta p=u+\sigma'$。随着排水过程的延续,测压管水头越来越小,有效应力越来越大,最后压力水头消散,排水终止,弹簧达到最大变形,说明超静水压力已减小到零,总应力全部由土颗粒承担,即 $t=\infty$ 时,$u=0$、$\sigma'=\Delta p$。

图4-25(a)为饱和黏土层在均布荷载 p 作用下的固结情况,其固结过程可以通过多层渗透模型(见图4-25(b))来说明。多层渗透模型由多层带孔的活塞板、弹簧和容器组成,容器内充满水。模型各层分别表示不同深度的土层。荷载作用于模型后,可以从测压管中水位的变化情况剖析土层中孔隙水应力随时间消散的过程。

加荷之前,测压管中的水位与容器中的水位保持齐平,表明土中各点的超静水压力荷载 p 施加的瞬间($t=0$ 时),各土层的水都来不及排出,活塞板不下沉,弹簧未变形,即弹簧不受力,全部荷载由容器中孔隙水来承担。各测压管中水的水位都升高了 $h_0=p/\gamma_w$,表明土层中各点的超静水压力都为 $u=p$,而 $\sigma'=0$。在升高的水压力作用下,模型中的水将随时间不断排出,表示土体开始固结。因模型顶面为排水面,第1层的水首先被排出,随后第2层、第3层、第4层的水依次被排出,离排水面愈远的点,排水愈困难,因而孔隙水应力形成上小、下大的状况,将某一时刻各测压管的水位连接起来,可得如图4-25所示的曲线,此时($0<t<\infty$)模型中的各点:

超静水压力　　　　$u_1<u_2<u_3<u_4<p$

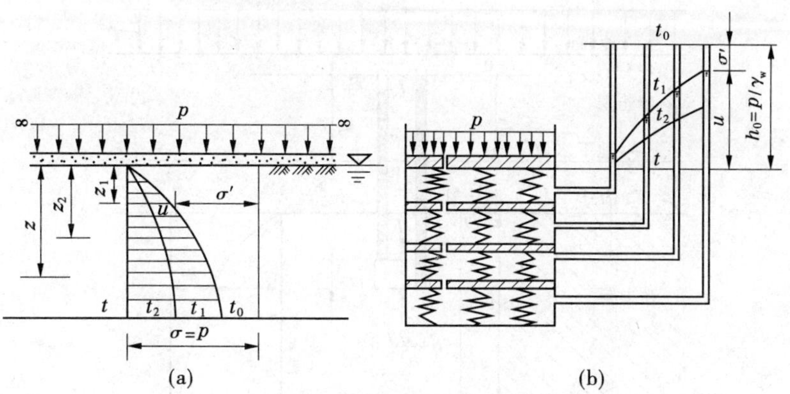

图 4-25　土的多层渗透固结模型

土骨架的有效应力　　$\sigma_1' > \sigma_2' > \sigma_3' > \sigma_4'$

且　　$p = u_i + \sigma_i'$

随着时间的增长，测压管中的水位逐渐恢复到与圆筒中水位齐平。此时筒中的水不再向外排出，弹簧承担全部外荷载，变形达到稳定，相当于土层中各点的超静水压力已全部消散，荷载全部由土骨架承担，即 $t = \infty$ 时，$u_i = 0$、$\sigma_i' = p$。表明此时土的渗透固结完成。由此看出，饱和土的渗透固结过程实质上是孔隙水应力向有效应力转换的过程，或孔隙水应力消散而有效应力增长的过程。

二、饱和土的单向固结理论

土体在固结过程中，如果孔隙水只沿一个方向排出，土的压缩也只在一个方向发生（一般指竖直方向），这种固结就称为单向固结。工程中，当荷载分布面积很广，靠近地表的薄层土层，其渗透固结就近似属于这种情况。

（一）单向渗透固结理论的基本假设

（1）地基土为均质、各向同性的饱和土。

（2）土的压缩完全是由于孔隙体积的减小而引起的，土粒和孔隙水均不可压缩。

（3）孔隙水的渗流和土的压缩只沿竖向发生，侧向既不变形，也不排水。

（4）孔隙水的渗流服从达西定律，土的固结快慢取决于渗透系数的大小。

（5）在整个固结过程中，假定孔隙比 e、压缩系数 a 和渗透系数 k 为常量。

（6）荷载是连续均布的，并且是一次瞬时施加的。

（二）单向固结微分方程的建立及其解答

如图 4-26 所示，饱和黏性土层厚度为 H，上面为透水层，底面为不透水层（属非压缩层），在自重应力作用下已固结稳定。作用于层面的荷载为无限广阔的均布荷载，则在土层内部引起的竖向附加应力（固结应力）沿土层深度的分布是均匀的，即各点的附加应力等于外加均布荷载（$\sigma_z = p_0$）。在黏土层中深度 z 处取厚度为 $\mathrm{d}z$ 的微分单元体（面积为 1×1）进行水量平衡分析。

微元体的体积 $V = 1 \times 1 \times \mathrm{d}z = \mathrm{d}z$，由于 $\dfrac{V_s}{V} = \dfrac{1}{1+e}$，所以土颗粒体积 $V_s = \dfrac{1}{1+e}\mathrm{d}z$，且

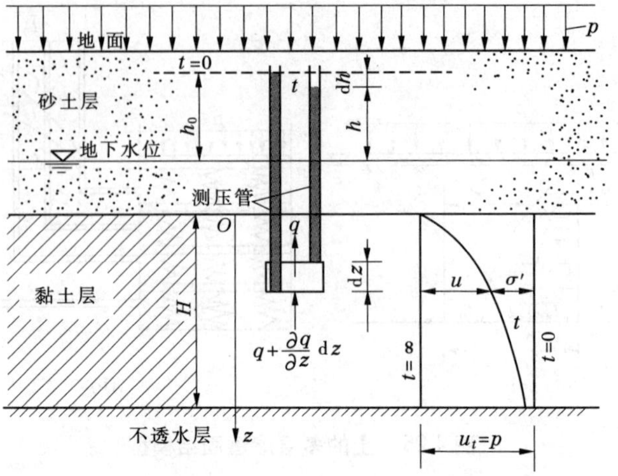

图 4-26　饱和土的固结过程

在固结过程中保持不变,孔隙体积 $V_v = nV = \frac{e}{1+e}\mathrm{d}z$,因此微元体在时间 d$t$ 内的体积变化量为

$$\frac{\partial V}{\partial t}\mathrm{d}t = \frac{\partial(V_s + V_v)}{\partial t}\mathrm{d}t = \frac{\partial V_v}{\partial t}\mathrm{d}t = \frac{\partial\left(\frac{e}{1+e}\mathrm{d}z\right)}{\partial t}\mathrm{d}t = \frac{1}{1+e}\frac{\partial e}{\partial t}\mathrm{d}z\mathrm{d}t \tag{4-39}$$

根据微元体的变形条件,由压缩系数的概念可知:

$$\mathrm{d}e = -a\mathrm{d}\sigma' = -a\mathrm{d}(p-u) = a\mathrm{d}u \tag{4-40}$$

将式(4-40)代入式(4-39)得

$$\frac{\partial V}{\partial t}\mathrm{d}t = \frac{a}{1+e}\frac{\partial u}{\partial t}\mathrm{d}z\mathrm{d}t \tag{4-41}$$

设在固结过程中的某一时刻 t,从单元体顶面流出的流量为 q,则从底面流入的流量应为 $q + \frac{\partial q}{\partial z}\mathrm{d}z$。因此,在时间增量 d$t$ 内,单元体中的水量变化应等于流出与流入单元体的数量之差,即

$$Q_1 - Q_2 = q\mathrm{d}t - \left(q + \frac{\partial q}{\partial z}\mathrm{d}z\right)\mathrm{d}t = -\frac{\partial q}{\partial z}\mathrm{d}z\mathrm{d}t \tag{4-42}$$

由于微元体中土粒的体积不变,其体积的变化实际就是土体内孔隙水体积的变化,即体积变化量等于流入和流出单元体的水量的数量之差:

$$Q_2 - Q_1 = \frac{\partial V}{\partial t}\mathrm{d}t$$

即

$$\frac{\partial q}{\partial z}\mathrm{d}z\mathrm{d}t = \frac{\partial V}{\partial t}\mathrm{d}t$$

将式(4-41)代入上式得

$$\frac{\partial q}{\partial z} = \frac{a}{1+e}\frac{\partial u}{\partial t} \tag{4-43}$$

在加荷的瞬间($t=0$),根据前述固结理论可知,固结应力全部由孔隙中的水来承担,

所以各点的测压管水位都将升高 $h_0 = u_0/\gamma_w = p/\gamma_w$。固结过程中的某一时刻 t，由于孔隙水压力开始消散，测压管水位都将下降，设此时单元体顶面处的孔隙水压力为 u，则测压管水位高出地面水位 $h = u/\gamma_w$，而底面测压管水位将比顶面测压管水位高出 $\mathrm{d}h = \frac{\partial h}{\partial z}\mathrm{d}z = \frac{1}{\gamma_w}\frac{\partial u}{\partial z}\mathrm{d}z$，如图 4-26 所示。因此，有

$$\frac{\partial h}{\partial z} = \frac{1}{\gamma_w}\frac{\partial u}{\partial z} \tag{4-44}$$

根据达西定律有

$$q = Aki = k\frac{\partial h}{\partial z} \quad (A = 1 \times 1) \tag{4-45}$$

由式(4-44)、式(4-45)可得

$$\frac{\partial q}{\partial z} = k\frac{\partial^2 h}{\partial z^2} = \frac{k}{\gamma_w}\frac{\partial^2 u}{\partial z^2} \tag{4-46}$$

将式(4-43)代入式(4-46)左端得

$$\frac{a}{1+e}\frac{\partial u}{\partial t} = \frac{k}{\gamma_w}\frac{\partial^2 u}{\partial z^2}$$

整理可得

$$\frac{\partial u}{\partial t} = \frac{k(1+e)}{\gamma_w a}\frac{\partial^2 u}{\partial z^2} \tag{4-47}$$

令 $C_v = \frac{k(1+e)}{a\gamma_w}$，则式(4-47)可写为

$$\frac{\partial u}{\partial t} = C_v\frac{\partial^2 u}{\partial z^2} \tag{4-48}$$

式中　C_v——土的固结系数，$\mathrm{cm^2/a}$；

e——土的初始孔隙比；

k——土的渗透系数，cm/a；

a——土的压缩系数，$\mathrm{cm^2/N}$；

γ_w——水的重度，0.009 81 $\mathrm{N/cm^3}$。

式(4-48)为饱和土的单向渗透固结微分方程。根据初始条件和边界条件可求得任一深度 z 在任一时刻 t 时的孔隙水压力 u 的表达式。初始条件指开始固结时附加应力的分布情况，边界条件指可压缩土层顶面的排水条件。图 4-26 的初始条件和边界条件为

$t = 0$ 和 $0 \leqslant z \leqslant H$ 处	$u_0 = \sigma_z = p$	（施加荷载的瞬间）
$0 < t < \infty$ 及 $z = 0$ 处	$u = 0$	（在排水面处）
$z = H$ 处	$q = 0, \frac{\partial u}{\partial z} = 0$	（排水距离最大处）

将上述初始条件和边界条件代入式(4-48)，得微分方程的解为

$$u = \frac{4\sigma_z}{\pi^2}\sum_{m=1}^{\infty}\frac{1}{m^2}\sin\left(\frac{m\pi z}{2H}\right)e^{-m^2\frac{\pi^2}{4}T_v} \tag{4-49}$$

式中　m——正整奇数，即 1、3、5…；

e——自然对数的底,e = 2.718 28;

u——某一时刻深度 z 处的孔隙水应力;

σ_z——附加应力;

H——土层最大排水距离,单面排水为土层厚度,双面排水时,取土层厚度的1/2;

T_v——时间因数,无最纲,$T_v = \dfrac{C_v t}{H^2}$。

(三)几种不同情况的固结度计算

所谓固结度,是指地基在某一固结应力作用下,经历时间 t 以后,土体发生固结或孔隙水应力消散的程度。单向压缩情况可表示为任一时刻的沉降量 s_t 与最终沉降量 s 之比。土层任一深度 z 处,在 t 时刻的固结度可用下式表示,即

$$U_t = \frac{u_0 - u}{u_0} = 1 - \frac{u}{u_0} \tag{4-50}$$

某一点的固结度对于解决工程实际问题并无很大意义,为此引入平均固结度的概念。土层平均固结度,就是指任一时刻该土层孔隙水应力的平均消散程度,即有效应力分布图面积与总应力分布图形面积的比值,可表示为

$$U_t = 1 - \frac{\int_0^H u \mathrm{d}z}{\int_0^H u_0 \mathrm{d}z} \tag{4-51}$$

式(4-51)为各种情况下,任一时刻 t 的平均固结度的基本表达式。将式(4-49)代入式(4-51)积分后整理可得

$$U_{t\alpha} = 1 - \frac{\frac{\pi}{2}\alpha - \alpha + 1}{1 + \alpha} \frac{32}{\pi^3} \left(e^{-\frac{\pi^2}{4}T_v} + \frac{1}{9} e^{-\frac{\pi^2}{9}T_v} + \cdots\right) \tag{4-52}$$

对于单面排水附加应力呈矩形分布情况,即 $\alpha = 1$ 时,可得

$$U_t = 1 - \frac{8}{\pi^2}\left(e^{-\frac{\pi^2}{4}T_v} + \frac{1}{9} e^{-\frac{9\pi^2}{4}T_v} + \cdots\right) \tag{4-53}$$

式(4-53)括号内的级数收敛很快,实用上可取第一项近似表达,即得

$$U_{t(\alpha=1)} = 1 - \frac{8}{\pi^2} e^{-\frac{\pi^2}{4}T_v} \tag{4-54}$$

由式(4-52)可知平均固结度是时间因数 T_v 的单值函数,它与固结应力的大小无关,但与土层中固结压力的分布有关,式(4-53)、式(4-54)适合于单面排水,附加应力呈矩形分布,也适合于所有的双面排水情况的固结度计算。双面排水时,T_v 计算式中的 H 为排水最大距离,即压缩层厚度的一半。对于其他各种情况的平均固结度与时间因数的关系,也可从理论上求得,并且是时间因数的单值函数。为使用方便,已将各种情况的 U_t 和 T_v 之间的关系曲线绘于图4-27中。图中曲线的参数 $\alpha = \dfrac{\sigma'_z}{\sigma''_z}$,$\sigma'_z$ 为透水面处的固结应力,σ''_z 为非透水面处的固结应力。在图4-27中,可以根据固结度 U_t 查出时间因数 T_v,或根据时间因数 T_v 查出相应的固结度 U_t。

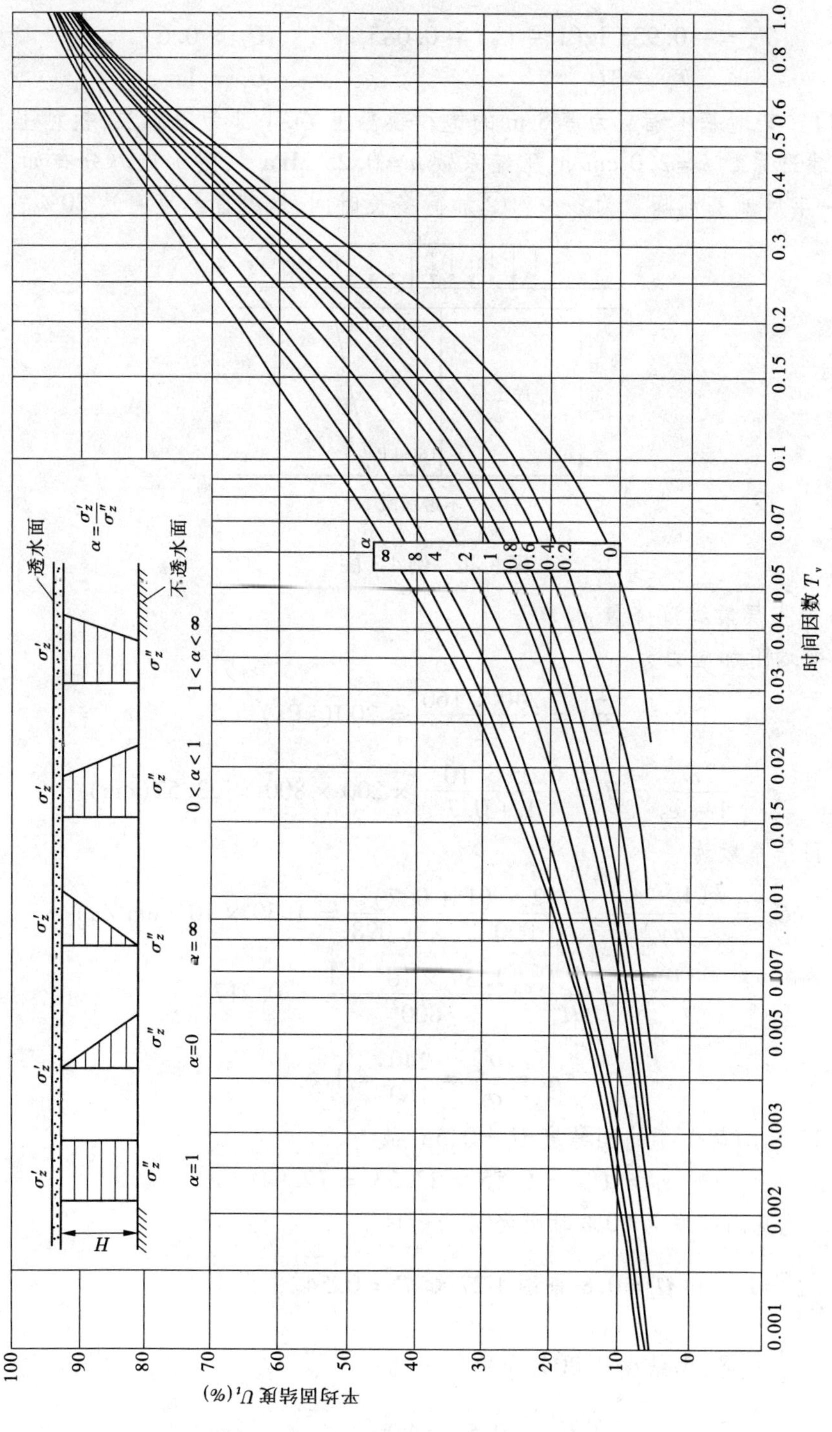

图 4-27　平均固结度 U_t 与时间因数 T_v 的关系曲线

式(4-54)亦可用下列近似公式计算：

$$T_v = \frac{\pi}{4}U_t^2 \qquad U_t < 0.6 \tag{4-55a}$$

$$T_v = -0.933\lg(1-U_t) - 0.085 \qquad U_t > 0.6 \tag{4-55b}$$

$$T_v = 3U_t \qquad U_t = 1 \tag{4-55c}$$

【例4-3】 某地基压缩层为厚8 m的饱和软黏土层，下部为隔水层，软黏土初始孔隙比 $e_0=0.7$，渗透系数 $k=2.0$ cm/a，压缩系数 $a=0.25$ MPa^{-1}，附加应力分布如图4-28所示。求：①一年后地基沉降量为多少？②加荷多长时间，地基固结度可达80%？

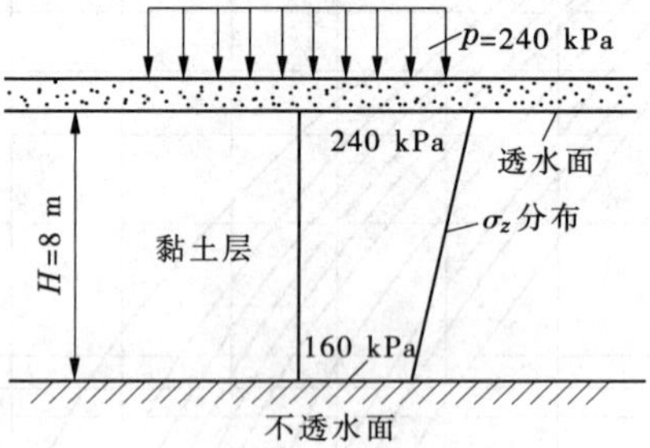

图4-28　例4-3图

解：(1)求土层最终沉降量 s。

地基的平均附加应力为

$$\bar{\sigma}_z = \frac{240+160}{2} = 200(\text{kPa})$$

$$s = \frac{a}{1+e_0}\bar{\sigma}_z H = \frac{0.25\times10^{-3}}{1+0.7}\times200\times800 = 23.53(\text{cm})$$

该土层固结系数为

$$C_v = \frac{k(1+e_0)}{a\gamma_w} = \frac{2\times(1+0.7)}{0.000\,25\times0.098} = 1.39\times10^5(\text{cm}^2/\text{a})$$

$$T_v = \frac{C_v t}{H^2} = \frac{1.39\times10^5\times1}{800^2} = 0.217$$

$$\alpha = \frac{\sigma_z'}{\sigma_z''} = \frac{240}{160} = 1.5$$

查图4-27知加荷1年的固结度 $U_t=0.55$，故

$$s_t = U_t s = 0.55\times23.53 = 12.94(\text{cm})$$

(2)计算地基固结度为80%时所经历的时间。

由 $\alpha=\frac{\sigma_z'}{\sigma_z''}=1.5$ 和 $U_t=0.8$ 查图4-27知 $T_v=0.54$。

由式 $T_v=\frac{C_v t}{H^2}$ 得，固结度达80%所需时间为

$$t = \frac{T_v H^2}{C_v} = \frac{0.54\times800^2}{1.39\times10^5} = 2.49\ (\text{a})$$

单元思考

1. 黏性土与砂土的渗透固结过程有何不同？
2. 了解变形与时间的关系对工程有什么作用？
3. 工程中哪些地方需要注意地基变形？
4. 饱和土的单向固结理论有哪些基本假定？

小　结

(一)土的压缩性

土的压缩性可以通过侧限压缩试验确定，试验结果用 $e\sim p$ 曲线与 $e\sim\lg p$ 曲线表达；压缩性大小通过压缩系数 a、压缩模量 E_s、压缩指数 C_c 以及变形模量 E_0 等压缩指标反映。土的侧限压缩变形随时间增长，变形增量随压力增大而减小，压缩变形分为弹性变形和残余变形，土的变形性能与受压历史有关，先期固结压力常根据 $e\sim\lg p$ 曲线用卡萨格兰德图解法确定。

(二)地基最终变形量计算

(1)分层总和法计算地基最终沉降量。每单层土的变形量计算是按基础中心点下土层受荷前后的平均应力，由侧限压缩试验成果查出压缩前后的孔隙比 e_{1i} 和 e_{2i}，按基本公式 $s_i=\dfrac{e_{1i}-e_{2i}}{1+e_{1i}}H_{1i}$ 计算，各层土的变形之和即地基的变形量。注意：①平均自重应力和平均附加应力的计算，一般是按计算土层的上层面和下层面的应力值取平均，所以在用式(4-20)时要先计算土层上下层面处的自重应力和附加应力。②p_1 是土层受荷前的固结应力，p_2 是土层受荷稳定后的固结应力，根据变形产生的原因来确定 p_1 和 p_2。③土层变形的原因可能是建筑荷载作用，也可能是地基表面超载(如大面积填土)，或者是土体的有效重度发生变化(如大面积降低地下水位)等，不同情况中 p_1 和 p_2 都具有不完全相同的内含，但变形都是由有效应力增加而引起的。

(2)土层分层要求。①土层的分界面和地下水位面处都是计算土层的分层面。②不同压缩性的土体其 $e\sim p$ 关系不同，因此即使是同一种土体，当具有不同的 $e\sim p$ 曲线时，也要作为不同土层分别计算。③一般要求分层最大厚度不超过基础宽度的40%；当基础尺寸很大时，要求分层厚度不大于基础宽度的25%。

(3)压缩层厚度的要求。压缩层计算深度满足的条件是 $\sigma_z\leqslant 0.2\sigma_{cz}$。

(4)“规范法”计算地基变形。某土层的变形量可用该层附加应力分布图形面积除以压缩模量计算得到，与分层总和法计算地基变形原理基本一致；压缩层深度确定要求从计算深度 z_n 处向上取厚度为 Δz 的薄层，要求薄层 Δz 的变形量 $\Delta s_n'$ 满足 $\Delta s_n'\leqslant 0.025\sum\Delta s_i'$；对计算变形的修正。

(三)饱和土体单向固结理论

(1)饱和土体单向固结理论假定。地基土为均质、各向同性的饱和土体；土颗粒和水都被视为不可压缩体;固结过程中渗透系数 k 和压缩系数 a 被视为常数;渗流和变形只在竖直方向发生,渗透符合达西定律;外荷载是瞬时施加的连续均布荷载;只考虑主固结而不考虑次固结的影响。任一时刻土体的平均固结度可用有效应力面积和总应力分布图形面积的比值表示。

(2)沉降与时间的关系。计算有以下两种情况:已知时间 t,求该时刻的变形量 s_t 或固结度 U_t;已知某时刻的变形量 s_t,求时间 t。

练习题

4-1　已知原状土样高 $h=2$ cm,截面面积 $A=30$ cm^2,重度 $\gamma=19$ kN/m^3,颗粒比重 $G_s=2.72$,含水率 $\omega=25\%$,进行侧限压缩试验,试验结果见表4-9,试绘制压缩曲线,并求土的压缩系数 a_{1-2}。

表4-9

压力 p(kPa)	0	50	100	200	400
稳定后的变形量 $\sum\Delta h$(mm)	0	0.480	0.808	1.232	1.735

4-2　某条形基础,宽度 $b=10$ m,基础埋深 $d=2$ m,受有竖直中心荷载 $\overline{P}=1\ 300$ kN/m,地面10 m以下为不可压缩土层,土层重度 $\gamma=18.5$ kN/m^3,压缩试验结果如表4-9所示,求基础中点下的稳定沉降量。

4-3　某超固结土层厚为2 m,前期固结压力为 $p_c=300$ kPa,原位压缩曲线指数 $C_c=0.5$,回弹指数 $C_s=0.1$,土层所受平均自重应力 $p_1=100$ kPa,$e_0=0.7$,求下列两种情况下该黏土的最终沉降量:

(1)建筑物的荷载在土层中引起的平均竖向附加应力 $\Delta p=400$ kPa;

(2)建筑物的荷载在土层中引起的平均竖向附加应力 $\Delta p=180$ kPa。

4-4　某矩形基础长3.6 m,宽2.0 m,埋深1.5 m,上部荷载 $F=900$ kN,$\gamma=16$ kN/m^3,$a=0.4$ MPa^{-1},$e_1=1.0$,地基承载力特征值 $f_{ak}=150$ kPa,试用"规范法"计算基础中心的最终沉降量。

4-5　一地基为饱和黏土层,层厚为10 m,上、下为砂土层。由基底压力在黏土层中引起的附加应力 σ_z 的分布如图4-29所示。已知黏土层的物理力学指标为:$a=0.25$ MPa^{-1},$e_1=0.8$,$k=2$ cm/a。试求:

(1)加荷一年后地基的沉降量;

(2)地基沉降量达到25 cm时所需的时间。

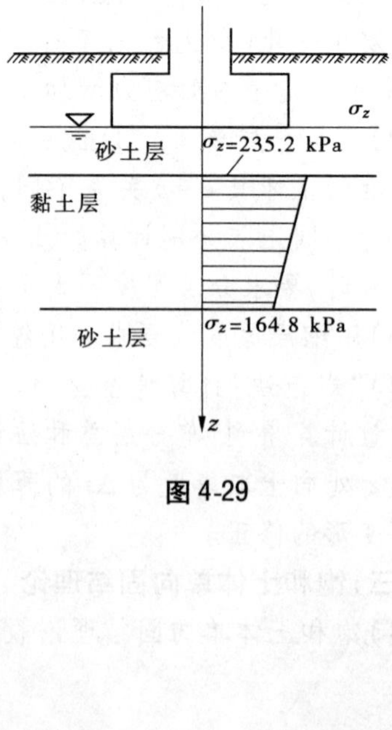

图4-29

项目五 土的抗剪强度

三基导学

(一)基本概念

土的抗剪强度、库仑直线、抗剪强度指标、土中一点应力状态、莫尔应力圆、土的极限平衡状态、土的极限平衡条件、有效应力强度指标、总应力强度指标、砂土的液化、破坏面、破坏角 α_f、峰值强度、残余强度、灵敏度、触变性等。

(二)基本原理

库仑定律、受剪面的破坏准则、土中一点的应力状态、极限平衡条件、直接剪切试验原理、三轴剪切试验原理、砂土液化条件。

(三)基本方法

直接剪切试验方法(直接快剪、直接慢剪、固结快剪)、三轴剪切试验方法(不固结不排水剪、固结不排水剪和固结排水剪)、无侧限抗压强度试验、十字板剪切试验、有效应力法、总应力法、砂土液化的判别方法。

教学基本要求

(一)抗剪强度定律

掌握土体抗剪强度的规律及受剪面的破坏准则。

(二)土的极限平衡条件

掌握土中一点的极限平衡条件及其土中一点的应力状态的判定。了解土中一点的应力状态。

(三)剪切试验方法

掌握直接剪切试验、三轴剪切试验的原理和直接剪切试验的方法。理解三轴剪切试验的三种方法;了解十字板剪切试验和无侧限抗压强度试验的试验方法。

(四)总应力强度指标和有效应力强度指标

掌握总应力强度指标和有效应力强度指标的概念。理解砂土液化的条件和防治措施。了解剪切试验成果的表达方式及强度指标的选用,以及砂土液化的判别方法。

能力培养目标

掌握测定土的抗剪强度指标的试验方法,掌握土中一点的极限平衡条件式,会判别土所处的状态;会按照规范要求利用标准贯入试验判别砂土是否液化。

学习重点与难点

重点是库仑定律、土的极限平衡条件、抗剪强度试验方法和指标的选用。难点是土中一点的应力状态和强度指标选用以及砂土的液化判别方法。

任务一　土的抗剪强度及其破坏准则

问题引导:土的强度有什么特点,破坏形式有哪些?库仑定律表达了什么?如何判别某受力面是否破坏?

一、土的强度与破坏形式

土与其他建筑材料类似,在一定条件下也会发生破坏。大量的土体破坏实例和试验研究证明,多数工程中土体的破坏形式是由于剪切面上的剪应力大于该面的抗剪切能力,如基坑和堤坝边坡的滑动(见图5-1(a))、挡土墙后填土的滑动(见图5-1(b))、地基失稳(见图5-1(c))等,都是一部分土体相对另一部分土体发生滑动,土体沿着滑裂面发生剪切破坏。因此,土体的强度问题实质是土的抗剪能力问题,即土的强度由抗剪强度决定。所以说,土的抗剪强度是指土对剪切破坏的极限抵抗能力。地基承载力、土坡稳定和挡土结构的土压力都与土的抗剪强度有直接的关系。

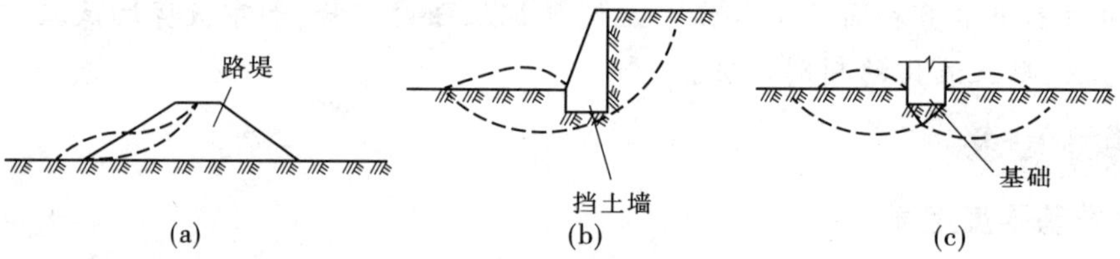

图5-1　土的破坏形式

二、土的抗剪强度规律——库仑定律

(一)固体物质间的滑动摩擦

如图5-2所示,重量为 W 的 A 物体放于平面 B 上,两者处于相对静止状态,若在物体 A 上施一水平力 T,则 A、B 间有相对滑动的趋势,在接触面上就产生了摩擦力 F,物体间的最大静摩擦力就是阻止物体滑动的最大能力,最大静摩擦力 $F_{max} = W\tan\delta$(δ 为接触面的摩擦角)。物体是否滑动取决于推力 T 与最大静摩擦力 F_{max} 的关系,当 $T < F_{max}$ 时,A 物体不运动,此时摩擦力 $F = F_{max}$;当 $T > F_{max}$ 时,物体 A 运动,此时摩擦力为最大静摩擦力,即 $F = F_{max} < T$。土体的破坏与固体物质间的摩擦类似,当受剪面上的剪应力 τ 大于抗剪强度 τ_f 时,受剪面会破坏。

(二)库仑定律表达式

法国学者库仑1776年总结土体剪切试验成果,提出了土体抗剪强度的表达式:

$$\tau_f = \sigma\tan\varphi + c \tag{5-1}$$

式中　τ_f——土的抗剪强度,kPa;

σ——剪切面上的正应力;

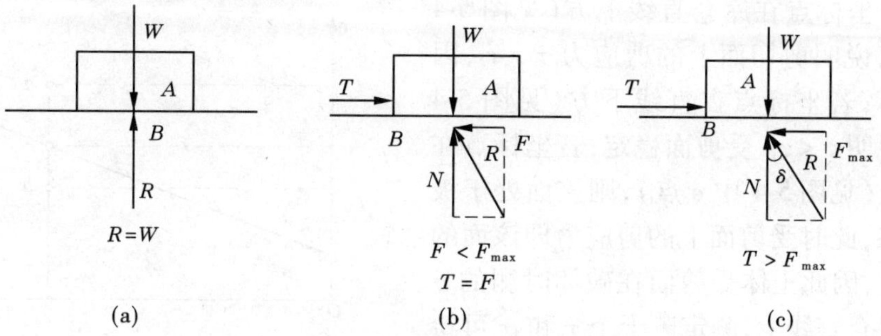

图 5-2　固体物质间的摩擦

φ——土的内摩擦角；

c——土的黏聚力，kPa，对于无黏性土，$c=0$。

库仑定律反映了土体抗剪强度τ_f是σ、φ、c的函数，τ_f与法向应力σ成正比，τ_f由土的摩阻力$\sigma\tan\varphi$及黏聚力c两部分组成。根据库仑定律可以绘出如图5-3所示的库仑直线，其中库仑直线与横轴的夹角称为土的内摩擦角φ，库仑直线在纵轴上的截距c为黏聚力。

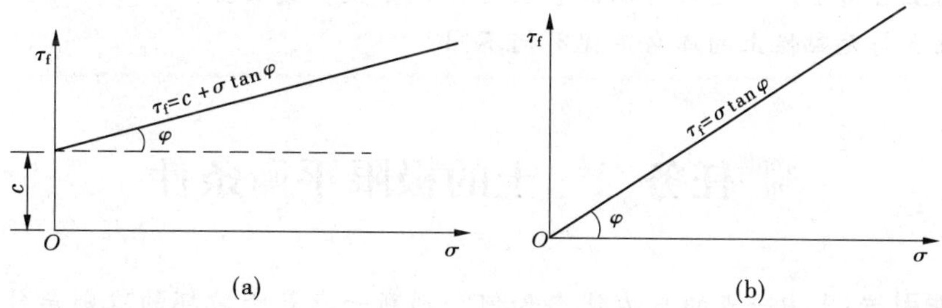

图 5-3　库仑直线

（三）土的抗剪强度指标

库仑定律中的φ和c称为土的抗剪强度指标，φ、c与土的性质有关，需根据试验确定。一般情况下，内摩擦角的取值范围为：粉细砂20°～34°，中砂、粗砂及砾砂30°～42°，黏性土及粉土0°～30°；黏聚力c的变化范围为5～100 kPa。

抗剪强度指标φ、c不仅与土的性质有关，而且与测定方法有关。同一种土体在不同条件下测出的强度指标也有所不同，但同一种土在同一方法下测定的强度指标几乎是相同的。因此，谈及强度指标φ、c时，应注明它的试验条件。

三、受剪面的破坏准则

既然土的抗剪强度τ_f是土抵抗剪切破坏的最大能力，那么当受剪面上的剪应力$\tau<\tau_f$时，土体受剪面是稳定的，处于弹性平衡状态；当剪应力$\tau>\tau_f$时，土体受剪面已经破坏；当剪应力$\tau=\tau_f$时，受剪面正好处于将要破坏的临界状态，称受剪面为极限平衡状态。

受剪面的状态也可以用图解法利用库仑直线判别。将受剪面上的正应力σ与剪应力τ的实际值点绘于库仑直线所在的直角坐标系中，视其点与直线的关系来判别。若受剪面上应力坐标点在库仑直线上方(见图 5-4 中的 a 点),说明剪切面上的剪应力 $\tau > \tau_f$,因此该面破坏;若坐标点在直线下方(见图 5-4 中 b 点),说明 $\tau < \tau_f$,受剪面稳定;若坐标点在库仑直线上(见图 5-4 中 c 点),则该面处于极限平衡状态,此时受剪面上的剪应力即该面的抗剪强度值,因此土体受剪面在破坏时测的 σ 和 τ 应在库仑直线上,测定若干个 τ 和 σ 可绘直线求出 φ、c 值,直剪试验就是利用该原理。

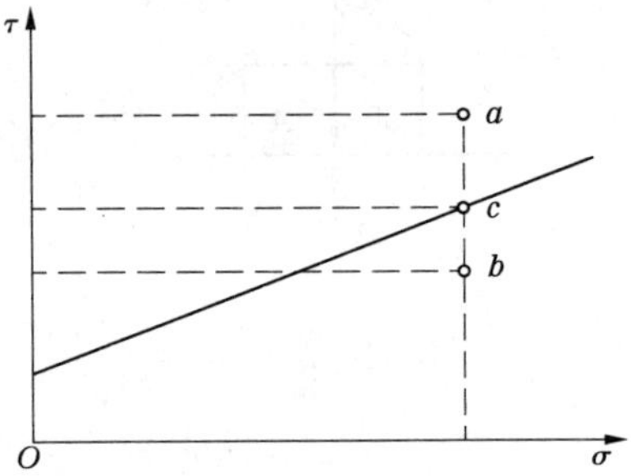

图 5-4　受剪面的应力与库仑直线的关系

单元思考

1. 土的强度由什么决定,与其他材料的强度有什么不同?
2. 已知土体的内摩擦角 $\varphi = 20°$、黏聚力 $c = 10$ kPa,某受剪截面上正应力 $\sigma = 100$ kPa,该截面上剪应力最大可以达到多少?
3. 若一受剪面处于极限平衡状态,如何改变其应力(τ 或 σ)能使该受剪面更安全?若一受剪面上已有 $\tau > \tau_f$,是否可以调整应力 σ 或 τ 使其更安全?
4. 黏性土与无黏性土的库仑定律有何不同?

任务二　土的极限平衡条件

问题引导:土中一点的应力状态如何?判断一点是否破坏的准则是什么?极限平衡条件的表达式是什么?

一、土中一点的应力状态

地基中任一点 M,如图 5-5(a)所示,其应力状态可用一微小单元体表示,如图 5-5(b)所示。单元体上的主应力可以由下式求得

$$\begin{matrix}\sigma_1\\ \sigma_3\end{matrix} = \frac{\sigma_z + \sigma_x}{2} \pm \sqrt{\left(\frac{\sigma_z - \sigma_x}{2}\right)^2 + \tau_{xz}} \tag{5-2}$$

第一主平面与 σ_z 作用面的夹角为

$$\theta = \frac{1}{2}\arctan\left(\frac{2\tau_{xz}}{\sigma_z - \sigma_x}\right) \tag{5-3}$$

如图 5-6 所示,与第一主应力平面成 α 角的任一平面上,其应力 σ_α、τ_α 可以通过取脱离体求得

$$\sigma_\alpha = \frac{\sigma_1 + \sigma_3}{2} + \frac{\sigma_1 - \sigma_3}{2}\cos 2\alpha \tag{5-4}$$

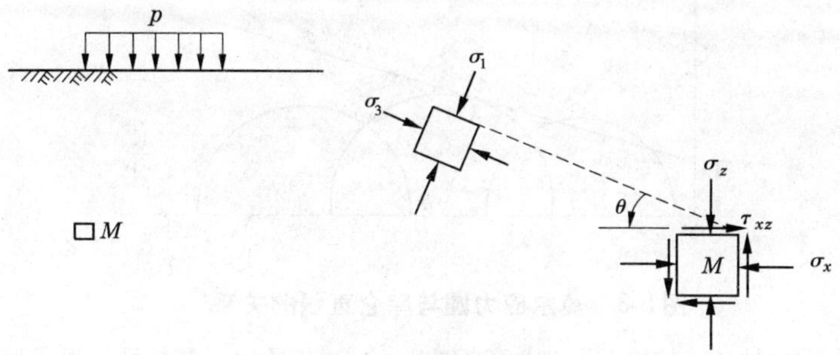

图 5-5　土中一点的应力状态

$$\tau_\alpha = \frac{\sigma_1 - \sigma_3}{2}\sin 2\alpha \tag{5-5}$$

式(5-4)、式(5-5)中 σ_α、τ_α 满足以($(\sigma_1+\sigma_3)/2,0$)圆心、以$(\sigma_1-\sigma_3)/2$ 为半径的圆的方程,即单元体上各截面上的应力可绘成一应力圆,称为莫尔应力圆,如图 5-7 所示。

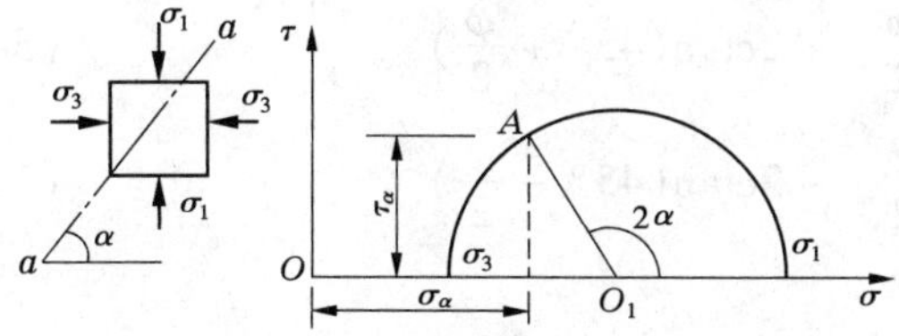

图 5-6　单元体斜截面上的应力

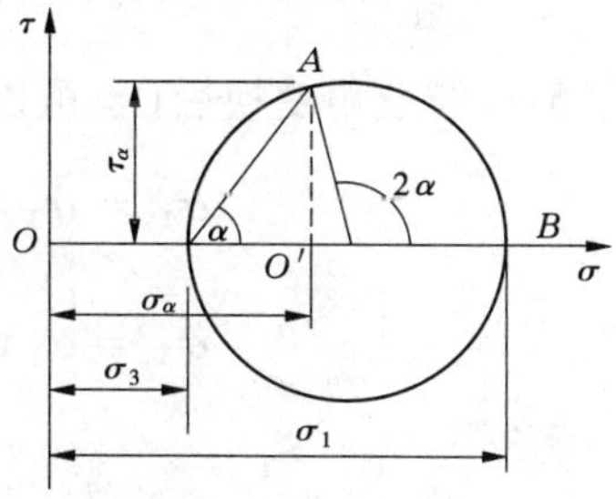

图 5-7　莫尔应力圆

单元体与莫尔应力圆有如下关系:圆上一点,单元体上一面,转角 2 倍,转向相同。其意思是:圆周上任意一点的坐标代表单元体上一截面的正应力 σ 和剪应力 τ,若该截面与第一主平面夹角为 α,则对应莫尔应力圆圆周上的一点 A 与第一主平面在圆周上的一点 B 之间的圆心角为 2α,并且有相同的转向,圆周上的点与单元体的面一一对应。

二、莫尔－库仑准则(mohr－coulomb 准则)

(一)莫尔应力圆与库仑直线的关系

由上述可知土中任一点的应力状态可以用莫尔应力圆表示,若将某点的莫尔应力圆与库仑直线绘于同一坐标系中,则莫尔应力圆与库仑直线的关系可能有三种情况:

(1)莫尔应力圆与库仑直线相离,说明莫尔应力圆代表的单元体上各截面的剪应力均小于抗剪强度,即各截面都不破坏,所以该点也处于稳定状态(见图 5-8a 圆)。

(2)莫尔应力圆与库仑直线相割,说明库仑直线上方的一段弧所代表的各截面的剪应力均大于抗剪强度,即该点已有破坏面产生(见图 5-8c 圆),事实上这种应力状态是不可能存在的。

(3)莫尔应力圆与库仑直线相切,说明单元体上有一个截面的剪应力刚好等于抗剪

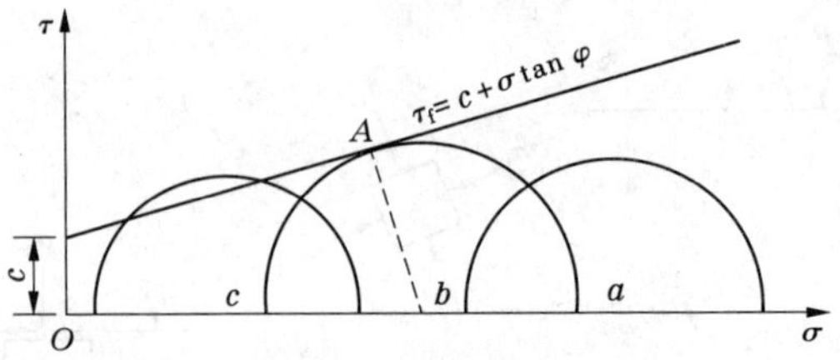

图 5-8　莫尔应力圆与库仑直线的关系

强度,而处于极限平衡状态,其余所有截面都有 $\tau < \tau_f$。因此,该点处于极限平衡状态。

由此可知,土中一点的状态可以通过库仑直线与莫尔应力圆的几何关系判别,其中一点极限平衡的几何条件是库仑直线与莫尔应力圆相切,这称为莫尔—库仑准则。

(二)土中一点的极限平衡条件式

当土中一点处于极限平衡状态时,库仑直线与莫尔应力圆相切,如图 5-9 所示,由几何条件可以得出下列关系式:

$$\sin\varphi = \frac{\sigma_1 - \sigma_3}{\sigma_1 + \sigma_3 + 2c\cot\varphi} \tag{5-6}$$

式(5-6)经三角变换后(也可以通过几何证明)得如下极限平衡条件式:

$$\sigma_1 = \sigma_3 \tan^2(45° + \frac{\varphi}{2}) + 2c\tan(45° + \frac{\varphi}{2}) \tag{5-7}$$

或

$$\sigma_3 = \sigma_1 \tan^2(45° - \frac{\varphi}{2}) - 2c\tan(45° - \frac{\varphi}{2}) \tag{5-8}$$

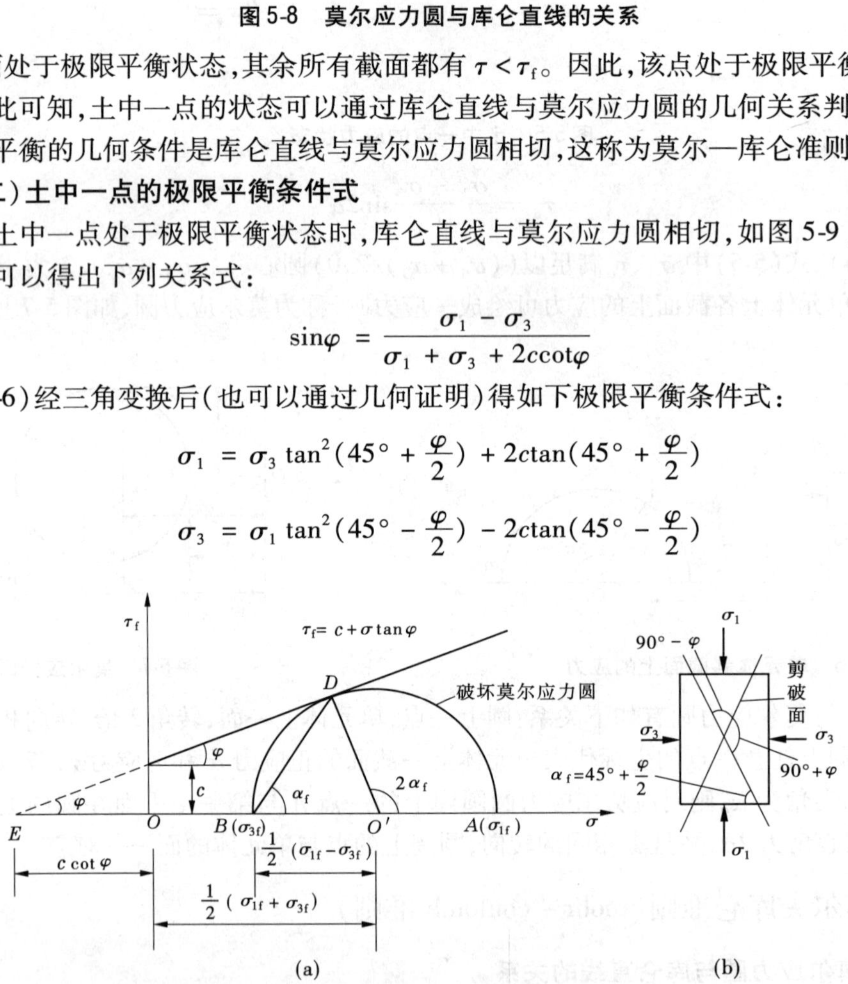

图 5-9　极限平衡的几何条件

式(5-6)~式(5-8)均为土中一点的极限平衡条件式,对于 $c = 0$ 的无黏性土,黏聚力的影响为零,极限平衡条件式可以简化。由图 5-9 中的几何关系可知,土体的破坏面与第一主平面的夹角(又称破坏角)$\alpha_f = 45° - \varphi/2$。

(三)利用极限平衡条件判别一点的状态

判别土中一点的应力状态,可以用式(5-6)~式(5-8)中的任何一个,其判别结果是一致的。因此,常用其中的任意一个条件进行判别。

式(5-6)的含义是：若土中一点的应力处于极限平衡状态，则通过纵轴截距为 c 并与此莫尔应力圆相切的直线与横轴的夹角应该是该土的内摩擦角 φ，可以用实际的 c、σ_3、σ_1 计算相应的内摩擦角 $\varphi_{计}$，并与实际的内摩擦角 φ 相比较，若 $\varphi > \varphi_{计}$，说明库仑直线与莫尔应力圆相离，该点稳定；若 $\varphi < \varphi_{计}$，说明库仑直线与莫尔应力圆相割，该点破坏；若 $\varphi = \varphi_{计}$，说明库仑直线与莫尔应力圆相切，该点处于极限平衡状态。

式(5-7)的含义是：当土中一点的第三主应力 σ_3 不变时，对应的第一主应力 σ_1 最大值为计算值 σ_{1f}。当实际的 $\sigma_1 \leqslant \sigma_{1f}$ 时，该点不破坏；当实际的 $\sigma_1 > \sigma_{1f}$ 时，该点破坏(莫尔应力圆与库仑直线相割)，如图 5-10(a)所示。所以，可以用实际的 σ_3 代入式(5-7)计算出极限平衡状态的 σ_{1f}，与实际的 σ_1 比较，来判别该点的应力状态。

式(5-8)含义是：当土中一点的第一主应力 σ_1 不变时，对应的第三主应力 σ_3 的最小值为计算值 σ_{3f}。当实际的 $\sigma_3 \geqslant \sigma_{3f}$ 时，该点不破坏；当 $\sigma_3 < \sigma_{3f}$ 时，该点破坏，如图 5-10(b)所示。所以，判别土中一点的应力状态也可以用实际的 σ_1 代入式(5-8)，计算极限平衡状态的 σ_{3f}，与实际的 σ_3 比较，来判别该点的应力状态。

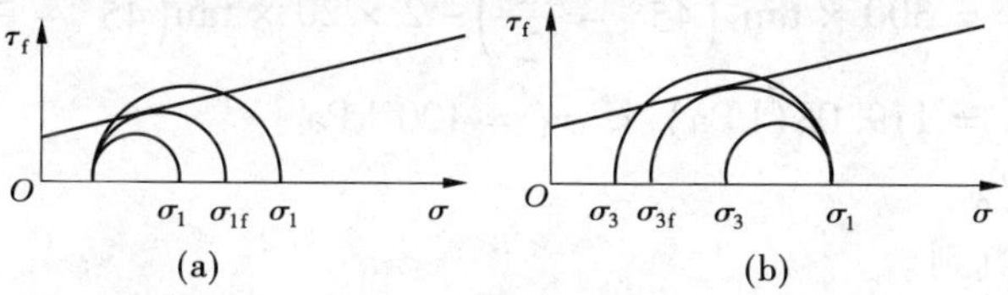

图 5-10　土中一点应力状态的判别

(四)三轴剪切试验原理

土体实际破坏时的 σ_1、σ_3 应符合极限平衡条件，即破坏时的莫尔应力圆应该与库仑直线相切。所以，用若干个土样破坏时的 σ_1、σ_3 可绘出不同的莫尔应力圆，这些莫尔应力圆的公切线(又称强度包线)即库仑直线，如图 5-11 所示，从中可以确定土样的 φ、c。三轴剪切试验就是利用的该原理。

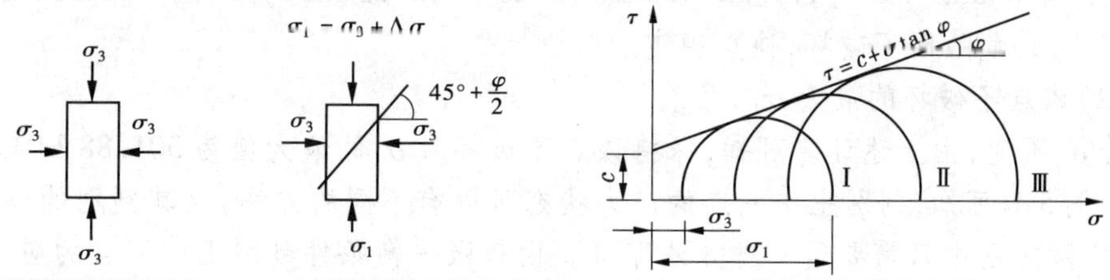

(a)试样受周围压力　(b)试样破坏时的主应力　(c)莫尔破坏强度包线

图 5-11　三轴剪切试验原理

【例 5-1】　某土层的抗剪强度指标 $\varphi = 20°$，$c = 20$ kPa，其中某一点的 $\sigma_1 = 300$ kPa，$\sigma_3 = 120$ kPa。

问：①该点是否破坏？②若保持 σ_3 不变，该点不破坏的 σ_1 最大为多少？

解：(1)判别该点所处的状态。

①利用 φ 判别。

将 $\sigma_1=300$ kPa、$\sigma_3=120$ kPa、$\varphi=20°$、$c=20$ kPa 代入式(5-6)得

$$\sin\varphi=\frac{\sigma_1-\sigma_3}{\sigma_1+\sigma_3+2c\cot\varphi_{实}}=\frac{300-120}{300+120+2\times20\times\cot20°}=0.34$$

$$\varphi=19.86°<\varphi_{实}=20°$$

因此,该点稳定。

②用 σ_1 判别。

将 $\sigma_3=120$ kPa,$\varphi=20°$,$c=20$ kPa 代入式(5-7)得

$$\sigma_{1f}=120\times\tan^2\left(45°+\frac{20°}{2}\right)+2\times20\times\tan\left(45°+\frac{20°}{2}\right)$$
$$=301.88(\text{kPa})>\sigma_1=300(\text{kPa})$$

因此,该点稳定。

③用 σ_3 判别。

将 $\sigma_1=300$ kPa,$\varphi=20°$、$c=20$ kPa 代入式(5-8)得

$$\sigma_{3f}=300\times\tan^2\left(45°-\frac{20°}{2}\right)-2\times20\times\tan\left(45°-\frac{20°}{2}\right)$$
$$=119.08(\text{kPa})<\sigma_3=120\text{ kPa}$$

因此,该点稳定。

④用库仑定律判别。

由前述可知,破坏角 $\alpha_f=45°+20°/2=55°$,土体若破坏则应沿与第一主平面55°夹角的平面破坏,该面上的应力如下:

$$\sigma_\alpha=\frac{\sigma_1+\sigma_3}{2}+\frac{\sigma_1-\sigma_3}{2}\cos2\alpha=\frac{300+120}{2}+\frac{300-120}{2}\times\cos110°=179.22(\text{kPa})$$

$$\tau_\alpha=\frac{\sigma_1-\sigma_3}{2}\sin2\alpha=\frac{300-120}{2}\times\sin110°=84.57(\text{kPa})$$

破坏面的抗剪强度 τ_f 可以由库仑定律计算得

$$\tau_f=\sigma\tan\varphi+c=179.22\times\tan20°+20=85.23(\text{kPa})>\tau_\alpha=84.57\text{ kPa}$$

因此,最危险面不破坏,该点稳定。

(2)该点不破坏的最大 σ_1。

若 σ_3 不变,由上述计算可知,保持该点不破坏时 σ_1 的最大值为301.88 kPa。

由例5-1可知,判别土中一点的应力状态可以有不同的方法,但其判别的结果是一致的,在实际应用中只需要用一种方法即可。由极限平衡条件判别土中一点的应力状态时,应结合图形理解其含义,以免出错。

单元思考

1. 莫尔应力圆的圆心坐标如何表示?半径为多少?如何表示土中一点的应力状态?
2. 若 σ_3 不变,如何使土体破坏?若莫尔应力圆直径不变,如何使土体破坏?
3. 土样破坏时,破坏面位置在何处?是否沿最大剪应力 τ_{max} 作用面破坏?为什么?
4. 最大剪应力 τ_{max} 为多少?作用在哪个面上?
5. 已知土体的内摩擦角 $\varphi=20°$、黏聚力 $c=10$ kPa,某一点的 $\sigma_3=100$ kPa、$\sigma_1=200$

kPa，截面处于什么状态？

任务三　抗剪强度指标的测定

问题引导：土的强度指标是什么？剪切试验有哪些试验方法，方法之间有什么异同和联系？

测定土的抗剪强度指标 φ 和 c，通常有室内试验和现场试验两类。常用的室内试验有直接剪切试验、三轴剪切试验、无侧限抗压强度试验。

一、直接剪切试验

（一）试验仪器及原理

直接剪切试验通常简称直剪试验，它是测定土体抗剪强度指标最简单的方法。该试验所使用的仪器称为直剪仪。直剪仪可分为应力控制式和应变控制式两种。试验中通常采用应变控制式直剪仪，其结构如图 5-12 所示。它主要由剪力盒、垂直和水平加压系统及测量系统等部分组成。剪力盒分为上盒、下盒，试验时对齐上盒、下盒，将土样放于盒内，并在土样上、下各放一块透水石，通常根据试验方法的不同在透水石与土样之间分别放滤纸或不透水膜。安装好土样后，通过垂直加压系统施加垂直荷载，即受剪面上的法向应力 σ，再通过均匀旋转手轮向土样施加水平剪应力 τ，当土样受剪破坏时，受剪面上所施加的剪应力即为土的抗剪强度 τ_f。对于同一种土至少需要 3～4 个土样，在不同的法向应力 σ 下进行剪切试验，测出相应的抗剪强度 τ_f，然后根据 3～4 组相应的试验数据可以点绘出库仑直线，由此求出土的抗剪强度指标 φ、c，如图 5-13 所示。

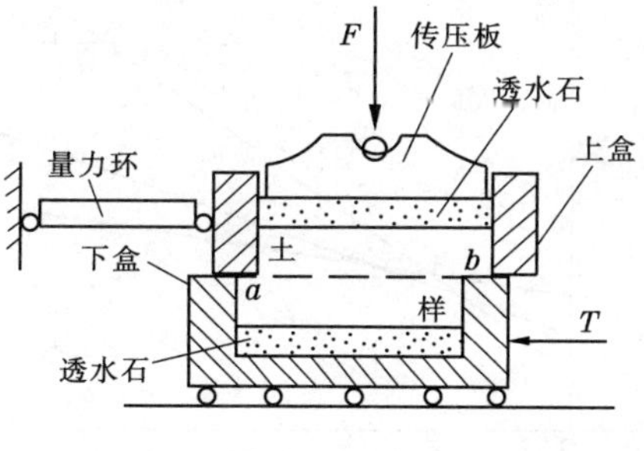

图 5-12　剪力仪结构示意图

（二）直剪试验方法及其强度指标

由于直剪试验只能测定作用在受剪面上的总应力，不能测定有效应力或孔隙水应力，所以试验中常模拟工程实际选择直接快剪、固结快剪和直接慢剪三种试验方法。

1. 直接快剪

试验时土样两端各放一张不透水薄膜，封闭土体中的孔隙水不让排出，在施加法向应力后立即剪切，在 3～5 min 内将土样剪破。试验中土样的含水率基本不变，有较大的孔

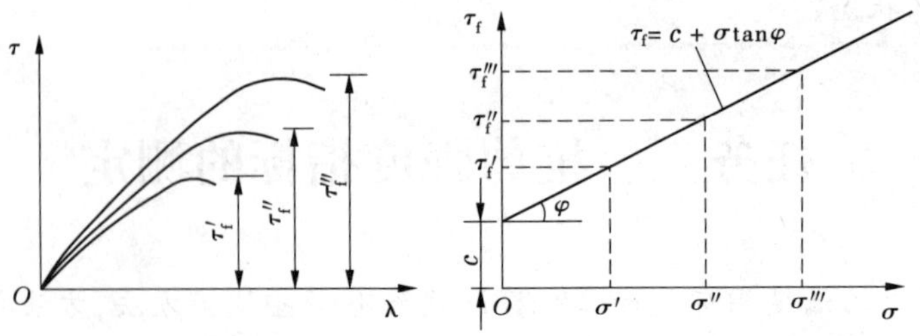

(a)剪应力—剪切位移关系　(b)抗剪强度—法向应力关系

图 5-13　直接剪切试验成果图

隙水应力,其强度指标 φ_q、c_q较小,主要用于分析地基排水条件不好、加荷速度较快的建筑物地基。

2. 固结快剪

土样安装时,在土样两端分别放滤纸和透水石。施加法向应力后让土样充分固结,孔隙水应力充分消散;然后快速施加剪切力,使土样在 3 ~5 min 内被剪坏。施加剪力时所产生的孔隙水应力几乎不消散,其抗剪强度指标用 φ_{cq}、c_{cq}表示。固结快剪强度指标可用于验算水库水位骤降时土坝边坡稳定安全系数,或使用期建筑物地基的稳定问题。

3. 直接慢剪

土样安装与固结快剪相同,施加法向应力后,让土样充分排水固结,孔隙水应力全部消散后再分级缓慢施加剪切力,直至土样破坏。其抗剪强度指标用 φ_s、c_s表示,通常用于分析透水性较好、施工速度较慢的建筑物地基的稳定性。

以上三种试验方法,由于土样排水条件和固结程度的不同,因此所得的抗剪强度指标也不相同,其库仑直线如图 5-14 所示。

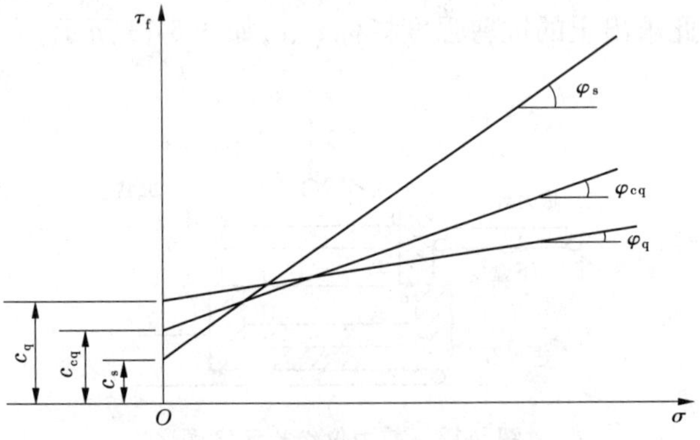

图 5-14　不同试验方法的抗剪强度指标

三种方法的内摩擦角有如下关系:$\varphi_s > \varphi_{cq} > \varphi_q$。由此说明强度指标与试验方法有关,直接受排水条件和加荷速度影响。工程中要根据具体情况选择恰当的强度指标。

(三)直剪试验的优、缺点

直剪试验仪器构造简单,土样制备及操作方法便于掌握,目前应用广泛。其缺点是:人为规定了受剪面,不能真正反映土体的软弱剪切面;剪切试验过程中土样的受剪面积逐渐减小,垂直荷载发生偏心,土样中剪应力分布不均匀;试验土样的固结和排水是靠加荷速度快慢来控制的,实际无法严格控制排水或测量孔隙水应力。

【例 5-2】 一种黏性较大的土,分别进行直接快剪、固结快剪和直接慢剪试验,其试验成果见表 5-1,试用作图法求该土的三种抗剪强度指标。

表 5-1　例 5-2 试验成果

σ(kPa)		100	200	300	400
τ_f(kPa)	直接快剪	65	68	70	73
	固结快剪	65	88	111	133
	直接慢剪	80	129	176	225

解:根据表 5-1 所列数据,依次绘出三种试验方法的库仑直线,如图 5-15 所示,各种抗剪强度指标见表 5-2。

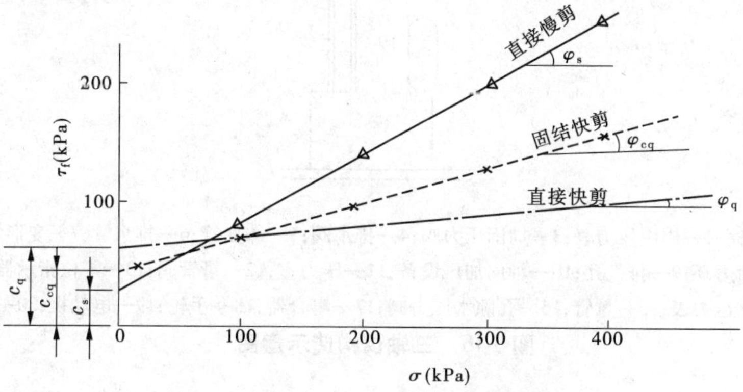

图 5-15　例 5-2 库仑直线

表 5-2　例 5-2 直剪试验抗剪强度指标

试验方法	抗剪强度指标	
直接快剪	$\varphi_q = 1.5°$	$c_q = 62$ kPa
固结快剪	$\varphi_{cq} = 13°$	$c_{cq} = 41$ kPa
直接慢剪	$\varphi_s = 27°$	$c_s = 28$ kPa

二、三轴剪切试验

(一)三轴仪及试验原理

三轴仪的构造示意图如图 5-16 所示,由放置土样的压力室、垂直压力控制及量测系统,围压控制及量测系统、土样孔隙水压力及体积变化量测系统等部分所组成。

压力室是由金属顶盖、底座和透明有机玻璃筒组装起来的密闭容器,如图 5-17 所示。圆柱形的土样装在乳胶薄膜中,置于土样帽和底座之间,必要时在土样两端安放滤纸和透水石。通过传力杆将竖直压力施加于土样帽,从而传给土样,围压通过土样周围的水来施加。

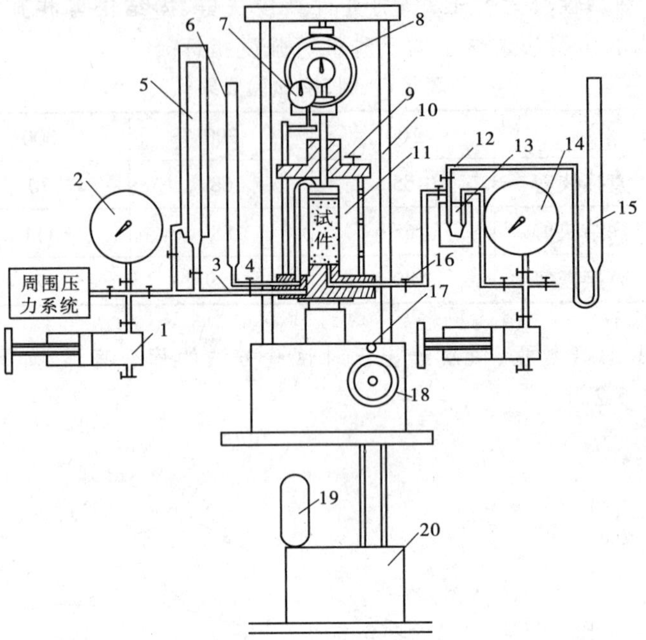

1—调压筒;2—周围压力表;3—周围压力阀;4—排水阀;5—体变管;6—排水管;7—变形量表;8—量力环;9—排气孔;10—轴向加压设备;11—压力室;12—量管阀;13—零位指示器;14—孔隙水压力表;15—量管;16—孔隙水压力阀;17—离合器;18—手轮;19—电动机;20—变速器

图 5-16　三轴仪构造示意图

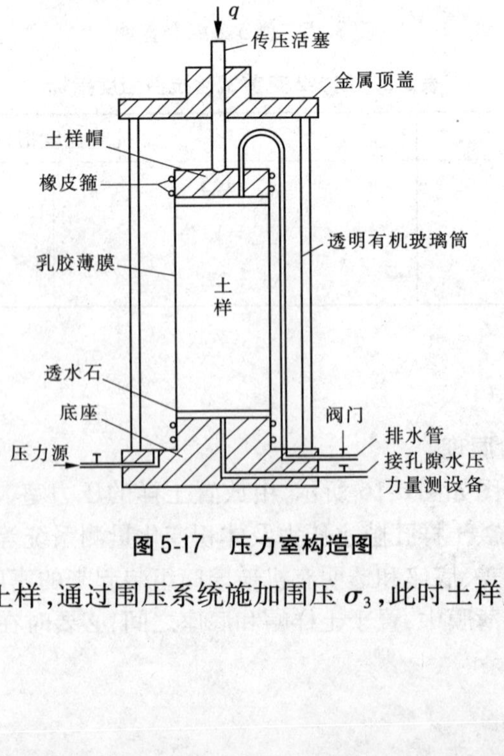

图 5-17　压力室构造图

试验时,先安装好土样,通过围压系统施加围压 σ_3,此时土样周围各方向均有压应力

σ_3作用，然后通过传压活塞施加轴向竖直应力 $\Delta\sigma$，并不断增加 $\Delta\sigma$ 至土样破坏。此时根据量测系统的围压值 σ_3 和轴向竖直应力增量 $\Delta\sigma = q$ 可得到土样破坏时的第一主应力 $\sigma_1 = \sigma_3 + q$，如图 5-18 所示。由此可绘出破坏时的极限莫尔应力圆，该圆应该与库仑直线相切。同一土体的若干土样在不同 σ_3作用下得出的试验结果，可绘出不同的极限莫尔应力圆，其切线就是土的库仑直线，由此求出土的抗剪强度指标 φ、c。

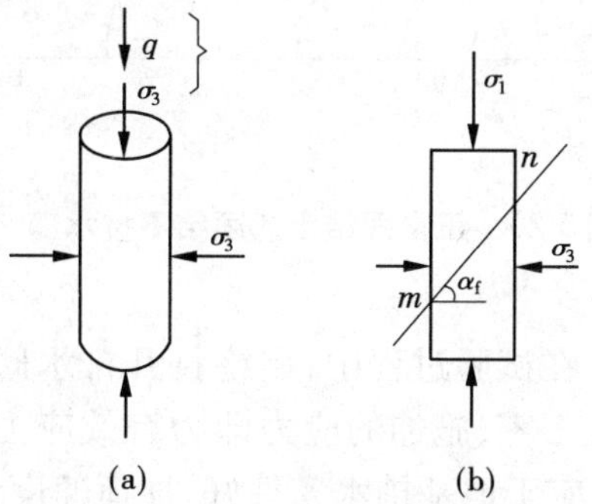

图 5-18　三轴剪切试验土样的受力状态

（二）三轴剪切试验方法

1. 不固结不排水剪（UU）试验

不固结不排水剪简称不排水剪。在试验过程中，无论是施加围压 σ_3，还是施加轴向竖直应力，始终关闭排水阀门，土样中的水始终不能排出来，不产生体积变形，因此土样中孔隙水应力大，有效应力很少，所得强度指标用 c_u、φ_u表示。对于饱和软黏土，不管如何改变 σ_3，所绘出的莫尔应力圆直径都相同，仅是位置不同，库仑直线是一条水平线，如图 5-19所示。该试验指标适用于地基排水条件不好，加荷速度又快的施工期地基稳定或土工构筑物稳定情况分析。

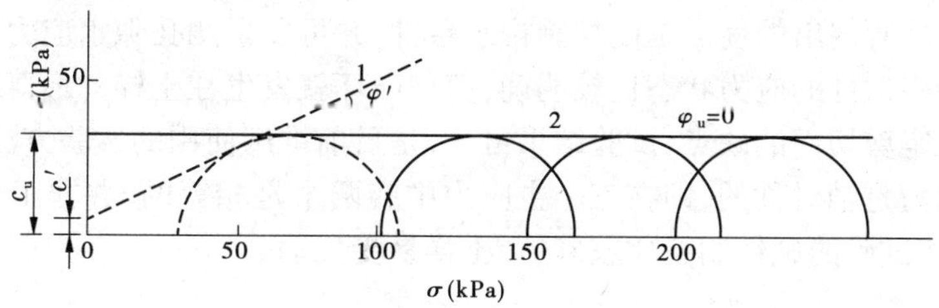

图 5-19　饱和软黏土的不排水剪试验

2. 固结不排水剪（CU）试验

在围压 σ_3作用下，打开排水阀门，让土样充分固结后，再关闭排水阀，施加轴向竖直应力 $\Delta\sigma$，直至土样破坏。在围压作用下，土内孔隙水应力逐渐减小至零，在轴向竖直应力 $\Delta\sigma$ 作用下，土样内产生孔隙水应力，所得强度指标用 φ_{cu}、c_{cu}表示，如图 5-20 所示。

固结不排水剪试验适用于一般正常固结土在工程竣工或在使用阶段受到大量、快速的动荷载或新增荷载的作用所对应的受力情况，如地震情况、路基正常使用情况等。

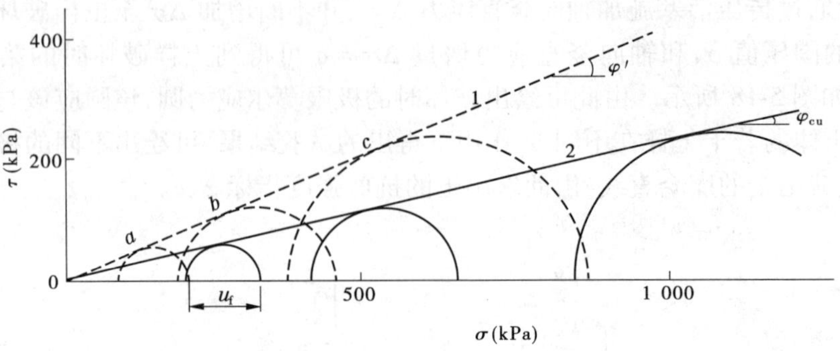

图 5-20 正常固结土的固结不排水剪

3. 固结排水剪(CD)试验

固结排水剪简称排水剪。在试验过程中,始终打开排水阀门,让土样充分排水固结,使土样中孔隙水应力始终接近于零,施加的应力即为有效应力,所得强度指标用 φ_d、c_d 表示,如图 5-21 所示。该方法适应于地基排水条件好、加荷速度慢的情况。

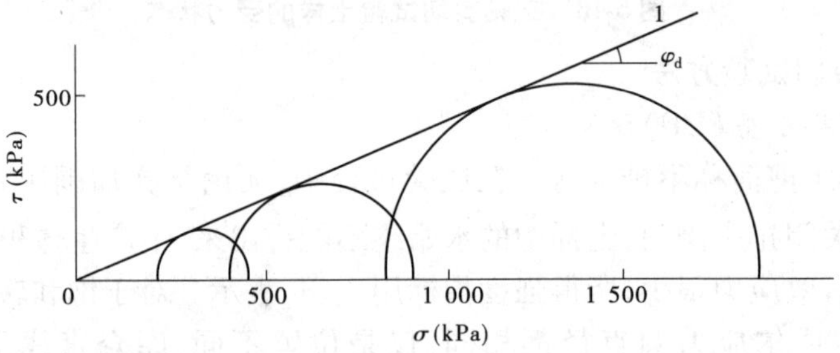

图 5-21 固结排水剪(CD)抗剪强度包线

(三)三轴剪切试验的优、缺点

三轴剪切试验突出的优点是能控制排水条件,并可以量测孔隙水应力的变化。此外,三轴剪切试验中试件的应力状态比较明确,剪切破坏就发生在土样的最薄弱处,消除了直剪试验人为限定剪切面的缺点,试验结果可靠,是目前推广使用的试验方法。其主要缺点是土样所受的力是轴对称的,即在三个主应力中有两个是相等的,并非工程的实际情况。另外,三轴剪切试验的试件制备比较麻烦,土样易受扰动。

三、无侧限抗压强度试验

无侧限抗压强度试验实际是三轴剪切试验的特殊情况,又称单剪试验。试验时的受力情况如图 5-22 所示,土样侧向压力为零($\sigma_3=0$),仅在轴向施加压力,在土样破坏时的 σ_{1f} 即为土样的无侧限抗压强度 q_u。利用无侧限抗压强度试验可以测定饱和软黏土的不排水抗剪强度,由于饱和软黏土的不排水抗剪强度 $\varphi_u=0$,因此可得

$$\tau_f = c_u = q_u/2 \tag{5-9}$$

式中 τ_f——土的不排水抗剪强度,kPa;

c_u——土的不排水黏聚力,kPa;

q_u——无侧限抗压强度,kPa。

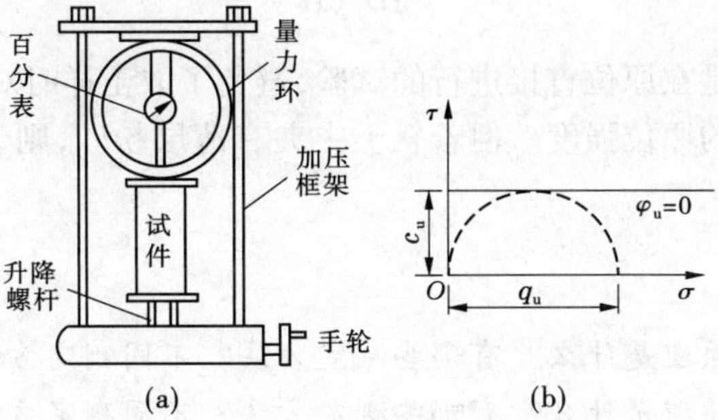

图 5-22　无侧限抗压强度试验

利用无侧限抗压强度试验可以测定饱和黏性土的灵敏度 S_t。

四、十字板剪切试验

前述三种方法均是室内测定土体抗剪强度的方法,都需要采取原状土样,而在土样采取、运送、保管和制备过程中都不可避免地受到扰动,土的含水率也难以保持天然状态,特别是高灵敏度的黏性土,均会影响到室内试验的结果。十字板剪切试验是一种原位测定土的抗剪强度的试验方法,该方法适用于测定饱和软黏土的原位不排水抗剪强度,特别是均匀饱和软黏土。

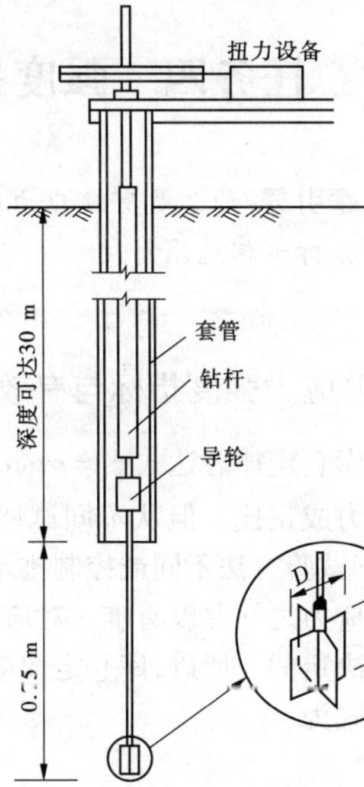

图 5-23　十字板剪力仪构造示意图

十字板剪切仪的构造如图 5-23 所示。试验时在钻孔中放入十字板,并压入土中 75 cm,通过地面上的装置施加扭矩,使埋在土中的十字板扭转,直至土体剪切破坏,记录土体破坏时的扭矩 M。土体破坏面为圆柱面,作用在破坏土体圆柱面上的剪应力所产生的抵抗矩应该等于所施加的扭矩 M,即

$$M = \frac{1}{2}\pi D^2 H\tau_V + \frac{1}{6}\pi D^3 H\tau_H \qquad (5\text{-}10)$$

式中　M——剪切破坏时的扭矩,kN·m;

τ_V、τ_H——剪切破坏时圆柱体侧面和上下底面土的抗剪强度,kPa;

H——十字板的高度,m;

D——十字板的直径,m。

天然状态的土体并非各向同性的,但为了简化计算,假定土体为各向同性体,则 $\tau_V = \tau_H$,可以计作 τ_+。因此,式(5-10)可改写成:

$$\tau_{+} = \frac{2M}{\pi D^2 (H + \frac{D}{3})} \tag{5-11}$$

十字板剪切试验是在原位直接进行的试验,避免了取土样时对土体的扰动,因此试验结果比较能反映土体的原位强度。但若软土中夹有薄层粉砂,则十字板剪切试验的结果就可能会偏大。

单元思考

1. 直接剪切试验原理是什么？有哪些测定方法？不同测定方法所得指标有何不同？
2. 三轴剪切试验原理是什么？有哪些测定方法？不同测定方法所得指标有何不同？
3. 无侧限抗剪强度试验与三轴剪切试验有什么异同？无侧限抗压强度试验的使用条件是什么？

任务四　强度指标的表达方法及指标的选用

问题引导:什么是有效应力法和总应力法？土体强度受哪些因素影响？不同强度指标如何选用？

一、总应力强度指标与有效应力强度指标

前述库仑定律表达式 $\tau_f = \sigma \tan\varphi + c$ 即为总应力表达式,说明土的抗剪强度与受剪面的法向应力成正比。但从不同试验方法中可以看到,同一种土施加的总应力 σ 虽然相同,但由于试验方法不同或控制排水条件不同,所得到的强度指标也不同,说明土的抗剪强度与总应力之间并没有唯一对应的关系。实质上土的抗剪强度是由受剪面上的有效法向应力所决定的。所以,库仑定律应该用有效应力来表达才接近于实际。有效应力库仑定律表达式为

$$\tau_f = \sigma' \tan\varphi' + c' \tag{5-12}$$

根据项目二任务三有效应力原理 $\sigma = \sigma' + u$, 可将式(5-12)写成如下表达式

$$\tau_f = (\sigma - u)\tan\varphi' + c' \tag{5-13}$$

式中　σ'——有效法向应力;

φ'、c'——有效内摩擦角和有效黏聚力,二者统称为有效应力强度指标。

由于孔隙水应力 u 不能承担剪力作用,因此土体中的孔隙水应力 u 不能提高土的抗剪强度。由于有效应力法消除了孔隙水应力的影响,因此不论采用何种试验方法,若能用有效应力法表达,所得抗剪强度指标应该是相同的,即抗剪强度与有效法向应力有对应关系。但限于室内试验和现场条件,不可能所有工程都采用有效应力法分析土的抗剪强度(如直剪试验无法测定 u)。因此,工程中也常采用总应力法,但要尽可能模拟现场土体排水条件和固结速度。

【例 5-3】 某饱和黏性土做固结不排水剪试验，三个土样所施加的围压和剪坏时的轴向竖直应力及孔隙水应力等试验数据及计算结果见表 5-3，试用作图法分别确定总应力强度指标和有效应力强度指标。

表 5-3 例 5-3 试验数据及计算结果 （单位：kPa）

土样编号	σ_3	$\Delta\sigma=(\sigma_1-\sigma_3)_f$	u_f	σ_1	$\frac{(\sigma_1+\sigma_3)_f}{2}$	$\frac{(\sigma_1-\sigma_3)_f}{2}$	$\sigma_3'=\sigma_3-u_f$	$\sigma_1'=\sigma_1-u_f$	$\frac{(\sigma_1'+\sigma_3')_f}{2}$	$\frac{(\sigma_1'-\sigma_3')_f}{2}$
1	50	92	23	142	96	46	27	119	73	46
2	100	120	40	220	160	60	60	180	120	60
3	150	164	67	314	232	82	83	247	165	82

注：表中划线数据为试验所测得的数据。

解：根据表 5-3 中的数据，在坐标系中分别作出一组总莫尔应力圆和有效应力圆，如图 5-24 所示。分别作总莫尔应力圆和有效应力圆的强度包线，量得总应力强度指标 $c=10$ kPa、$\varphi=18°$，有效应力强度指标 $c'=6$ kPa、$\varphi'=27°$。

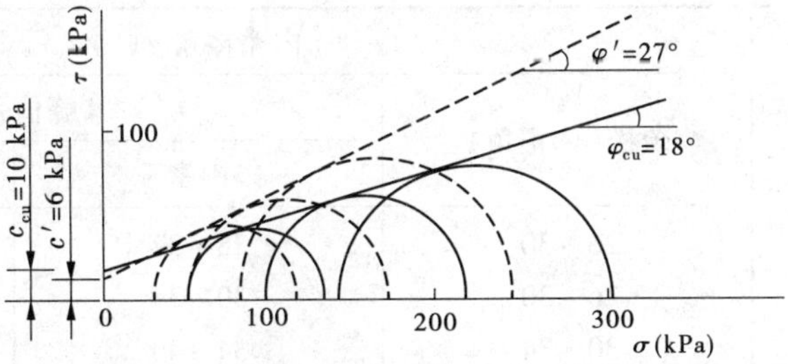

图 5-24 例 5-3 三轴剪切试验的莫尔应力圆和强度包线

二、不同试验方法及强度指标的选用

在三轴剪切试验和直接剪切试验的不同方法中，分别通过“排水”与“不排水”、加荷的“快”与“慢”来解决土样的排水条件，在工程中应根据土体的实际条件选择适宜的试验方法。对不同试验方法的选择归纳如下：

(1) 有效应力法是一种比较合理的分析方法。工程中若能比较正确地确定孔隙水应力 u，则建议采用有效应力强度指标。可用直接剪切试验的慢剪、三轴剪切试验的排水剪和固结不排水剪等方法测定有效应力强度指标 φ'、c'。

(2) 三轴剪切试验中的不固结不排水剪和固结不排水剪的排水条件很明确。不固结不排水剪施加的外力全部由孔隙水应力承担，所以工程中快速加荷的正常固结黏性土，强度分析时宜用不固结不排水剪强度指标；固结不排水剪的固结应力全部转化为有效应力，而施加轴向应力时又产生了孔隙水应力，对于工程中土层较薄、渗透性较大、施工速度较慢的情况，施工期分析时可采用固结不排水剪强度指标。此外，工程使用期分析，一般采用固结不排水剪强度指标。

(3) 一般工程中加荷速度快慢、土层厚薄、荷载大小以及加荷过程等都没有明确的分界限值,而试验时其排水条件、加荷速度等条件是理想化了的,实际工作中完全符合试验条件的情况很少见,大多数是近似情况。因此,具体使用时常结合工程实践经验对指标进行判断和调整。

(4)直剪试验必须控制排水条件。用同一剪切速度和同一固结时间进行直剪试验,其有效应力和固结状态却不同,若不考虑此问题,在使用直剪试验成果时就有很大的随意性。

三、土的抗剪强度特性及影响因素

(一)砂土的抗剪强度特性

1. 砂土的剪切性状

砂土的抗剪强度受到颗粒大小、形状、表面粗糙程度、级配及密实程度等因素影响。对于一般无黏性土来说,其抗剪强度指标取决于初始孔隙比的大小。初始孔隙比愈小,抗剪强度愈高,反之抗剪强度愈低。各种无黏性土在不同密实度下的内摩擦角 φ 的经验值列于表5-4。

表5-4　无黏性土内摩擦角的经验值

土类	内摩擦角 φ(°)		
	疏松(休止角)	峰值强度	
		中密	密实
无塑性粉土	26~30	28~32	30~34
均匀细砂到中砂	26~30	30~34	32~36
级配良好的砂	30~34	34~40	38~46
砾砂	32~36	36~32	40~48

砂土密实度不同,剪切试验具有的强度特性也不同。图5-25(a)表示同一种土由于密实度不同而表现出不同的应力—应变特性。由图中可以看出,紧密砂的应力—应变曲线有一个明显的峰值 τ_f,过此峰值后剪应力便随剪应变的增加而降低,直至达到恒值,该恒值称为残余强度或最终强度 τ_r。松砂的应力—应变关系曲线与密实砂土的不同,没有明显的峰值,一般用最终强度或用应变的某一特定值(如15%)所对应的应力值作为土的强度,如图5-25(a)所示。两种值的强度包线如图5-25(b)所示。实际工程中采用哪一条强度包线比较合理,主要取决于所模拟的现场情况,一般都采用峰值强度作为设计依据。

2. 砂土的液化现象

对于大多数砂土来说,由于其渗透性强,当外力作用时,一般都能在短时间内排水固结,因而砂土的抗剪强度相当于固结排水剪或直接慢剪的试验结果。但是对于饱和松散的粉砂、细砂则例外,因为其渗透性小,在短时间内不能排水固结,所以在地震或其他动荷载作用下可能引起液化现象。

砂土液化现象是指饱和松散的砂土,在周期性振动荷载作用下,一方面动剪应力的作用企图使体积缩小,另一方面又来不及向外排水,使得孔隙水应力 u 不断增大,当 u 达到总应力 σ 时,其有效应力 $\sigma'=0$,土体失去抗剪强度,即 $\tau_f=0$,而成为悬液状态。因此,饱

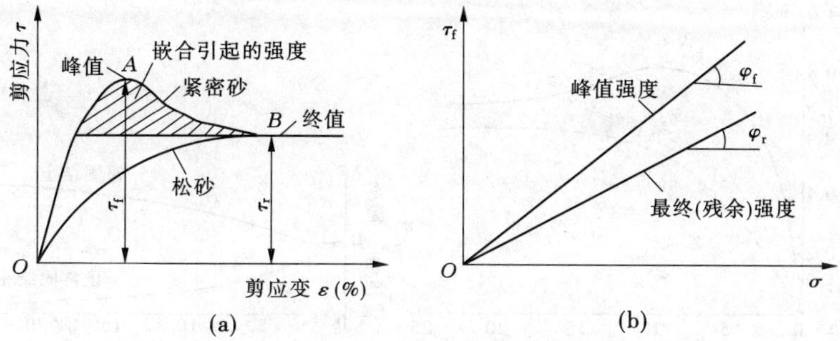

图 5-25 不同密实砂土的强度特性

和松砂液化的条件是:土体是饱和松散结构,排水不畅,有适当动荷载作用,$\tau_f=0$ 或 $\sigma'=0$。据研究,不均匀系数 $C_u<5$ 的匀粒细砂,若相对密实度小于1/3,则最易于液化。

(二)黏性土的抗剪强度特性及影响因素

1. 黏性土抗剪强度的组成

黏性土抗剪强度一般由应力组分、孔隙比组分、流变组分及剪胀或剪缩组分等组成。应力组分 $\tau_{f\sigma}$ 是有效应力 σ' 的函数,随 σ' 的增大而增大;孔隙比组分 τ_{fe} 与孔隙比的对数呈线性关系,当孔隙比小时,土粒周围的静电力对抗剪强度起比较大的作用;流变组分 τ_{fp} 是一种黏滞现象,与水膜厚和加荷速率有关;剪胀或剪缩组分 τ_{fd} 是当土粒彼此滑过或力图挤紧时必须向上或向下运动而产生的。由此分析可知,黏性土抗剪强度的主要影响因素为排水条件、加荷速率和土的应力历史等。

2. 排水条件的影响

饱和黏性土剪切过程中必然引起孔隙水应力的变化,当排水条件不同时,所产生的孔隙水压力也不相同。因此,在总应力表达方法中,不同排水条件下的强度指标相差较大。

3. 固结历史影响

如图5-26所示为正常固结土与超固结土在固结排水剪中的应力—应变曲线,其中:A 线为正常固结土的曲线;B 线为超固结土的曲线,超固结土具有峰值抗剪强度,超过峰值抗剪强度后,随应变的增加其抗剪强度逐渐接近于正常固结土。正常固结土在剪切过程中,其体积逐渐压缩,而超固结土则是先缩后胀。

4. 黏性土的灵敏度和触变性

在含水率不变的条件下,原状土不排水剪强度与彻底扰动后土(重塑土)的不排水剪强度之比称为饱和黏性土的灵敏度 S_t。

$$S_t = q_u/q'_u \tag{5-14}$$

或

$$S_t = \tau_v/\tau'_v \tag{5-15}$$

式中 q_u、q'_u——原状土和重塑土的无侧限抗压强度;

τ_v、τ'_v——原状土和重塑土的十字板剪切强度。

黏性土按灵敏度大小可分为不灵敏、低灵敏度、中灵敏度、高灵敏度、超高灵敏度和流动黏土等,灵敏度分类见表5-5。工程中应注意保护高灵敏度土的原状结构不受破坏和扰动。

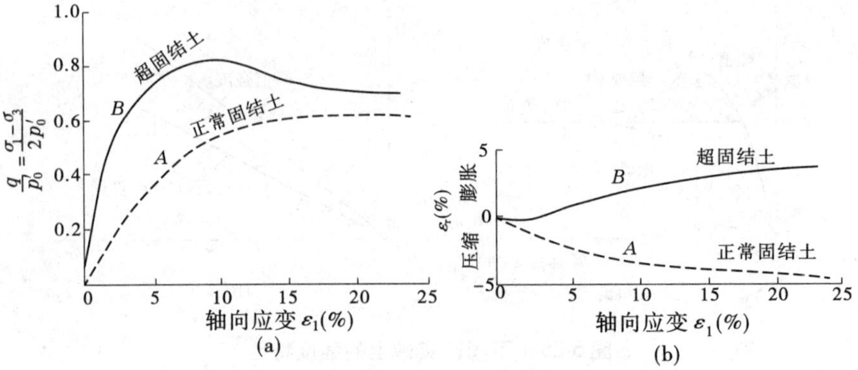

图 5-26　固结历史对应力—应变曲线的影响

表 5-5　黏性土灵敏度分类

灵敏度 S_t	1	1~2	2~4	4~8	8~16	>16
灵敏度类别	不灵敏	低灵敏度	中灵敏度	高灵敏度	超高灵敏度	流动黏土

黏性土的触变性是指在含水率不变的条件下，土经扰动后强度下降，经过静置其初始强度可随时间逐渐得到部分恢复的现象，如图 5-27 所示。由于黏性土具有触变性，故在黏性土中取样或开挖基坑时，应尽量减少对土样或地基表层土的扰动，以免失去土体的天然强度；在黏性土地基中打桩，受黏土触变性的影响，打桩过程中的阻力较小，而桩的承载力也会随打桩完成时间的增长不断增加。因此，在工程中要充分利用土的特性，采取对工程有利的措施。

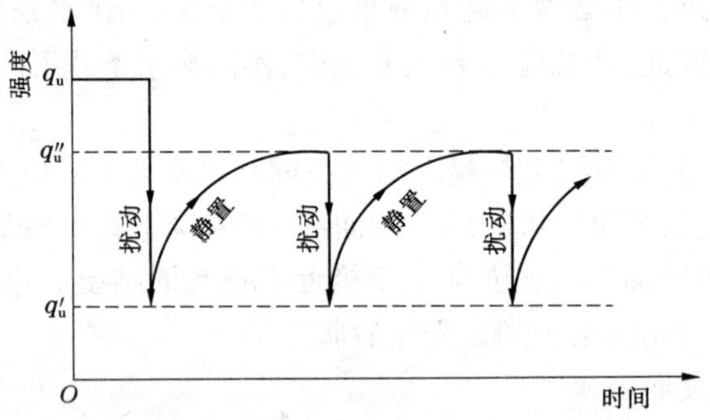

图 5-27　黏土触变性

单元思考

1. 什么是总应力强度指标？什么是有效应力强度指标？
2. 不同试验方法得到的强度指标如何应用？
3. 哪种强度指标最能反映土体真实的强度规律？
4. 如何判别砂土的液化？简述其步骤。
5. 总应力强度指标与有效应力强度指标哪一个大？为什么？

小 结

(一)库仑定律

(1)土的抗剪强度规律。土体的强度由抗剪强度所决定。①土的抗剪强度不是常数,它与剪切面上的正应力成正比,且呈线性关系。②土体的抗剪强度包括内摩擦力 $\sigma\tan\varphi$ 和黏聚力 c 两部分,内摩擦力与土粒大小、土粒间的咬合程度以及法向正应力大小等有关;而黏聚力是指土颗粒之间的内部联结力,其内部联结力由原始黏聚力、固化黏聚力和毛细黏聚力所构成。③砂土的黏聚力 $c=0$,抗剪强度只有内摩擦力。

(2)受剪面的破坏准则。土体受剪面是否破坏可以根据该面上的剪应力和抗剪强度的关系来判别。当截面上的剪应力大于该面上的抗剪强度($\tau>\tau_f$)时,该截面破坏;当受剪面上的剪应力小于该面上的抗剪强度时,该截面不破坏。

(二)极限平衡条件

土中一点的极限平衡状态,既为库仑直线与莫尔应力圆相切时单元体所处的状态。极限平衡条件式为:$\sigma_1=\sigma_3\tan^2(45°+\varphi/2)+2c\tan(45°+\varphi/2)$ 或 $\sigma_3=\sigma_1\tan^2(45°-\varphi/2)-2c\tan(45°-\varphi/2)$;破裂面 α_f 的位置与第一主平面成 $45°+\varphi/2$ 夹角。

(三)抗剪强度指标确定

(1)直接剪切试验。常模拟工程实际选择三种试验方法。三种方法的内摩擦角有如下关系:$\varphi_s>\varphi_{cq}>\varphi_q$。

(2)三轴剪切试验方法。包括不固结不排水剪、固结不排水剪和固结排水剪,其指标分别接近于直接剪切的直接快剪、固结快剪和直接慢剪。

(四)强度指标的表达与选用

(1)总应力强度指标与有效应力强度指标。孔隙水压力不能提高土的抗剪切应力,所以总应力法不如有效应力法能真正反映土体的抗剪强度规律。一般总应力强度指标不大于有效应力指标,总应力强度指标选用时要根据实际工程的加荷速度和排水条件选用适当的方法,应用有效应力强度指标也必须了解实际中有效应力的具体情况。

(2)砂土液化。所谓砂土液化,就是饱和松散的粉砂、细砂在周期性外荷载作用下,使孔隙水应力逐渐积聚起来,当孔隙水应力等于总应力时,有效应力等于零,致使土颗粒失去了下部颗粒的支撑,土体的抗剪强度等于零,所以土体失去了强度而呈现液体状态。影响砂土液化的因素包括土的类别、土的密度、土的初始应力状态、震动强度和持续时间。

练习题

5-1 已知土的黏聚力 $c=30$ kPa,内摩擦角 $\varphi=30°$,土中某截面上的倾斜应力 $p=160$ kPa,且 p 的方向与该平面成 $\theta=55°$ 时,该平面是否会产生剪切破坏?

5-2 某地基土的内摩擦角 $\varphi=20°$,黏聚力 $c=25$ kPa,土中某点的最大主应力为 250 kPa,最小主应力为 100 kPa,试判断该点的应力状态。

5-3 有一均质的黏性土坡,其边坡坡度为 1∶2,坡高 $H=20$ m,填土的重度 $\gamma=18$

kN/m^3, $c=10$ kPa, $\varphi=20°$。试用太沙基公式确定圆心为 O 点时的土坡稳定安全系数。

5-4 某土样承受 $\sigma_1=200$ kPa、$\sigma_3=100$ kPa 的应力，土体内摩擦角 $\varphi=28°$，$c=10$ kPa，试计算最大剪应力面上的抗剪强度。

5-5 已知无黏性土的内摩擦角 $\varphi=30°$、$c=0$，若对该土样做剪切试验，①如施加大主应力为200 kPa、小主应力为100 kPa，土样会破坏吗？②若使小主应力保持不变，大主应力是否可以增加到400 kPa？为什么？

5-6 某砂样进行三轴剪切试验，在围压 $\sigma_3=20$ kPa，施加轴向竖直应力 $\Delta\sigma=60$ kPa 时土样破坏，试求该土样的抗剪强度指标。

5-7 某砂样进行直接剪切试验，在正应力 $\sigma=250$ kPa，测得最大剪应力 $\tau_f=100$ kPa 时土样破坏，试用莫尔应力圆求该土样剪切面处的大小主应力的方向。

项目六　土压力

三基导学

(一)基本概念

土压力、主动状态、被动状态、静止状态、静止土压力、主动土压力、被动土压力、静止土压力系数、主动土压力系数、被动土压力系数。

(二)基本理论

朗肯土压力理论、库仑土压力理论,土压力沿深度的分布规律。

(三)基本方法

竖向应力乘以土压力系数计算土压力强度,由此确定土压力沿墙背的分布。土压力计算步骤(计算各层上下面处的土压力强度、绘压力分布图、计算面积、求图形形心位置),库尔曼图解法、减小主动土压力的措施。

教学基本要求

(一)土压力的概念

掌握三种土压力的概念。了解挡土墙的类型及工作原理。

(二)朗肯土压力理论

掌握朗肯土压力理论的原理与假定,并能计算常见情况下的主动、被动土压力。

(三)库仑土压力理论

理解库仑土压力的原理与假定,会计算主动与被动土压力。了解朗肯土压力理论与库仑土压力理论的比较。熟悉减小主动土压力的措施。

(四)挡土墙的稳定计算

掌握挡土墙稳定计算的内容与方法。

能力培养目标

会判别土压力的类型,用朗肯理论计算常见情况下的主动土压力,用库仑理论计算主动与被动土压力,会分析挡土墙的稳定性。

学习重点与难点

重点是主动土压力、被动土压力、静止土压力的概念和产生条件,朗肯土压力计算方法,库仑土压力计算方法。

难点是对土压力理论的理解,判别实际土压力的类型,用土压力理论解决实际问题。

案例及分析

某水闸拟采用混凝土重力式挡土墙,墙身重度 $\gamma = 25\ kN/m^3$,墙高 $H = 6\ m$,顶宽 1.0 m,填土与挡土墙顶齐平,墙背俯斜 1:0.25($\alpha = 14°02'$),墙身分段长度为 10 m。墙后填土为无黏性土,$\gamma=20\ kN/m^3$,内摩擦角 $\varphi=35°$,填土与墙背间的摩擦角 $\delta=\varphi/2$。此挡土墙是否稳定?

分析:挡土墙上作用的外力主要是土压力,分析挡土墙是否稳定,应计算土压力大小,确定作用位置和作用方向。因此,应了解土压力产生的原因,掌握计算土压力的方法。

任务一　挡土墙的土压力

问题引导:土压力在工程中有何意义?土压力是如何产生的,有哪几种类型?各类型土压力分别在什么条件下产生?计算土压力需要掌握什么知识?

在土建工程中,挡土墙是一种常用的构筑物,它被广泛应用于房屋建筑、水利、港口、交通等工程中。如图 6-1 所示为常用的挡土结构。这些挡土结构都受接触土体压力的作用力,都起着挡土墙的作用。

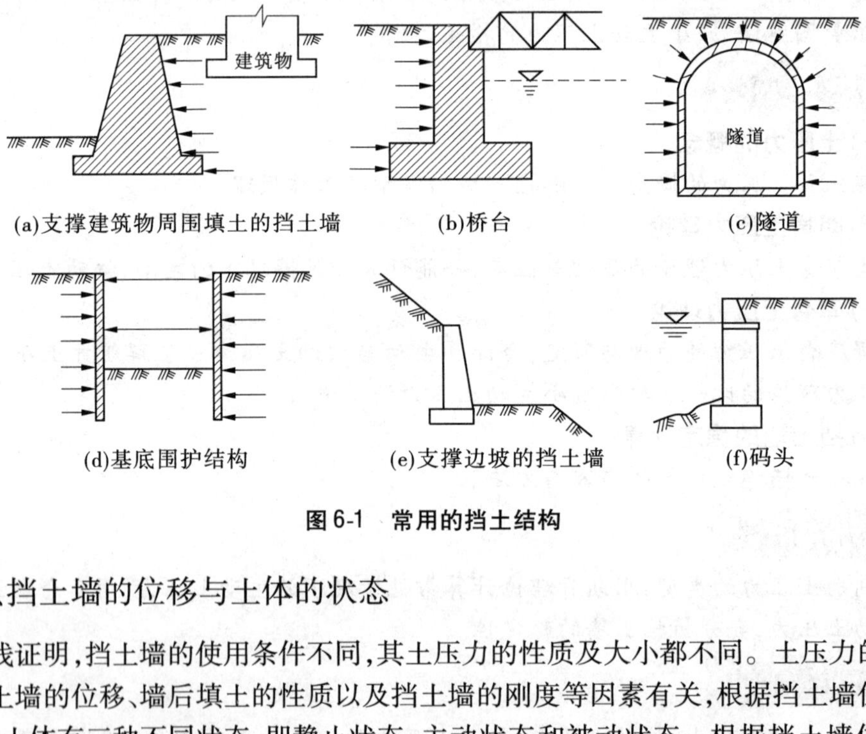

(a)支撑建筑物周围填土的挡土墙　(b)桥台　(c)隧道

(d)基底围护结构　(e)支撑边坡的挡土墙　(f)码头

图 6-1　常用的挡土结构

一、挡土墙的位移与土体的状态

实践证明,挡土墙的使用条件不同,其土压力的性质及大小都不同。土压力的大小主要与挡土墙的位移、墙后填土的性质以及挡土墙的刚度等因素有关,根据挡土墙位移方向的不同,土体有三种不同状态,即静止状态、主动状态和被动状态。根据挡土墙位移方向和大小可将土压力分为静止土压力、主动土压力、被动土压力三种类型,如图 6-2 所示。其中主动土压力和被动土压力都是极限平衡状态时的土压力,分别是土体处于主动极限平衡状态和被动极限平衡状态下的土压力。

(一)静止土压力

当挡土墙与填土保持相对静止状态时,墙后填土处于相对静止状态,此状态下的土压

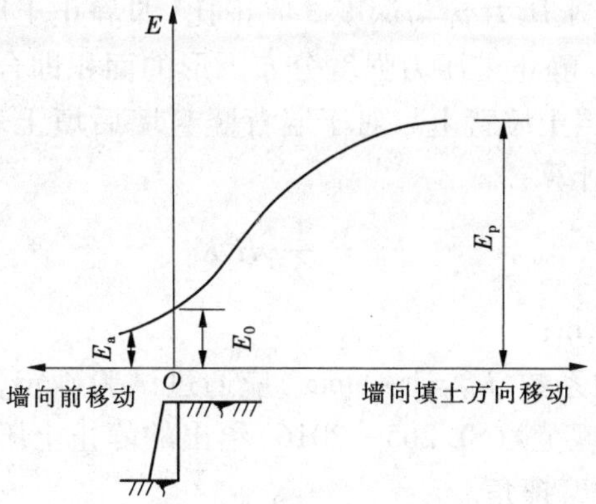

图 6-2　土压力与挡土墙位移的关系

力称静止土压力。静止土压力强度用 p_0 表示，作用在每延米长挡土墙上的静止土压力合力用 E_0 表示。

（二）主动土压力

若挡土墙由于某种因素引起背离填土方向的位移，填土处于主动推墙的状态，称为主动状态。随着挡土墙位移的增大，则作用在挡土墙上的土压力逐渐减小，即挡土墙对土体的反作用力在减小。挡土墙对土的支持力小到一定值后，挡土墙后填土就失去稳定而发生滑动。挡土墙后填土即将滑动的临界状态称为填土的主动极限平衡状态，此时作用在挡土墙上的土压力最小，称为主动土压力。主动土压力强度（简称主动土压力）用 p_a 表示，主动土压力的合力用 E_a 表示。

（三）被动土压力

若挡土墙在外荷载作用下产生向填土方向的位移，则挡土墙后的填土就处于被动状态。随着墙向填土方向位移的增大，填土所受墙的推力就增大，此时土对墙的反作用力也就越大。当挡土墙对土的作用力增大到一定值后，墙后填土就失去稳定而滑动，墙后填土即将滑动的临界状态称为填土的被动极限平衡状态，此时作用在挡土墙上的土压力称为被动土压力，被动土压力强度（简称被动土压力）用 p_p 表示，被动土压力的合力用 E_P 表示。由图 6-2 及三种土压力的概念可知：$E_a < E_0 < E_P$。

二、静止土压力的计算

由于挡土墙一般都是条形构筑物，计算土压力时可以取 1 延米的挡土墙进行分析。

挡土墙受静止土压力作用时，墙后填土处于弹性平衡状态，由于墙体不动，土体无侧向位移，其土体表面下任一深度 z 处的静止土压力强度 p_0 可按弹性力学公式计算侧向应力得到，即

$$p_0 = K_0\sigma_z = K_0\gamma z \tag{6-1}$$

式中　γ——土的重度，kN/m^3；

σ_z——计算深度 z 处的竖直方向的有效应力，kPa；

K_0——静止土压力系数，理论上 K_0 与泊松比 μ 有关，$K_0 = \mu/(1-\mu)$，实际上 K_0 可用三轴剪切试验测得，也可用旁压仪在原位测到。

由式(6-1)可知,静止土压力 p_0 与深度 z 成正比,即静止土压力强度在同一土层中呈直线分布,如图6-3所示。静止土压力强度分布图形的面积即合力 E_0 的大小,合力通过土压力图形的形心,作用于挡土墙背上。对于墙背竖直墙后填土表面水平的水闸挡土结构静止土压力可按式(6-2)计算:

$$E_0 = \frac{1}{2}\gamma H^2 K_0 \tag{6-2}$$

式中　H——挡土墙高度,m;

K_0——静止土压力系数,$K_0 = 1 - \sin\varphi'$,应通过试验确定,当缺少试验资料时,可用《水闸设计规范》(SL 265—2016)给出的静止土压力系数参考值,见表6-1;

φ'——填土有效内摩擦角。

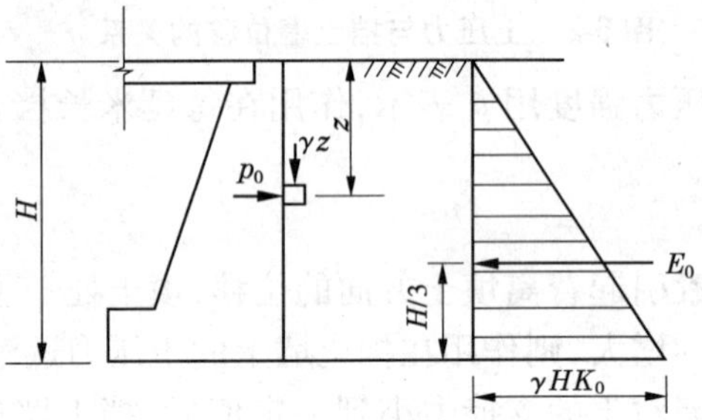

图6-3　静止土压力分布

表6-1　静止土压力系数 K_0

土名	碎石土	砂土	壤土	黏土
K_0	0.22~0.40	0.36~0.42	0.60~0.62	0.70~0.75

当填土中有地下水存在时,水下透水层应采用浮重度计算土压力,同时考虑作用在挡土墙上的静止水压力。当填土为成层土和有超载情况时,静止土压力强度可按下式计算:

$$p_0 = K_0\sigma_z = K_0(\sum \gamma_i h_i + q) \tag{6-3}$$

式中　q——填土表面的均布荷载,kPa;

γ_i、h_i——第 i 层土的有效重度和厚度。

【例6-1】　某挡土墙高4 m,墙背竖直光滑,如图6-4所示。填土表面水平,填土重度 $\gamma = 17\ \text{kN/m}^3$,静止土压力系数 $K_0 = 0.4$。①绘出静止土压力分布图;②求静止土压力的合力。

解:(1)绘土压力分布图。

墙顶 A 点($z=0$ 处):$p_{0A} = 0$

墙底 B 点($z=H$ 处):$p_{0B} = \gamma HK_0 = 17\times4\times0.4 = 27.2$(kPa)

绘出土压力分布图,如图6-4所示。

(2)求土压力合力。

合力大小为压力分布图形的面积,即 $E_0 = \frac{1}{2}\gamma H^2 K_0 = \frac{1}{2}\times17\times4^2\times0.4 = 54.4$

(kN/m)。方向水平指向墙背,作用点距墙底 $H/3=1.33$ m。

对于主动土压力和被动土压力的计算,目前多用朗肯和库仑两个古典土压力理论为依据,以下分别介绍其基本原理和计算方法。

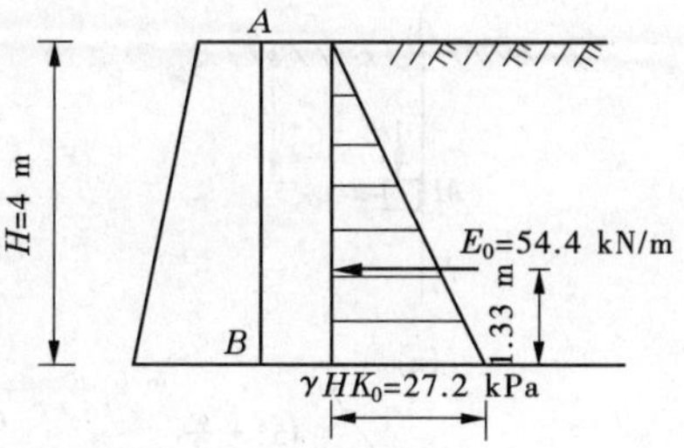

图 6-4　例 6-1 图

单元思考

1. 图 6-1(c)隧道周围土体对结构的作用力如何计算?

2. 图 6-1(d)支撑板桩所受的土压力属于什么类型?

3. 挡土墙后细粒土换为粗粒土,其静止土压力有何变化?

4. 挡土墙位移与土压力大小有什么关系?

任务二　朗肯土压力计算

问题引导:朗肯土压力理论建立的条件是什么?计算原理是什么?郎肯主动土压力如何计算?被动土压力如何计算?

一、基本原理

1857 年英国学者朗肯研究了半无限土体处于极限平衡时的应力状态,提出了著名的朗肯土压力理论。在半无限土体中取一竖直平面 AB,如图 6-5(a)所示,在 AB 平面上深度 z 处的 M 点取一单元体,其上作用有法向应力 σ_x、σ_z。因为 AB 面为半无限体的对称面,所以该面无剪力作用,σ_x、σ_z 均为主应力。此时由于 AB 面两侧的土体无相对位移,土体处于弹性平衡状态,$\sigma_z=\gamma z$,$\sigma_x=K_0\gamma z$,莫尔应力圆如图 6-5(b)中圆 O_1 所示,莫尔应力圆与强度包线(库仑直线)相离,该点处于弹性平衡状态。

将半无限土体 AB 面一侧用挡土墙代替,并假定挡土墙是刚体、墙背竖直、光滑,填土表面水平延伸。此时墙后填土的应力状态仍符合半无限弹性体的应力状态。墙与填土间无相对位移时,土对墙的作用力即作用在挡土墙上的静止土压力。M 点的应力状态仍是图 6-5(b)中的莫尔应力圆 O_1。若挡土墙发生离开土体方向的位移,如图 6-5(c)所示,M 点的单元体上 σ_x 随位移的增大而逐渐减小,莫尔应力圆圆心逐渐左移,当 σ_x 小到一定值时,莫尔应力圆与库仑直线相切,M 点处于主动极限平衡状态,如图 6-5(b)中莫尔应力圆 O_2 所示。此时墙后填土出现两组滑裂面,并与水平面成 $45°+\varphi/2$ 的夹角,最小主应力 $\sigma_3=\sigma_x$,即作用在挡土墙背上的主动土压力 p_a。若挡土墙由静止状态发生移向土体方向的位移,如图 6-5(d)所示,则 σ_x 随位移增大而增大,莫尔应力圆圆心逐渐右移,由于竖向应力 σ_z 不变,当 $\sigma_x>\sigma_z$ 后而成为第一主应力,即 $\sigma_1=\sigma_x$,$\sigma_3=\sigma_z$。随着 σ_x 的增大,当达到

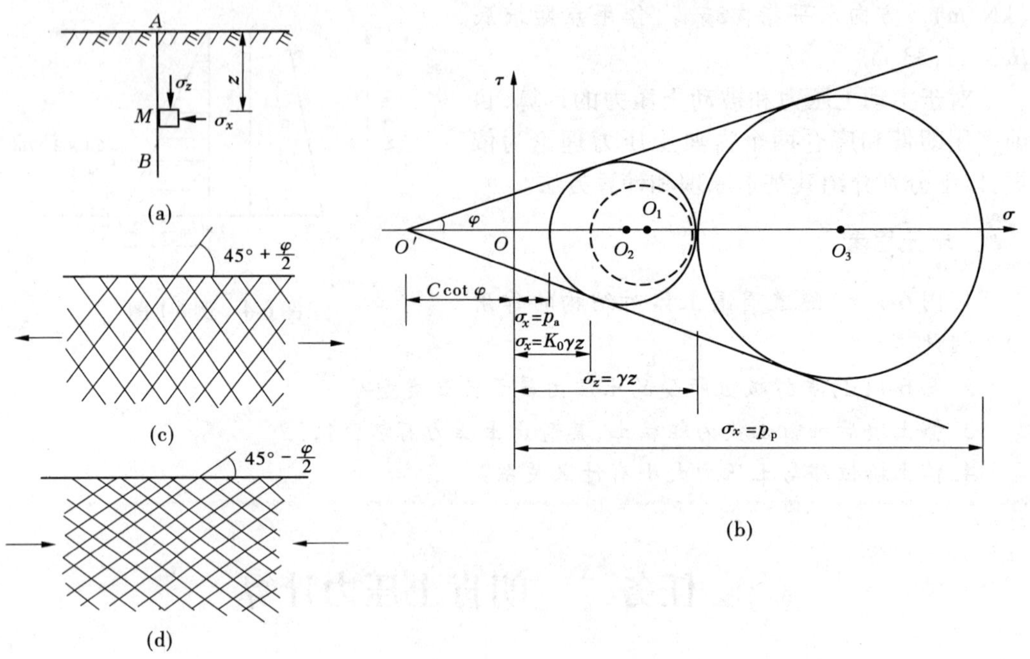

图 6-5　朗肯主动及被动状态

一定值时,莫尔应力圆与库仑直线相切,如图 6-5(b)中圆 O_3,墙后填土达到被动极限平衡状态,同时产生两组滑裂面,均与水平面成 $45° - \varphi/2$ 的夹角,而此时作用在挡土墙背上的土压力即为被动土压力 $p_p = \sigma_x = \sigma_1$。

二、朗肯主动土压力计算

(一)主动土压力强度计算公式

由主动土压力的概念可知,主动土压力作用于挡土墙背时,墙后填土处于主动极限平衡状态,$\sigma_1 = \sigma_z$,$p_a = \sigma_x = \sigma_3$,墙背处任一点的应力状态符合极限平衡条件,即

$$\sigma_3 = \sigma_1 \tan^2(45° - \frac{\varphi}{2}) - 2c\tan(45° - \frac{\varphi}{2})$$

故此得:

$$p_a = \sigma_z K_a - 2c\sqrt{K_a} \tag{6-4}$$

对于无黏性土,$c = 0$,主动土压力计算公式可写成:

$$p_a = \sigma_z K_a \tag{6-5}$$

式中　p_a——墙背任一点处的主动土压力强度,kPa;

σ_z——深度为 z 处的竖向有效应力,kPa;

K_a——朗肯主动土压力系数,$K_a = \tan^2(45° - \varphi/2)$。

(二)各种情况的朗肯主动土压力计算

1. 均质填土作用情况

如图 6-6 所示墙后为均质填土情况,此时墙背处任一点的竖向应力为 $\sigma_z = \gamma z$,代入

式(6-4)得

$$p_a = \gamma z K_a - 2c\sqrt{K_a} \tag{6-6}$$

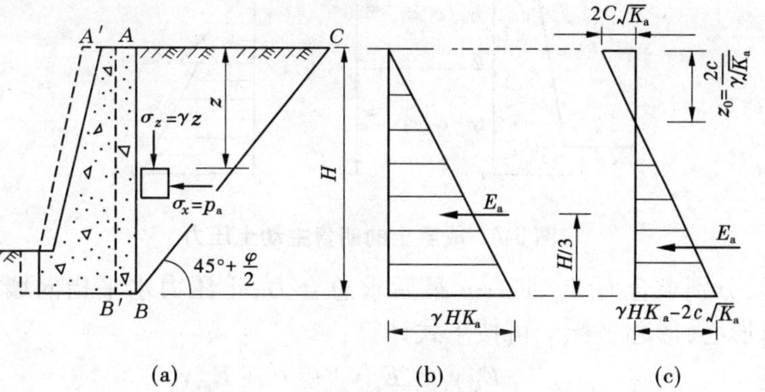

图6-6　均质填土的朗肯主动土压力

由式(6-6)可以看出同一种填土中，p_a随深度 z 增大而呈线性增加情况，即主动土压力为直线分布。

(1)若填土为无黏性土，则主动土压力分布图形为三角形，如图6-6(b)所示，合力大小为土压力分布图形面积，方向水平指向墙背，作用线通过土压力分布图形形心，即作用于1/3 挡土墙高处的墙背上。

$$E_a = \frac{1}{2}\gamma H^2 K_a \tag{6-7}$$

(2)若填土为黏性土，当 $z=0$ 时，$p_a = -2c\sqrt{K_a} < 0$，即出现拉应力区；当 $z=H$ 时，$p_a=\gamma z K_a-2c\sqrt{K_a}$ 。

令 $p_a=\gamma z K_a-2c\sqrt{K_a}=0$，可得拉应力区高度为

$$z_0 = \frac{2c}{\gamma\sqrt{K_a}} \tag{6-8}$$

由于墙与土体为接触关系，不能承受拉应力作用，所以求合力时不考虑拉应力的作用。朗肯主动土应力在墙背上的分布为三角形分布，分布高度为 $H-z_0$。土压力合力大小仍是其分布图形面积，作用线通过分布图形形心，作用在 $(H-z_0)/3$ 墙高处，方向水平指向墙背。

$$E_a = \frac{1}{2}(\gamma H K_a - 2c\sqrt{K_a})(H-h_0) \tag{6-9}$$

2. 成层填土情况

当墙后填土为成层土时，式(6-4)中的 $\sigma_z = \sum \gamma_i h_i$，可得

$$p_a = \sum \gamma_i h_i K_a - 2c\sqrt{K_a} \tag{6-10}$$

由式(6-10)计算出各土层上、下层面处的土压力强度，绘出土压力分布图，如图6-7所示，每层土中的土压力分布图形为三角形或梯形。

土压力合力大小仍是压力分布图形面积，计算时一般将土压力分布图形分成若干个

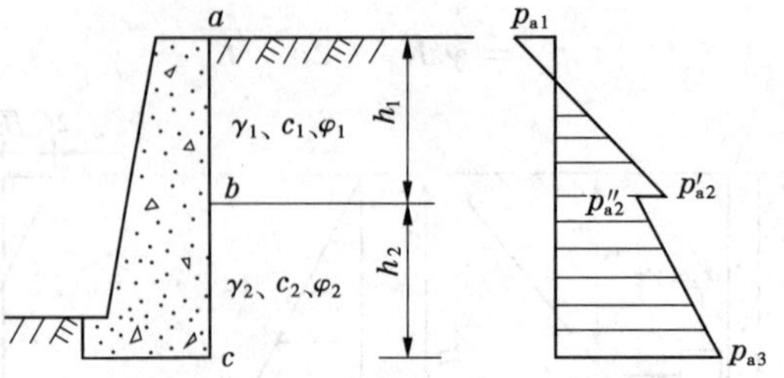

图6-7　成层土的朗肯主动土压力

三角形和矩形,分别求合力 E_{a1}、E_{a2}…,最后求总合力;土压力水平指向墙背,作用线位置仍然通过图形形心,形心坐标 y_c 可按下式计算:

$$y_c = \frac{E_{a1}y_1 + E_{a2}y_2 + \cdots + E_{an}y_n}{\sum E_{ai}} \tag{6-11}$$

式中　E_{ai}——压力分布图形中各三角形或矩形的面积(合力);

y_i——E_{ai}对应图形的形心坐标。

3. 填土表面有均布荷载作用时的情况

当填土表面有连续分布荷载 q 作用时,如图6-8所示,任一深度 z 处竖直方向的应力 $\sigma_z = \gamma z + q$,代入式(6-4),可得任一点的土压力强度,即

$$p_a = (\gamma z + q)K_a - 2c\sqrt{K_a} \tag{6-12}$$

按式(6-12)计算出上、下层面处的土压力强度,绘出土压力分布图。合力计算仍是求压力分布图形面积,合力作用点高度与土压力强度分布图形形心位置高度相同,方向水平指向墙背。

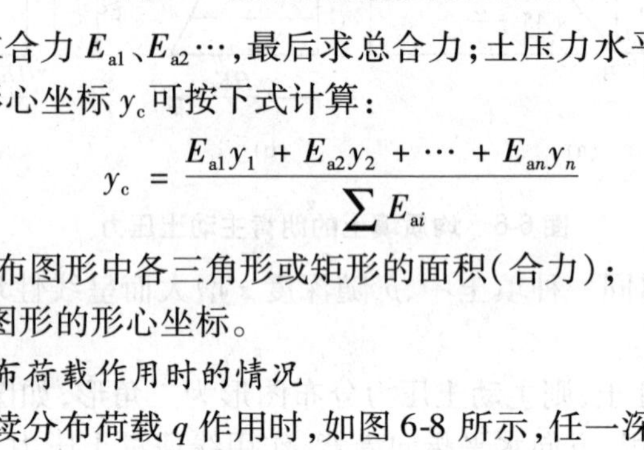

图6-8　填土表面有均布荷载时的主动土压力

【例6-2】　某挡土墙后填土为两层砂土,填土表面作用连续均布荷载 $q=20$ kPa,如图6-9所示,计算挡土墙上的主动土压力分布,绘出土压力分布图,求合力。

解:已知 $\varphi_1=30°$,$\varphi_2=35°$,求出 $K_{a1}=1/3$,$K_{a2}=0.271$,按式(6-4)或式(6-12)分别计算 a、b、c 三点的土压力强度为:

a 点　　$\sigma_z = q = 20$ kPa,$p_a = qK_{a1} = 20 \times \frac{1}{3} = 6.67$(kPa)

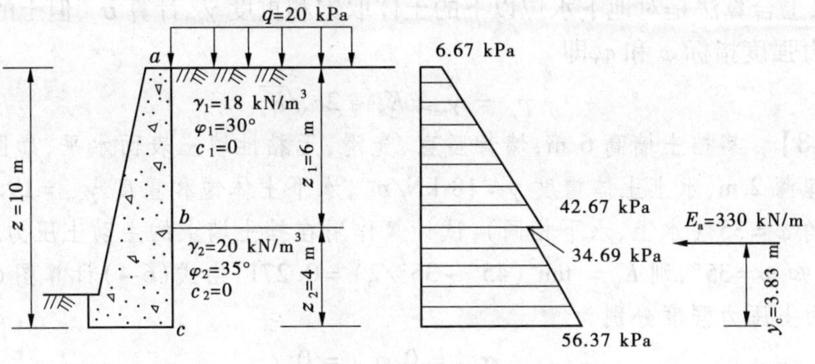

图 6-9　例 6-2 图

b 点上　　$\sigma_z = q + \gamma_1 z_1 = 20 + 18 \times 6 = 128(\text{kPa})$

$$p_a = (q + \gamma_1 z_1)K_{a1} = 128 \times \frac{1}{3} = 42.67(\text{kPa})$$

b 点下　　$\sigma_z = q + \gamma_1 z_1 = 20 + 18 \times 6 = 128(\text{kPa})$

$$p_a = (q + \gamma_1 z_1)K_{a2} = 128 \times 0.271 = 34.69(\text{kPa})$$

c 点　　$\sigma_z = q + \gamma_1 z_1 + \gamma_2 z_2 = 128 + 20 \times 4 = 208(\text{kPa})$

$$p_a = (q + \gamma_1 z_1 + \gamma_2 z_2)K_{a2} = 208 \times 0.271 = 56.37(\text{kPa})$$

将以上计算结果绘于图中得土压力分布图，如图 6-9 所示。由土压力分布图求面积得主动土压力合力 E_a，对 c 点取矩可求出合力作用点位置 y_c。

$$E_a = 6.67 \times 6 + (42.67 - 6.67) \times 6/2 + 34.69 \times 4 + (56.37 - 34.69) \times 4/2$$
$$= 40.02 + 108.00 + 138.76 + 43.36 = 330.14(\text{kN/m})$$

$$y_c = [40.02 \times (4+3) + 108.00 \times (4+2) + 138.76 \times 2 + 43.36 \times 4/3]/330.14$$
$$= 3.83(\text{m})$$

4. 墙后填土中有地下水的情况

当墙后填土中有地下水存在时，土压力计算时需对水上和水下作为两层，分别计算压力强度。其中水位以上部分的土压力计算同前，水位以下的土压力计算可用水土分算和水土和算两种方法。一般砂土和粉土可按水土分算，然后叠加；黏性土可根据情况按水土分算或水土合算。

(1)水土分算是在计算土压力 σ_z 时取有效应力，所以水下土体的自重应力按浮重度计算，同时抗剪强度指标取有效应力强度指标 φ' 和 c'，即

$$p_a = \gamma' z K'_a - 2c'\sqrt{K'_a} \tag{6-13}$$

式中　K'_a——按有效应力强度指标计算的主动土压力系数，$K'_a = \tan^2(45° - \varphi'/2)$。

按上述方法绘出土压力强度分布图，计算土压力合力。此外，单独计算静水压力。静水压力计算同水力学方法，其墙底处的静水压力强度为

$$p_w = \gamma_w h_w \tag{6-14}$$

水压力合力：

$$E_w = \frac{1}{2}\gamma_w h_w^2 \tag{6-15}$$

(2)水土合算法是对地下水位以下的土体取饱和重度 γ_{sat} 计算 σ_z，但土的抗剪强度指标取总应力强度指标 φ 和 c，即

$$p_a = \gamma_{sat} z K_a - 2c\sqrt{K_a} \tag{6-16}$$

【例6-3】 某挡土墙高6 m，墙背竖直、光滑，无黏性填土表面水平，如图6-10所示，地下水位埋深2 m，水上土体重度 $\gamma = 18\ kN/m^3$，水下土体饱和重度 $\gamma_{sat} = 19.3\ kN/m^3$，土体内摩擦角 $\varphi = 35°$(水上、水下相同)，试计算作用在挡土墙上的主动土压力及水压力。

解：已知 $\varphi = 35°$，则 $K_a = \tan^2(45° - 35°/2) = 0.271$，由式(6-4)计算图6-10中 A、B、C 三点处的土压力强度分别为

A 点　$\sigma_{zA} = 0, p_{aA} = 0$

B 点　$\sigma_{zB} = \gamma_1 h_1 = 18 \times 2 = 36(kPa)$

$$p_{aB} = \sigma_{zB} K_a = = 36 \times 0.271 = 9.76(kPa)$$

C 点　$\sigma_{zC} = \gamma_1 h_1 + \gamma' h_2 = 36 + (19.3 - 9.81) \times 4 = 73.96(kPa)$

$$p_{aC} = \sigma_{zC} K_a = 73.96 \times 0.271 = 20.04(kPa)$$

绘出土压力分布图，如图6-10所示。合力为土压力分布图形面积，即

$$E_a = \frac{1}{2} \times 9.76 \times 2 + 9.76 \times 4 + \frac{1}{2} \times (20.04 - 9.76) \times 4$$
$$= 9.76 + 39.04 + 20.56 = 69.36(kN/m)$$

墙背上的静水压力呈三角形分布，总水压力为

$$E_w = \frac{1}{2}\gamma_w h_w{}^2 = \frac{1}{2} \times 9.81 \times 4^2 = 78.48(kN/m)$$

挡土墙背上的总压力为

$$E = E_a + E_w = 69.36 + 78.48 = 147.84(kN/m)$$

$$y_c = \frac{9.76 \times (4 + \frac{2}{3}) + 39.04 \times 2 + 20.56 \times \frac{4}{3} + 78.48 \times \frac{4}{3}}{69.36 + 78.48} = 1.73(m)$$

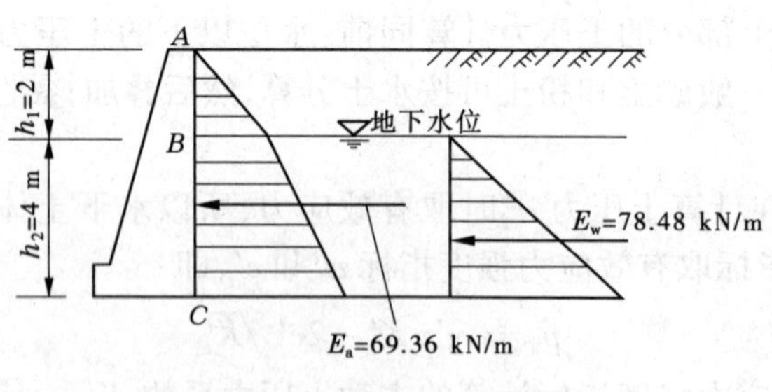

图6-10　例6-3图

三、朗肯被动土压力计算

(一)被动土压力强度计算公式

被动土压力是填土处于被动极限平衡时作用在挡土墙上的土压力。由朗肯土压力原理可知，被动极限平衡时 $\sigma_3 = \sigma_z$，$p_P = \sigma_x = \sigma_1$，代入极限平衡条件整理后可得

$$p_p = \sigma_z \tan^2(45° + \varphi/2) + 2c\tan(45° + \varphi/2)$$

即 $$p_p = \sigma_z K_p + 2c\sqrt{K_p} \quad (6\text{-}17)$$

式中 K_p——朗肯被动土压力系数,$K_p = \tan^2(45° + \varphi/2)$;

σ_z——计算点处的竖向应力,各种情况的 σ_z 如主动土压力相同。

(二)朗肯被动土压力计算

计算朗肯被动土压力,无论任何情况,首先按式(6-17)计算出各土层上、下层面处的土压力强度 p_p,绘出被动土压力强度分布图,根据图形求合力三要素。均质填土情况下被动土压力分布图形如图 6-11 所示,填土为砂土时呈三角形分布,黏性填土时呈梯形分布。

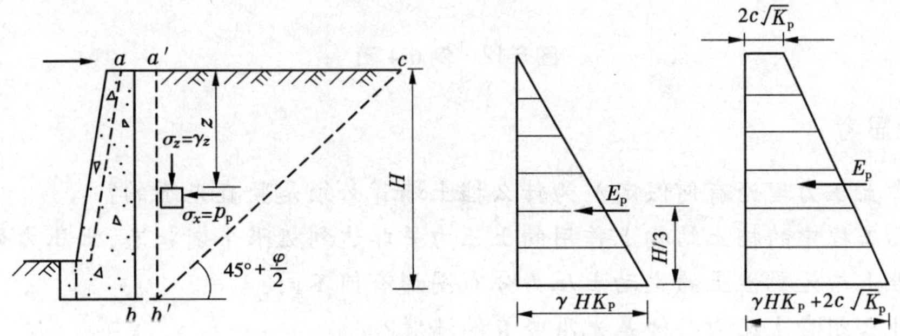

图 6-11 朗肯被动土压力

【例 6-4】 计算例 6-2 中作用在挡土墙上的被动土压力。

解:求出 $K_{p1} = \tan^2(45° + 30°/2) = 3$,$K_{p2} = \tan^2(45° + 35°/2) = 3.69$,按式(6-17)分别计算 a、b、c 三点的土压力强度 p_p 如下:

a 点 $\sigma_{za} = q = 20\ \text{kPa}, p_{pa} = qK_{p1} = 20 \times 3 = 60(\text{kPa})$

b 点上 $\sigma_{zb} = q + \gamma_1 h_1 = 20 + 18 \times 6 = 128(\text{kPa})$

$p_{pb} = \sigma_{zb} K_{p1} = 128 \times 3 = 384(\text{kPa})$

b 点下 $\sigma_{zb} = q + \gamma_1 h_1 = 20 + 18 \times 6 = 128(\text{kPa})$

$p'_{pb} = \sigma_{zb} K_{p2} = 128 \times 3.69 = 472.32(\text{kPa})$

c 点 $\sigma_{zc} = q + \gamma_1 h_1 + \gamma_2 h_2 = 128 + 20 \times 4 = 208(\text{kPa})$

$p_{pc} = \sigma_{zc} K_{p2} = 208 \times 3.69 = 767.52(\text{kPa})$

绘出土压力分布图,如图 6-12 所示,计算被动土压力合力为

$$E_p = 60 \times 6 + \frac{1}{2} \times (384 - 60) \times 6 + 472.32 \times 4 + \frac{1}{2} \times (767.52 - 472.32) \times 4$$

$$= 360 + 972 + 1\,889.28 + 590.40 = 3\,811.68(\text{kN/m})$$

$$y_c = \frac{360 \times 7 + 972 \times 6 + 1\,889.28 \times 2 + 590.4 \times \frac{4}{3}}{3\,811.68} = 3.39(\text{m})$$

由例 6-2 和例 6-4 可知,被动土压力 E_p 远远大于主动土压力 E_a,由于产生被动土压力需要很大的位移,而实际工程中挡土墙不允许产生过大的变形,所以实用中被动土压力不足以全部发挥。当发生被动情况时,一般采用被动土压力的 1/3 作为挡土墙的外荷载。

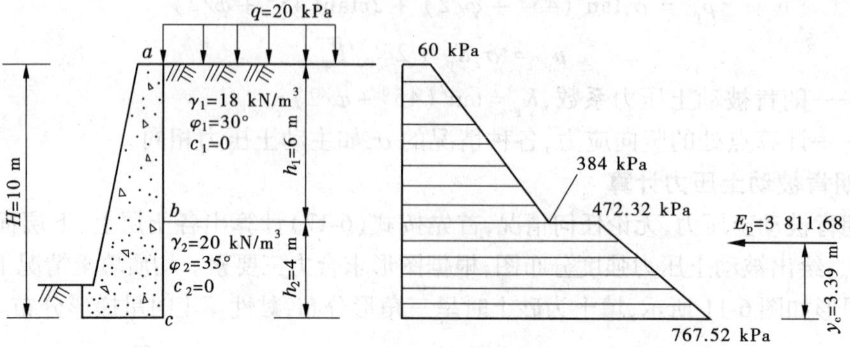

图 6-12　例 6-4 图

单元思考

1. 朗肯土压力理论有何假定？为什么挡土墙背必须是竖直光滑的？
2. 实际工程中的挡土结构上作用的土压力并非达到极限平衡状态,土压力如何分布？
3. 黏性土与无黏性土的主动土压力分布图形有何不同？
4. 为什么朗肯土压力必须是光滑竖直的墙背？
5. 地面有均布荷载时土压力有何变化？
6. 土体内摩擦角增大主动土压力有何变化？

任务三　库仑土压力计算

问题引导:库仑土压力理论计算原理是什么？库仑土压力理论对计算条件有什么要求？成层土情况土压力如何计算？

一、基本理论

1776 年法国学者库仑提出了适用性较广的库仑土压力理论。库仑理论假定挡土墙后填土是均质的砂性土,当挡土墙发生位移时,墙后有滑动土楔体随挡土墙的位移而达到主动或被动极限平衡状态,同时有滑裂面产生,如图 6-13 中 BC 面,根据滑动土楔体 ABC 的外力平衡条件的极限状态,可分别求出主动土压力或被动土压力的合力。

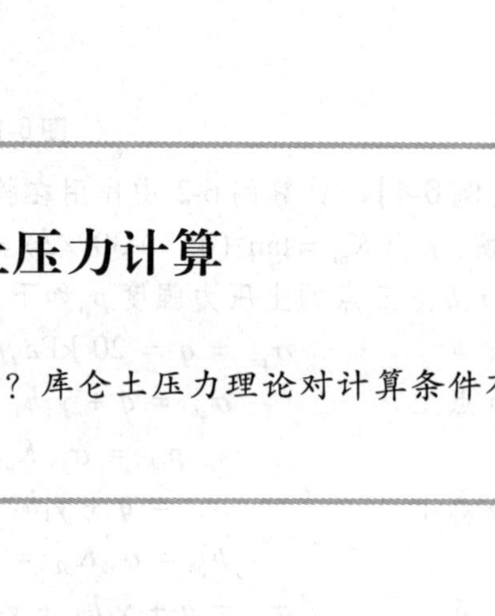

图 6-13　库仑土压力理论

二、库仑主动土压力计算

如图 6-14 所示挡土墙,墙背倾角为 ε,

填土表面 AC 是与水平面夹角为 β 的平面，挡土墙与土体间的摩擦角为 δ。当挡土墙有移离土体方向的位移而使墙后土体处于极限平衡状态时，土体中即将产生滑动面 BC。假定该滑动面与水平面夹角为 α，取单位墙长进行受力分析，作用在滑动土楔体 ABC 上的作用力有：

（1）土楔体 ABC 的自重 W，大小等于体积与重度 γ 的乘积。

（2）滑动面 BC 下部土体的反力 R，其方向与 BC 面法线成 φ 角，如图 6-14 所示，R 是法向力 N_1 和摩擦力 T_1 的合力，由于土楔体在主动极限平衡状态时，相对于 BC 面而下滑，所以摩擦力 T_1 沿斜面向上。

（3）挡土墙对土楔体的支持力 P，它与墙背法线成 δ 角，由于 ABC 相对于墙背下滑，所以 P 在法线的下方。

考虑土楔体 ABC 的静力平衡条件，可绘出 W、R 和 P 的力三角形，如图 6-14（c）所示。由正弦定理可得：

$$\frac{W}{\sin(180° - \psi - \alpha + \varphi)} = \frac{P}{\sin(\alpha - \varphi)}$$

式中，$\psi = 90° - \varepsilon - \delta$；其余符号意义同前。

整理可得：

$$P = \frac{W\sin(\alpha - \varphi)}{\sin(90° + \varepsilon + \delta - \alpha + \varphi)} \tag{6-18}$$

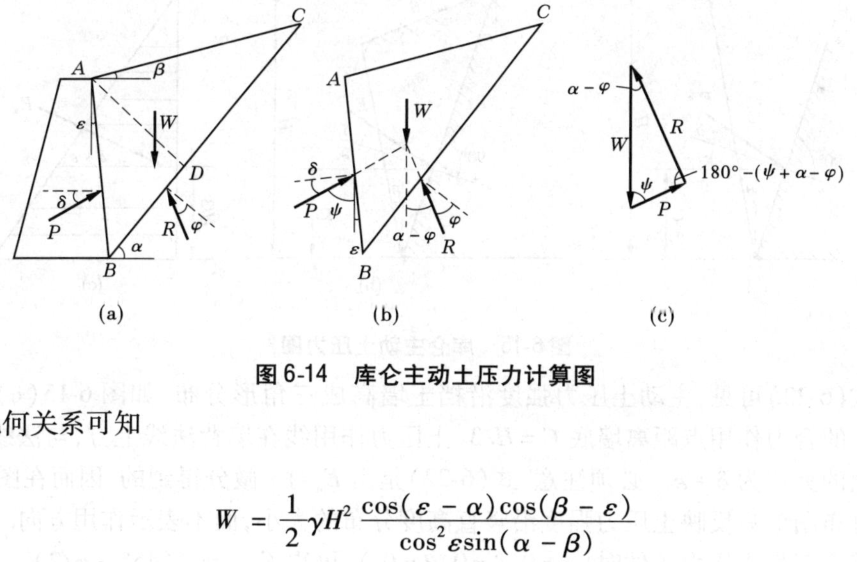

图 6-14　库仑主动土压力计算图

由几何关系可知

$$W = \frac{1}{2}\gamma H^2 \frac{\cos(\varepsilon - \alpha)\cos(\beta - \varepsilon)}{\cos^2\varepsilon\sin(\alpha - \beta)}$$

代入式（6-18）得

$$P = \frac{1}{2}\gamma H^2 \frac{\cos(\varepsilon - \alpha)\cos(\beta - \varepsilon)\sin(\alpha - \varphi)}{\cos^2\varepsilon\sin(\alpha - \beta)\cos(\alpha - \varepsilon - \delta - \varphi)} \tag{6-19}$$

从式（6-19）可知 P 是 α 的函数，即取不同的 α 就有不同的 P 值，需要支持力最大的滑动面是最危险滑动面，因此求出 P_{max} 对应的滑动面即为最危险滑动面，P_{max} 对应的土压力即主动土压力 E_a。因此，令 $\frac{dP}{d\alpha} = 0$ 解得 α，代入式（6-19）即得

$$E_a = P_{max} = \frac{1}{2}\gamma H^2 K_a \tag{6-20}$$

$$K_a = \frac{\cos^2(\varphi - \varepsilon)}{\cos^2\varepsilon\cos(\delta + \varepsilon)\left[1 + \sqrt{\dfrac{\sin(\delta + \varphi)\sin(\varphi - \beta)}{\cos(\delta + \varepsilon)\cos(\varepsilon - \beta)}}\right]^2} \tag{6-21}$$

式中　K_a——库仑主动土压力系数，是 φ、ε、δ、β 角的函数，可由式(6-21)计算，也可以参见其他参考书查表；

δ——外摩擦角，可按以下规定取值：俯斜的混凝土或砌体墙，取 $\left(\frac{1}{2} \sim \frac{2}{3}\right)\varphi$；台阶形墙背，取 $\frac{2}{3}\varphi$，垂直混凝土或砌体墙，取 $\left(\frac{1}{3} \sim \frac{1}{2}\right)\varphi$。

计算台后或墙后的主动土压力时，β 按图6-15(a)取正值；计算台前或墙前的主动土压力时，β 按图6-15(b)取正值。

由式(6-20)可知，主动土压力合力与挡土墙高的平方成正比，填土表面下任意深度 z 处的土压力强度 p_a 为 E_a 对 z 的一阶导数，即

$$p_a = \frac{dE_a}{dz} = \gamma z K_a \tag{6-22}$$

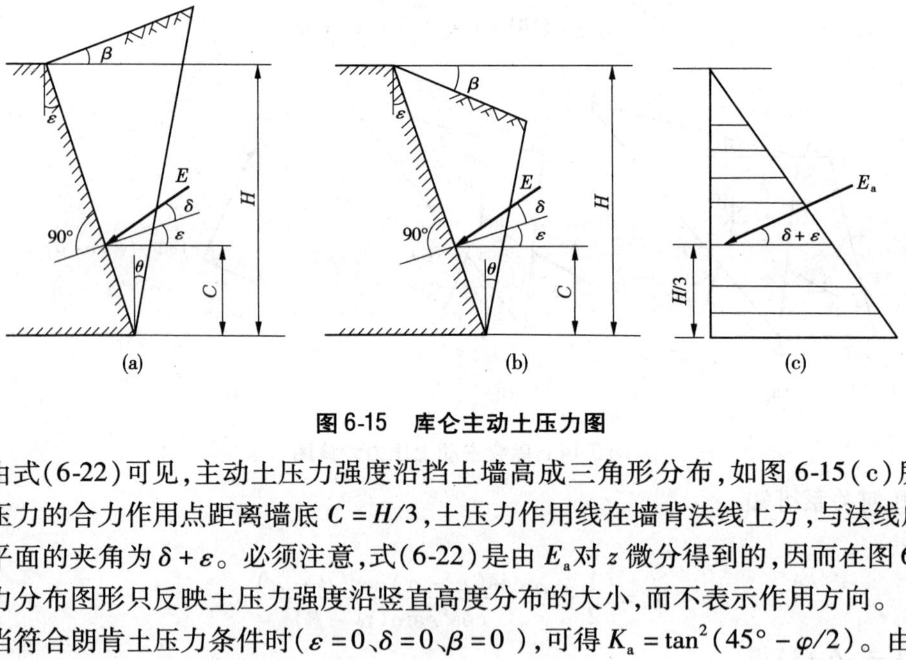

图6-15　库仑主动土压力图

由式(6-22)可见，主动土压力强度沿挡土墙高成三角形分布，如图6-15(c)所示，主动土压力的合力作用点距离墙底 $C = H/3$，土压力作用线在墙背法线上方，与法线成 δ 角，与水平面的夹角为 $\delta + \varepsilon$。必须注意，式(6-22)是由 E_a 对 z 微分得到的，因而在图6-15(c)中压力分布图形只反映土压力强度沿竖直高度分布的大小，而不表示作用方向。

当符合朗肯土压力条件时($\varepsilon = 0$、$\delta = 0$、$\beta = 0$)，可得 $K_a = \tan^2(45° - \varphi/2)$。由此可以看出朗肯土压力公式是库仑公式的一种特例。

【例6-5】　某挡土墙高5 m，墙背倾角 $\varepsilon = 10°$，回填砂土表面水平，其重度 $\gamma = 18$ kN/m^3，$\varphi = 35°$，$\delta = 20°$，试计算作用于挡土墙上的主动土压力。

解：已知 $\varphi = 35°$，$\delta = 20°$，$\varepsilon = 10°$，$\beta = 0$，代入式(6-21)得 $K_a = 0.322$。

总主动土压力：$E_a = \frac{1}{2}\gamma H^2 K_a = \frac{1}{2} \times 18 \times 5^2 \times 0.322 = 72.45$(kN/m)

土压力为三角形分布，墙底处土压力强度 $p_a = \gamma H K_a = 18 \times 5 \times 0.322 = 29(\text{kPa})$，如图 6-16 所示，土压力合力作用在 $H/3 = 1.67$ m 处，合力位于法线上方，方向与水平面成 $\varepsilon + \delta = 30°$。

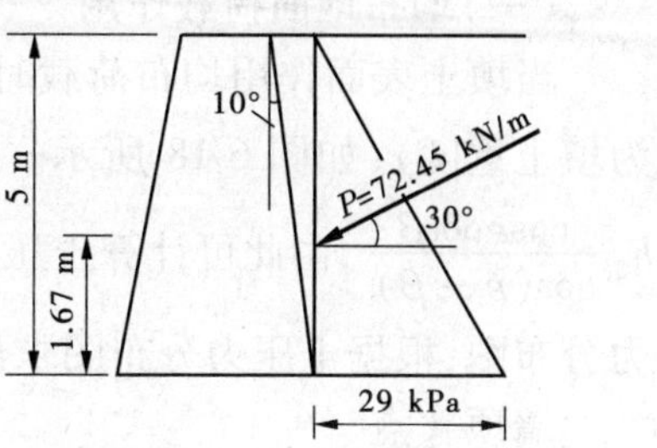

图 6-16　例 6-5 图

三、库仑被动土压力计算

当挡土墙向填土方向位移时，如图 6-17 所示，根据滑动土楔体的外力平衡条件可得

$$P = \frac{W\sin(\alpha + \varphi)}{\sin(90° + \varepsilon - \delta - \alpha - \varphi)} \quad (6\text{-}23)$$

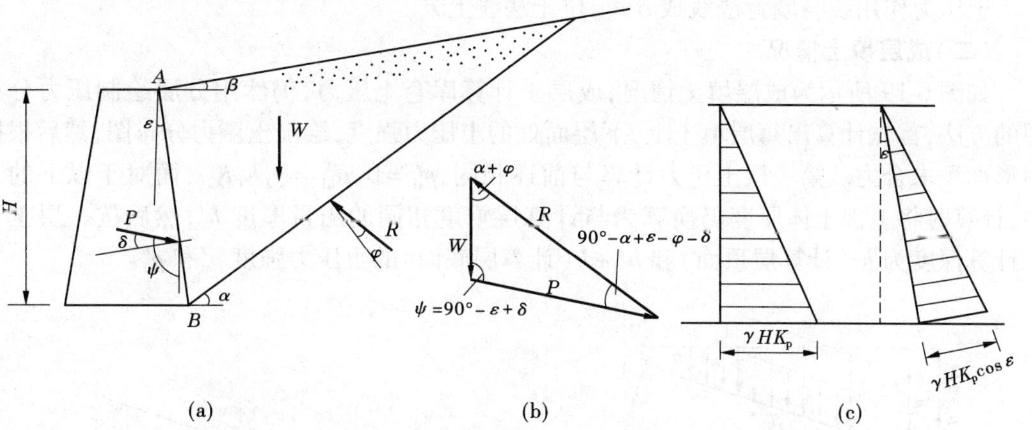

图 6-17　库仑被动土压力

求出 P 的最小值即为被动土压力 E_p，由 $\frac{dP}{d\alpha} = 0$ 解得 α，代入式(6-23)得

$$E_p = P_{\min} = \frac{1}{2}\gamma H^2 K_p \quad (6\text{-}24)$$

$$K_p = \frac{\cos^2(\varepsilon + \varphi)}{\cos^2\varepsilon\cos(\varepsilon - \delta)\left[1 - \sqrt{\frac{\sin(\delta + \varphi)\sin(\varphi + \beta)}{\cos(\varepsilon - \delta)\cos(\varepsilon - \beta)}}\right]^2} \quad (6\text{-}25)$$

式中　K_p——库仑被动土压力系数，是 ε、β、δ、φ 的函数，可由式(6-25)计算，当 $\varepsilon = 0, \delta = 0, \beta = 0$ 时，$K_p = \tan^2(45° + \varphi/2)$。

被动土压力 E_p 与墙背法线成 δ 角，位于法线下方，被动土压力强度沿墙背的分布仍呈三角形，挡土墙底部的被动土压力强度 $p_p = \gamma z K_p$。

四、几种特殊情况下的库仑土压力

库仑土压力理论建立在无黏性土的基础之上，仅适用于填土为无黏性土的情况，但后来人们对库仑理论进行了改良，用于解决其他情况的主动土压力问题，以下介绍几种常见情况，这些情况的解决方法不是唯一的，此处仅介绍其中一种方法。

(一)均布地面荷载作用

当填土表面作用均布荷载时,可以将均布荷载 q 换算为土体的当量厚度 $h_0=q/\gamma$(γ 为填土重度),如图 6-18 所示。计算时先求出土层当量厚度 h_0,转化为当量墙高 $h'=h_0\dfrac{\cos\varepsilon\cos\beta}{\cos(\varepsilon-\beta)}$,由此可计算土压力强度沿深度的分布。然后绘出作用在挡土墙上的土压力分布图,根据土压力分布图求出土压力合力。

墙顶 A 点
$$p_{aA}=\gamma h'K_a \tag{6-26}$$
墙底 B 点
$$p_{aB}=\gamma K_a(h'+H) \tag{6-27}$$
墙背的总土压力为
$$E_a=\gamma K_a h\left(h'+\frac{1}{2}H\right) \tag{6-28}$$

土压力作用线与墙背法线成 δ 角,位于法线上方。

(二)成层填土情况

如图 6-19 所示为成层填土情况,成层土计算库仑土压力,仍然用分层绘制压力分布图的方法,首先计算出每层填土上、下层面处的土压力强度,绘出土压力分布图,然后根据图形面积求合力。第一层土压力计算与前述相同,$p'_{a1}=0$,$p''_{a1}=\gamma_1h_1K_{a1}$,而对于以下的土层,计算时将上部土体厚度仍换算为与计算层重度相同的当量厚度 h',然后按一层土分别计算深度为 h'(计算层顶面)和 $h'+h$(计算层底面)的土压力强度 p'_{ai} 和 p''_{ai}。

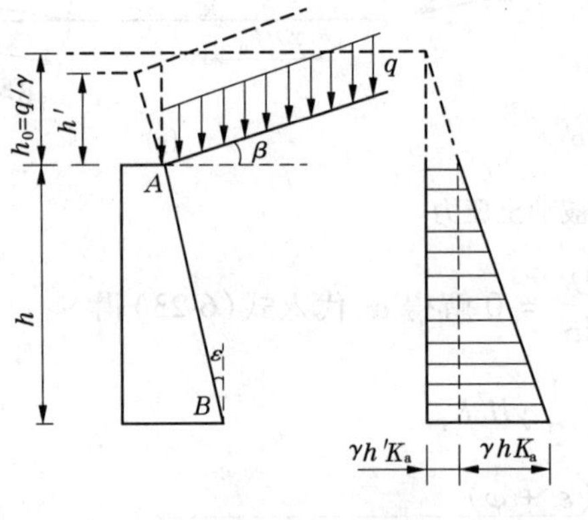

图 6-18　均布荷载作用下的库仑土压力

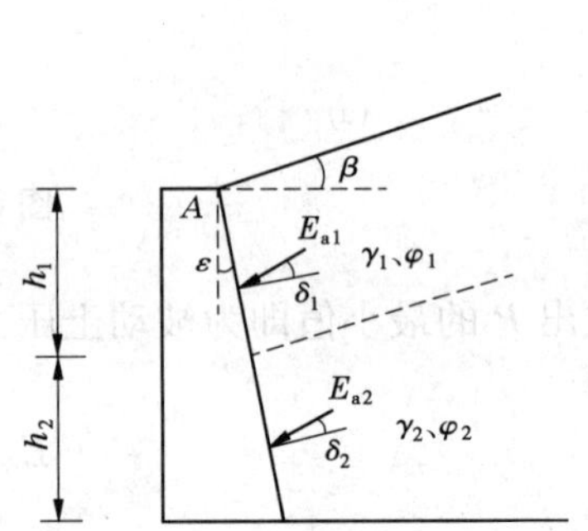

图 6-19　成层土中的库仑土压力

$$h'=\frac{\sum\gamma_jh_j}{\gamma_i} \tag{6-29}$$
$$p'_{ai}=\gamma_ih'K_{ai} \tag{6-30}$$
$$p''_{ai}=\gamma_iK_{ai}(h'+h_i) \tag{6-31}$$

式中　γ_j、h_j——计算土层以上各土层的重度和厚度;

γ_i、h_i——计算土层 i 的重度和厚度;

K_{ai}——计算土层的库仑主动土压力系数。

五、《公路桥涵设计通用规范》(JTG D60—2015)对土压力计算的规定

(一)静止土压力标准值计算

在计算倾覆和滑移稳定时,墩、台、挡土墙前侧地面以下不受冲刷部分土的侧压力可按静止土压力计算式(6-1)、式(6-2)计算。

(二)主动土压力标准值计算

1. 当土层特性无变化且无汽车荷载作用时

在挡土墙前后的主动土压力标准值可按库仑土压力式(6-20)计算。

2. 当土层特性无变化但有汽车荷载作用时

计算车辆荷载引起的土压力时,将破坏棱体范围内的车辆荷载$\sum G$转化为均布荷载$q=\frac{\sum G}{Bl_0}$,然后将均布荷载换算为等代土层厚度h(见图6-20),用库仑土压力公式计算土压力。在$\beta=0$时,挡土墙前后的主动土压力标准值可按式(6-32)计算。

$$E_a = \frac{1}{2}BK_a\gamma H(H+2h) \tag{6-32}$$

式中　h——汽车荷载的等代均布土层厚度,m,$h=q/\gamma$,γ为填土重度;

B——桥台计算宽度或挡土墙计算长度。

主动土压力着力点自计算土层地面算起,如图6-20所示,$C=\frac{H}{3}\times\frac{H+3h}{H+2h}$。

3. 破坏棱体范围的确定

破坏棱体范围的确定可按图6-20进行,其中棱体的宽度l_0可按下式计算:

$$l_0 = H(\tan\varepsilon + \tan\theta) \tag{6-33}$$

式中　$\tan\theta$可按式(6-34)计算:

$$\tan\theta = -\tan(\varepsilon+\delta+\varphi) + \sqrt{[\cot\varphi + \tan(\varepsilon+\delta+\varphi)][\tan(\varepsilon+\delta+\varphi) - \tan\varepsilon]} \tag{6-34}$$

挡土墙计算长度B取值原则如下:若挡土墙结构为桥台,则取桥台横向全宽;若是路基挡土墙,根据车辆荷载级别选取长度,方法是按汽车荷载扩散长度和挡土墙分段长度综合选取,具体参见《公路桥涵设计通用规范》(JTG D60—2015)。

破坏棱体范围内的车辆荷载$\sum G$是指:Bl_0范围内可能布置的车轮上的重力之和,车辆布置参见《公路桥涵设计通用规范》(JTG D60—2015)。

六、水闸结构上的土压力计算规定

作用在水闸挡土结构上的主动土压力可根据填土性质、挡土高度、填土内的地下水位、填土顶面坡角及超荷载等因素分别按下列规定进行计算。

(一)重力式挡土结构,墙后填土为均质无黏性土时

当墙后填土为均质无黏性土时,主动土压力宜按库仑公式,即式(6-20)和式(6-21)计算,填土对挡土墙的外摩擦角δ可按表6-2取值。

表 6-2 挡土结构后填土对墙背的外摩擦角 δ 值

挡土结构墙背面排水状况	墙背光滑，排水不良	墙背粗糙，排水良好	墙背很粗糙，排水良好	墙背与填土之间不可能滑动
δ 值	$(0.00\sim0.33)\varphi$	$(0.33\sim0.50)\varphi$	$(0.50\sim0.67)\varphi$	$(0.67\sim1.00)\varphi$

(二)扶臂式或空箱式挡土结构，墙后填土为均质无黏性土时

扶臂式或空箱式挡土结构上的土压力宜按朗肯公式计算。当墙后填土为砂性土时主动土压力系数按式(6-35)计算，计算简图见图 6-21，主动土压力的作用方向与水平面呈夹角 β，即与填土表面平行。

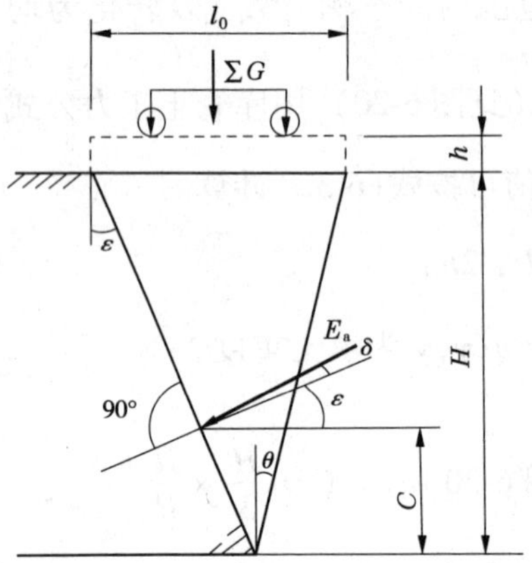

图 6-20 车辆荷载引起的土压力计算简图

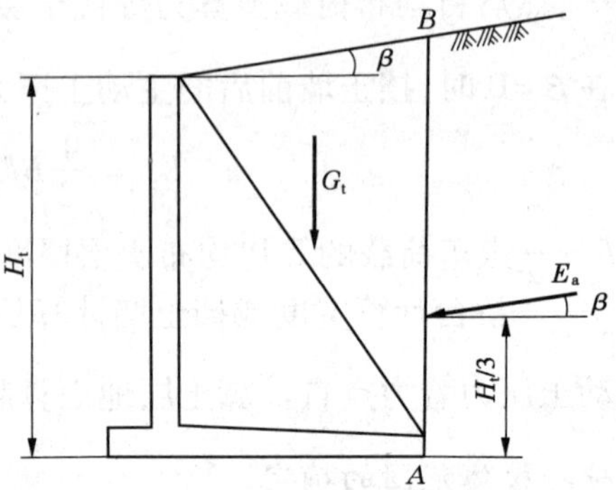

图 6-21 扶臂式或空箱式挡土结构土压力计算简图

$$K_a = \cos\beta\frac{\cos\beta - \sqrt{\cos^2\beta - \cos^2\varphi}}{\cos\beta + \sqrt{\cos^2\beta - \cos^2\varphi}} \tag{6-35}$$

当墙后填土为砂性土且填土表面水平时，主动土压力宜按式(6-7)计算，$K_a = \tan^2(45° - \varphi/2)$。

(三)挡土结构墙后填土为黏性土时

当挡土结构墙后填土为黏性土时，可采用等值内摩擦角法(又称等代内摩擦角法)计算作用于墙背或 AB 面上的主动土压力，等值内摩擦角可根据挡土结构、高度、墙后所填黏性土性质及其浸水情况等因素，参照已建工程实践经验确定。挡土结构高度在 6 m 以下者，墙后所填黏性土水上部分等值内摩擦角可采用 28° ~ 30°，水下部分等值内摩擦角可采用 25° ~ 28°；挡土结构高度在 6 m 以上(含)者，墙后所填黏性土采用的等值内摩擦角应随挡土结构高度的增大而相应降低。

(四)挡土结构墙后填土表面有均布荷载或车辆荷载作用时

当挡土结构墙后填土表面有均布荷载作用时，可将均布荷载换算成等效的填土高度按式(6-28)计算作用于墙背或 AB 面上的总主动土压力，此种情况下作用于墙背或 AB 面上的主动土压力应为梯形分布。

当挡土结构墙后填土表面有车辆荷载作用时，可按式(6-31)将车辆荷载近似地按均

布荷载换算成等效的填土高度,计算作用于墙背或面上的主动土压力。

单元思考

1. 库仑土压力理论在实际工程中有什么作用?
2. 库仑土压力理论与朗肯土压力理论有何不同,分别适用于什么条件?
3. 汽车荷载怎么进行处理?

任务四　土压力计算的影响因素及减少土压力的措施

问题引导:土的类别对土压力有影响吗?挡土墙的形状是否对土压力有影响,如何影响?工程中怎么减小土压力,什么情况下减小土压力?

一、影响土压力的因素

(一)墙背的影响

挡土墙墙背的形状、粗糙程度等因素对土压力有一定的影响。墙背粗糙程度是通过外摩擦角 δ 来反映的,δ 愈大主动土压力愈小,而被动土压力愈大。δ 值最好由试验确定,但在实际工程中多按经验选用 δ 值,因此造成土压力计算值与实际值的出入。

墙背的形状和倾斜程度对土压力也有很大的影响。若挡土墙背较平缓,其倾角 ε 大于某一临界值 ε_{cr},则土楔体可能不再沿墙背滑动,而产生第二滑动面,此种挡土墙称为坦墙,如图 6-22(a)所示。此时土压力 E 将作用在第二滑动面上,其摩擦角应是 φ 而不是 δ。土体 ABA' 与墙形成整体,可视为挡土墙的一部分,因此作用在墙上的土压力应该是土体 ABA' 的自重与力 E 的合力。

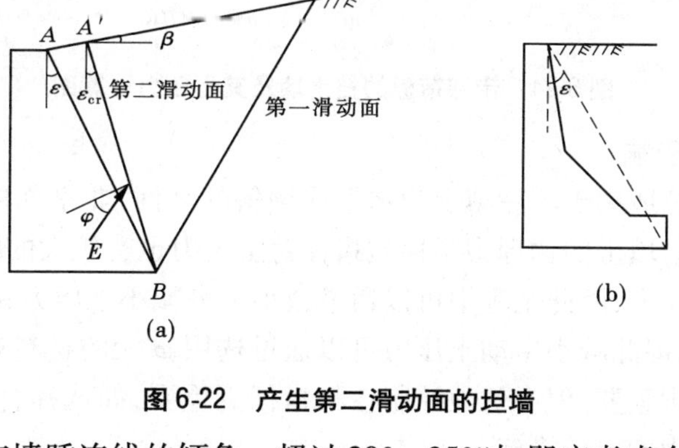

图 6-22　产生第二滑动面的坦墙

通常当挡土墙与墙踵连线的倾角 ε 超过 20° ~25°时,即应考虑有无可能产生第二滑动面,如图 6-22(b)所示。判别第二滑动面的临界角 ε_{cr} 可由下式计算:

$$\varepsilon_{cr} = 45° - \frac{\varphi}{2} + \frac{\beta}{2} - \frac{1}{2}\arcsin\left(\frac{\sin\beta}{\sin\varphi}\right) \tag{6-36}$$

当 $\beta=0$,即填土表面水平时,得

$$\varepsilon_{cr}=45°-\frac{\varphi}{2} \tag{6-37}$$

对于折线形墙背的挡土墙,宜按库仑土压力理论分段计算土压力,如图 6-23 所示,先把 AB 段作为单独的挡土墙计算其主动土压力,绘土压力分布图。对于 BC 段,采用延长墙背 CB 至 A',计算墙高 $A'C$ 范围内的土压力,绘压力分布图。取 BC 段的土压力分布图和 AB 段的土压力分布图分别计算合力,由于两段墙背倾角不同,所以两段墙背上的合力方向也不相同,要分别确定方向。

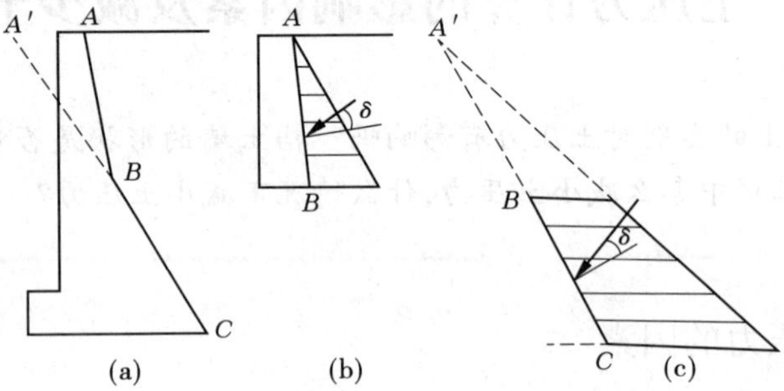

图 6-23 折线形墙背的土压力

当墙背有卸荷板时,可以减小土压力,并可能增加挡土墙的稳定性。图 6-24 所示为带卸荷板的挡土墙及其土压力计算图。

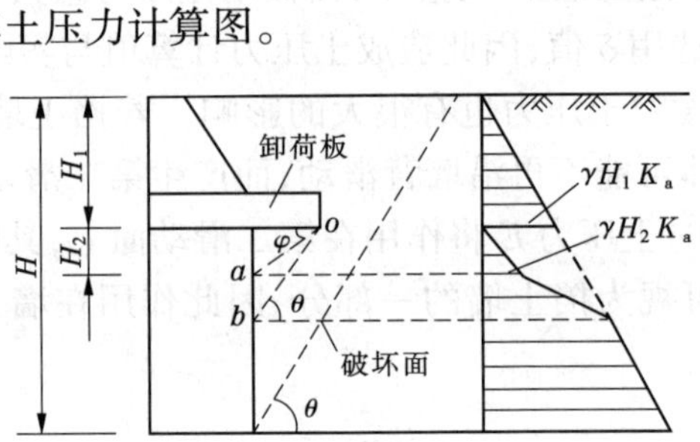

图 6-24 带卸荷板的挡土墙及其土压力计算图

(二)填土条件影响

库仑土压力理论适用于墙后填土为水平或倾斜的平面,非平面的其他情况可以采用库尔曼图解法求解。填土的物理力学性质指标对土压力也有较大的影响。如重度 γ 的增大常引起土压力的增大,因此工程中可以通过减小 γ 来减小土压力;φ 越大的土对挡土墙的主动土压力越小,因此减小主动土压力可以通过选用 φ 大的材料来达到目的。工程中正确确定有关指标很重要,但有效地控制各种指标更重要,如选择合适的填料,加强土体排水都是减小土压力的有效措施。

二、减小主动土压力的措施

减小主动土压力就可以减小墙身的设计断面,从而减少工程造价。工程中常采取以

下措施来减小主动土压力，而具体采取哪一种措施要结合工程实际情况。

（一）选择合适的填料

工程中在允许的条件下，可以选择内摩擦角大的土料，如粗砂、砾、块石等，可以显著降低主动土压力；有时也可选择轻质填料，如炉渣、矿渣等填料的内摩擦角不会因浸水而降低很多，同时利于排水。

对于黏性土，其黏聚力会因浸水而降低，所以黏性土的黏性极不稳定，因此在计算土压力时常不考虑其拉应力。但如果有措施能保证填土符合规定要求，也可以计入黏聚力影响。

（二）改变墙体结构和墙背形状

改变墙背的几何形状可以达到减小主动土压力的目的，如采用中间凸出的折线形墙背，或在墙背上设置减压平台；也可以采用悬臂式的钢筋混凝土结构以增大墙体的稳定性，如图6-25所示。

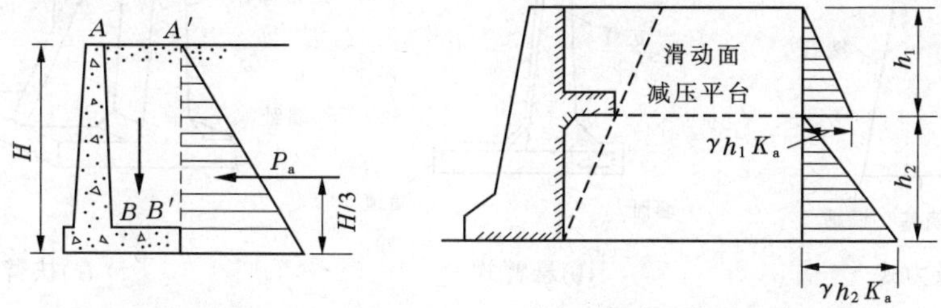

(a)悬臂式钢筋混凝土挡土墙　(b)带减压平台的挡土墙

图6-25　减小主动土压力的措施

当地基强度不高，而挡土高度较大时，也常采用空箱式挡土墙，如土基上的桥台、水闸边墩外侧挡土墙等常采用空箱式挡土墙。

（三）减小地面堆载

由于填土表面荷载的作用常会增大作用在挡土墙上的土压力，因此减小地面荷载，将不必要的堆载远离挡土墙，可使土压力减小，增加挡土墙的稳定性。因此，工程中对挡土墙上部的土坡进行削坡，做成台阶状利于边坡的稳定；施工中将基坑弃土、施工用材料以及设备等临时荷载远离基坑堆放，以便减小作用于基坑支护结构上的土压力，也利于基坑边坡的稳定。

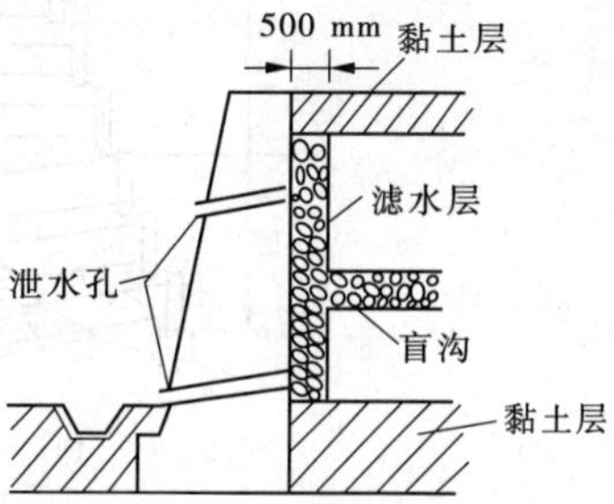

图6-26　挡土墙的排水设施

此外，由于挡土墙后有地下水时，会增加外荷载，减小挡土墙的稳定性，所以工程中常在挡土墙上设置排水孔，挡土墙后设置排水盲沟来加强排水（见图6-26），降低地下水对挡土墙的影响，以增加挡土墙的稳定性。

三、新型挡土结构

前述挡土墙一般是由砖、石或混凝土等材料建造的，其结构类型主要有重力式、悬臂式和扶臂式三种,如图6-27所示。重力式挡土墙是靠自身重量来维持墙体稳定的,一般适用于高度不大的情况,否则将会增加很多工程量,同时费用也较高;而悬臂式挡土墙用钢筋混凝土建造,一般由三个悬臂板组成,即立臂、墙趾悬臂和墙踵悬臂,其稳定性靠墙趾悬臂上的土重来维持;当墙高较大时,常选用扶臂式挡土墙,即沿墙的纵向每隔一定的距离设一道扶臂,以增加立臂的抗弯性能和减少钢筋用量。悬臂式和扶臂式挡土墙虽然应用于高墙时断面不会增大很多,但钢筋用量很大,成本较高。因此,国内外对各种挡土结构进行研究,成功地运用了多种新型挡土结构,采用这些挡土结构可以节省材料、缩短工期、降低成本。以下简介几种其他形式的挡土结构。

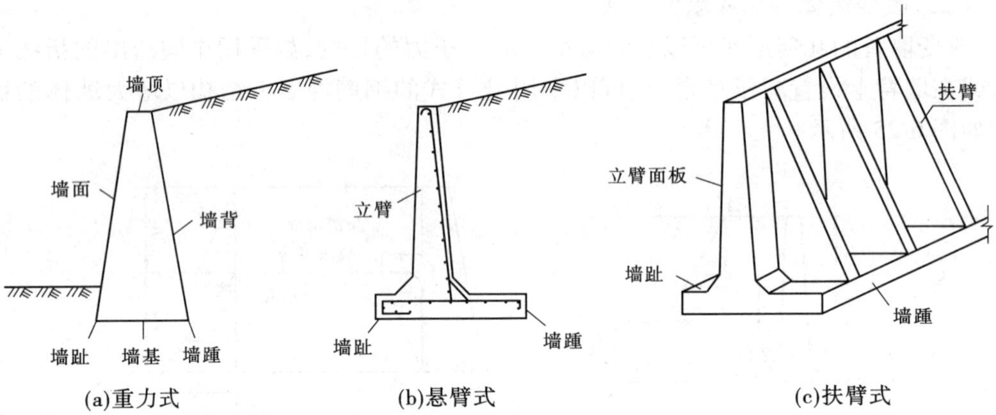

图6-27　常见挡土墙的结构形式

(一)拉锚式挡土结构

拉锚式挡土墙包括锚定板挡土墙和锚杆式挡土墙。

锚定板挡土墙由面板、钢拉杆和埋在土中的锚定板组成,图6-28为锚定板挡土墙的两种基本形式。

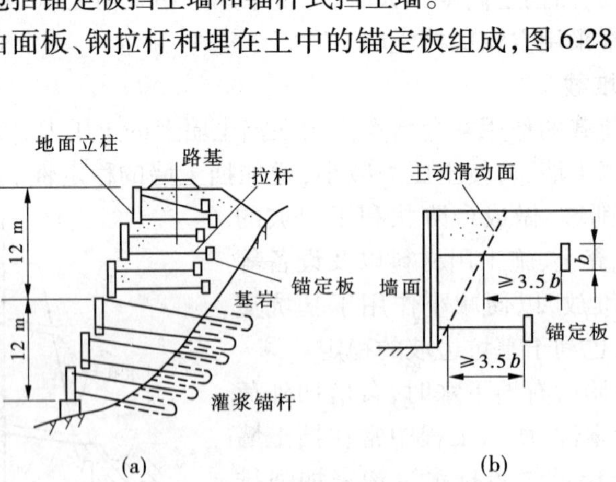

图6-28　锚定板挡土墙结构

锚定板挡土墙所受土压力完全由面板传给拉杆和锚定板。图6-28(a)所示锚定板挡土墙的面板为断续式,结构轻便且有柔性;图6-28(b)是另一种形式的锚定板挡土墙,其面板为上下一体的钢筋混凝土板。锚定板挡土墙的锚定板和拉杆是在填土施工中埋入填土内，并将其与面板有效连接使其成为整体，所以锚定板挡土墙主要用于填土中的挡土结构，也常用于基坑围护结构。挡土墙的稳定性完全取决于锚定板的抗拔能力。

锚杆式挡土墙是由预制的钢筋混凝土立柱及挡土面板构成墙面，与水平或倾斜的钢锚杆共同组成挡土墙。锚杆的一端与立柱连接，另一端被固定在边坡深处的稳定岩层或土层中，墙后土压力由挡土板传给立柱，由锚杆与稳定层间的锚固力（锚杆的抗拔力）使墙壁获得稳定，一般多用于路堑挡土墙。在土方开挖的边坡支护中常用喷锚支护形式，喷锚支护是用钢筋网配合喷混凝土代替锚杆挡土墙的面板，形成喷锚支护挡土结构，工程中也称为土钉墙，如图 6-29 所示。

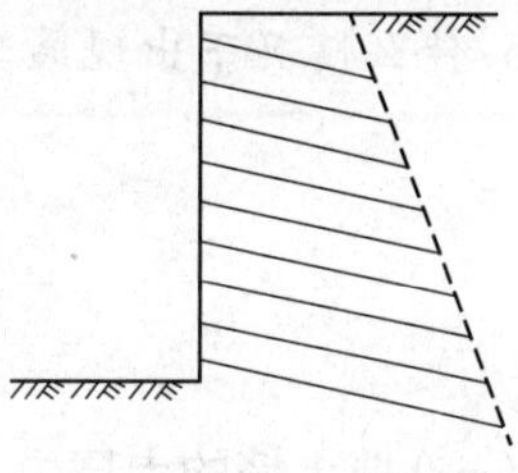

图 6-29　土钉墙式挡土结构

（二）加筋土挡土墙

加筋土挡土墙有刚性筋式和柔性筋式两种，前者用加筋带或刚性大的土工格栅做加筋，后者用土工织物做加筋建成。

刚性加筋土挡土墙是由面板及拉筋条与填土共同组成，如图 6-30 所示。在垂直墙方向，按一定间隔和高度水平布置拉筋材料，压实后通过土与拉筋的摩擦作用，把作用在面板上的土压力传给拉筋和填土，靠稳定的填土维持挡土结构的稳定。拉筋材料通常为镀锌薄钢带、铝合金、增强塑料及合成纤维等，墙面板多为钢筋混凝土预制板或半圆形铝板。加筋挡土墙属柔性结构，对变形的适应性强、结构简单、经济，适于高度大的路基。

此外，工程中常用加筋土处理陡坡，其作用相当于挡土结构。图 6-31 所示是加筋土处理陡坡的一种形式，用土工织物做筋材，坡面处将土工织物折回包裹，长度不短于 1 m，当坡面很陡时可利用堆土袋、模架等支持坡面。

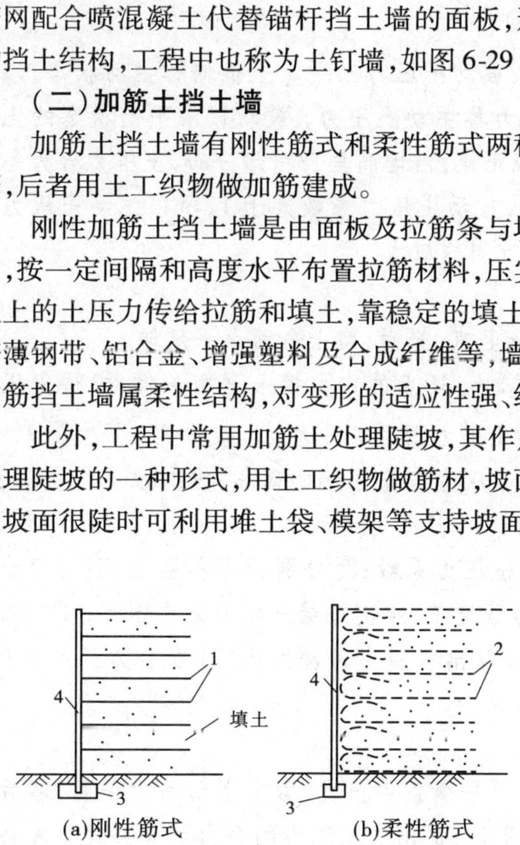

(a)刚性筋式　　(b)柔性筋式

1—拉筋；2—土工织物；3—基础；4—面板

图 6-30　加筋土挡土墙

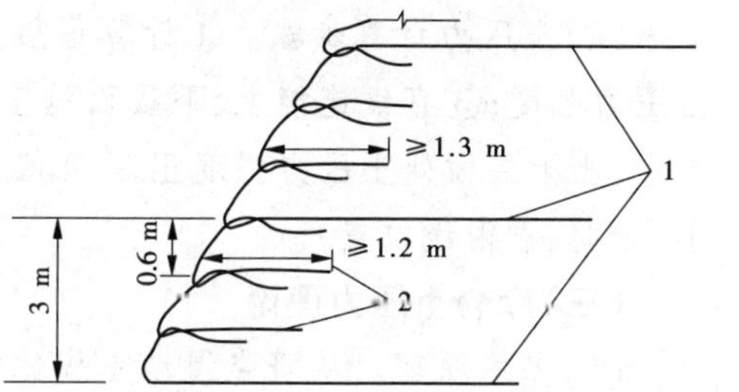

1—主筋；2—辅筋；3—可变化距离

图 6-31　加筋土陡坡

工程中目前也常用土工织物做膜袋，吹填透水性强的土料，纵横交错作为挡土结构，或堤防防冲结构物。

目前工程中不仅将土工织物用于修筑加筋土挡土墙结构，还常用于反滤、排水、防渗、护岸和防冲等工程中。

单元思考

1. 工程中考虑减小主动土压力还是被动土压力，为什么？

2. 挡土墙为什么要设置排水孔,如何设置?

3. 土压力大小与什么因素有关?

4. 减小主动土压力可以采取什么措施?

5. 什么情况下出现第二滑动面?

小 结

(一)挡土墙的土压力

土压力一般有静止土压力、主动土压力、被动土压力三种。土推墙称主动状态,墙推土是被动状态,主动极限平衡状态时的土压力称主动土压力,被动极限平衡状态的土压力称被动土压力。静止土压力与竖直应力成正比,沿墙高呈三角形分布,土压力合力等于压力分布图形面积。主动土压力系数小于1,被动土压力系数大于1,所以主动土压力小于竖直方向的应力,而被动土压力大于竖直方向的应力。

(二)朗肯土压力理论

(1)基本假定。假定挡土墙是刚体、墙背竖直、光滑,填土表面水平延伸。

(2)分析方法。通过分析墙背任意深度 z 处 M 点的内力极限平衡条件,求得土压力强度计算公式 $p_a=\sigma_z K_a-2c\sqrt{K_a}$,然后绘制土压力图形求合力。

(3)土压力三要素。土压力合力大小等于压力分布图形的面积,方向水平指向墙背,合力作用线通过土压力分布图形形心。

(4)土压力计算步骤。①计算每层土的土压力系数;②分别计算各层上、下层面处的土压力强度;③直线连接上、下层面的土压力强度值,绘出每层土压力分布图形;④在黏性土中,当上层面处土压力强度出现负值时,计算出拉应力区深度 z_0;⑤求合力三要素(大小、方向、作用线位置)。

(三)库仑土压力理论

(1)基本原理。从研究滑动土楔体的静力平衡条件出发,假定滑动面为平面,墙后填土为无黏性土,通过分析土楔体的外力极限平衡,提出了土压力的合力计算公式。库仑土压力理论考虑了填土与墙背之间的摩擦力以及墙背倾斜和填土表面倾斜的影响。适用于填土表面为平面,填土为无黏性土。

(2)几种特殊情况下的库仑土压力计算。均布地面荷载作用、成层填土情况、黏性填土情况、车辆荷载作用。

(四)减小主动土压力的措施

墙后填土选择内摩擦角大的轻质材料;挡土墙后有水时会降低土体的内摩擦角,增加土体的重度,加强挡土墙后排水;将墙背做成仰斜式,墙背做减压平台或墙背突出,也可以采用悬臂式的钢筋混凝土结构;当地基强度不高,而挡土高度较大时,也常采用空箱式挡土墙,如土基上的桥台、水闸边墩外侧挡土墙等常采用空箱式挡土结构。

练习题

6-1　某挡土墙高 9 m，墙背竖直光滑，墙后填土表面水平，有均布荷载 $q=20$ kPa，土的重度 $\gamma=19\ \text{kN/m}^3$，$\varphi=30°$，$c=0$。试绘出墙背的主动土压力分布图，确定总主动土压力三要素。

6-2　某挡土墙高 7 m，墙背竖直光滑，填土地面水平，并作用有均布荷载 $q=20$ kPa，墙后填土分两层，上层厚 3 m，$\gamma_1=18\ \text{kN/m}^3$，$\varphi_1=20°$，$c_1=12.0$ kPa，地下水位埋深 3 m，水位以下土的重度 $\gamma_{sat}=19.2\ \text{kN/m}^3$，$\varphi_2=26°$，$c_2=6.0$ kPa。试绘出墙背的主动土压力分布图，确定总侧压力三要素。

6-3　某挡土墙墙高 5 m，墙背倾角为 10°，填土表面倾角 15°，填土为无黏性土，重度 $\gamma=15.68\ \text{kN/m}^3$，内摩擦角 $\varphi=30°$。墙背与土的摩擦角 $\delta=\frac{2}{3}\varphi$。试求作用在墙上的总主动土压力三要素。

6-4　某挡土墙高 4 m，水平填土表面上作用大面积均布荷载 20 kPa，墙后为黏性填土 $\gamma=20\ \text{kN/m}^3$，$c=5$ kPa，$\varphi-30°$。已知实测挡土墙所受土压力为 64 kN/m，静止土压力系数为 0.5。试用朗肯土压力理论说明此时墙后填土是否达到极限平衡状态，为什么？

项目七　土坡稳定性分析

三基导学

(一)基本概念

土坡各部分名称、简单土坡、滑动面、直线滑动、圆弧滑动、土坡稳定安全系数、滑动力、抗滑力、滑动力矩、抗滑力矩、坡趾圆、坡面圆、最小稳定安全系数、自然休止角。

(二)基本公式

太沙基公式、毕肖甫公式。

(三)基本方法

瑞典圆弧法、泰勒图表法、条分法,渗透作用的重度替代法。

教学基本要求

掌握无黏性土土坡的稳定性分析方法,用瑞典条分法对黏性土土坡进行稳定分析的方法。了解渗透力、孔隙水应力对土坡稳定性的影响,黏性土的泰勒图表法、毕肖甫法对土坡的稳定分析。

能力培养目标

会对无黏性土坡进行稳定分析,用瑞典条分法对黏性土土坡进行稳定分析;会分析土坡失稳的原因,提出合理的措施。

学习重点与难点

重点是无黏性土坡稳定分析方法,黏性土坡的条分法计算稳定安全系数。

难点是最危险滑动面计算和指标选择。

案例及分析

某基坑工程施工开挖边坡为1:1.5,坡高5 m,如何分析土坡是否稳定?需要什么资料?

分析:土体滑坡是一部分相对另一部分产生的滑动,主要是滑动面的抗滑能力不够。因此,要首先知道土坡类型,了解土体性质,选用合理的稳定分析方法,分析计算滑动力与抗滑力大小,判别是否滑动。

任务一　滑坡产生的原因

问题引导:土坡有哪些类型?土体滑坡的原因是什么?滑坡产生的条件是什么?

一、土坡的类型

具有倾斜表面的土体称为土坡。土坡根据其成因可分为两种：一种是由于地质作用而自然形成的，称为天然土坡，如山坡、江河的岸边；另一种是人们在修建各种工程时，在天然土体中开挖或填筑而成的，称为人工土坡。当均质土的土坡坡顶与坡底平行，坡面为同一坡度时，称为简单土坡。土坡的简单外形和各部位名称见图 7-1。

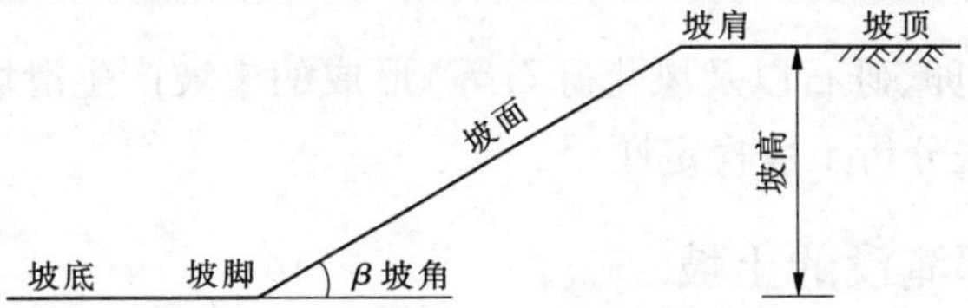

图 7-1　简单土坡的断面形状

二、滑坡的条件

土坡由于其表面倾斜，它在自重或外部荷载作用下，潜在地存在着向下移动的趋势。一旦由于设计、施工或管理不当，或者由于不可预估的外来因素，如地震、暴雨等，都将可能造成土坡中的一部分土体相对于另一部分土体产生向下滑动。这种滑动现象称为滑坡，如图 7-2 所示。产生滑坡的根本原因是滑动面上的剪应力超过了该面上的抗剪强度，稳定平衡遭到破坏。土坡发生滑塌事故会给人民带来巨大的财产损失，甚至危害生命。为了保证土坡能安全、可靠地运用，必须对土坡的稳定性进行分析，设计一个既安全可靠又经济合理的土坡断面。

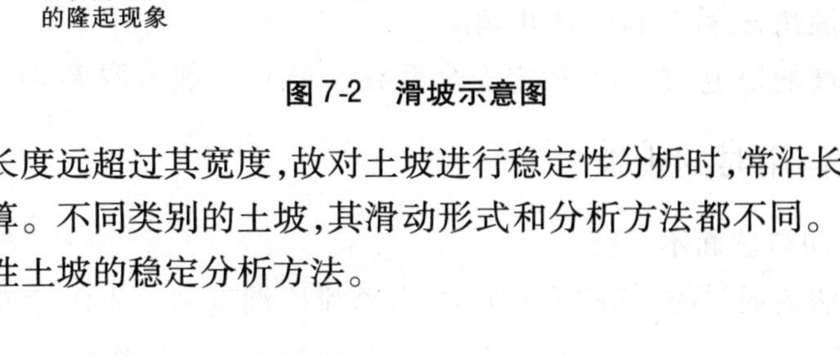

图 7-2　滑坡示意图

一般土坡的长度远超过其宽度，故对土坡进行稳定性分析时，常沿长度方向取单位长度按平面问题计算。不同类别的土坡，其滑动形式和分析方法都不同。下面将分别介绍无黏性土坡和黏性土坡的稳定分析方法。

单元思考

1. 简单土坡有哪些组成部分？
2. 滑坡的具体表现如何？

任务二　无黏性土坡的稳定性

问题引导:无黏性土坡滑动特点是什么?如何判别无黏性土坡是否可能发生滑动?渗流对无黏性土坡稳定有什么影响?

无黏性土(如砂、卵、砾石以及风化砾石等)形成的土坡产生滑坡时,其滑动面近似于平面,常用直线滑动法分析土坡稳定性。

一、全干或全部淹没的土坡

均质的无黏性土颗粒间无黏聚力,对全干或全部淹没的土坡来说,只要坡面上的土颗粒能够保持稳定,那么整个土坡便将是稳定的。图7-3所示为一均质无黏性土坡,坡角为β。现从坡面上任取一小块土体来分析其稳定条件。设土块的重量为W,产生的下滑力即接触面上的剪切力,该力就是W在顺坡方向的分力$T=W\sin\beta$;阻止该土块下滑的力是小块土体与坡面间的抗剪力T'。

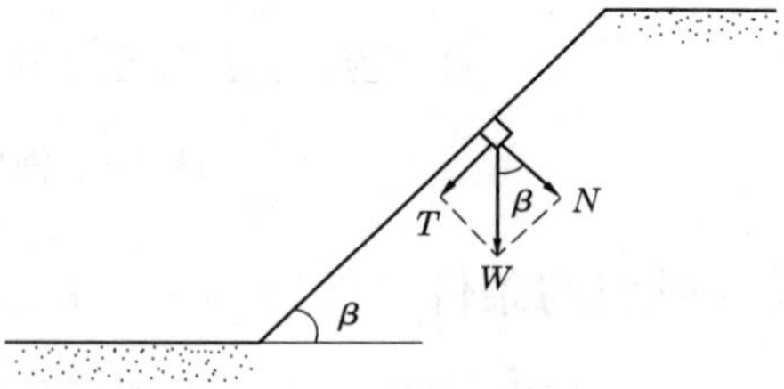

图7-3　一般无黏性土坡

$$T' = N\tan\varphi$$

式中　N——土块重量在坡面法线方向的分力,$N = W\cos\beta$;

φ——土的内摩擦角。

抗剪力与剪切力之比即为土坡稳定安全系数K,即

$$K = \frac{\text{抗剪力}\ T'}{\text{剪切力}\ T} = \frac{W\cos\beta\tan\varphi}{W\sin\beta} = \frac{\tan\varphi}{\tan\beta} \tag{7-1}$$

由式(7-1)可见,对于均质无黏性土坡,只要坡角β小于土的内摩擦角φ,则无论土坡的高度为多少,土坡总是稳定的。$K=1$时,土坡处于极限平衡状态,此时的坡角β就等于无黏性土的内摩擦角φ,称为自然休止角。

为了保证土坡的稳定,必须使稳定安全系数大于1,一般可取$K=1.1\sim1.5$。

二、有渗流作用时的土坡

(一)渗流方向与坡面不平行

当土坡中有渗流通过时,如图7-4所示,沿渗流出逸方向产生渗透力$j=i\gamma_w$。此时,坡面的小土块(体积为V)除受其自重作用外,还受到渗透力j的作用,其值为$Vi\gamma_w$,这样就增大了该土块下滑的剪切力,同时减小了抗剪能力。

因此,有渗流作用的无黏性土坡的稳定安全系数为

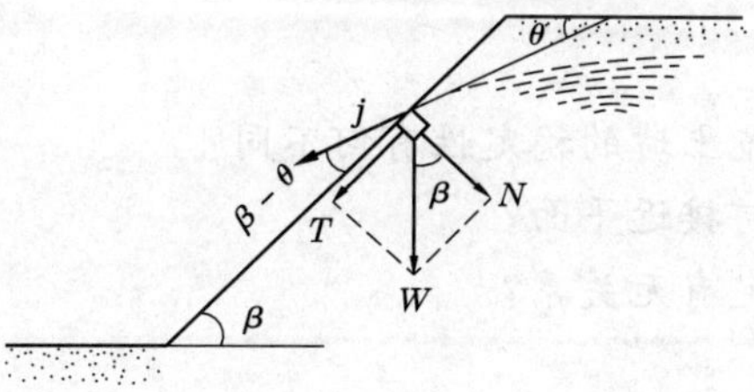

图 7-4　有渗流作用的无黏性土坡

$$K=\frac{抗剪力}{剪切力}=\frac{[V\gamma'\cos\beta - i\gamma_w V\sin(\beta-\theta)]\tan\varphi}{V\gamma'\sin\beta + i\gamma_w V\cos(\beta-\theta)}$$
$$=\frac{[\gamma'\cos\beta - i\gamma_w \sin(\beta-\theta)]\tan\varphi}{\gamma'\sin\beta + i\gamma_w \cos(\beta-\theta)} \tag{7-2}$$

式中　γ——土体的浮重度，kN/m^3；

γ_w——水的重度，kN/m^3；

其他符号含义如图 7-4 所示。

（二）顺坡面渗流情况

当有顺坡渗流时，有 $\theta=\beta$，按照水力学原理，其水力坡降 $i=\sin\beta$，将 θ 及 i 代入式(7-2)得

$$K=\frac{\gamma'\cos\beta\tan\varphi}{\gamma'\sin\beta+\gamma_w\sin\beta}=\frac{\gamma'\tan\varphi}{(\gamma'+\gamma_w)\tan\beta} \tag{7-3}$$

由式(7-3)可知，在有渗流作用情况下，无黏性土坡的稳定性比无渗流情况的稳定性要差。其安全系数约降低 1/2。这就是说，已稳定的无黏性土坡，在有渗流作用时，土坡必须变缓才能保持稳定。

【例 7-1】　有一均质的无黏性土坡，其饱和重度 $\gamma_{sat}=20\ kN/m^3$，内摩擦角 $\varphi=34°$。试问当安全系数要求达到 1.20 时，在一般情况和有平行于坡面渗流情况下的土坡坡角应为多少？

解：(1)一般情况。

由式(7-1)可以求得

$$\tan\beta=\frac{\tan\varphi}{K}=\frac{\tan34°}{1.2}=0.562$$
$$\beta=\tan^{-1}(0.562)=29.3°$$

(2)有顺坡渗流时。

由式(7-3)可以求得

$$\tan\beta=\frac{\gamma'\tan\varphi}{\gamma_{sat}K}=\frac{(20-10)\tan34°}{20\times1.2}=0.281$$
$$\beta=\arctan0.281=15.7°$$

从计算结果可知，有平行于坡面渗流时的坡角几乎比一般情况小 1/2。

单元思考

1. 无渗流土坡与有渗流土坡的稳定性有何不同?
2. 无黏性土滑动面为何接近平面?
3. 渗流方向与土坡稳定有无关系?

任务三　黏性土坡的稳定性分析

问题引导: 黏性土坡的滑动面是什么形状? 分析稳定性的方法有哪些? 条分法中均质土坡与成层土的土坡有何不同? 渗流有什么影响?

均质黏性土坡失去稳定时,常沿着曲面滑动,通常滑动曲面近似为圆弧面。分析黏性土坡稳定性的方法有多种,这里主要介绍瑞典圆弧法、泰勒图表法和条分法。

一、瑞典圆弧法

图7-5所示为简单黏性土坡,AOC 为假定的一个滑弧,圆心在 O 点,半径为 R。假定土体 $ABCD$ 为刚体,在重力 W 的作用下,将绕圆心 O 旋转。

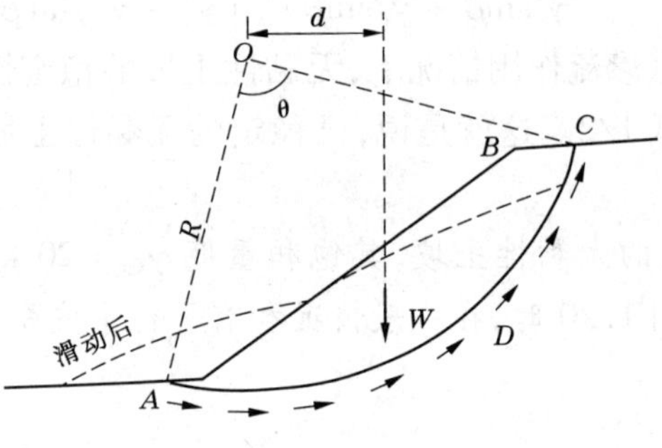

图7-5　圆弧法的计算图式

使土体绕圆心 O 下滑的滑动力矩为

$$M_S = Wd$$

阻止土体滑动的力是滑弧上的抗滑力,其值等于抗剪强度 τ_f 与滑弧 ADC 长度 L 的乘积,故阻止土体 $ABCD$ 向下滑动的抗滑力矩(对 O 点)为

$$M_R = \tau_f \widehat{L} R$$

所以土坡的稳定安全系数为

$$K = \frac{M_R}{M_S} = \frac{\tau_f \widehat{L} R}{Wd} \tag{7-4}$$

为了保证土坡的稳定,K 必须大于1.0。验算一个土坡的稳定性时,先假定多个不同

的滑动面，通过试算找出多个相应的 K 值，相应于最小稳定安全系数 K_{min} 的滑弧即为最危险滑动面。评价一个土坡的稳定性时，要求最小的安全系数应不小于有关规范要求的数值。

二、泰勒图表法

为了减轻繁重的计算工作量，泰勒将影响土坡稳定性的五个参数（土体抗剪强度指标 c 和 φ，土料重度 γ，坡角 β，极限坡高 H_c）之间的密切关系用图表来表示。为了简化，又把参数 c、γ 和 H_c 合并为一个新的无量纲参数 N_s，称为稳定数。然后按不同的 φ 角绘出 N_s 与 β 的关系曲线，如图 7-6 所示。N_s 的定义为：

$$N_s = \frac{\gamma H_c}{c} \tag{7-5}$$

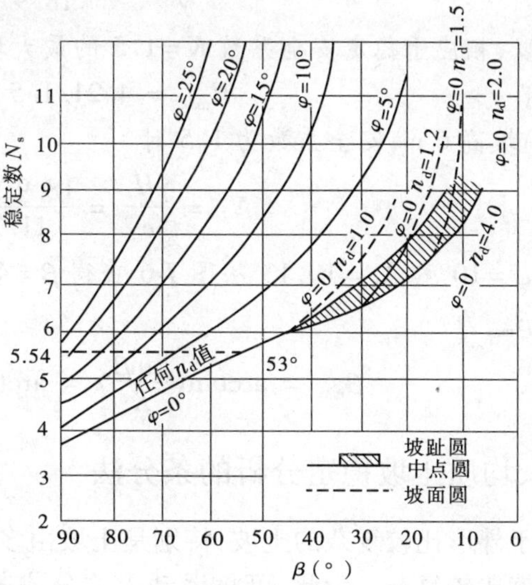

图 7-6　泰勒稳定数 N_s

利用泰勒稳定数图表主要可解决以下问题：

（1）已知 β、c、φ、γ，求极限坡高 H_c。此时可由 β、φ 查图 7-6 得 N_s，再由式（7-5）求出 H_c 值。

（2）已知 c、φ、γ、H_c，求稳定坡角 β。此时可先计算 N_s，再查图 7-6 而得 β。

（3）已知 H_c、β、c、φ、γ，则可求得稳定安全系数 K。

对于饱和软黏土地基有 $\varphi = 0°$，根据这个条件，由理论分析表明，当 $\beta > 53°$ 时，最危险滑动面通过坡脚，称为坡趾圆，如图 7-7（a）所示；当 $\beta < 53°$ 时，滑弧不仅与 β 有关，而且与深度因数 n_d（硬层面距坡顶的距离与坡高之比）有关，即滑动面可能为坡趾圆、坡面圆（滑弧穿过坡面，如图 7-7（b）所示）或中点圆（滑弧穿过坡趾之外且与硬层面相切，圆心位于通过坡面中点的垂线上，如图 7-7（c）所示。若 $n_d > 4$，则取 $N_s = 5.54$。

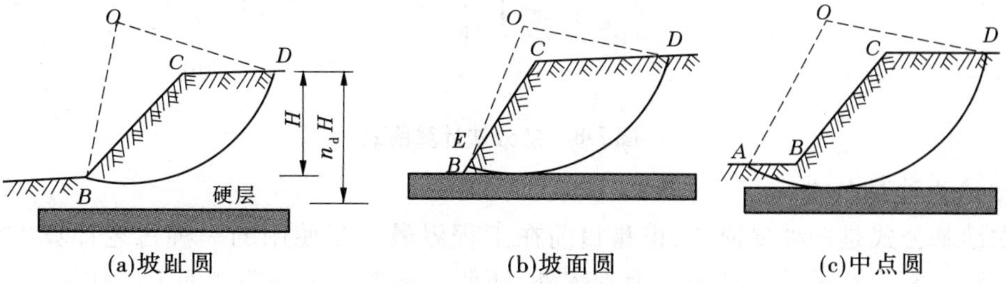

图 7-7　滑动面的类型

【例 7-2】　一简单土坡的 $\varphi = 10°$，$c = 11.2$ kPa，$\gamma = 18.9$ kN/m³。①若坡角为 60°，试确定安全系数为 1.5 时的最大坡高是多少？②若坡高为 6 m，试确定安全系数为 1.5 的最大坡角是多少？

解:(1)由图 7-6 按坡角 $\beta=60°$和 $\varphi=10°$查得 $N_s=7.1$,则由式(7-5)得

$$H_c=\frac{cN_s}{\gamma}=\frac{11.2\times7.1}{18.9}=4.21(\mathrm{m})$$

所以,相应于稳定安全系数 $K=1.5$ 的最大坡高 H_{max}为

$$H_{max}=4.21/1.5=2.8(\mathrm{m})$$

(2)坡高 6 m,安全系数为 1.5 时

$$N_s=\frac{\gamma H_c}{c}=\frac{18.9\times6}{11.2}=10.13$$

由 $\varphi=10°$和 $N_s=10.13$ 从图 7-6 查得 $\beta=41°$,则相应于稳定安全系数 $K=1.5$ 的最大坡角 β_{max}为

$$\beta_{max}=\arctan(\frac{\tan\beta}{K})=\arctan(\frac{\tan41°}{1.5})=30.1°$$

三、均质土坡稳定分析的条分法

对于外形比较复杂的土坡,特别是土坡由多种土构成时,要确定滑动土体的重量和重心位置就比较复杂。为此,可将滑动土体分成若干条,求出各土条底面的剪切力和抗剪力,再根据力矩平衡条件,将各土条的抗滑力矩和滑动力矩分别总和起来,求得安全系数的表达式,见图 7-8,这种方法称条分法。

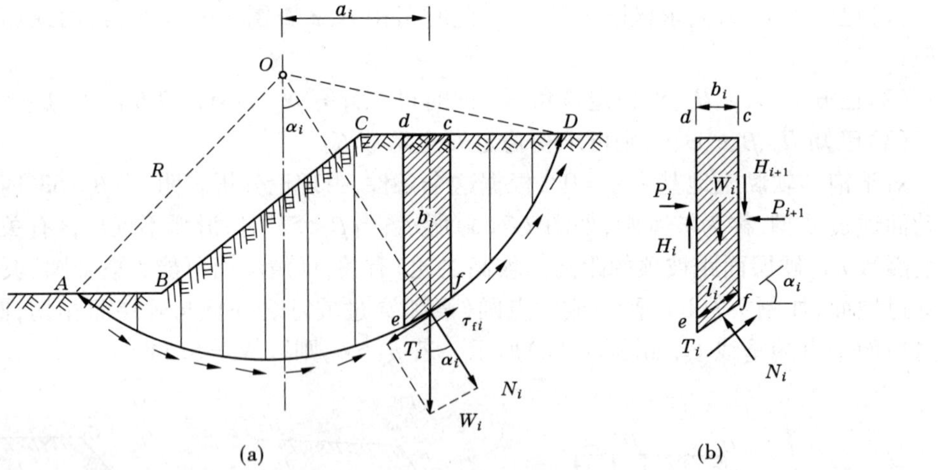

图 7-8　条分法计算图式

(一)太沙基公式

太沙基公式是一种最简单,也是目前在工程界最广泛使用的一种古老计算方法。它除假定滑动面为圆弧及滑动土体为刚体外,还假定不考虑土条两侧面上的作用力。

其具体分析步骤如下:

(1)按比例绘制土坡剖面图,如图 7-8(a)所示。

(2)选任一点 O 为圆心,以 OA 为半径 R,作圆弧 AD,AD 为假定的滑弧面。

(3)将滑弧面以上土体竖直分成宽度相等的若干土条,并依次编号。编号时可以令

通过圆心 O 的竖直线为 0 号土条的中线，图中向右为正、向左为负。为使计算方便，可取各土条宽度 $b=0.1R$，则 $\sin\alpha_i=0.1i$，可减少大量三角函数计算。

（4）计算土条自重 W_i 在滑动面 ef 上的法向分力 N_i 和切向分力 T_i 分别为

$$N_i = W_i\cos\alpha_i$$
$$T_i = W_i\sin\alpha_i$$

抗剪力

$$\begin{aligned}\tau_i &= c_i l_i + N_i\tan\varphi_i \\ &= c_i l_i + W_i\cos\alpha_i\tan\varphi_i\end{aligned}$$

当不计土条两侧面 cf 和 de 上的法向力 P_i 和剪切力 H_i 的影响时，如图 7-8（b）所示，使静不定问题转化为静定问题，其误差为 10% ~15%，这样简化后的结果偏于安全。

（5）土坡稳定安全系数 K。

$$\begin{aligned}K &= \frac{\text{阻止各土条滑动的抗滑力矩总和 } M_R}{\text{各土条的滑动力矩总和 } M_S} \\ &= \sum \tau_{fi}R/\sum T_iR \\ &= \sum (c_il_i + W_i\cos\alpha_i\tan\varphi_i)/\sum W_i\sin\alpha_i \qquad (7\text{-}6)\end{aligned}$$

式（7-6）就是太沙基公式。稳定分析时可假定多个滑弧面，分别计算相应的 K 值，其中 K_{min} 所对应的滑弧面就是最危险滑动面，理论上讲，当 $K_{min}>1$ 时，土坡是稳定的。根据工程性质，一般可取 $K=1.1\sim1.5$。

为了减轻试算工作量，费伦纽斯（Fellenius. W，1972 年）指出 $\varphi=0$ 的简单土坡最危险滑弧为通过坡脚的圆弧，其圆心 O 位于图 7-9（a）中 AO 与 BO 两线的交点，图中 β_1、β_2 与坡角或坡度有关，可查表 7-1。当 $\varphi\neq0$ 时，费伦纽斯认为最危险的滑弧圆心将沿图 7-9（b）中的 MO 线向左上方移动，O 点的位置仍可按表 7-1 确定。M 点则位于坡顶之下 $2H$ 深处，距坡脚的水平距离为 $4.5H$。具体计算时沿 MO 延长线上取 O_1、O_2、O_3…作为圆心，绘出相应的通过坡脚的滑弧，分别求出各滑弧的稳定安全系数 K_1、K_2、K_3…，绘出 K 的曲线后就可求出最小的稳定安全系数 K_{min}（相应的圆心为 O_n），如图 7-9（b）所示。

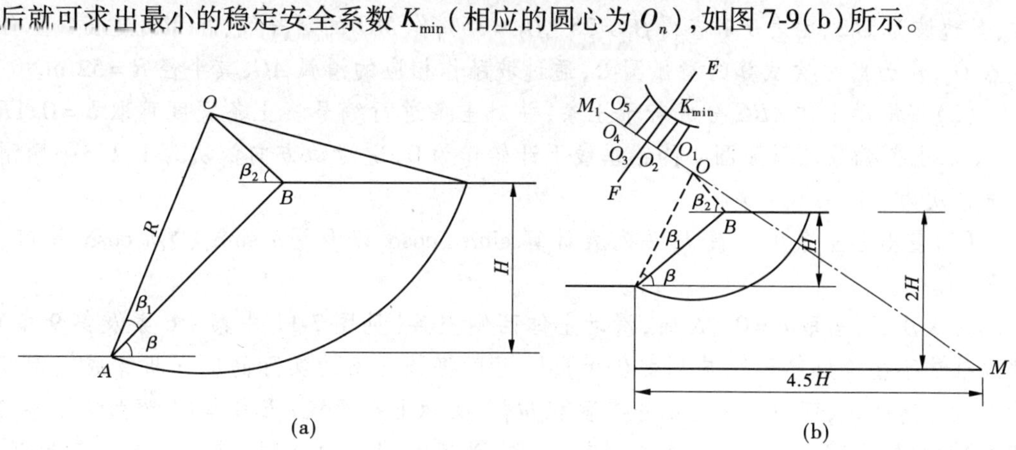

图 7-9　最危险滑动圆心位置的确定

表 7-1　β_1、β_2的数值

坡角 β	坡度 1∶m(垂直∶水平)	β_1(°)	β_2(°)
60°	1∶0.58	29	40
45°	1∶1	28	37
23°47′	1∶1.5	26	35
26°34′	1∶2.0	25	35
18°26′	1∶3.0	25	35
11°19′	1∶5.0	25	37

实际上,用上述步骤确定的 K_{min} 还不一定是最小的稳定安全系数,尚须过 O_n 点作 MO 的垂直线 EF,在 EF 线上 O_n 的两侧再取几个圆心 O_6、O_7、O_8…(图 7-9(b)未绘出),分别求出相应的安全系数,从而按上法确定该土坡的最小稳定安全系数值 K_{min}。

另外,我国陈惠发(1980 年)根据大量的计算经验指出,最危险滑弧面的两端点距坡顶点和坡趾点各为 0.1nH 处(n 为坡面的斜率),且最危险滑弧圆心在滑弧两端 AB 的垂直平分线上,如图 7-10 所示。因此,只要在此垂直平分线上取若干点作为滑弧圆心,分别计算出相应的稳定安全系数就可以得到最小的安全系数 K_{min}。

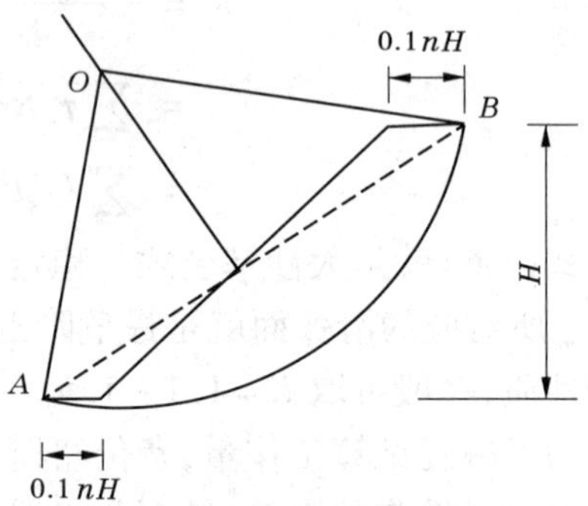

图 7-10　陈惠发法确定滑动圆弧位置

【例 7-3】　如图 7-11 所示,一均质黏性土坡,高 20 m,边坡为 1∶3,土的内摩擦角 $\varphi = 20°$,黏聚力 $c = 9.81$ kPa,重度 $\gamma = 17.66$ kN/m^3,试用太沙基公式计算土坡的稳定安全系数。

解:(1)按比例绘出土坡的剖面图,假定滑弧圆心及相应的滑弧位置。因为是均质土坡,其边坡为 1∶3,由表 7-1 查得 $\beta_1 = 25°$,$\beta_2 = 35°$,作 MO 的延长线,在 MO 延长线上任取一点 O_1,作为第一次试算的滑弧圆心,通过坡趾作相应的滑弧 AC,其半径 $R = 52$ m。

(2)将滑动土体 ABC 分成若干土条,并对土条进行编号。土条宽度可取 $b = 0.1R = 5.2$ m。土条编号从滑弧圆心的铅垂线下开始作为 0,逆滑动方向依次为 1、2、3…顺滑动方向依次为 -1、-2、-3…。

(3)量出各土条中心高 h_i 并列表计算 $\sin\alpha_i$、$\cos\alpha_i$ 以及 $\sum h_i\sin\alpha_i$、$\sum h_i\cos\alpha_i$ 等值(见表 7-2)。

应该注意,当取 $b = 0.1R$ 时,滑动土体两侧土条(见图 7-11 中第 -6 条及第 9 条)的宽度往往不会恰好等于 b,应用式(7-6)时,可以将该土条的实际高度 h_i 折算成假定宽度为 b 时的高度 h_i',而使折算后的土条面积 bh_i' 与实际土条面积 b_ih_i 相等(b_i 为两侧土条实际宽度),则得 $h_i' = b_ih_i/b$。与此同时,对 $\sin\alpha_i$ 也必须做相应的计算。现以 -6 土条为例,量出该土条实际高度 $h_i = 3$ m,实际宽度 $b_i = 4.68$ m,但 $b = 5.2$ m,则折算后的土条高度 $h_i' = 3 \times 4.68/5.2 = 2.7$(m),故

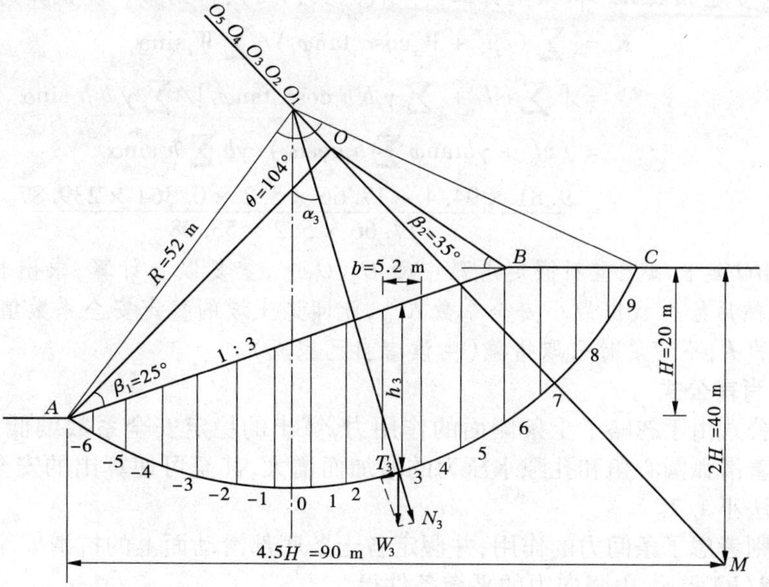

图 7-11 例 7-3 图

表 7-2 例 7-3 计算表

土条编号	h_i(mm)	$\sin\alpha_i$	$\cos\alpha_i$	$h_i\sin\alpha_i$	$h_i\cos\alpha_i$
-6	2.7	-0.6	0.800	-1.62	2.16
-5	6.4	-0.5	0.866	-3.20	5.54
-4	10.0	-0.4	0.916	-4.00	9.16
-3	14.0	-0.3	0.954	-4.20	13.36
-2	17.4	-0.2	0.980	-3.48	17.05
-1	20.0	-0.1	0.995	-2.00	19.90
0	22.0	0	1.000	0	22.00
1	23.6	0.1	0.995	2.36	23.48
2	24.4	0.2	0.980	4.88	23.91
3	25.0	0.3	0.954	7.50	23.85
4	25.0	0.4	0.916	10.00	22.90
5	24.0	0.5	0.866	12.00	20.78
6	20.8	0.6	0.800	12.48	16.64
7	16.0	0.7	0.715	11.20	11.44
8	10.8	0.8	0.600	8.64	6.48
9	2.8	0.9	0.436	2.52	1.22
Σ				53.08	239.87

$$\sin\alpha_{-6} = -(5.5b + 0.5b_{-6})/R = -(5.5\times5.2 + 0.5\times4.68)/52 = -0.595$$

取 $\sin\alpha_{-6} = -0.6$,同理可得第 9 条的 $\sin\alpha_9 = 0.9$。

(4)量出滑弧中心角 $\theta = 104°$,计算滑弧长度 $\widehat{L}$。

$$\widehat{L} = \pi\theta R/180 = 104\times52\pi/180 = 94.4(\text{m}) \quad (\text{即} \sum l_i)$$

(5)计算安全系数 K。将以上计算结果代入式(7-6),得到第一次试算的安全系数为

$$
\begin{aligned}
K &= \sum (c_i l_i + W_i \cos\alpha_i \tan\varphi_i) / \sum W_i \sin\alpha_i \\
&= [\sum c_i l_i + \sum \gamma_i b_i h_i \cos\alpha_i \tan\varphi_i] / \sum \gamma_i b_i h_i \sin\alpha_i \\
&= (c\widehat{L} + \gamma b \tan\varphi \sum h_i \cos\alpha_i) / \gamma b \sum h_i \sin\alpha_i \\
&= \frac{9.81 \times 94.4 + 17.66 \times 5.2 \times 0.364 \times 239.87}{17.66 \times 5.2 \times 53.08} = 1.83
\end{aligned}
$$

(6)在 MO 延长线上重新假定滑弧中心 O_2、O_3…,重复以上计算,求出相应的安全系数 K_2,K_3…,然后绘图找出最小安全系数 $K_{\min}$,此即该土坡的稳定安全系数值,比较是否满足工程要求的 K,不满足时采取措施(由读者自已完成)。

(二)毕肖甫公式

太沙基公式由于忽略了土条侧面的作用力,算出的稳定安全系数偏低10% ~15%。这种误差随着滑弧圆心角和孔隙水压力的增加而增大,甚至可使算出的安全系数比其他较严格的方法小1/2。

毕肖甫则考虑了条间力的作用,并假定各土条底部滑动面上的抗滑安全系数 K 均相同。如图7-8(b)所示,由竖向力的平衡条件得

$$W_i + H_{i+1} - H_i - T_i \sin\alpha_i - N_i \cos\alpha_i = 0$$

或

$$N_i \cos\alpha_i = W_i + H_{i+1} - H_i - T_i \sin\alpha_i \tag{7-7}$$

当土坡处于稳定($K \geq 1$)时,土条滑动面上由土的抗剪强度所产生的抗剪力 τ_i 只发挥了一部分,并与切向力 T_i 相平衡,即

$$T_i = \frac{\tau_i}{K} = \frac{c_i l_i + N_i \tan\varphi_i}{K} \tag{7-8}$$

将式(7-8)代入式(7-7)得

$$N_i = [W_i + H_{i+1} - H_i - \frac{c_i l_i + N_i \tan\varphi_i}{K} \sin\alpha_i] \frac{1}{\cos\alpha_i}$$

整理后得

$$N_i = [W_i + (H_{i+1} - H_i) - \frac{c_i l_i}{K} \sin\alpha_i] \frac{1}{m_{\alpha i}} \tag{7-9}$$

式中

$$m_{\alpha i} = \cos\alpha_i + \frac{\sin\alpha_i \tan\varphi_i}{K}$$

式(7-9)中 $H_{i+1} - H_i$ 仍为未知数,毕肖甫假定不计各分条间的摩擦力之差,即令 $H_{i+1} - H_i = 0$。分析时,P_i、P_{i+1}、H_i、H_{i+1} 既要满足各土条的平衡,又要满足整个滑动土体的平衡。为了简化计算,当整个滑动土体处于平衡时,各土条间的条间力作为内力将相互抵消,即 $\sum (P_{i+1} - P_i) = 0$,$\sum (H_{i+1} - H_i) = 0$。由稳定安全系数的定义得

$$K = \frac{M_R}{M_S} = \frac{\sum (c_i l_i + N_i \tan\varphi_i) R}{\sum W_i \sin\alpha_i R} \tag{7-10}$$

将式(7-9)代入式(7-10)得

$$K = \frac{\sum \{c_i l_i + [W_i - c_i l_i \sin\alpha_i / K] \tan\varphi_i / m_{\alpha i}\}}{\sum W_i \sin\alpha_i}$$

整理后得

$$K = \frac{\sum[(c_i l_i + W_i \tan\varphi_i)/m_{\alpha i}]}{\sum W_i \sin\alpha_i} \tag{7-11}$$

这就是常用的简化毕肖甫公式。计算时 $m_{\alpha i}$ 中尚有 K，所以仍要进行试算。可先假定 $K^* = 1$，求出各土条的 $m_{\alpha i}$，代入式(7-11)求得 K，如果求得的 K 值与假定的 K^* 值不相等，则重新假定 $K^* = K$，求 $m_{\alpha i}$，直至求得的 K 值与假定的 K^* 值接近。为了计算方便，制成 $m_{\alpha i}$ 与 α_i、$\tan\varphi_i/K$ 的关系曲线，如图 7-12 所示。必须指出，若有的土条 $m_{\alpha i}$ 趋近于零，则该土条的抗剪力趋近于无限大，此时毕肖甫公式便不再适用。经验指出，当任一土条的 $m_{\alpha i} \leqslant 0.2$ 时，求得的 K 值就有较大的误差，此时应考虑采用其他方法。

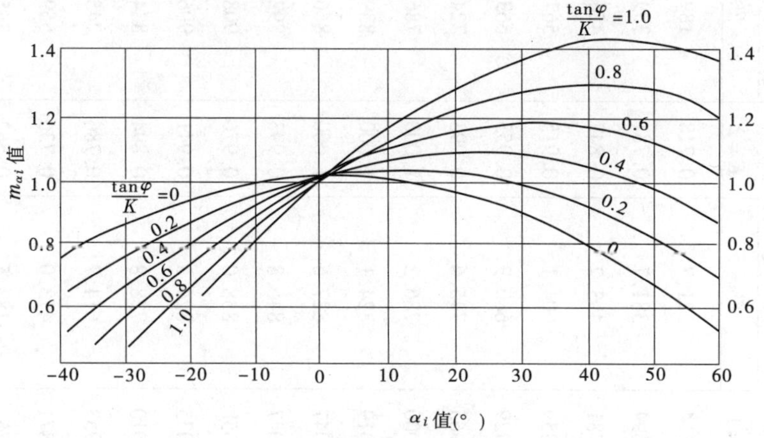

图 7-12　$m_{\alpha i}$ 曲线图

【例 7-4】　土坡的外形尺寸同例 7-3，见图 7-11。试用毕肖甫公式计算土坡的稳定安全系数。

解：滑弧位置的确定及土条划分均同例 7-3，计算表格见表 7-3。

第一次试算：假定 $K^* = 1$，求得 $K = 10\,084.2/4\,874.3 = 2.07$

第二次试算：假定 $K = 2.07$，求得 $K = 10\,525.1/4\,874.3 = 2.16$

第三次试算：假定 $K = 2.16$，求得 $K = 10\,531.4/4\,874.3 = 2.16$

故可取 $K = 2.16$。这仅是一个滑弧的计算结果，为了求出最小的 K 值，同样必须假定若干个滑动面，按前法进行试算。

四、成层土坡稳定分析方法

若土坡由不同土层组成，如图 7-13 所示，条分法的基本公式仍可适用，但用时应注意下列三点：①在划分土条时，应使各土条的滑动面落在同一土层内；②在计算土条重量时，应分层计算，然后叠加，如图 7-13 示第 i 土条的重量是 $W_i = (\gamma_1 h_{i1} + \gamma_2 h_{i2} + \gamma_3 h_{i3}) b_i$，其中 h_{i1}、h_{i2}、h_{i3} 为土条穿越各土层的厚度；③土的强度指标应按土条弧面所在的土层取用相应的数值。如图 7-13 所示第 i 土条的弧面处于第三个土层中，则该土条的强度指标应采用 c_3、φ_3 值。因此，对于成层土坡，安全系数 K 的计算公式可写成

表 7-3　例 7-4 计算表

土条号数	h_i (m)	$W_i = b\gamma h_i$	$\sin\alpha_i$	$\cos\alpha_i$	$W_i\sin\alpha_i$	$c_il_i\cos\alpha_i$	$W_i\tan\varphi_i$	$m_{\alpha i}$ $K=1$	$\frac{c_il_i\cos\alpha_i + W_i\tan\varphi_i}{m_{\alpha i}}$	$m_{\alpha i}$ $K=2$	$\frac{c_il_i\cos\alpha_i + W_i\tan\varphi_i}{m_{\alpha i}}$	$m_{\alpha i}$ $K=3$	$\frac{c_il_i\cos\alpha_i + W_i\tan\varphi_i}{m_{\alpha i}}$
−6	2.7	247.9	−0.6	0.800	−148.7	45.9	90.2	0.614	221.7	0.718	189.5	0.719	489.3
−5	6.4	587.7	−0.5	0.866	−293.9	51.0	213.9	0.694	381.7	0.781	339.2	0.783	338.3
−4	10.0	918.3	−0.4	0.916	−367.3	51.0	334.2	0.781	493.2	0.847	454.8	0.847	454.8
−3	14.0	1 285.6	−0.3	0.954	−385.7	51.0	467.9	0.859	604.1	0.915	567.1	0.915	567.1
−2	17.4	1 597.9	−0.2	0.980	−319.6	51.0	581.6	0.929	680.9	0.953	663.8	0.953	663.8
−1	20.0	1 836.6	−0.1	0.995	−183.7	51.0	668.5	0.965	745.6	0.993	724.6	0.994	723.8
0	22.0	2 020.3	0	1.000	0	51.0	735.3	1.000	786.2	1.000	786.2	1.000	786.2
1	23.6	2167.2	0.1	0.995	216.7	51.0	788.8	1.019	824.1	1.000	839.8	1.000	839.8
2	24.4	2 240.7	0.2	0.980	448.1	51.0	815.5	1.047	827.6	1.000	866.5	1.000	866.5
3	25.0	2 295.8	0.3	0.954	688.7	51.0	835.6	1.047	846.8	0.993	892.8	0.992	893.8
4	25.0	2 295.8	0.4	0.916	918.3	51.0	835.6	1.058	838.0	0.976	908.4	0.974	910.3
5	24.0	2 204.0	0.5	0.866	1 102.0	51.0	802.2	1.035	824.3	0.941	906.7	0.940	907.7
6	20.8	1 910.1	0.6	0.800	1 146.1	51.0	695.2	1.010	738.8	0.894	834.7	0.892	836.5
7	16.0	1 469.3	0.7	0.715	1 028.5	51.0	534.8	0.953	614.7	0.786	745.3	0.785	746.2
8	10.8	991.8	0.8	0.600	793.4	51.0	361.0	0.871	473.0	0.736	559.8	0.735	560.5
9	2.8	257.1	0.9	0.436	231.4	44.6	93.6	0.753	183.5	0.562	245.9	0.560	246.8
Σ					4 874.3				10 084.2		10 525.1		10 531.4

$$K = \frac{\sum c_i l_i + \sum (\gamma_1 h_{i1} + \gamma_2 h_{i2} + \cdots + \gamma_n h_{in}) b_i \cos\alpha_i \tan\varphi_i}{(\gamma_1 h_{i1} + \gamma_2 h_{i2} + \cdots + \gamma_n h_{in}) b_i \sin\alpha_i} \tag{7-12}$$

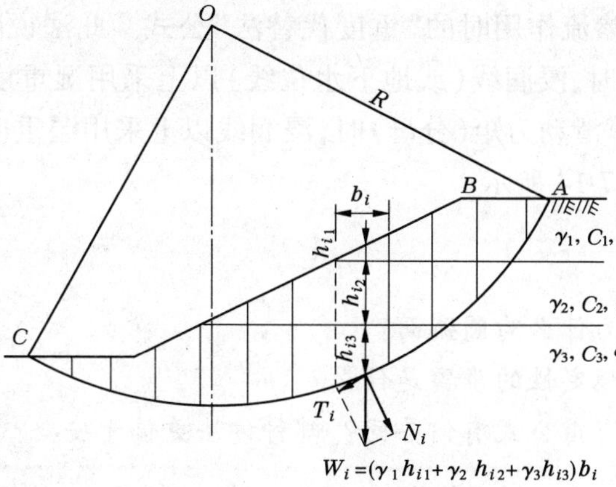

图 7-13　土坡的稳定计算

五、有渗流作用的土坡稳定分析

当十坡坡体内发生渗流时,渗透水流给十体有一个作用力,即渗透力 $j = \gamma_w i$,而渗透力的作用方向则与渗流的流向相同,如图 7-14(a)所示。因此,渗流对土坡的稳定起着不利的影响,我们必须予以足够的重视。

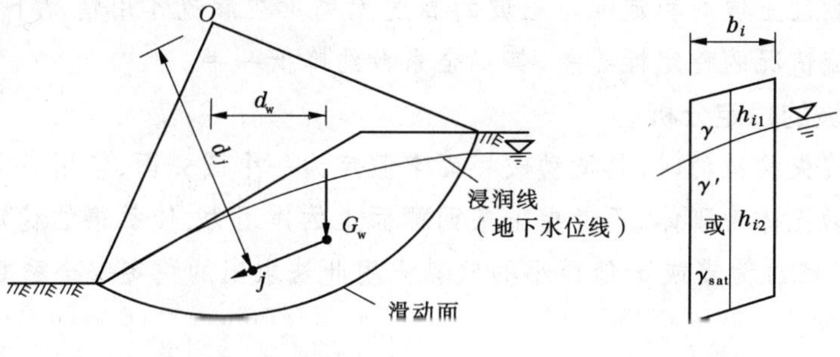

(a)渗透力的作用　(b)重度代替法图式

图 7-14　土坡稳定的影响

考虑渗流对土坡稳定不利的影响时,一般应从两方面着手:一是浸润线(或地下水位线)以下的土重一律采用浮重度 γ' 计算;二是在滑动力矩(分母)中增加一项由于渗透力 j 对滑动圆心 O 产生的滑动力矩 $M_j = jd_j$。所以,在有渗流情况下土坡的安全系数应为

$$K = \frac{M_R}{M_S + M_j}$$

同时,可以证明渗透力所产生的滑动力矩 M_j 等于滑动面以上、浸润线(或地下水位线)以下所包围的水体的重量 G_w 对 O 点的力矩,即 $M_j = G_w d_w$ 。于是,有渗流作用时土坡的安全系数最后可用下列近似公式来表示,即

$$K = \frac{\sum c_i l_i + \sum (\gamma_i h_{i1} + \gamma'_i h_{i2}) b_i \cos\alpha_i \tan\varphi_i}{\sum (\gamma_i h_{i1} + \gamma_{sati} h_{i2}) b_i \sin\alpha_i} \tag{7-13}$$

式(7-13)即为考虑渗流作用时的"重度代替法"公式。此法说明:当有渗流作用时,在计算抗滑力矩(分子)时,浸润线(或地下水位线)以上采用湿重度γ,浸润线以下一律采用浮重度γ';而在计算滑动力矩(分母)时,浸润线以上采用湿重度γ,浸润线以下一律采用饱和重度γ_{sat},如图7-14所示。

单元思考

1. 黏性土坡滑动面为什么为圆弧面?
2. 条分法分析土坡稳定性的步骤是什么?
3. 太沙基公式与毕肖甫公式有何异同?哪种方法更偏于安全?

小　结

(一)无黏性土坡的稳定分析

全干或全部淹没的均质无黏性土坡,只要坡面上的土颗粒能够保持稳定,那么整个土坡便将是稳定的。当$\beta=\varphi$时,$K=1$,土坡处于极限平衡状态,理论上当$\beta<\varphi$,$K>1$时,土坡是稳定的。无黏性土坡的稳定性与土坡的高度无关。在渗流作用情况下,无黏性土坡的稳定性比无渗流情况的稳定性要差,其安全系数约降低一半。

(二)黏性土坡的稳定分析

均质黏性土坡失稳滑动时,其滑动破坏面常假定为一个圆弧面,常用条分法计算。太沙基公式假定滑动土体为刚体,不考虑土条两侧面上的作用力,使算得的稳定安全系数偏低(偏于安全),但对φ为零或φ值很小的软黏土用此法求出的稳定安全系数并不一定偏于安全。

毕肖甫公式假定各土条底部滑动面上的抗滑安全系数K均相同,考虑各土条间的作用力,但不计各土条间的摩擦力之差,毕肖甫公式的计算精度要比太沙基公式的高,经验指出当任一土条的$m_{\alpha i} \leqslant 0.2$时,求得的$K$值就有较大误差,此时应考虑用其他方法。确定最危险滑动面圆心位置的方法有费伦纽斯法和陈惠发法。

练习题

7-1　砂性土坡的稳定性只要坡角不超过其内摩擦角,坡高H可不受限制,而黏性土坡的稳定性与坡高有关,试分析其原因。

7-2　有一无黏性土土坡,其饱和重度$\gamma_{sat}=19\ \mathrm{kN/m^3}$,内摩擦角$\varphi=35°$,边坡坡度为1:2.5。试问:①当该土坡完全浸水时,其稳定安全系数为多少?②当有顺坡渗流时,该土坡还能维持稳定吗？若不能，则应采用多大的边坡坡度？

7-3　某工程需开挖基坑，深度 $H=6$ m，地基土的天然重度 $\gamma=18.2$ kN/m^3，$\varphi=15°$，$c=12.0$ kPa，试用泰勒图表法确定安全系数为2时的基坑开挖坡角。

7-4　有一均质的黏性土坡，其边坡坡度为1:12，坡高 $H=20$ m，填土的重度 $\gamma=18$ kN/m^3，$c=10$ kPa，$\varphi=20°$。试用太沙基公式和毕肖甫公式确定圆心为 O 点时的土坡稳定安全系数。

项目八　地基承载力

三基导学

(一)基本概念

整体破坏、局部破坏、剪切破坏,临塑荷载、极限荷载、塑性荷载 $p_{1/3}$ 和 $p_{1/4}$、地基承载力的基本值 f_0、承载力标准值 f_k、承载力设计值、承载力特征值 f_{ak}、承载力修正值 f_a、深度修正系数、宽度修正系数、标准差、变异系数、回归修正系数、承载力修正系数。

(二)基本原理

按塑性开展区范围确定承载力。

(三)基本方法

理论公式法确定承载力(临塑荷载、塑性荷载 $p_{1/3}$ 和 $p_{1/4}$、太沙基公式计算极限荷载、汉森公式极限荷载)、现场原位试验法确定承载力、规范表格法确定承载力。

教学基本要求

了解地基剪切破坏的形式,载荷试验、标准贯入试验、静力触探试验的基本原理。掌握整体剪切破坏的三个变形阶段,以及临塑荷载、塑性荷载、极限荷载的概念及其计算方法,承载力修正公式及其应用。会用极限荷载、临塑荷载、塑性荷载确定地基承载力,查表确定地基承载力。

能力培养目标

会用极限荷载、临塑荷载、塑性荷载确定地基承载力,用《建筑地基基础设计规范》(GB 50007—2011)和《公路桥涵地基与基础设计规范》(JTG D63—2007)确定地基承载力。

学习重点与难点

重点是用极限荷载、临塑荷载、塑性荷载确定地基承载力和规范法确定承载力,地基承载力的修正及修正条件。

难点是承载力的确定(例如,规范法确定承载力在各地区的具体应用),按照塑性开展区范围确定承载力的原理的理解,汉森公式的应用。

案例及分析

某柱下独立基础面积为400 cm×400 cm,基础埋深2.0 m,柱子作用在基础顶面的荷载为2 000 kN,地基为均质黏土,可塑状态,$\gamma = 18\ \text{kN/m}^3$、$c = 50\ \text{kPa}$、$\varphi = 30°$。地基强度是否满足要求?

分析:地基强度就是单位面积能够承受荷载的能力(承载力),要知道地基是否满足要求,必须了解基底作用在地基上的压力(基地压力),同时了解地基承载力大小。因此,要知道地基承载力的影响因素，掌握地基承载力的确定方法。

任务一　地基破坏与承载力的概念

问题引导：什么是地基的稳定性？地基的破坏有哪些形式？整体破坏可分为哪几个阶段？什么是地基承载力？为什么有不同的概念？如何确定地基承载力？

一、地基稳定性的概念

地基稳定性是指在外荷载作用下，地基抵抗剪切破坏的稳定程度。它与外荷载、基础以及地基土的特性有关。建筑物因地基问题引起的破坏一般有两种：一种是由于地基土在建筑物荷载作用下产生压缩变形，引起基础过大的沉降量或沉降差，使上部结构倾斜、开裂以致毁坏；另一种是由于建筑物的荷载过大，超过了持力层所能承受的能力而使地基产生滑动破坏。因此，在设计建筑物基础时，必须满足下列两个条件：①建筑物基础在荷载作用下可能产生的最大沉降量或沉降差应该不大于容许值；②建筑物的基底压力应该在地基土所容许的承载能力之内。对于水工建筑物的地基来说，还应该满足抗渗、防冲等特殊要求。关于基础的沉降计算已在项目四中做了介绍，本章将主要讨论由于地基承载能力不足而引起的破坏类型以及地基承载力的确定问题。

二、地基破坏的形式和特点

地基受到外荷载作用时，首先在基础边缘产生应力集中，地基土出现塑性变形，随着荷载加大，塑性变形区自基础边缘向基底中心以及地基深处发展，最后造成地基失稳破坏。试验研究表明，地基剪切破坏一般可分为整体剪切破坏、局部剪切破坏和冲剪破坏三种形式，如图8-1所示。地基破坏形式与很多因素有关，不同形式的破坏所表现出的特点不同，如表8-1所示。

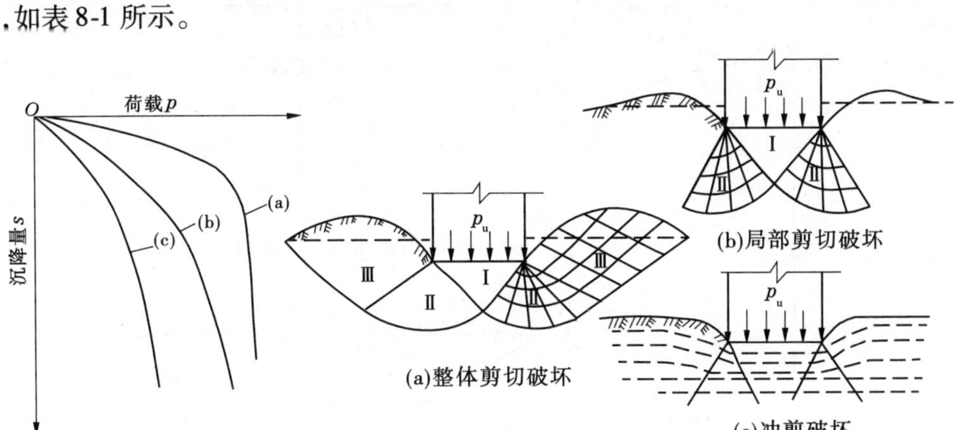

p_u—极限荷载

图8-1　地基破坏形式

表 8-1　条形基础受竖直中心荷载作用时地基破坏形式及特点

破坏类型	地基中滑动面情况	荷载与沉降曲线的特征	基础两侧地面情况	破坏时基础的沉降情况	基础的表现	设计的控制因素	事故出现情况	适用条件	
								基土	相对埋深[①]
整体剪切破坏	完整(以至露出地面)	有明显的拐点	隆起	较小	倾倒	强度	突然倾倒	密实的	小
局部剪切破坏	不完整	拐点不易确定	有时微有隆起	中等	可能会出现倾倒	变形为主	较慢下沉时有倾倒	松软的	中
冲剪破坏	很不完整	拐点无法确定	沿基础出现下陷	较大	只出现下沉	变形	缓慢下沉	软弱的	大

注:①基础相对埋深为基础埋深与基础宽度之比。

三、整体剪切破坏的三个阶段

整体剪切破坏的特征是:随着基础上荷载的逐渐增加,地基变形将出现三个不同阶段。当基础上的荷载较小时,地基中各点的剪应力均小于土的抗剪强度,其基底压力与沉降的关系近乎直线,此阶段属弹性变形阶段,如图 8-2(a)所示曲线中的 Oa 段;随着荷载的增大并达到某一数值时,首先是基础边缘处的土开始出现剪切破坏,或称塑性破坏,如图 8-2(b)所示。随着荷载继续增大,剪切破坏区(塑性区)也相应扩大,如图 8-2(c)所示。此时基底压力与沉降关系呈曲线而变陡,如图 8-2(a)曲线中的 ab 段,属弹塑性变形阶段。如果基础上的荷载继续增加,剪切破坏区将随至扩展成片,形成完整的滑动面。此时说明基础上的荷载已达到地基的极限承载能力而濒临破坏。一旦荷载微增,基础将急剧下沉或突然倾倒,基础两侧的地面向上隆起而破坏,该阶段属破坏阶段,如图 8-2(d)所示。

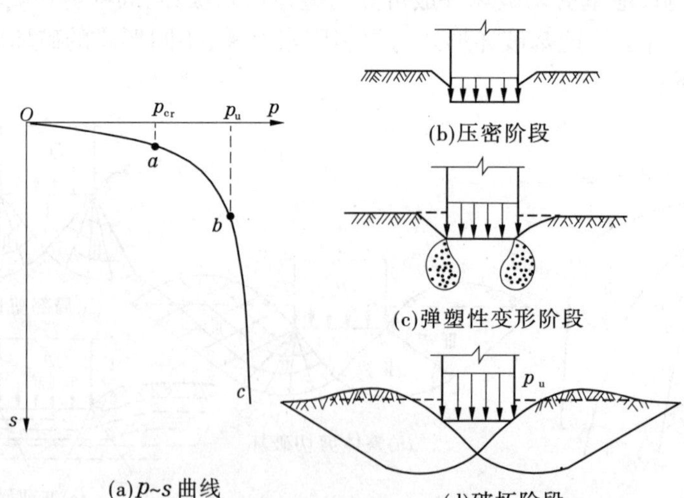

(a)p~s 曲线　(b)压密阶段　(c)弹塑性变形阶段　(d)破坏阶段

图 8-2　整体剪切破坏示意图

工程中将地基土开始出现剪切破坏(弹性变形阶段转变为弹塑性变形阶段)时地基所承受的基底压力称为临塑荷载,以 p_{cr} 表示;而将地基濒临破坏(弹塑性变形阶段转变为破坏阶段)时所承受的基底压力称为地基的极限荷载,或称地基极限承载力,以 p_u 表示,如图 8-2(a)所示。

四、地基承载力的概念

所谓地基承载力,就是指地基所能承受荷载的能力。在不同使用状态下,地基具有不同的承载力,如极限承载力、临塑承载力等。在设计建筑物基础时,为了保证建筑物的安全和正常使用,既保证地基稳定性不受破坏,又具有一定的安全度,同时应满足建筑物的变形要求(正常使用状态),常将基底压力限制在某一特征值范围内。现行的《建筑地基基础设计规范》(GB 50007—2011)采用地基承载力特征值 f_a 表示正常使用极限状态计算时的地基承载力,即由载荷试验测定的地基土压力变形曲线的线性变形段内规定的变形所对应的压力值,其最大值为比例界限值。

关于地基承载力的确定,目前常用的方法有现场原位试验、理论公式计算以及承载力经验数据表等三大类方法。其中,在理论计算公式中,一类是根据土体极限平衡条件推导的临塑荷载和临塑荷载计算公式,另一类是根据土的刚塑性假定推导的极限承载力公式。

单元思考

1. 不同破坏形式的 $p \sim s$ 曲线有什么特点?
2. 地基承载力确定有哪些方法?

任务二　按塑性区开展的范围确定地基承载力

问题引导:什么是塑性变形区?什么是临塑荷载,如何计算?什么是塑性荷载,如何计算?

一、临塑荷载 p_{cr} 计算

(一)塑性变形区的边界方程

条形基础在均布基底压力作用下,其基础底面传来竖直均布压力 p,如图 8-3 所示。根据弹性理论,地基中任意点 M 由条形均布压力所引起的附加应力的大、小主应力为

$$\begin{matrix}\sigma_1 \\ \sigma_3\end{matrix} = \frac{p - \gamma d}{\pi}(2\beta \pm \sin 2\beta) \tag{8-1}$$

式中　d——基础埋深;

2β——M 点与基底两侧连线的夹角,称为视角;

其他符号意义同前。

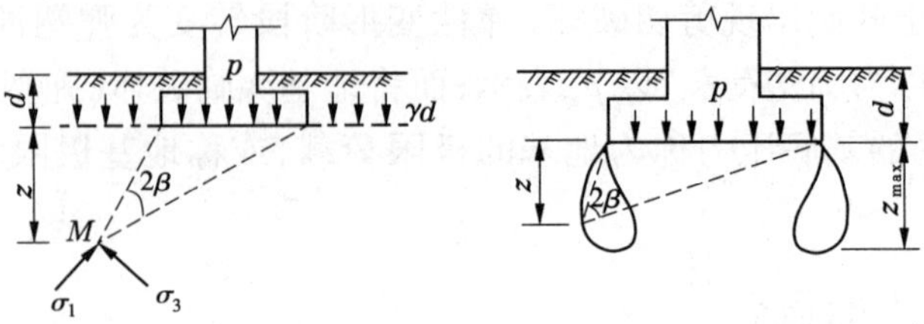

(a)任一点的附加应力　　(b)塑性区边界

图8-3　条形均布荷载作用下地基中的主应力和塑性区

在 M 点上还有地基本身重量所引起的自重应力。假定在极限平衡区内土的静止侧压力系数 K_0 等于1,则由土的自重所引起的大、小主应力均为 $\gamma(d+z)$。于是由基底压力和自重在 M 点处引起的大、小主应力为

$$\begin{matrix}\sigma_1\\ \sigma_3\end{matrix} = \frac{p-\gamma d}{\pi}(2\beta \pm \sin2\beta) + \gamma(d+z) \tag{8-2}$$

式中　z——M 点在基底面以下的深度;

γ——地基土的重度。

当地基内 M 点达到极限平衡状态时,大、小主应力应满足极限平衡关系式:

$$\sigma_1 = \sigma_3 \tan^2(45° + \frac{\varphi}{2}) + 2c\tan(45° + \frac{\varphi}{2})$$

将式(8-2)中的大、小主应力代入上式并经整理得到:

$$z = \frac{(p-\gamma d)}{\gamma\pi}(\frac{\sin2\beta}{\sin\varphi} - 2\beta) - \frac{c}{\gamma\tan\varphi} - d \tag{8-3}$$

式(8-3)表示在某一基底压力 p 作用下地基中塑性变形区的边界方程。为了计算塑性变形区开展的最大深度 z_{max},令一阶导数 $\frac{dz}{d\beta}$ 等于零,即

$$\frac{dz}{d\beta} = \frac{p-\gamma d}{\gamma\pi}(\frac{2\cos2\beta}{\sin\varphi} - 2) = 0 \tag{8-4}$$

由式(8-4)得出 $\cos^2\beta = \sin\varphi$,所以当 $2\beta = \pi/2 - \varphi$ 时,式(8-3)有极值。将 $2\beta = \pi/2 - \varphi$ 代回式(8-3)中,即可得到塑性变形区开展的最大深度为

$$z_{max} = \frac{(p-\gamma d)}{\gamma\pi}(\cot\varphi - \frac{\pi}{2} + \varphi) - \frac{c}{\gamma\tan\varphi} - d \tag{8-5}$$

(二)临塑荷载公式

由临塑荷载的概念可知,当 $z_{max}=0$(塑性区开展深度为零)时,此时地基所能承受的基底压力即为临塑荷载。因此,将 $z_{max}=0$ 代入式(8-5)中,得出临塑荷载计算公式:

$$p_{cr} = \frac{\pi(\gamma d + c\cot\varphi)}{\cot\varphi - \frac{\pi}{2} + \varphi} + \gamma_0 d = N_c c + N_q \gamma_0 d \tag{8-6}$$

式中　N_c、N_q——承载力系数,是内摩擦角的函数,其中:$N_c = \frac{\pi\cot\varphi}{\cot\varphi - \frac{\pi}{2} + \varphi}$,

$$N_q = \frac{\cot\varphi + \frac{\pi}{2} + \varphi}{\cot\varphi - \frac{\pi}{2} + \varphi};$$

γ_0——基底以上土体的加权平均重度。

二、塑性荷载 $p_{1/4}$、$p_{1/3}$

工程中为了保证地基的稳定性，通常限制塑性变形区的最大开展深度 z_{max}，相应的荷载也称临界荷载。根据经验，塑性区开展深度可取 $(1/4 \sim 1/3)b$，其中 b 为条形基础的宽度。

若将 $z_{max}=b/4$ 代入式(8-5)，此时相应的临界荷载为

$$p_{1/4} = N_\gamma \gamma b + N_c c + N_q \gamma_0 d \tag{8-7}$$

式中 N_γ——承载力系数，是内摩擦角的函数，$N_\gamma = \frac{\pi}{4(\cot\varphi - \frac{\pi}{2} + \varphi)}$；

γ——基础底面以下土的重度，地下水位以下取浮重度；

其他符号意义同前。

若使 z_{max} 等于 $b/3$，此时相应的临界荷载为

$$p_{1/3} = N'_\gamma \gamma b + N_c c + N_q \gamma_0 d \tag{8-8}$$

式中 $N'_\gamma = \frac{\pi}{3(\cot\varphi - \frac{\pi}{2} + \varphi)}$；

其他符号意义同前。

根据地基的不同情况可以分别选用相应的 p_{cr}、$p_{1/4}$ 或 $p_{1/3}$ 作为地基承载力，由于用 p_{cr} 作为地基承载力偏于保守，所以工程中除对软弱地基外，一般不选用 p_{cr} 作为地基承载力，多用 $p_{1/4}$ 或 $p_{1/3}$ 作为地基承载力。《建筑地基基础设计规范》(GB 50007—2011)建议：当偏心距 e 小于或等于基底宽度的3.33%时，可根据土的抗剪强度指标按式(8-9)确定地基承载力特征值 f_a，但尚应满足变形要求。

$$f_a = M_b \gamma b + M_d \gamma_0 d + M_c c_k \tag{8-9}$$

式中 f_a——由土的抗剪强度指标确定的地基承载力特征值；

M_b、M_d、M_c——承载力系数，它们是土体内摩擦角 φ_k 的函数，可查表8-2确定；

γ_0——基础底面以上土的加权平均重度，地下水位以下土体取浮重度；

γ——基础底面以下土的重度，地下水位以下取浮重度；

b——基础底面宽度，大于6 m时按6 m取值，对于砂土小于3 m时按3 m取值；

c_k——基础底面以下一倍短边宽深度范围内土的黏聚力标准值；

φ_k——基础底面以下一倍短边宽深度范围内土的内摩擦角标准值。

表 8-2　承载力系数 M_b、M_d、M_c

φ_k(°)	M_b	M_d	M_c	φ_k(°)	M_b	M_d	M_c
0	0	1.00	3.14	22	0.61	3.44	6.04
2	0.03	1.12	3.32	24	0.80	3.87	6.45
4	0.06	1.25	3.51	26	1.10	4.37	6.90
6	0.10	1.39	3.71	28	1.40	4.93	7.40
8	0.14	1.55	3.93	30	1.90	5.59	7.95
10	0.18	1.73	4.17	32	2.60	6.35	8.55
12	0.23	1.94	4.42	34	3.40	7.21	9.22
14	0.29	2.17	4.69	36	4.20	8.25	9.97
16	0.36	2.43	5.00	38	5.00	9.44	10.80
18	0.43	2.72	5.31	40	5.80	10.84	11.73
20	0.51	3.06	5.66				

式(8-6)~式(8-8)是在条形基础均布荷载作用情况下得到的。对于建筑物竣工期的稳定性校核,土的抗剪强度指标 c、φ 一般采用不排水强度或快剪试验结果。应该指出,由于施工期间地基土有一定的排水固结,强度相应有所提高,实际的塑性区最大开展深度达不到基础宽度的1/4或1/3,所以按 $p_{1/4}$,$p_{1/3}$ 验算的结果,尚存一定的安全储备。

【例 8-1】　有一条形基础,宽度 $b=3$ m,埋置深度 $d=1$ m。地基土的重度 $\gamma=19$ kN/m³,水下饱和重度 $\gamma_{sat}=20$ kN/m³,土的快剪强度指标 $c=10$ kPa,$\varphi=10°$。试求:①无地下水时的界限荷载 $p_{1/4}$、$p_{1/3}$ 及承载力特征值 f_a;②若地下水位升至基础底面,承载力有何变化。③若强度指标 $c=0$,$\varphi=30°$时,其承载力又如何?

解:(1)由 $\varphi=10°$,计算得 $N_\gamma=0.18$,$N'_\gamma=0.24$,$N_q=1.73$,$N_c=4.17$。代入式(8-7)、式(8-8)得到

$$p_{1/4}=N_\gamma\gamma b+N_q\gamma_0 d+N_c c=0.18\times19\times3+1.73\times19\times1+4.17\times10=84.83(\text{kPa})$$

$$p_{1/3}=N'_\gamma\gamma b+N_q\gamma_0 d+N_c c=0.24\times19\times3+1.73\times19\times1+4.17\times10=88.25(\text{kPa})$$

查表 8-2 得:$M_b=0.18$、$M_d=1.73$、$M_c=4.17$,由式(8-9)得

$$f_a=M_b\gamma b+M_d\gamma_0 d+M_c c_k=0.18\times19\times3+1.73\times19\times1+4.17\times10$$
$$=84.83(\text{kPa})$$

(2)当地下水位上升至基础底面时,假设土的强度指标 c、φ 值不变,因而承载力系数同上。地下水位以下土的重度采用浮重度 $\gamma'=20-10=10$(kN/m³)。将 γ' 及承载力系数等值代入式(8-7)~式(8-9)中,即可得出地下水位上升后的地基承载力为

$$p_{1/4}=N_\gamma\gamma' b+N_q\gamma_0 d+N_c c=0.18\times10\times3+1.73\times19\times1+4.17\times10$$
$$=79.97(\text{kPa})$$

$$p_{1/3}=N'_\gamma\gamma' b+N_q\gamma_0 d+N_c c=0.24\times10\times3+1.73\times19\times1+4.17\times10$$
$$=81.77(\text{kPa})$$

$$f_a=M_b\gamma b+M_d\gamma_0 d+M_c c_k=0.18\times10\times3+1.73\times19\times1+4.17\times10$$
$$=79.97(\text{kPa})$$

从计算可以看出，当有地下水时，会降低地基承载力值。因此，当地下水位升高较大时，对地基的稳定不利。

(3) 强度指标 $c=0$，$\varphi=30°$时，计算可得 $N_\gamma=1.15$，$N'_\gamma=1.53$，$N_q=5.59$，$N_c=7.95$，查表 8-2 得 $M_b=1.90$、$M_d=5.59$、$M_c=7.95$，分别将各系数代入式(8-7)～式(8-9)得

$$p_{1/4}=N_\gamma\gamma b+N_q\gamma_0 d+N_c c=1.15\times10\times3+5.59\times19\times1+7.95\times0=140.71(\text{kPa})$$

$$p_{1/3}=N'_\gamma\gamma b+N_q\gamma_0 d+N_c c=1.53\times10\times3+5.59\times19\times1+7.95\times0=152.11(\text{kPa})$$

$$f_a=M_b\gamma b+M_d\gamma_0 d+M_c c_k=1.90\times10\times3+5.59\times19\times1+7.95\times0=163.21(\text{kPa})$$

由此可以看出，内摩擦角增大将会使地基承载力值有很大提高，对地基稳定有利。

单元思考

1. 塑性变形区是如何产生的？
2. 地基承载力与基础特征有什么关系？

任务三　按极限荷载确定地基承载力

问题引导：什么是极限荷载？怎么计算极限荷载？如何利用极限荷载确定地基承载力？太沙基公式和汉森公式各适用于什么情况？

极限荷载是地基濒于整体破坏时的最大基底压力，如图 8-2(a)中 p_u 值。极限荷载除以安全系数可作为地基承载力特征值，一般安全系数取 2～3。极限承载力的计算公式都是在刚塑性体极限平衡理论基础上求解得到的。下面分别介绍这类方法中用得较多的太沙基公式和汉森公式。

一、太沙基公式

太沙基公式常被用来求解条形浅基础受竖直中心荷载作用下均质地基中的极限承载力。

(一)公式假设

公式假设为：①基础为条形浅基础；②基础两侧埋置深度 d 范围内的土体重被视为边荷载 $q=\gamma d$，而不考虑这部分土的剪切阻力；③基础底面是粗糙的；④在极限荷载作用下，地基中的滑动面如图 8-4 所示可分为三个区。Ⅰ区(主动朗肯区)是一个三角形弹性楔体，楔体与基底面的夹角为 φ，在地基破坏时随基础一同下沉；Ⅱ区为径向剪切区，边界 CD、CE 近似为对数螺旋线；Ⅲ区为朗肯被动区，边界 DF、EG 为直线，它与水平面成 $45°-\varphi/2$。

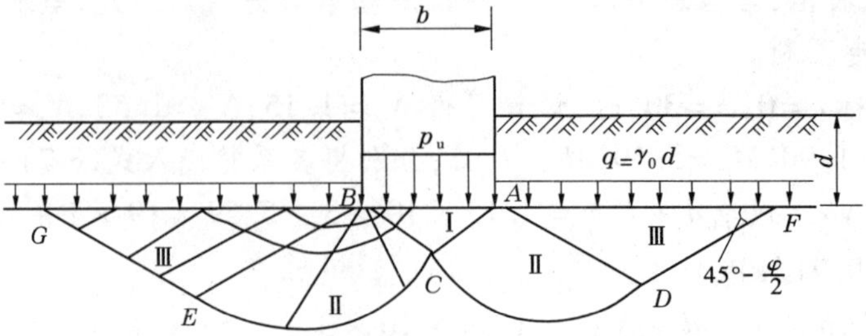

图 8-4　太沙基公式滑动面形状

(二)滑动土体的受力分析

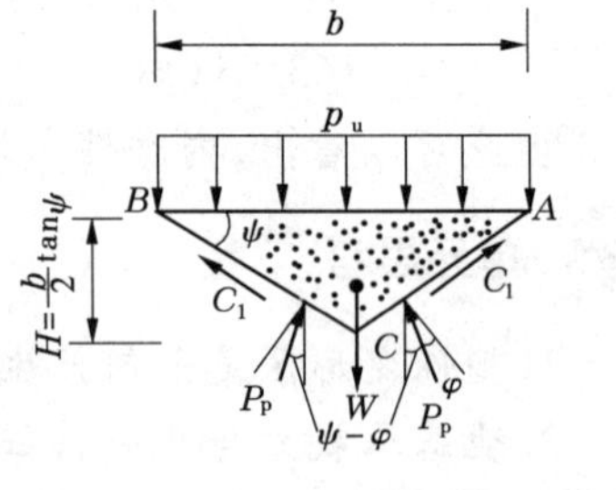

图 8-5　土楔体 ABC 受力分析图

根据上述假定,并以图 8-4 中 Ⅰ 区的弹性楔体 ABC 为脱离体,利用外力平衡条件来推求地基的极限承载力,如图 8-5 所示。在弹性楔体上受到如下诸力的作用:

(1)弹性楔体的自重,竖直向下,其值为 $W=\frac{1}{4}\gamma b^2\tan\varphi$。

(2)当基底压力为极限荷载 p_u 时,AB 面(基底面)上竖直向下的力等于 p_u 与基础宽度 b 的乘积,即 $p_u b$。

(3)弹性楔体两斜面 AC、BC 上总黏聚力为 $c\,\overline{AC}$,它在竖直方向的分力为 $cb\tan\varphi$。

(4)作用在弹性楔体两斜面上的反力为被动土压力 P_p,它与 AC 面的法线成 $\psi-\varphi$ 角,竖直方向的分力为 $2P_p\cos(\psi-\varphi)$。

现将上述各力在竖直方向建立平衡方程,即可得到

$$p_u b+\frac{1}{4}\gamma b^2\tan\varphi = cb\tan\varphi+2P_p\cos(\psi-\varphi) \tag{8-10}$$

对于完全粗糙的基底 $\psi=\varphi$,上式可整理为

$$p_u = c\tan\varphi+2P_p/b-\frac{1}{4}\gamma b\tan\varphi \tag{8-11}$$

对于完全粗糙的基底,太沙基对弹性楔体边界 AC 视作挡土墙,反力 P_p 由三种因素影响,分别是:①土无质量、有黏聚力和内摩擦角、边荷载等于零,即 $\gamma=0$、$c\neq0$、$\varphi\neq0$、$q=0$;②土无质量、无黏聚力和内摩擦角,边荷载不等于零,即 $\gamma=0$、$c=0$、$\varphi=0$、$q\neq0$;③土有质量、无黏聚力,但有内摩擦角,边荷载等于零,$\gamma\neq0$、$c=0$、$\varphi\neq0$、$q=0$。分别计算三种因素影响的被动土压力 $P_{p\gamma}$、P_{pq}、P_{pc},然后叠加得 P_p。代入式(8-11)经整理得到地基的极限荷载为

$$p_u = \frac{1}{2}\gamma bN_\gamma+qN_q+cN_c \tag{8-12}$$

式中　N_γ、N_q、N_c——承载力系数,其中 $N_q=\tan^2(45°+\varphi/2)e^{\tan\varphi}$,$N_c=(N_q-1)/\tan\varphi$,各承载力系数可由表 8-3 查取;

p_u——地基极限荷载,kPa;

q——边荷载,$q=\gamma d$,kPa。

表 8-3　太沙基公式承载力系数

φ(°)	N_c	N_q	N_γ	N'_c	N'_q	N'_γ
0	5.7	1.0	0.0	5.7	1.0	0.0
5	7.3	1.6	0.5	6.7	1.4	0.2
10	9.6	2.7	1.2	8.0	1.9	0.5
15	12.9	4.4	2.5	9.7	2.7	0.9
20	17.7	7.4	5.0	11.8	3.9	1.7
25	25.1	12.7	9.7	14.8	5.6	3.2
30	37.2	22.5	19.7	19.0	8.3	5.7
34	52.6	36.5	35.0	23.7	11.7	9.0
35	57.8	41.4	42.4	25.2	12.6	10.1
40	95.7	81.3	100.4	34.9	20.5	18.8

对于局部剪切破坏（当地基土松软时），太沙基建议把土的 c 和 φ 值都降低 1/3，取 $c^*=\frac{2}{3}c$，$\tan\varphi^*=\frac{2}{3}\tan\varphi$，其承载力系数 N'_γ、N'_q、N'_c 可由 φ^* 计算，列入表 8-3 中可供查用。修正后的太沙基公式为

$$p_u=\frac{1}{2}\gamma bN'_\gamma+qN'_q+c^*N'_c \tag{8-13}$$

式(8-12)或式(8-13)仅适用于条形基础。对于方形或圆形基础，太沙基建议按下列修正后的公式计算地基极限承载力：

圆形基础　$p_u=0.6\gamma RN_\gamma+qN_q+1.2cN_c$　（整体破坏）　(8-14)

$p_u=0.6\gamma RN'_\gamma+qN'_q+1.2c^*N'_c$　（局部破坏）　(8-15)

方形基础　$p_u=0.4\gamma bN_\gamma+qN_q+1.2cN_c$　（整体破坏）　(8-16)

$p_u=0.4\gamma bN'_\gamma+qN'_q+1.2c^*N'_c$　（局部破坏）　(8-17)

式中　R——圆形基础的半径，m；

b——方形基础的边长，m；

其他符号意义同前。

上述各式算出的极限荷载除以安全系数 F_s，即得到地基的容许承载力，F_s 一般取 2～3。

【例 8-2】　有一条形基础，宽度 $b=6$ m，埋置深度为 1.5 m，其上作用中心荷载 $\overline{P}=$ 1 500 kN/m。地基土质均匀，重度 $\gamma=19$ kN/m^3，土的抗剪强度指标 $c=20$ kPa，$\varphi=20°$，试验算：①地基的稳定性；②当 $\varphi=15°$ 时，地基的稳定性又如何？

解：(1) $\varphi=20°$ 时的稳定性验算。

①求基底压力。　$p=\frac{\overline{P}}{b}=\frac{1\ 500}{6}=250$(kPa)

②验算 $\varphi=20°$ 时的地基稳定性。

由 $\varphi=20°$ 查表 8-3 得 $N_\gamma=5.0$、$N_q=7.4$ 和 $N_c=17.7$。将以上各值代入式(8-12),得到地基的极限荷载为

$$p_u=\frac{1}{2}\gamma bN_\gamma+qN_q+cN_c=\frac{1}{2}\times19\times6\times5+19\times1.5\times7.4+20\times17.7$$
$$=849.9(\text{kPa})$$

若安全系数 $F_s=2.5$,则地基的容许承载力为

$$[p]=\frac{p_u}{F_s}=\frac{849.9}{2.5}=339.96(\text{kPa})$$

因为基底压力 p 小于容许承载力 $[p]$,所以地基是稳定的。

(2)验算 $\varphi=15°$ 时的地基稳定性。

由 $\varphi=15°$ 查表 8-3 得 $N_\gamma=2.5$、$N_q=4.4$、$N_c=12.9$。将各值代入式(8-12),得到地基的极限承载力为

$$p_u=\frac{1}{2}\times19\times6\times2.5+19\times1.5\times4.4+20\times12.9=525.9(\text{kPa})$$

$$[p]=\frac{p_u}{F_s}=\frac{525.9}{2.5}=210.36(\text{kPa})$$

此时因为 $p>[p]$,所以地基失去稳定。

通过计算可以看出,当其他条件不变,仅 φ 由 20°减小为 15°时,地基容许承载力几乎减小一半,可见地基土的内摩擦角 φ 值对地基容许承载力影响极大。

二、汉森公式

汉森公式是半经验公式,由于适用范围较广,对水利工程有实用意义,并已为我国港口工程技术规范所采用。

汉森公式的基本形式与太沙基公式类似,所不同的是汉森公式中考虑了荷载倾斜、基础形状及基础埋深等影响,但承载力系数与太沙基公式中不同,如表 8-4 所示。

汉森公式的普遍形式为

$$p_{uv}=\frac{1}{2}\gamma b'N_\gamma i_\gamma S_\gamma d_\gamma g_\gamma+qN_qi_qS_qd_qg_q+cN_ci_cS_cd_cg_c \tag{8-18}$$

式中 γ——土的重度,地下水位线下用浮重度;

b'——基础的有效宽度,m,$b'=b-2e_b$,e_b 为荷载的偏心距,m,b 为基础实际宽度,m;

q——基础底面以上的边荷载,kPa;

c——地基土的黏聚力,kPa;

S_γ、S_q、S_c——与基础形状有关的形状系数,其值如表 8-5 所示;

d_γ、d_q、d_c——与基础埋深有关的深度系数,$d_r=1$,$d_q\approx d_c\approx1+0.35\dfrac{d}{b'}$,适用于 $d/b'<1$ 的情况,当 d/b' 很小时,可不考虑此系数;

d——基础埋深;

i_γ、i_q、i_c——与荷载倾角有关的荷载倾斜系数。按土的内摩擦角 φ 与荷载倾角 δ(荷载作用线与铅直线的夹角)由表 8-6 查得;

g_γ、g_q、g_c——与基础以外地基表面倾斜有关的倾斜修正系数(见图 8-6):$g_c = 1 - \frac{\beta}{147}$,$g_q = g_r = (1 - 0.5\tan\beta)^5$。

表 8-4 汉森承载力系数

φ(°)	N_γ	N_q	N_c	φ(°)	N'_γ	N'_q	N'_c
0	0	1.00	5.14	24	6.90	9.61	19.33
2	0.01	1.20	5.69	26	9.53	11.83	22.25
4	0.05	1.43	6.17	28	13.13	14.71	25.80
6	0.14	1.72	6.82	30	18.09	18.40	30.15
8	0.27	2.06	7.52	32	24.95	23.18	35.50
10	0.47	2.47	8.35	34	34.54	29.45	42.18
12	0.76	2.97	9.29	36	48.08	37.77	50.61
14	1.16	3.58	10.37	38	67.43	48.92	61.36
16	1.72	4.34	11.62	40	95.51	64.23	75.36
18	2.49	5.25	13.09	42	136.72	85.36	93.69
20	3.54	6.40	14.83	44	198.77	115.35	118.41
22	4.96	7.82	16.89	45	240.95	134.86	133.86

表 8-5 基础形状系数

基础形状		条形	矩形	方形及圆形
形状系数	S_c,S_q	1.0	$1+0.3\ b'/L$	1.2
	S_γ	1.0	$1-0.4\ b'/L$	0.6

相应地,水平荷载的汉森公式为

$$p_{uh} = p_{uv}\tan\delta \quad (8\text{-}19)$$

地基的容许承载力为

$$[p] = p_u / F_s \quad (8\text{-}20)$$

式中 $[p]$——地基的容许承载力,kPa;

F_s——安全系数,一般取 2~2.5,对于软弱地基或重要建筑物可大于 2.5。

在以上两个极限承载力计算公式中,三个承载力系数都是土的内摩擦角 φ 的函数。φ 变大,各 N 值也变大。尤其是当 φ 超过 20°以后,各 N 值就会随 φ 值的增大而急剧增大。也就是说,土的抗剪强度指标的取值,比之用不同公式对极限承载力计算结果的影响要大得多。所以,正确测定和选用土的抗剪强度指标,是合理确定承载力的关键。在一般情况下,宜用固结快剪强度指标。对饱和软黏土地基,在短期内的极限承载力宜用不排水剪强度指标。

表 8-6　汉森倾斜系数 i_γ、i_q、i_c

φ (°)	$\tan\delta$											
	0.1			0.2			0.3			0.4		
	i_γ	i_q	i_c	i_γ	i_q	i_c	i_γ	i_q	i_c	i_γ	i_q	i_c
6	0.64	0.80	0.53									
10	0.72	0.85	0.75									
12	0.73	0.85	0.78	0.40	0.63	0.44						
16	0.73	0.85	0.81	0.46	0.68	0.58						
18	0.73	0.85	0.82	0.47	0.69	0.61	0.23	0.48	0.36			
20	0.72	0.85	0.82	0.47	0.69	0.63	0.26	0.51	0.42			
22	0.72	0.85	0.82	0.47	0.69	0.64	0.27	0.52	0.45	0.10	0.32	0.22
26	0.70	0.84	0.82	0.46	0.68	0.65	0.28	0.53	0.48	0.15	0.38	0.32
28	0.69	0.83	0.82	0.45	0.67	0.65	0.27	0.52	0.49	0.15	0.39	0.34
30	0.69	0.83	0.82	0.44	0.67	0.65	0.27	0.52	0.49	0.15	0.39	0.35
32	0.68	0.82	0.81	0.43	0.66	0.64	0.26	0.51	0.49	0.15	0.39	0.36
34	0.67	0.82	0.81	0.42	0.65	0.64	0.25	0.50	0.49	0.14	0.38	0.36
36	0.66	0.81	0.81	0.41	0.64	0.63	0.25	0.50	0.48	0.14	0.37	0.36
38	0.65	0.80	0.80	0.40	0.63	0.62	0.24	0.49	0.47	0.13	0.37	0.35
40	0.64	0.80	0.79	0.36	0.62	0.62	0.23	0.48	0.47	0.13	0.36	0.35
44	0.61	0.78	0.78	0.36	0.60	0.59	0.20	0.45	0.44	0.11	0.33	0.32
45	0.61	0.78	0.78	0.35	0.60	0.59	0.19	0.44	0.44	0.11	0.33	0.32

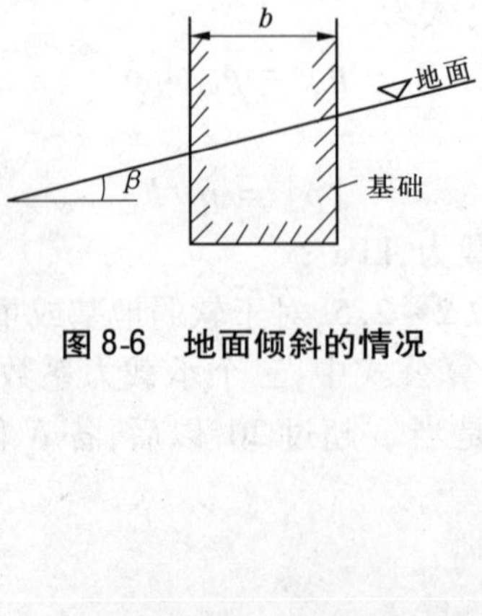

图 8-6　地面倾斜的情况

单元思考

1. 太沙基公式与汉森公式有什么不同?
2. 地基承载力与哪些因素有关系?

任务四　按规范确定地基承载力设计值

问题引导:《公路桥涵地基与基础设计规范》(JTG D63—2007)中地基承载力容许值确定原则是什么?地基承载力容许值根据什么指标确定?规范表格确定的地基承载力需要怎么修正?

《建筑地基基础设计规范》(GB 50007—2011)考虑我国幅员广大、土质条件各异,取消了有关承载力经验数据表的条文和附录,建议勘察单位应根据载荷试验或其他原位测试、公式计算,并结合工程实践经验等方法综合确定承载力。

《公路桥涵地基与基础设计规范》(JTG D63—2007)规定:地基承载力的验算,应以修正后的地基承载力容许值$[f_a]$控制。该值是在地基原位测试或规范给出的各类岩土承载力基本容许值$[f_{a0}]$的基础上,经修正而得。本任务介绍JTG D63—2007中确定地基承载力的方法。

一、地基承载力容许值确定原则

(1)地基承载力容许值$[f_a]$应首先考虑由载荷试验或其他原位测试取得,其值不应大于地基极限承载力的1/2。

对于中小桥、涵洞,当受现场条件限制,或载荷试验和原位测试确有困难时,也可以按照JTC D63—2007中第3.3.3条有关规定采用,内容见本项目任务二中的内容。

(2)地基承载力容许值尚应根据基底埋深、基础宽度及地基土的类别进行修正。

(3)软土地基承载力容许值可按JTG D63—2007中第3.3.5条确定,见本项目任务四的内容。

(4)其他特殊性岩土承载力基本容许值可按照各地区经验或相应的标准确定。

二、地基承载力基本容许值$[f_{a0}]$

地基承载力基本容许值$[f_{a0}]$可根据岩土类别、状态及其物理力学特性指标按规范表格选用,对于一般的黏性土,主要指标是液性指数I_L和天然孔隙比e_0;对于粉土,主要是含水率ω和孔隙比e;对于砂性土、碎石土,主要是按野外现场原位测试确定的土的紧密程度;其他土类所需指标,见相关规范规定。

当基础宽度$b \leqslant 2$ m,基础埋置深度$d \leqslant 3$ m时,地基承载力基本容许值$[f_{a0}]$可按土的类别和物理状态指标从表8-7~表8-15中查得。

(一)一般岩石地基承载力基本容许值[f_{a0}]

一般岩石地基可根据强度等级、节理按表 8-7 选用承载力基本容许值[f_{a0}]。对于复杂岩层(如溶洞、断层、软弱夹层、易溶岩石、软化岩石等),应按各项因素综合确定。

表 8-7　岩石地基承载力基本容许值[f_{a0}]　(单位:kPa)

坚硬程度	节理发育程度		
	节理不发育	节理发育	节理很发育
坚硬岩、较硬岩	>3 000	3 000 ~ 2 000	2 000 ~ 1 500
较软岩	3 000 ~ 1 500	1 500 ~ 1 000	1 200 ~ 800
软岩	1 200 ~ 1 000	1 000 ~ 800	800 ~ 500
极软岩	500 ~ 400	400 ~ 300	300 ~ 200

岩石坚硬程度根据节理发育程度和抗压强度按表 8-8 分级。

表 8-8　岩石坚硬程度分级

坚硬程度类别	坚硬岩	较硬岩	较软岩	软岩	极软岩
饱和单轴抗压强度标准值 f_{rk} (kPa)	$f_{rk}>60$	$60\geqslant f_{rk}>30$	$30\geqslant f_{rk}>15$	$15\geqslant f_{rk}>5$	$f_{rk}\leqslant 5$

(二)碎石地基承载力基本容许值[f_{a0}]

碎石地基承载力基本容许值[f_{a0}]根据土的类别和密实程度按表 8-9 选用。

表 8-9　碎石地基承载力基本容许值[f_{a0}]　(单位:kPa)

土名	密实程度			
	密实	中密	稍密	松散
卵石	1 200 ~ 1 000	1 000 ~ 600	650 ~ 500	500 ~ 300
碎石	1 000 ~ 800	800 ~ 500	550 ~ 400	400 ~ 200
圆砾	800 ~ 600	600 ~ 400	400 ~ 300	300 ~ 200
角砾	700 ~ 500	500 ~ 300	400 ~ 300	300 ~ 200

注:1. 由硬质岩组成,填充砂土者取高值;由软质岩组成,填充黏性土者取低值。

2. 半胶结的碎石土,可按密实的同类土的[f_{a0}]值提高 10% ~ 30%。

3. 松散的碎石土在天然河床中很少遇见,需特别注意鉴定。

4. 漂石、块石的[f_{a0}]值,可参照卵石、碎石适当提高。

碎石土的密实度按重型动力触探锤击数 $N_{63.5}$ 分类,见表 8-10。

表 8-10　碎石土的密实度

锤击数 $N_{63.5}$	密实度	锤击数 $N_{63.5}$	密实度
$N_{63.5} \leqslant 5$	松散	$10 < N_{63.5} \leqslant 20$	中密
$5 < N_{63.5} \leqslant 10$	稍密	$N_{63.5} > 20$	密实

(三)砂土地基承载力基本容许值[f_{a0}]

砂土地基承载力基本容许值[f_{a0}]可按表 8-11 选用。

表 8-11　砂土地基承载力基本容许值[f_{a0}]　(单位:kPa)

土名	湿度	密实度		
		密实	中密	松散
砾砂、粗砂	与湿度无关	550	400	200
中砂	与湿度无关	450	350	150
细砂	水上	350	250	100
	水下	300	200	—
粉砂	水上	300	200	—
	水下	200	100	—

注:1. 砂土的密实度按标准贯入锤击数 N 确定。

2. 在地下水位以上的地基土的湿度称为“水上”。

3. 在地下水位以下的地基土的湿度称为“水下”。

(四)粉土地基承载力基本容许值[f_{a0}]

粉土地基承载力基本容许值[f_{a0}]根据土的天然孔隙比 e 和天然含水率 ω 按表 8-12 确定。

表 8-12　粉土地基承载力基本容许值[f_{a0}]　(单位:kPa)

孔隙比 e	含水率 ω(%)					
	10	15	20	25	30	35
0.5	400	380	355	—	—	—
0.6	300	290	280	270	—	—
0.7	250	235	225	215	205	—
0.8	200	190	180	170	165	—
0.9	160	150	145	140	130	125

(五)黏性土地基承载力基本容许值[f_{a0}]

(1)一般黏性土地基,按 I_L 和 e_0 值查表 8-13 确定。

表 8-13　一般黏性土地基承载力基本容许值[f_{a0}]　　　　(单位:kPa)

e	I_L												
	0	0.1	0.2	0.3	0.4	0.5	0.6	0.7	0.8	0.9	1.0	1.1	1.2
0.5	450	440	430	420	400	380	350	310	270	240	220	—	—
0.6	420	410	400	380	360	340	310	280	250	220	200	180	—
0.7	400	370	350	330	310	290	270	240	220	190	170	160	150
0.8	380	330	300	280	260	240	230	210	180	160	150	140	130
0.9	320	280	260	240	220	210	190	180	160	140	130	120	100
1.0	250	230	220	210	190	170	160	150	140	120	110	—	—
1.1	—	—	160	150	140	130	120	110	100	90	—	—	—

注:1. 一般黏性土是指第四纪全新世(Q_4)沉积的黏性土,一般为正常沉积的黏性土。

2. 土中含有粒径大于 2 mm 的颗粒质量超过全部质量 30% 以上的,[f_{a0}]可适当提高。

3. 当 $e<0.5$ 时,取 $e=0.5$;当 $I_L<0$ 时,取 $I_L=0$。此外,超过表列范围的一般性黏土,$[f_{a0}]=57.22E_s^{0.57}$。

(2)老黏性土地基的[f_{a0}],可按土的压缩模量 E_s 确定,见表 8-14。

表 8-14　老黏性土地基承载力基本容许值[f_{a0}]

E_s(MPa)	10	15	20	25	30	35	40
[f_{a0}](kPa)	380	430	470	510	550	580	620

注:当老黏性土 $E_s<10$ MPa 时,承载力基本容许值[f_{a0}]按一般黏性土确定。

(3)新近沉积黏性土地基承载力基本容许值[f_{a0}]可根据液性指数 I_L 和天然孔隙比 e 按表 8-15 确定。

表 8-15　新近沉积黏性土地基承载力基本容许值[f_{a0}]　　　　(单位:MPa)

e	I_L		
	≤0.25	0.75	1.25
≤0.8	140	120	100
0.9	130	110	90
1.0	120	100	80
1.1	110	90	—

三、地基承载力修正

地基承载力容许值不仅与地基土的性质和状态有关,而且与基础底面尺寸和埋置深度有关(有时还与地面水的深度有关)。因此,当基底宽度 $b>2$ m、埋置深度 $h>3$ m,且 $h/b\leqslant4$ 时,按表格确定的地基承载力基本容许值[f_{a0}]应按式(8-21)加以修正,当基础位于水中不透水地层上时,按平均常水位至一般冲刷线的水深每米再增大 10 kPa。

$$[f_a] = [f_{a0}] + k_1\gamma_1(b-2) + k_2\gamma_2(h-3) \tag{8-21}$$

式中　$[f_{a0}]$——按表 8-7 ~ 表 8-15 查得的地基土的容许承载力，kPa；

b——基础底面短边宽度（或直径），m，当 $b<2$ m 时，取 $b=2$ m；当 $b>10$ m 时，按 $b=10$ m；

h——基础埋置深度，m；自天然地面算起，有水流冲刷时自一般冲刷线算起，当 $h<3$ m，取 $h=3$ m，当 $h/b>4$ 时，取 $h=4b$。

k_1、k_2——基础宽度和埋置深度的修正系数，根据基底持力层土的类别查表 8-16；

γ_1——基底下持力层土的天然重度，kN/m^3，若持力层在水面以下且为透水者，应取浮重度；

γ_2——基底以上土的加权平均重度，kN/m^3，换算时若持力层在水面以下，且不透水，不论基底以上的土透水性质如何，一律取饱和重度，当透水时，水中部分土层则应取浮重度。

表 8-16　地基土承载力宽度、深度修正系数

系数	黏性土				粉土	砂土								碎石土			
	老黏性土	一般黏性土		新近沉积黏性土	—	粉砂		细砂		中砂		砾砂、粗砂		碎石、圆砾、角砾		卵石	
		$I_L\geq0.5$	$I_L<0.5$		—	中密	密实	中密	密实	中密	密实	中密	密实	中密	密实	中密	密实
k_1	0	0	0	0	0	1.0	1.2	1.5	2.0	2.0	3.0	3.0	4.0	3.0	4.0	3.0	4.0
k_2	2.5	1.5	2.5	1.0	1.5	2.0	2.5	3.0	4.0	4.0	5.5	5.0	6.0	5.0	6.0	6.0	10.0

注：1. 对于稍密和松散状态的砂土、碎石土，k_1、k_2 值可采用表列中密值的 50%。

2. 强风化和全风化的岩石，可参照所风化成的相应土类取值，其他状态下的岩石不修正。

关于宽度和深度修正问题，有必要指出：从地基强度考虑，基础愈宽，承载力愈大；但从沉降方面考虑，在荷载强度相同的情况下，基础愈宽，沉降愈大，这在黏性土和粉土地基上尤为明显，故在表 8-16 中黏性土、粉土的 k_1 均为零，即不做宽度修正。对其他土的宽度修正，也做了一定的限制，如规定 $b>10$ m 时，取 $b=10$ m。

由实测资料表明，当基础相对埋置深度 h/b 很大时，地基承载力并不随深度的增加而成正比增加，所以当 $h/b>4$ 时，取 $h=4b$。

四、软土地基承载力基本容许值$[f_{a0}]$

软土地基承载力基本容许值$[f_{a0}]$应由载荷试验或其他原位测试取得。载荷试验和原位测试确有困难时，对于中小桥、涵洞基底未经处理的软土地基，承载力容许值$[f_a]$可采用以下方法确定：

（1）根据原状土天然含水率 ω，按表 8-17 确定承载力基本容许值$[f_{a0}]$，然后按式（8-22）计算修正后的承载力容许值$[f_a]$。

$$[f_a] = [f_{a0}] + \gamma_2 h \tag{8-22}$$

式中　h——基础埋置深度，m，自天然地面算起，有水流冲刷时自一般冲刷线算起，当 $h<$

3 m,取 $h=3$ m,当 $h/b>4$ 时,取 $h=4b$。

γ_2——基底以上土的重度,kN/m^3,地下水位以下为浮重度;

b——基础底面的最小边宽,m,当 $b<2$ m 时,取 $b=2$ m,当 $b>10$ m 时,取 $b=10$ m。

表 8-17　软土地基承载力基本容许值$[f_{a0}]$

天然含水率 ω(%)	36	40	45	50	55	65	75
$[f_{a0}]$(kPa)	100	90	80	70	60	50	40

(2)根据原状土强度指标确定软土地基承载力容许值$[f_a]$。

$$[f_a]=\frac{5.14}{m}k_P c_u+\gamma_2 h \tag{8-23}$$

$$k_P=\left(1+0.2\frac{b}{a}\right)\left(1-\frac{0.4H}{abC_u}\right) \tag{8-24}$$

式中　m——抗力修正系数,可视软土灵敏度及基础长宽比等因素选用1.5~2.5;

c_u——地基土不排水抗剪强度标准值,kPa;

γ_2——基底以上土的重度,kN/m^3,地下水位以下为浮重度;

k_P——系数;

b、a——基础的宽度和长度,m,当有偏心荷载时,b、a 分别由 b'、a'代替,$b'=b-2e_b$,$a'=a-2e_a$,e_b、e_a分别为荷载在基础宽度和长度方向的偏心距;

H——由作用引起的水平力,kN。

经排水固结方法处理的软土地基,其承载力基本容许值$[f_{a0}]$应通过载荷试验或其他原位测试方法确定;经复合地基方法处理的软土地基,其承载力基本容许值$[f_{a0}]$应通过载荷试验确定,然后按照式(8-22)计算修正后的软土地基承载力容许值$[f_a]$。

五、地基承载力容许值的受荷情况影响

地基承载力容许值$[f_a]$应根据地基受荷阶段及受荷情况乘以抗力系数 γ_R。

(一)使用阶段

(1)当地基承受作用短期荷载效应组合或作用效应偶然组合时,可取 $\gamma_R=1.25$;但对承载力容许值$[f_a]$小于150 kPa的地基,应取 $\gamma_R=1.0$。

(2)当地基承受的作用短期荷载效应组合仅包括结构自重、预加力、土重、土侧压力、汽车和人群效应时,应取 $\gamma_R=1.0$。

(3)当基础建于经多年压实未遭受破坏的旧桥基(岩石旧桥基除外)上时,不论地基承受的作用情况如何,抗力系数均可取 $\gamma_R=1.5$;对承载力容许值$[f_a]$小于150 kPa的地基,可取 $\gamma_R=1.25$。

(4)地基建于岩石旧桥基上,应取 $\gamma_R=1.0$。

(二)施工阶段

(1)地基在施工荷载作用下,可取 $\gamma_R=1.25$。

(2)当墩台施工期间承受单向推力时,应取 $\gamma_R=1.5$。

应当指出,全国性规范,无疑要照顾到各地变化极大的土质情况,所以按《公路桥涵地基与基础设计规范》(JTG D63—2007)方法确定地基承载力容许值,一般具有较大的安全度。如遇特殊地基或重大建筑物,宜在可能范围内,利用多种方法获得的结果,经过综合分析比较,选取比较可靠而合理的容许承载力值,以便更充分地利用和发挥地基的潜力,从而达到更经济合理的目的。

【例 8-3】　某水中基础,其底面为 4.0 m×6.0 m 的矩形,埋置深度为 3.5 m,平均常水位到一般冲刷线的深度为 2.5 m。持力层为一般黏性土,它的天然孔隙比 $e=0.7$,液性指数 $I_L=0.45$,天然重度 $\gamma=19.0\ \text{kN/m}^3$。基底以上全为中密的粉砂,其饱和重度 $\gamma_{sat}=20.0\ \text{kN/m}^3$。试求当使用阶段地基在承受作用短期效应组合时,持力层的地基承载力容许值。

解:持力层属一般黏性土,按其 e、I_L 值,查表 8-13 得 $[f_{a0}]=300$ kPa;查表 8-16 得宽度、深度修正系数 $k_1=0, k_2=2.5$,按式(8-21)可算得:

$$[f_a]=[f_{a0}]+k_1\gamma_1(b-2)+k_2\gamma_2(h-3)$$
$$=300+0+2.5\times20\times(3.5-3)=325(\text{kPa})$$

注意:上式计算中因持力层在水面以下,且不透水,故 $\gamma_2=\gamma_{sat}=20\ \text{kN/m}^3$。

由于持力层黏土的 $I_L=0.45<1.0$,呈硬塑状态,可视为不透水,故考虑水深影响,按平均常水位至一般冲刷线的水深每米再增大 10 kPa,常水位到一般冲刷线的深度为 $d_w=2.5$ m,$10d_w=25$ kPa,故考虑水深影响的承载力容许值 $[f_a]=350$ kPa。在承受作用短期效应组合时,$[f_a]$大于 150 kPa,可取抗力修正系数 $\gamma_R=1.25$,故该持力层的地基承载力容许值为

$$\gamma_R[f_a]=1.25\times350=437.5(\text{kPa})$$

单元思考

1. 规范表格确定的地基承载力为什么需要修正?
2. 地基承载力修正系数与什么因素有关?

小　结

(一)地基破坏与地基承载力

在外荷载作用下,地基抵抗剪切破坏的稳定程度称为地基稳定性。地基破坏形式有整体剪切破坏、局部剪切破坏和冲剪破坏。地基整体剪切破坏有弹性变形、弹塑性变形和破坏阶段等三个变形阶段。整体破坏具有延伸到地表连续完整的滑动面,基础周围的地面有明显的隆起,基础发生倾倒,基础沉降量较小,是一种典型的以土体强度破坏为特征的破坏形式,破坏有一定的突然性。三个破坏阶段之间有临塑荷载 p_{cr} 和极限荷载 p_u 两个分界荷载。安全系数法分析地基稳定性时,将满足地基强度稳定要求和变形要求的地基最大承载能力称为地基承载力容许值;新规范采用可靠性设计,将正常使用极限状态计算时的地基承载力称为地基承载力特征值,即在发挥正常使用功能时地基所允许采用的抗

力设计值。确定承载力的方法有理论公式法、现场原位测试法和经验法(规范表格法)等。

(二)按塑性区开展范围确定地基承载力

在宽度为 b、埋深为 d 的条形基础上作用均布荷载 p,假定在极限状态区内土的侧向压力系数 $k_0=1.0$,根据弹性理论可得出塑性区边界方程,从而找到塑性区开展最大深度 z_{max},根据控制塑性区最大深度的范围可得到临塑荷载、塑性荷载的计算公式。使用计算公式时需要注意公式中承载力系数是内摩擦角的函数,承载力的影响因素有土的性质(φ、c、γ)、基础形状及埋深 d,其中基础底面上下的重度对承载力有不同的影响。

(三)按极限荷载确定地基承载力

目前,确定极限荷载的计算公式都是按整体破坏模式、假定滑动面确定地基极限承载力的半经验公式,常用的有太沙基公式和汉森公式。

太沙基公式假定基础底面粗糙、基础两侧埋置深度 d 范围内的土重视为边荷载、在发生整体剪切破坏时地基滑动体分三个区。适用于条形基础、圆形基础和方形基础的整体破坏及局部破坏。汉森公式是在太沙基理论基础上,假定基础底面光滑,同时考虑荷载倾斜、偏心基础形状、地面倾斜等影响,提出了极限承载力的半经验公式,被我国港口工程技术规范所采用。

为保证地基的稳定性,要求地基要有一定的安全储备。所以,极限荷载必须除以安全系数才可作为地基承载力的特征值或容许值。

(四)现场静载荷试验法

由静载荷试验数据绘制 $p\sim s$ 曲线,当 $p\sim s$ 曲线上有比例界限时,取该比例界限对应的荷载 p_0 为地基承载力特征值 f_{ak};当极限荷载小于对应比例界限的荷载的2倍时,取极限荷载值的一半为地基承载力特征值 f_{ak};当不能按上述两项要求确定时,可按限制沉降量取值。同一土层参加统计的试验点数不应少于3个,且特征值的极差不超过平均值的30%时,取其平均值作为该土层的地基承载力特征值 f_{ak}。

(五)地基承载力的修正

根据JTG D63—2007查表确定的地基承载力基本容许值仅适用于基础宽度 $b\leqslant 3.0$ m、基础埋深 $d\leqslant 2.0$ m 的情况。当基础宽度 $b>3.0$ m、基础埋深 $d>2.0$ m 时,需要对承载力基本容许值进行深度和宽度修正。

练习题

8-1 某条形基础宽12 m,埋深2 m,地基土为均质黏性土,$c=12$ kPa,$\varphi=15°$,地下水与基底面同高,该面以上土的湿重度为18 kN/m³,该面以下土的饱和重度为19 kN/m³,计算在受到均布荷载作用时的 $p_{1/3}$、$p_{1/4}$、p_{cr}。

8-2 有一条形基础,埋深1.0 m,地基土的重度为18 kN/m³,土的黏聚力为 $c=20$ kPa,根据基底以下土的内摩擦角 $\varphi=15°$,可知 $N_q=2.3$,$N_c=4.84$,计算地基的临塑荷载。

8-3 有一条形基础,宽为3.0 m,埋深2.0 m,地基土为砂土,其饱和重度为21 kN/m³,内摩擦角为30°,地下水位与地面齐平。①用太沙基公式计算地基的极限荷载;②若提高地基的承载力,应采取哪些措施?

8-4　某建筑物基础宽 3 m、长 10 m，埋深 4 m，地基土层为粉质黏土，孔隙比为 0.8，液性指数 $I_L=0.75$，地下水位与基底齐平，水位以上土 $\gamma=19\ kN/m^3$，水位以下 $\gamma_{sat}=20\ kN/m^3$。求持力层容许承载力修正值。

8-5　有一条形基础，宽度 $b=3$ m，埋深为 $d=1.5$ m。地基土 $\gamma=19\ kN/m^3$，$\varphi=10°$，$c=10$ kPa。试求：①地基的塑性荷载 $p_{1/4}$ 和 $p_{1/3}$；②若地下水上升到基础底面，$\gamma=20\ kN/m^3$，其值有何变化？

8-6　有一宽 12 m 的条形基础，埋深 2 m，基础承受恒定的偏心荷载 $P_v=1\ 500$ kN/m，偏心距 $e=0.4$ m，水平荷载 $P_h=200$ N/m，土的固结不排水强度指标 $\varphi=22°$，天然重度 $\gamma=20\ kN/m^3$，地下水位与基底持平，$\gamma'=11$ kN/m。试按汉森公式计算地基极限承载力。

项目九　浅基础

三基导学

(一)基本概念

无筋扩展基础、扩展基础、柱下条形基础、十字交叉条形基础、筏形基础、箱形基础、独立基础、条形基础,刚性角、允许宽高比,地基强度要求、地基变形要求、地基稳定性要求,沉降量、沉降差、倾斜、局部倾斜。

(二)基本原理

独立基础设计、条形基础设计、刚性基础设计。

(三)基本方法

浅基础设计步骤、基础埋深影响因素、基础底面尺寸确定、软弱下卧层验算(应力扩散法)、倒置梁法计算地基梁。

教学基本要求

(1)掌握浅基础设计的基本步骤及原则;理解刚性基础扩散角的概念,建筑物对地基的要求,浅基础埋深的影响因素及其埋深确定方法;了解浅基础的类型、特点和构造要求。

(2)掌握尺寸确定方法、软弱下卧层验算方法、基底合力偏心距验算、地基变形验算和稳定验算;了解基础尺寸拟定内容。

(3)掌握天然地基上的浅基础施工内容、板桩支护计算内容和方法;熟悉浅基础放样定位方法,理解基坑排水原理;了解基坑形式、基坑开挖与支护形式、基坑排水方式。

能力培养目标

会进行浅基础的地基强度验算;验算地基稳定性和变形量的内容与方法;松软地基的处理原理和方法,能结合实际提出合理的地基处理措施。

学习重点与难点

重点是基础埋深确定、基础底面积确定,刚性基础的基本要求、扩展基础设计的基本要求(持力层强度要求、软弱下卧层的强度要求、变形要求、稳定要求)、基础结构设计。

难点是结构设计、强度验算与稳定验算。

任务一　浅基础类型及设计原则

问题引导:什么是浅基础?浅基础有哪些类型?浅基础设计有哪些要求?刚性基础有什么特点?

地基分为天然地基和人工地基两类,对于建筑物荷载不大或地基土强度较高,不需要经过特殊处理就可承受建筑物荷载的地基,称为天然地基;如果天然地基土质软弱,承载力不够,需要进行人工加固和改良,这种经过人工加固的地基称为人工地基。

基础按照埋置深度和施工方法的不同可分为浅基础和深基础两类。一般埋深小于5 m且能用一般方法施工的基础属于浅基础;若埋深大于5 m,则采用特殊方法施工的基础属于深基础,如桩基础、沉井和地下连续墙等。

天然地基上的浅基础具有结构简单、施工方便、造价低等优点,因此在保证建筑物安全使用的前提下,一般应优先考虑,采用天然地基上的浅基础。

一、浅基础类型及构造

《建筑地基基础设计规范》(GB 50007—2011)将浅基础分为无筋扩展基础(又称刚性基础)、扩展基础、柱下条形基础、筏形基础等类型。

(一)无筋扩展基础

无筋扩展基础(又称刚性基础)是指砖、灰土、三合土、毛石、混凝土和毛石等材料组成的墙下条形或柱下独立基础(见图9-1)。由于这类基础材料抗拉强度低,不能受较大的弯矩作用,稍有弯曲变形,即产生裂缝,而且发展很快,以致基础不能正常工作。因此,通常采取构造措施,《建筑地基基础设计规范》(GB 50007—2011)要求刚性基础高度及台阶形基础每阶的宽高比应符合式(9-1)要求。

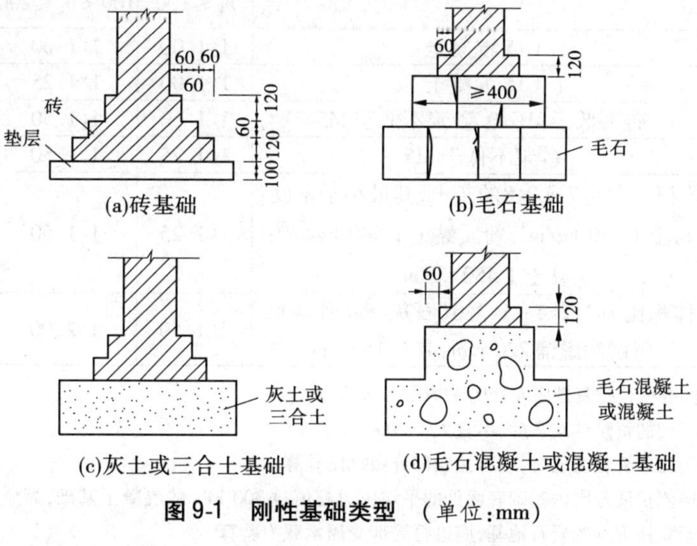

图9-1　刚性基础类型　(单位:mm)

$$H_0 \geqslant \frac{b-b_0}{2\tan\alpha} \tag{9-1}$$

即

$$\tan\alpha_{max} = \frac{b_2}{H_0} \leqslant \left[\frac{b_2}{H_0}\right] = \tan\alpha \tag{9-2}$$

式中　b——基础底面宽度；

b_0——基础顶面的墙体宽度或柱脚宽度；

H_0——基础高度，或台阶高度；

b_2——基础外伸部分的宽度，包括襟边与台阶宽度之和，如图 9-2 所示；

α_{max}——刚性基础的最大扩展角，如图 9-2 所示；

$\frac{b_2}{H_0}$——刚性基础的宽高比，即 $\tan\alpha$，容许值$\left[\frac{b_2}{H_0}\right]$查表 9-1 得到；

α——刚性基础的容许刚性角，如图 9-2 所示。

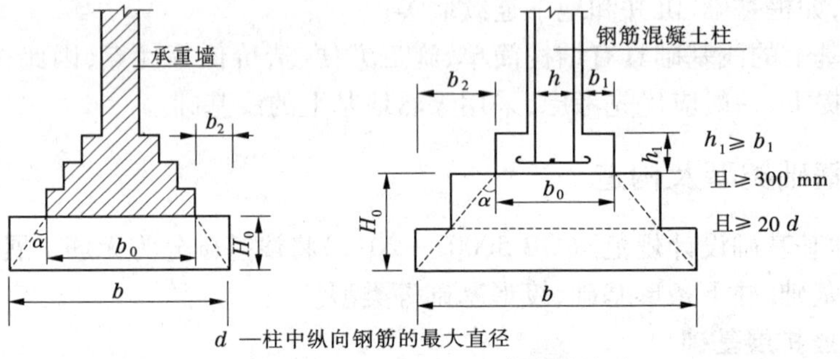

图 9-2　刚性基础刚性角示意图

表 9-1　无筋扩展基础台阶宽高比的容许值$\left[\frac{b_2}{H_0}\right]$

基础材料	质量要求	台阶宽高比的容许值		
		$p_k \leqslant 100$	$100 < p_k \leqslant 200$	$200 < p_k \leqslant 300$
混凝土基础	C15 混凝土	1:1.00	1:1.00	1:1.25
毛石混凝土基础	C15 混凝土	1:1.00	1:1.25	1:1.50
砖基础	砖不低于 MU10、砂浆不低于 M5	1:1.50	1:1.50	1:1.50
毛石基础	砂浆不低于 M5	1:1.25	1:1.50	—
灰土基础	体积比为 3:7或 2:8的灰土，其最小干密度：粉土 1 550 kg/m^3；粉质黏土 1 500 kg/m^3；黏土 1 450 kg/m^3	1:1.25	1:1.50	—
三合土基础	体积比为 1:2:4～1:3:6(石灰:砂:骨料)，每层约虚铺 220 mm，夯至 150 mm	1:1.50	1:2.00	—

注：1. p_k 为作用的标准组合时基础底面处的平均压力值，kPa。

2. 阶梯形毛石基础的每阶伸出宽度，不宜大于 200 mm。

3. 当基础由不同材料叠合组成时，应对接触部分做抗压验算。

4. 混凝土基础单侧扩展范围内基础底面处的平均压力超值过 300 kPa 的混凝土基础，尚应进行抗剪验算；对基底反力集中于立柱附近的岩石地基，应进行局部受压承载力验算。

采用无筋扩展基础的钢筋混凝土柱，其柱脚高度 h_1 不得小于 b_1，如图 9-2(b)所示，并不应小于 300 mm 且不小于 $20d$。当柱纵向钢筋在柱脚内的竖向锚固长度不满足锚固要求时，可沿水平方向弯折，弯折后的水平锚固长度不应小于 $10d$ 也不应大于 $20d$。

(二)扩展基础

1. 扩展基础类型

《建筑地基基础设计规范》(GB 50007—2011)中，扩展基础是指柱下钢筋混凝土独立基础、墙下钢筋混凝土独立基础和墙下钢筋混凝土条形基础。

1)柱下钢筋混凝土独立基础

柱下钢筋混凝土独立基础有现浇混凝土柱基础和预制混凝土柱基础两种。现浇混凝土柱下常采用钢筋混凝土独立基础，基础截面可做成阶梯形或锥形，如图 9-3(a)、(b)所示；预制混凝土柱下采用杯形基础，如图 9-3(c))所示，将柱子插入杯口后，再用细石混凝土将柱子周围的缝隙填充。

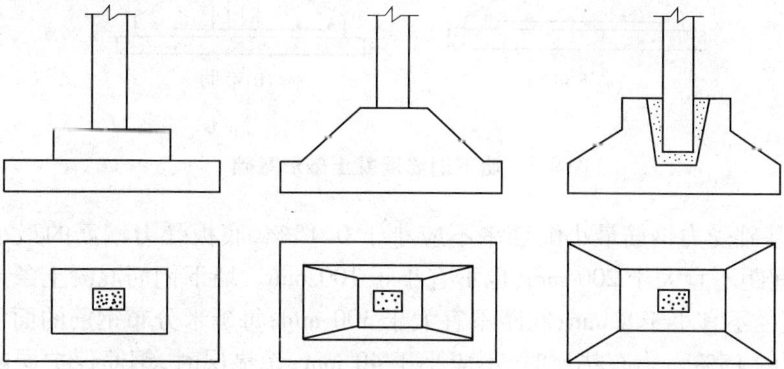

(a)阶梯形基础　(b)锥形基础　(c)杯形基础

图 9-3　柱下钢筋混凝土独立基础

2)墙下钢筋混凝土独立基础

墙下基础，当上层土质松软而其下部深处有较好土层时，为了节约基础材料和减少开挖土方量，也可采用墙下独立基础形式，如图 9-4 所示，基础上设置钢筋混凝土过梁或砖拱圈来承受墙荷载，下部为钢筋混凝土独立基础。

3)墙下钢筋混凝土条形基础

条形基础是墙基础最主要的形式，钢筋混凝土条形基础适用于建筑物荷载较大而土质较差，需要"宽基浅埋"的场合，如图 9-5(a)所示；但当基础上部纵向荷载或地基土的压缩性不均匀时，为了增强基础的整体性和纵向抗弯能力，减少不均匀沉降，也可做成带肋的钢筋混凝土条形基础，如图 9-5(b)所示。

2. 扩展基础的一般构造要求

(1)锥形基础的边缘高度不宜小于 200 mm，且两个方向的坡度不宜大于 1∶3；阶梯形基础的每阶高度宜为 300 ~ 500 mm。

(2)垫层的厚度不宜小于 70 mm，垫层混凝土强度等级不宜低于 C10。

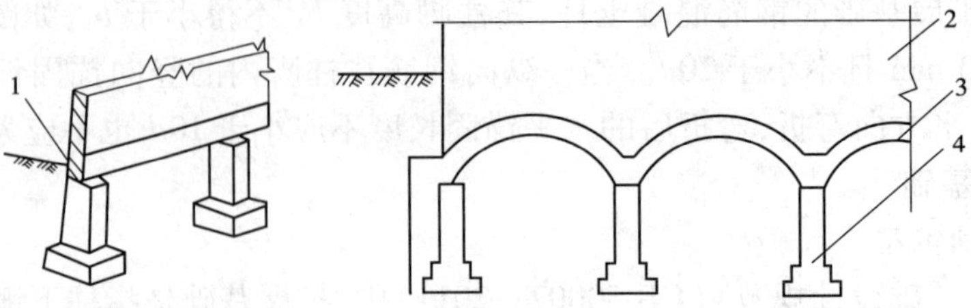

1—过梁;2—砖墙;3—砖拱;4—独立基础

图 9-4 墙下钢筋混凝土独立基础

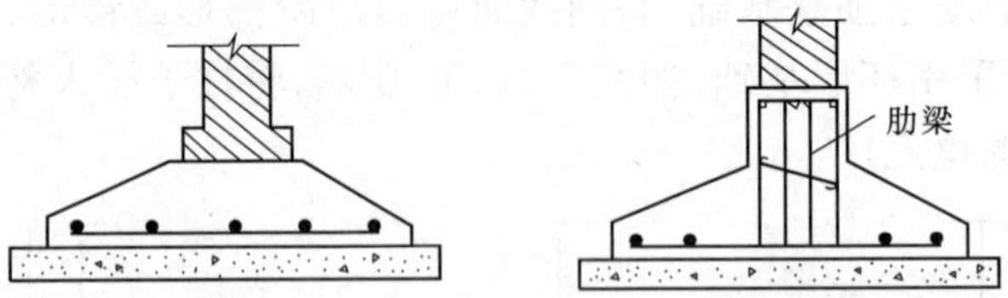

图 9-5 墙下钢筋混凝土条形基础

(3)扩展基础受力钢筋最小配筋率不应小于0.15%,底板受力钢筋的最小直径不宜小于10 mm,间距不宜大于200 mm,也不宜小于100 mm。墙下钢筋混凝土条形基础纵向分布钢筋的直径不宜小于8 mm;间距不宜大于300 mm;每延米分布钢筋的面积应不小于受力钢筋面积的15%。当有垫层时,不应小于40 mm;无垫层时,钢筋保护层的厚度不应小于70 mm。

(4)混凝土强度等级不应低于C20。

(5)当柱下钢筋混凝土独立基础的边长和墙下钢筋混凝土条形基础的宽度大于或等于2.5 m时,底板受力钢筋的长度可取边长或宽度的90%,并宜交错布置(见图9-6)。

(6)钢筋混凝土条形基础底板在T形及十字形交接处,底板横向受力钢筋仅沿一个主要受力方向通长布置,另一方向的横向受力钢筋可布置到主要受力方向底板宽度的1/4处(见图9-7)。在拐角处底板横向受力钢筋应沿两个方向布置(见图9-7)。

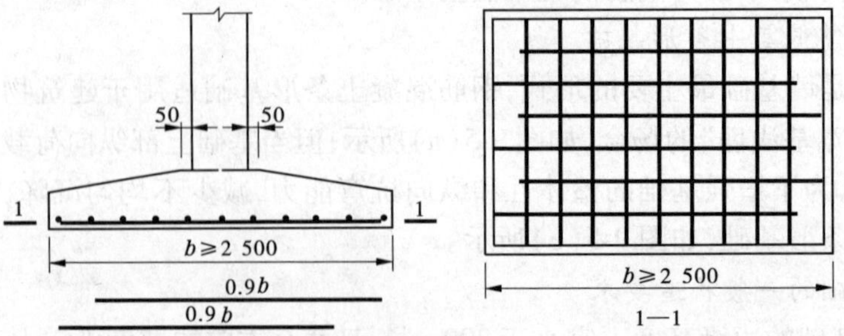

图 9-6 柱下钢筋混凝土独立基础底板受力钢筋布置 (单位:mm)

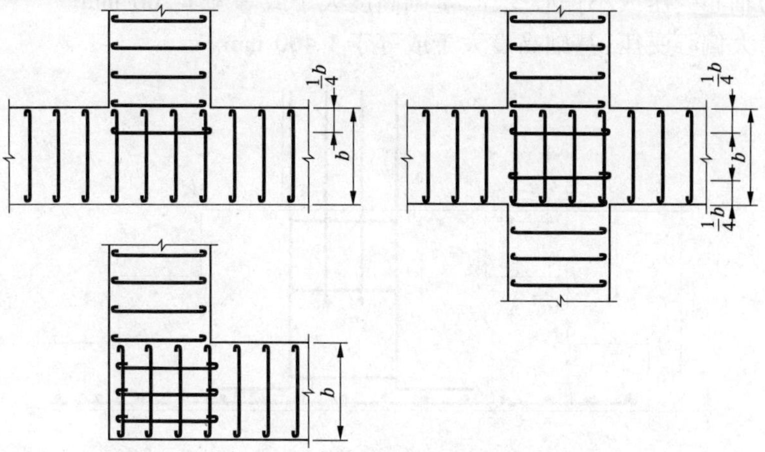

图 9-7　墙下钢筋混凝土条形基础的构造

3. 扩展基础与主体的连接钢筋要求

1）现浇柱和剪力墙与基础的连接钢筋

钢筋混凝土柱和剪力墙纵向受力钢筋在基础内的锚固长度应符合下列规定：

（1）钢筋混凝土柱和剪力墙纵向受力钢筋在基础内的锚固长度（l_a）应根据现行国家标准《混凝土结构设计规范》（GB 50010—2010）有关规定确定。

（2）抗震设防烈度为 6 度、7 度、8 度和 9 度地区的建筑工程，纵向受力钢筋的抗震锚固长度（l_{aE}）应按下式计算：

①一、二级抗震等级纵向受力钢筋的抗震锚固长度（l_{aE}）应按下式计算：

$$l_{aE} = 1.15 l_a \tag{9-3}$$

②三级抗震等级纵向受力钢筋的抗震锚固长度（l_{aE}）应按下式计算：

$$l_{aE} = 1.05 l_a \tag{9-4}$$

③四级抗震等级纵向受力钢筋的抗震锚固长度（l_{aE}）应按下式计算：

$$l_{aE} = l_a \tag{9-5}$$

式中　l_a——纵向受拉钢筋的锚固长度，m。

（3）当基础高度小于 l_a（l_{aE}）时，纵向受力钢筋的锚固总长度除符合上述要求外，其最小直锚段的长度不应小于 $20d$，弯折段的长度不应小于 150 mm。

2）现浇柱与基础的连接钢筋

现浇柱的基础，其插筋的数量、直径以及钢筋种类应与柱内纵向受力钢筋相同。插筋的锚固长度应满足 GB 50007—2011 的规定，插筋与柱的纵向受力钢筋的连接方法应符合现行国家标准《混凝土结构设计规范》（GB 50010—2010）的有关规定。插筋的下端宜做成直钩放在基础底板钢筋网上。当符合下列条件之一时，可仅将四角的插筋伸至底板钢筋网上，其余插筋锚固在基础顶面下 l_a 或 l_{aE} 处（见图 9-8）。

(1)柱为轴心受压或小偏心受压,基础高度大于或等于 1 200 mm。

(2)柱为大偏心受压,基础高度大于或等于 1 400 mm。

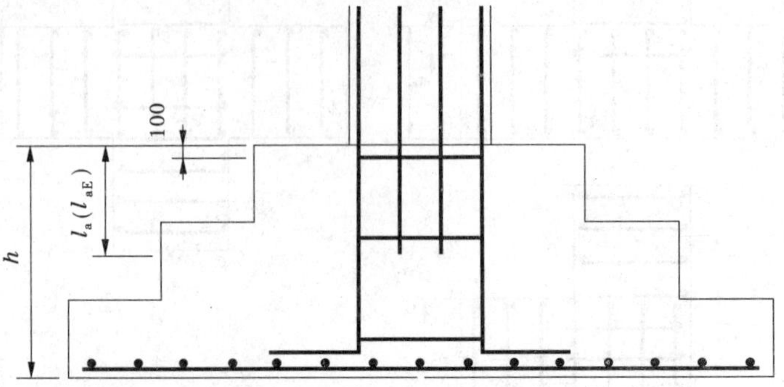

图 9-8　现浇柱的基础中插筋构造示意图　(单位:mm)

4. 预制钢筋混凝土柱与杯口基础的构造要求

预制钢筋混凝土柱与杯口基础的连接应符合插入深度、杯底厚度和杯壁厚度的要求,如图 9-9 所示。其中柱的插入深度、杯底厚度和杯壁厚度可分别按表 9-2、表 9-3 选用。当柱为轴心受压或小偏心受压且 $t/h \geqslant 0.65$,或大偏心受压且 $t/h \geqslant 0.75$ 时,杯壁可不配筋;当轴心受压或小偏心受压且 $0.5 \leqslant t/h < 0.65$ 时,可按表 9-4 配构造筋;其他情况按计算配筋。

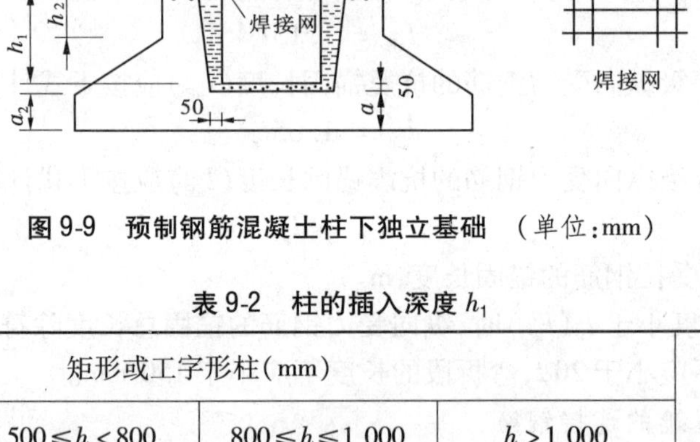

图 9-9　预制钢筋混凝土柱下独立基础　(单位:mm)

表 9-2　柱的插入深度 h_1

矩形或工字形柱(mm)				双肢柱
$h<500$	$500 \leqslant h<800$	$800 \leqslant h \leqslant 1\ 000$	$h>1\ 000$	
$h \sim 1.2h$	h	$0.9h$ 且$\geqslant 800$	$0.8h$ 且$\geqslant 1\ 000$	$(1/3 \sim 2/3)h_a$ $(1.5 \sim 1.8)h_b$

注:1. h 为柱截面长边尺寸,h_a 为双肢柱全截面长边尺寸,h_b 为双肢柱全截面短边尺寸。

2. 当柱轴心受压或小偏心受压时,h_1 可适当减小;当偏心距大于 $2h$ 时,h_1 应适当加大。

表 9-3　基础的杯底厚度和杯壁厚度

柱截面长边尺寸 h(mm)	杯底厚度 a_1(mm)	杯壁厚度 t(mm)
$h<500$	≥150	150~200
$500\leqslant h<800$	≥200	≥200
$800\leqslant h<1\,000$	≥200	≥300
$1\,000\leqslant h<1\,500$	≥250	≥350
$1\,500\leqslant h<2\,000$	≥300	≥400

表 9-4　杯壁构造配筋

柱截面长边尺寸(mm)	$h<1\,000$	$1\,000\leqslant h<1\,500$	$1\,500\leqslant h<2\,000$
钢筋直径(mm)	8~10	10~12	12~16

(三)柱下条形基础

1. 柱下条形基础类型

在框架结构中,当地基软弱而柱荷载较大,且柱距又比较小时,如采用柱下独立基础,可能因基础底面积很大,使基础间的净距很小甚至重叠,为了增加基础的整体刚度、减小不均匀沉降,可将同一排的柱基础连在一起成为钢筋混凝土条形基础(见图 9-10(a))。

若将纵、横两个方向均设置成钢筋混凝土条形基础,形成如图 9-10(b)所示的十字交叉条形基础。这种基础的整体刚度更大,是多层厂房和高层建筑物中常用的形式。

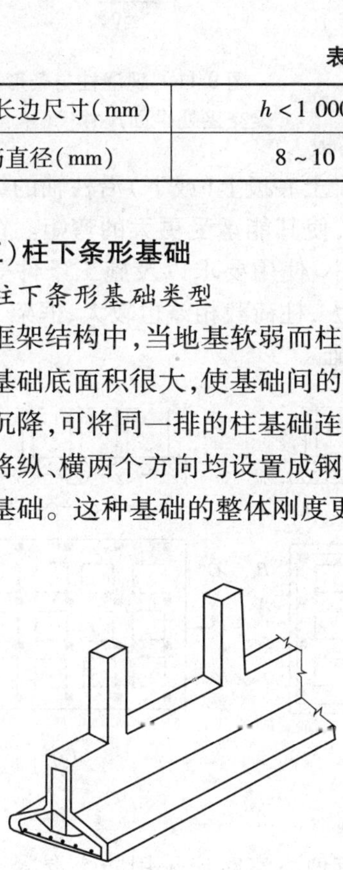

(a)柱下钢筋混凝土条形基础

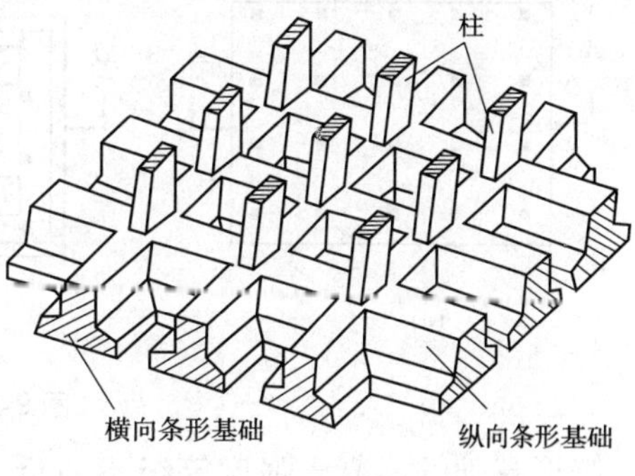

(b)十字交叉条形基础

图 9-10　柱下条形基础类型

2. 构造要求

柱下条形基础除应该满足扩展基础的构造要求外,还应该符合下列要求:①柱下条形基础梁的高度宜为柱距的 1/4~1/8。翼板厚不应小于 200 mm。当翼板厚度大于 250 mm 时,宜采用变厚度翼板,其坡度宜小于等于 1∶3。②条形基础的端部宜向外伸出,其长度宜为第一跨距的 25%。③现浇柱与条形基础梁的交接处,基础梁的平面尺寸应大于柱的平面尺寸,且柱的边缘至基础梁边缘的距离不得小于 50 mm,如图 9-11 所示。④条形基础梁顶部和底部的纵向受力筋除满足计算要求外,顶部钢筋按计算配筋全部贯通,底部通长配筋不应少于底部受力钢筋截面总面积的 1/3。⑤柱下条形基础的混凝土等级不应低于 C20。

(四)筏形基础

当地基软弱而荷载较大,以致采用十字交叉条形基础还不能满足要求时,可用钢筋混凝土做成连续整片基础,即筏形基础(或筏板基础)。它在结构上同倒置的楼盖结构,比十字交叉条形基础有更大的整体刚度,能很好地调整地基的不均匀沉降,特别是对有地下防渗要求的建筑物,筏形基础是较为理想的底板结构。

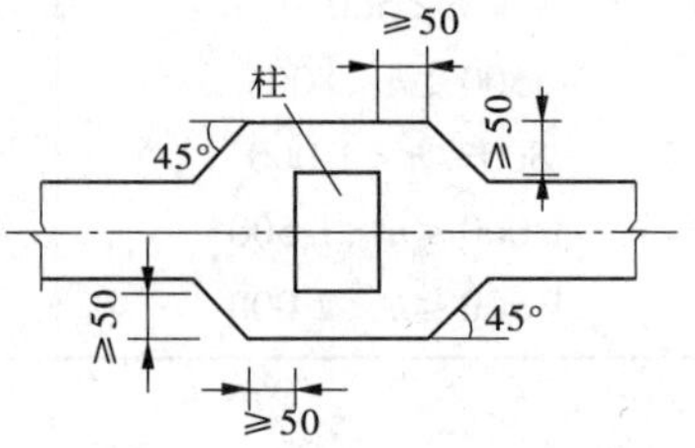

图 9-11 现浇柱与条形基础梁交接处平面尺寸 (单位:mm)

筏形基础分为梁板式和平板式两种类型。平板式是一块等厚的钢筋混凝土底板,柱子直接支立在底板上,如图 9-12(a)所示;梁板式筏形基础是在钢筋混凝土底板上(或下)沿柱轴的纵横向设置基础梁,如图 9-12(b)、(c)所示,以增加基础刚度,使其能承受更大的弯矩。筏形基础选型应根据地基土质、上部结构体系、柱距、荷载大小、使用要求以及施工条件等因素确定。如柱网间距较小,可采用平板式;如柱网间距较大,柱荷载相差也较大,框架 - 核心筒结构和筒中筒结构的高层建筑宜采用平板式筏形基础。

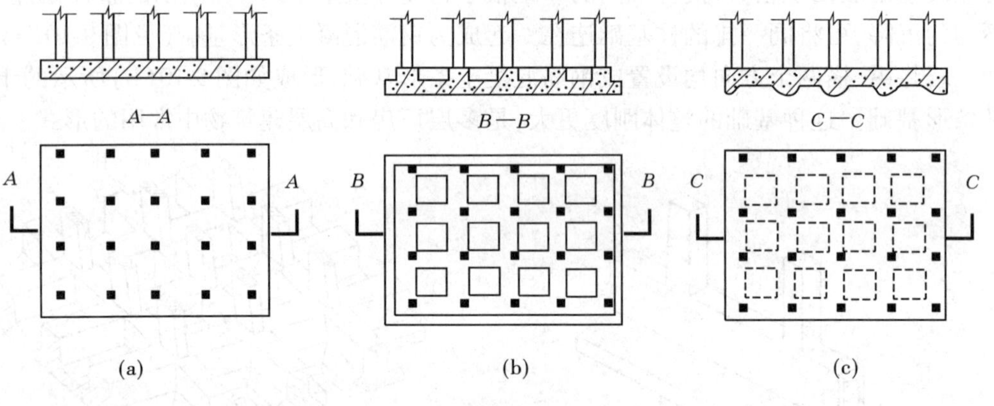

图 9-12 筏形基础

筏形基础的混凝土强度等级不应低于 C30,当有地下室时应采用防水混凝土。防水混凝土的抗渗等级应按相关规范要求选用。对重要建筑,宜采用自防水并设置架空排水层。采用筏形基础的地下室,钢筋混凝土外墙厚度不应小于 250 mm,内墙厚度不宜小于 200 mm。墙的截面设计除满足承载力要求外,尚应考虑变形、抗裂及外墙防渗等要求。墙体内应设置双面钢筋,钢筋不宜采用光面圆钢筋,水平钢筋的直径不应小于 12 mm,竖向钢筋的直径不应小于 10 mm,间距不应大于 200 mm。

(五)箱形基础

箱形基础是由现浇的钢筋混凝土底板、顶板和纵横内外隔墙组成的空间整体结构,如图 9-13 所示。这种基础具有相当大的整体抗弯刚度,使上部结构不易开裂,并可利用箱形基础的中空部分作为地下室。由于基础深埋、空腹,可大大减小作用于基础底面的附加压力,减少建筑物的沉降。因此,适用于软弱地基、高层和重型建筑物及某些对不均匀沉降有严格要求的设备和构筑物基础。

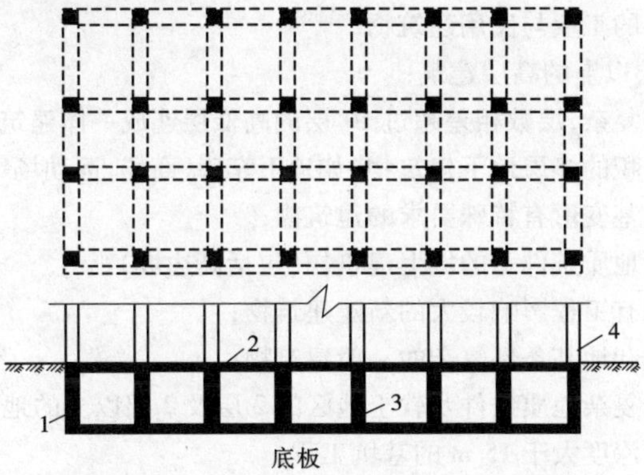

1—外墙;2—顶板;3—内墙;4—上部结构

图9-13　箱形基础

二、浅基础设计基本规定

任何建筑物的重量和各种荷载都将通过基础传给地基,地基与基础是整个建筑物的支撑体。因此,地基、基础设计是一项直接关系到建筑物安全、经济、合理性的重要工作。设计时必须遵循设计原则,合理选择地基、基础方案,因地制宜地精心设计与施工。

根据建筑物地基、基础设计等级及长期荷载作用下地基变形对上部结构的影响程度,地基基础应符合有关强度、变形及稳定性的规定。

(一)地基、基础设计等级划分

地基、基础设计应根据地基复杂程度、建筑物规模和功能特征以及由于地基问题可能造成建筑物破坏或影响正常使用的程度分为三个设计等级,设计时应根据具体情况按表9-5选用。

(二)地基、基础设计的基本要求

根据建筑物地基、基础设计等级及长期荷载作用下地基变形对上部结构的影响程度,地基、基础设计应符合有关强度、变形和稳定性的规定。

1.地基强度要求

所有建筑物的地基计算均应满足承载力计算的有关规定,即

当轴心荷载作用时

$$p_k \leqslant f_a \tag{9-6}$$

式中　p_k——相应于作用的标准组合时,基础底面处的平均压力值,kPa;

　　　f_a——修正后的地基承载力特征值,kPa。

当偏心荷载作用时,除符合式(9-6)要求外,尚应符合式(9-7)的规定:

$$p_{kmax} \leqslant 1.2f_a \tag{9-7}$$

式中　p_{kmax}——相应于作用的标准组合时,基础底面边缘的最大压力值,kPa。

表 9-5　地基、基础设计等级

设计等级	建筑类型
甲级	重要的工业与民用建筑物； 30 层以上的高层建筑； 体形复杂,层数相差超过 10 层的高低层连成一体建筑物； 大面积的多层地下建筑物(如地下车库、商场、运动场等)； 对地基变形有特殊要求的建筑物； 复杂地质条件下的坡上建筑物(包括高边坡)； 对原有工程影响较大的新建建筑物； 场地和地基条件复杂的一般建筑物； 位于复杂地质条件及软土地区的 2 层及 2 层以上的地下室的基坑工程； 开挖深度大于 15 m 的基坑工程； 周边环境条件复杂、环境保护要求高的基坑工程
乙级	除甲级、丙级外的工业与民用建筑物； 除甲级、丙级外的基坑工程
丙级	场地和地基条件简单、荷载分布均匀的 7 层及 7 层以下的民用建筑及一般工业建筑,次要的轻型建筑物； 非软土地区且场地地质条件简单、基坑周边环境条件简单、环境保护要求不高且开挖深度小于 5.0 m 的基坑工程

水闸闸室基底应力的最大值与最小值之比不应大于表 9-6 规定的容许值。

表 9-6　土基上闸室基底应力最大值与最小值之比的容许值

地基土质	荷载组合	
	基本组合	特殊组合
松软	1.50	2.00
中等坚硬	2.00	2.50
坚硬	2.50	3.00

注：1. 对于特别重要的大型水闸,其闸室基底应力最大值与最小值之比的容许值可按表列数值适当减小。
2. 对于地震区的水闸,闸室基底应力最大值与最小值之比的容许值可按表列数值适当增大。
3. 对于地基特别坚实或可压缩土层很薄的水闸,可不受本表的规定限制,但要求闸室基底不出现拉应力。

2. 地基变形要求

设计等级为甲级、乙级的建筑物,均应按地基变形设计。设计等级为丙级的建筑物有下列情况之一时应做变形验算：①地基承载力特征值小于 130 kPa,且体形复杂的建筑物；②在基础上及其附近有地面堆载或相邻基础荷载差异较大,可能引起地基产生过大的不均匀沉降时；③软弱地基上的建筑物存在偏心荷载时；④相邻建筑物距离近,可能发生倾斜时；⑤地基内有厚度较大或厚薄不均的填土,其自重固结未完成时。表 9-7 所列范围内设计等级为丙级的建筑物可不做变形验算。

表 9-7 可不做地基变形验算的设计等级为丙级的建筑物范围

地基主要受力层情况	地基承载力特征值 f_{ak}(kPa)			$80 \leqslant f_{ak} < 100$	$100 \leqslant f_{ak} < 130$	$130 \leqslant f_{ak} < 160$	$160 \leqslant f_{ak} < 200$	$200 \leqslant f_{ak} < 300$
	各土层坡度(%)			≤5	≤10	≤10	≤10	≤10
建筑类型	砌体承重结构、框架结构(层数)			≤5	≤5	≤6	≤6	≤7
	单层排架结构(6 m柱距)	单跨	吊车额定起重量(t)	10~15	15~20	20~30	30~50	50~100
			厂房跨度(m)	≤18	≤24	≤30	≤30	≤30
		多跨	吊车额定起重量(t)	5~10	10~15	15~20	20~30	30~75
			厂房跨度(m)	≤18	≤24	≤30	≤30	≤30
	烟囱		高度(m)	≤40	≤50	≤75		≤100
	水塔		高度(m)	≤20	≤30	≤30		≤30
			容积(m^3)	50~100	100~200	200~300	300~500	500~1000

注:1. 地基主要受力层是指条形基础底面下深度为 $3b$(b 为基础底面宽度),独立基础下为 $1.5b$,且厚度均不小于 5 m 的范围(2 层以下一般的民用建筑除外)。

2. 地基主要受力层中如有承载力特征值小于 130 kPa 的土层,表中砌体承重结构的设计,应符合(GB 50007—2011)第 7 章的有关要求。

3. 表中砌体承重结构和框架结构均指民用建筑,对于工业建筑可按厂房高度、荷载情况折合成与其相当的民用建筑层数。

4. 表中吊车额定起重量、烟囱高度和水塔容积的数值是指最大值。

有地基变形设计要求的地基,其建筑物的地基变形计算值 s 不应大于地基变形容许值 $[s]$,即

$$s \leqslant [s] \tag{9-8}$$

建筑物的地基变形容许值 $[s]$ 应按表 9-8 规定采用。对表中未包括的建筑物,其地基变形允许值应根据上部结构对地基变形的适应能力和使用上的要求确定。

表 9-8 建筑物的地基变形容许值

变形特征		地基土的类别	
		中、低压缩性土	高压缩性土
砌体承重结构基础的局部倾斜		0.002	0.003
工业与民用建筑相邻柱基的沉降差	框架结构	$0.002l$	$0.003l$
	砌体墙填充的边排柱	$0.0007l$	$0.001l$
	当基础不均匀沉降时不产生附加应力的结构	$0.005l$	$0.005l$
单层排架结构(柱距为 6 m)柱基的沉降量(mm)		(120)	200

续表 9-8

变形特征	地基土的类别	
	中、低压缩性土	高压缩性土
桥式吊车轨面的倾斜 (按不调整轨道考虑)	纵向	0.004
	横向	0.003
多层和高层建筑的整体倾斜	$H_g \leqslant 24$	0.004
	$24 < H_g \leqslant 60$	0.003
	$60 < H_g \leqslant 100$	0.002 5
	$H_g > 100$	0.002
体形简单的高层建筑基础的平均沉降量(mm)		200
高耸结构基础的倾斜	$H_g \leqslant 20$	0.008
	$20 < H_g \leqslant 50$	0.006
	$50 < H_g \leqslant 100$	0.005
	$100 < H_g \leqslant 150$	0.004
	$150 < H_g \leqslant 200$	0.003
	$200 < H_g \leqslant 250$	0.002
高耸结构基础的沉降量(mm)	$H_g \leqslant 100$	400
	$100 < H_g \leqslant 200$	300
	$200 < H_g \leqslant 250$	200

注:1. 本表数值为建筑物地基实际最终变形容许值。

2. 有括号者仅适用于中压缩性土。

3. l 为相邻柱基的中心距,mm;H_g 为自室外地面起算的建筑物高度,m。

4. 倾斜指基础倾斜方向两端点的沉降差与其距离的比值。

5. 局部倾斜指砌体承重结构沿纵向 6 ~ 10 m 内基础两点的沉降差与其距离的比值。

3. 地基稳定性要求

对经常受水平荷载作用的高层建筑、高耸结构和挡土墙等,以及建造在斜坡上或边坡附近的建筑物和构筑物,尚应验算其稳定性;基坑工程应进行稳定性验算;建筑地下室或地下构筑物存在上浮问题时,尚应进行抗浮验算。

地基、基础的设计使用年限不应小于建筑结构的设计使用年限。

(三)岩土工程勘察资料

地基、基础设计前应进行岩土工程勘察,并应符合下列规定:

(1)岩土工程勘察报告应提供下列资料:

①有无影响建筑场地稳定性的不良地质作用,评价其危害程度。

②建筑物范围内的地层结构及其均匀性,各岩土层的物理力学性质指标,以及对建筑材料的腐蚀性。

③地下水埋藏情况、类型和水位变化幅度及规律，以及对建筑材料的腐蚀性。

④在抗震设防区应划分场地类别，并对饱和砂土及粉土进行液化判别。

⑤对可供采用的地基基础设计方案进行论证分析，提出经济合理、技术先进的设计方案建议；提供与设计要求相对应的地基承载力及变形计算参数，并对设计与施工应注意的问题提出建议。

⑥当工程需要时，尚应提供：深基坑开挖的边坡稳定计算和支护设计所需的岩土技术参数，论证其对周边环境的影响；基坑施工降水的有关技术参数及地下水控制方法的建议；用于计算地下水浮力的设防水位。

(2)地基评价宜采用钻探取样、室内土工试验、触探，并结合其他原位测试方法进行。设计等级为甲级的建筑物应提供载荷试验指标、抗剪强度指标、变形参数指标和触探资料；设计等级为乙级的建筑物应提供抗剪强度指标、变形参数指标和触探资料；设计等级为丙级的建筑物应提供触探及必要的钻探和土工试验资料。

(3)建筑物地基均应进行施工验槽。当地基条件与原勘察报告不符时，应进行施工勘察。

(四)作用效应与相应的抗力限值

地基基础设计时，所采用的作用效应与相应的抗力限值应符合下列规定：

(1)按地基承载力确定基础底面积及埋深或按单桩承载力确定桩数时，传至基础或承台底面上的作用效应应按正常使用极限状态下作用的标准组合。相应的抗力应采用地基承载力特征值或单桩承载力特征值。

(2)计算地基变形时，传至基础底面上的作用效应应按正常使用极限状态下作用的准永久组合，不应计入风荷载和地震作用。相应的限值应为地基变形容许值。

(3)计算挡土墙、地基或滑坡稳定以及基础抗浮稳定时，作用效应应按承载能力极限状态下作用的基本组合，但其分项系数均为 1.0。

(4)在确定基础或桩基承台高度、支挡结构截面、计算基础或支挡结构内力、确定配筋和验算材料强度时，上部结构传来的作用效应和相应的基底反力、挡土墙土压力以及滑坡推力，应按承载能力极限状态下作用的基本组合，采用相应的分项系数。当需要验算基础裂缝宽度时，应按正常使用极限状态作用的标准组合。

(5)基础设计安全等级、结构设计使用年限、结构重要性系数应按有关规范的规定采用，但结构重要性系数 γ_0 不应小于 1.0。

(五)作用组合的效应设计值

地基基础设计时，作用组合的效应设计值应符合下列规定：

(1)正常使用极限状态下，标准组合的效应设计值(S_k)应按式(9-9)确定：

$$S_k = S_{Gk} + S_{Q1k} + \psi_{c2} S_{Q2k} + \cdots + \psi_{cn} S_{Qnk} \tag{9-9}$$

式中　S_{Gk}——永久作用标准值(G_k)的效应；

S_{Qik}——第 i 个可变作用标准值(Q_{ik})的效应；

ψ_{ci}——第 i 个可变作用(Q_i)的组合值系数，按现行国家标准《建筑结构荷载规范》(GB 50009—2012)的规定取值。

(2)准永久组合的效应设计值(S_k)应按式(9-10)确定：

$$S_{k} = S_{Gk} + \psi_{q1} S_{Q1k} + \psi_{q2} S_{Q2k} + \cdots + \psi_{qn} S_{Qnk} \tag{9-10}$$

式中　ψ_{qi}——第 i 个可变作用的准永久值系数,按现行国家标准《建筑结构荷载规范》(GB 50009—2012)的规定取值。

(3)承载能力极限状态下,由可变作用控制的基本组合的效应设计值(S_d)应按式(9-11)确定:

$$S_{d} = \gamma_{G} S_{Gk} + \gamma_{Q1} S_{Q1k} + \gamma_{Q2} \psi_{c2} S_{Q2k} + \cdots + \gamma_{Qn} \psi_{cn} S_{Qnk} \tag{9-11}$$

式中　γ_G——永久作用的分项系数,按现行国家标准《建筑结构荷载规范》(GB 50009—2012)的规定取值;

γ_{Qi}——第 i 个可变作用的分项系数,按现行国家标准《建筑结构荷载规范》(GB 50009—2012)的规定取值。

(4)对由永久作用控制的基本组合,也可采用简化规则,基本组合的效应设计值(S_d)可按式(9-12)确定:

$$S_{d} = 1.35 S_{k} \tag{9-12}$$

式中　S_k——标准组合的作用效应设计值。

三、浅基础设计步骤

(1)分析研究设计所必需的建筑场地的工程地质条件和地质勘察资料、建筑材料及施工技术条件资料、建筑物的结构形式、使用要求及上部结构荷载资料等。综合考虑选择基础类型、材料、平面布置。

(2)选定基础埋置深度,确定地基承载力。

(3)拟定基础底面尺寸验算地基承载力,必要时做地基下卧层强度验算、地基变形验算和地基稳定性验算。

(4)确定基础剖面尺寸,进行基础结构计算(包括基础内力计算、强度配筋计算)。

(5)绘制基础施工详图,提出必要的施工技术说明。

单元思考

1. 各类浅基础构造有什么特点?
2. 地基、基础设计的基本要求有哪些?

任务二　地基计算

问题引导:浅基础设计包含哪些内容?基础埋深确定要考虑哪些因素?什么是持力层,持力层应满足什么要求?如何确定基底面积?

浅基础尺寸设计包括基础高度、平面尺寸和剖面等内容的确定。设计时可以先根据上部结构或经验拟定尺寸,然后验算地基强度、变形和稳定性,其中强度验算包括持力层强度验算和软弱下卧层强度验算。初步设计浅基础时,在选定了基础类型和埋置深度后,可根据持力层修正后的承载力特征值估算基础底面尺寸。

基础高度确定要考虑建筑物的美观,并保护其不受外力破坏,应根据上部结构形式、荷载大小,以及基础材料等因素来确定,一般要求基础不外露,以防碰损。根据按照前述确定埋深的方法定出基础底面标高,基础总高度即顶面标高与底面标高之差。

一、基础埋深

基础埋深指基础埋入土体中的深度,房屋建筑基础埋深是指从室外设计地面到基础底面的距离。基础埋深对基础尺寸、施工技术、工期以及工程造价都有较大影响。一般在满足地基稳定和变形要求的前提下,当上层土的承载力大于下层土时,宜利用上层土做持力层。除岩石地基外,基础埋深不宜小于0.5 m。由于影响基础埋深的因素很多,设计时应当从实际出发,综合分析,合理选择。此处分述选择基础埋深时要考虑的几个因素。

(一)建筑物用途和结构类型

建筑物的特殊用途和结构类型是选择基础埋深的先决条件。如设有地下室、半地下式建筑物、带有地下设施的建筑物和具有地下部分的设备基础等,其基础埋深就要结合地下部分的设计标高来选定。对于中、小跨度的简支梁桥来说,这项因素对确定基础埋深影响不大。但对类似拱桥的超静定结构,对不均匀沉降比较敏感,即使在基础发生很小不均匀沉降时都会使内力产生较大的变化。因此,基础需坐落在较深的坚实土层上。又如,砌体结构下的刚性基础,由于要满足容许宽高比的构造要求,基础埋深应由其构造要求确定。

(二)基础荷载

作用在基础上的荷载大小和性质对基础埋深的选择有很大的影响。就浅土层而言,当基础荷载小时,它是很好的持力层;而当基础荷载大时,可能因地基承载力不足而不宜做持力层,需增大埋深或对地基进行加固处理。对承受振动荷载的基础,不宜选择易产生振动液化的土层做持力层,以防基础失稳。在抗震设防区,除岩石地基外,天然地基上的箱形基础和筏形基础的埋深不宜小于建筑物高度的1/15。高层建筑基础的埋深应满足地基承载力、变形和稳定性要求。位于岩石地基上的高层建筑,其基础埋深应满足抗滑稳定性要求。

(三)工程地质条件和水文地质条件

场地的工程地质条件和水文地质条件是分析、确定基础埋深的主要依据。要根据各土层的厚度、分布情况、地基承载力大小和压缩性高低,结合上部结构情况进行技术、经济比较,综合分析确定。

1. 工程地质条件影响

地质条件是确定基础埋深的重要因素之一,当基岩埋深较小时,基础应尽可能直接坐落在新鲜的基岩上;当覆盖层或风化层很厚不能清除时,基础在风化层中的深度应该根据基岩风化程度、承载力容许值和冲刷深度综合确定。对于倾斜的基岩面,不能将基础的部分坐落在基岩上,而另一部分则置于土基上,以免不均匀沉降引起倾斜或断裂。基础宜埋置在地下水位以上,当必须埋在地下水位以下时,应采取地基土在施工时不受扰动的措施。当基础埋置在易风化的岩层上,施工时应在基坑开挖后立即铺筑垫层。

对于非岩石地基,压缩层范围内为均质地基时,可以根据冲刷深度、冻胀深度和荷载大小来确定。非均质地基可以从以下几方面考虑:

(1)当地基土层均匀时,在满足地基承载力和变形要求的前提下,基础应尽量浅埋,以便节省投资,方便施工。为了保护基础,要求基础埋深不得小于0.5 m(岩石地基除外),基础底面应埋入持力层150 mm,基础顶面在室外地面以下至少100 mm。如地基土层软弱,不宜做天然地基的浅基础,可考虑进行地基加固处理。

(2)当地基上层土质差而下层土质好时,视上层土的厚度来确定基础埋深。若上软弱土层厚度小于2 m,应将软弱土层挖除,将基础置于下层坚实土层上。若上软弱土层较厚(达2~4 m),为减少开挖,在可能的条件下对低层房屋可考虑扩大基底面积,加强上部结构刚度,减少沉降影响,但对重要建筑物仍应置于坚实土层上。若上软弱土层很厚(大于5 m),通常采用人工加固地基或用桩基础。

(3)当地基上层土质好于下层土质时,基础应尽量浅埋,甚至大面积填土夯实,再开挖做基础,以充分利用上部好土做地基持力层。

(4)当地基上、下坚实土层中间夹有软弱土层时,应根据上部荷载的大小和软弱夹层的厚薄,按上述原则来确定埋深。

2. 水文地质条件影响

如地基中有地下水,基础宜埋在地下水位以上,便于施工。如按设计,基础必须置于地下水位以下,应采取基坑排水、坑壁支护等措施,使地基土在施工时不受扰动。同时,要考虑地下水对基础是否有腐蚀性等。

当持力层为黏性土等隔水层,而下层土中含有承压水时,如图9-14所示,在基槽开挖中应在槽底留有一定的安全厚度 h_0,以防承压水冲破槽底土层,破坏地基,淹没基坑。

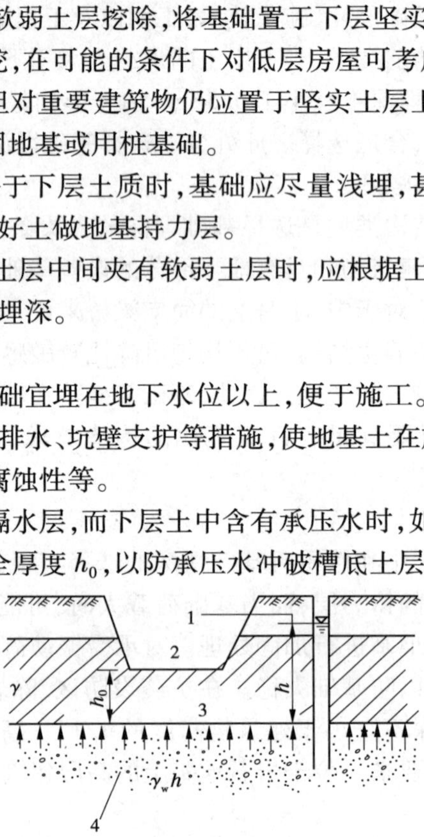

1—承压水位;2—基槽;3—黏土层(隔水层);4—卵石层(透水层)

图9-14　有承压水时的基坑开挖深度

安全厚度可按下式估算

$$h_0 > \gamma h/\gamma_w \tag{9-13}$$

式中　γ——隔水土层的重度,kN/m^3;

γ_w——水的重度,kN/m^3;

h——承压水的上升高度(从隔水层底面算起),m;

h_0——隔水层剩余厚度(基槽下部安全厚度),m。

(四)相邻基础影响

当存在相邻建筑物时,新建建筑物的基础埋深不宜大于原有建筑物基础。当埋深大于原有建筑物基础时，两基础间应保持一定净距，其数值应根据建筑物荷载大小、基础形式和土质情况确定。

在城市居住密集的地方往往新旧建筑物距离较近，当新建建筑物与原有建筑物距离较近，尤其是新建建筑物基础埋深大于原有建筑物时，新建建筑物会对原有建筑物产生影响，甚至会危及原有建筑物的安全或正常使用。为了避免新建建筑物对原有建筑物的影响，设计时应考虑与原有建筑物保持一定的安全距离，该安全距离应通过分析新旧建筑物的地基承载力、地基变形和地基稳定性来确定。通常决定建筑物相邻影响距离大小的因素，主要有新建建筑物的沉降量和原有建筑物的刚度等。

当相邻建筑物较近时，应采取措施减小相互影响：①尽量减小新建建筑物的沉降量；②新建建筑物的基础埋深不宜大于原有建筑基础；③选择对地基变形不敏感的结构形式；④采取有效的施工措施，如分段施工、采取有效的支护措施以及对原有建筑物地基进行加固等措施。

（五）河流冲刷深度影响

对于一些埋在水下有水流冲刷的建筑物基础（如水闸、桥涵、岸边、取水构筑物等），为了防止基础因冲刷而引起倒塌或不均匀沉降和倾斜，要求基础必须埋置在设计洪水的最大冲刷线以下一定的深度。涵洞基础在无冲刷处（基岩地基除外），应在地面或河床底以下埋深不小于 1 m 处；如有冲刷，基底埋深应在局部冲刷线以下不小于 1 m；如河床上有附砌层时，基础底面宜设在附砌层顶面以下 1 m。非岩石河床桥梁墩台基底埋深安全值可按表 9-9 确定。

表 9-9　基底埋深安全值　（单位：m）

总冲刷深度		0	5	10	15	20
安全值	大桥、中桥、小桥（不铺砌）	1.5	2.0	2.5	3.0	3.5
	特大桥	2.0	2.5	3.0	3.5	4.0

注：1. 总冲刷深度为自河床面算起的河床自然演变冲刷、一般冲刷与局部冲刷深度之和。

2. 表列数值为墩台基底埋入总冲刷深度以下的最小值；当对设计资料、水位和原始断面资料无把握或不能获得河床演变准确资料时，其值宜适当加大。

3. 若桥位上、下游有已建桥梁，应调查已建桥梁的特大洪水冲刷情况，新建桥梁墩台基础埋深不宜小于已建桥梁的冲刷深度且酌加必要的安全值。

4. 当河床上有铺砌层时，基础底面宜设置在铺砌层顶面以下不小于 1.0 m。

岩石河床墩台基底最小埋置深度可参考《公路工程水文勘测设计规范》（JTG C30—2015）附录 C 确定。

位于河槽的墩台，当其最大冲刷深度小于桥墩总冲刷深度时，桥台底面的埋深应与桥墩基底相同。当桥墩位于河滩时，对河槽摆动不稳定的河流，桥台基底高程应与桥墩基底高程相同；在稳定河流上，桥台基底高程可按照桥台冲刷结果确定。墩台基础顶面高程宜根据桥位情况、施工难易程度、美观与整体协调综合确定。

（六）冻土深度的影响

1. 季节性冻土地基的冻结深度

季节性冻土地基的场地冻结深度应按下式进行计算：

$$z_d = z_0 \psi_{zs} \psi_{zw} \psi_{ze} \tag{9-14}$$

式中　z_d——场地冻结深度,m,当有实测资料时按 $z_d = h' - \Delta z$ 计算,h'为最大冻深出现时场地最大冻土层厚度,m,Δz 为最大冻深出现时场地地表冻胀量,m;

z_0——标准冻深,m,无实测资料时,可查《建筑地基基础设计规范》(GB 50007—2011)附录 F 中的“中国季节性冻土标准冻深线图”确定;

ψ_{zs}——土的类别对冻深的影响系数,黏性土取 1.0,细砂、粉砂、粉土取 1.2,中砂、粗砂、砾砂取 1.3,碎石土取 1.4;

ψ_{zw}——土的冻胀性对冻深的影响系数,不冻胀土取 1.00,弱冻胀土取 0.95,冻胀土取 0.90,强冻胀土取 0.85,特强冻胀土取 0.80,极强冻胀土取 0.75;

ψ_{ze}——环境对冻深的影响系数;村、镇、旷野取 1.00,城市近郊取 0.95,城市市区取 0.90。

注意:环境影响系数一项,当城市市区人口为 20 万 ~ 50 万时,按城市近郊取值;当城市市区人口大于 50 万小于或等于 100 万时,只计入市区影响;当城市市区人口超过 100 万时,除计入市区影响外,尚应考虑 5 km 以内的郊区近郊影响系数。

2. 季节性冻土地区的基础埋深

季节性冻土地区的基础埋深宜大于场地冻结深度。对于深厚季节冻土地区,当建筑基础底面土层为不冻胀土、弱冻胀土、冻胀土时,基础埋深可以小于场地冻结深度,基底允许冻土层最大厚度 h_{max}应根据当地经验确定。没有地区经验时可按表 9-10 查取。此时,基础最小埋深 d_{min}可按式(9-15)计算:

$$d_{min} = z_d - h_{max} \tag{9-15}$$

式中　h_{max}——基础底面下允许残留冻土层的厚度,m,弱冻胀土取 $0.38z_0$,冻胀土取 $0.28z_0$,强冻胀土取 $0.15z_0$,特强冻胀土取 $0.08z_0$,极强冻胀土取 0。

表 9-10　建筑基础底面下允许冻土层最大厚度 h_{max}　(单位:m)

冻胀性	基础形式	采暖情况	基底平均压力(kPa)					
			110	130	150	170	190	210
弱冻胀土	方形基础	采暖	0.90	0.95	1.00	1.10	1.15	1.20
		不采暖	0.70	0.80	0.95	1.00	1.05	1.10
	条形基础	采暖	>2.50	>2.50	>2.50	>2.50	>2.50	>2.50
		不采暖	2.20	2.50	>2.50	>2.50	>2.50	>2.50
冻胀土	方形基础	采暖	0.65	0.70	0.75	0.80	0.85	—
		不采暖	0.55	0.60	0.65	0.70	0.75	—
	条形基础	采暖	1.55	1.80	2.00	2.20	2.50	—
		不采暖	1.15	1.35	1.55	1.75	1.95	—

《水闸设计规范》(SL 265—2016)规定Ⅲ级冻胀土地基上的 1、2、3 级水闸和Ⅳ、Ⅴ级冻胀土地基上的各级水闸的基础埋深不小于基础设计冻深。在满足地基承载力要求的情

况下减小闸室底部与冻胀土的接触面积。

桥梁墩台基底设置在不冻胀土层中,基底埋深可不受冻深的限制;当上部为超静定结构的桥涵基础,其地基为冻胀性土时,均应将基底埋入冻结线以下不小于0.25 m;当基底埋置于季节性冻土中时,基底的最小埋深可按式(9-15)计算确定。

涵洞基础设置于季节性冻土地基上时,出入口和自两端洞口向内各2~6 m范围内洞身基底的埋深可按式(9-15)计算确定。涵洞中间部分的基础埋深可根据地区经验确定。严寒地区,当涵洞中间部分基础的埋深与洞口基础埋深相差较大时,其连接处应设置过渡段。冻结较深的地区,也可以将基底至冻结线处的地基土置换为粗颗粒土(包括碎石土、砾砂、粗砂、中砂,但其中粉粒、黏粒含量≤15%,或粒径小于0.1 mm的颗粒含量≤25%)。

二、按地基持力层的承载力估算基底尺寸

基础底面尺寸不能小于顶面尺寸,刚性基础底面尺寸要满足刚性角的要求。在初步设计浅基础时,在选定了基础类型和埋置深度后,就可根据持力层修正后的承载力特征值估算基础底面尺寸。若地基压缩层范围内有软弱下卧层,还必须对软弱下卧层进行强度验算。

(一)中心荷载作用下的基底面积估算

当基础底面只作用中心垂直荷载 F_k、G_k时,如图9-15所示,基底压力按简化方法计算为

$$p_k = \frac{F_k + G_k}{A} = \frac{F_k + Ah\gamma_G}{A} \tag{9-16}$$

式中 p_k——基底压力设计值,kPa;

F_k——上部结构传至地面标高处的荷载设计值,kPa;

G_k——基础及上方回填土所受的重力,kN,$G_k = Ah\gamma_G$;

A——基础底面面积;

h——基础平均高度,即室内、外设计埋深的平均值,m;

γ_G——基础及上方填土的平均重度,取 $\gamma_G = 20$ kN/m^3。

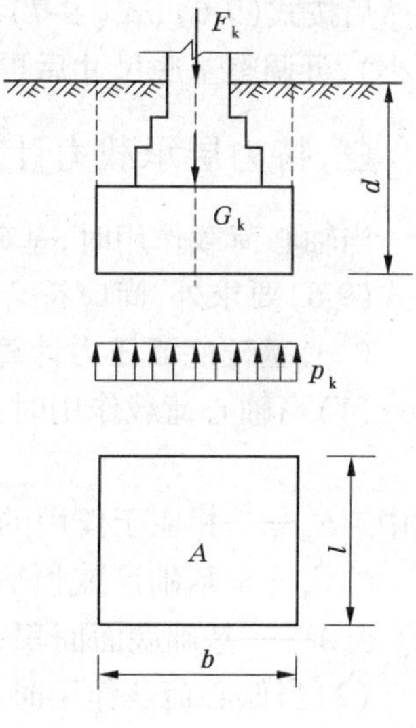

图9-15 中心荷载作用下的基础

式(9-16)代入式(9-6)得

$$\frac{F_k + Ah\gamma_G}{A} \leqslant f_a \tag{9-17}$$

整理后得基底面积为

$$A \geqslant \frac{F_k}{f_a - \gamma_G h} \tag{9-18}$$

(1)对于方形基础为

$$b \geqslant \sqrt{\frac{F_k}{f_a - \gamma_G h}} \tag{9-19}$$

(2)对于矩形基础长宽比($l/b=n$)一般按照上部结构选取,并与墩台截面的长宽比接近为宜。

$$b \geqslant \sqrt{\frac{F_k}{n(f_a-\gamma_G h)}} \tag{9-20}$$

(3)对于条形基础沿基础长度方向,取1 m作为计算单元,作用其上的荷载为$\overline{F}_k$,故基底宽度b为

$$b \geqslant \frac{\overline{F}_k}{f_a-\gamma_G h} \tag{9-21}$$

应当指出,式中f_a与基础宽度b有关。由于基础尺寸还没有确定,因此为一试算过程。一般多根据原定埋深和上部墩台尺寸拟定基础底面面积,对地基承载力修正后,验算地基承载力是否满足要求。

(二)偏心荷载作用下的基础底面面积估算

偏心荷载作用下基础的底面尺寸常用试算法确定,其计算步骤为:①先按中心荷载作用的式(9-18)初步估算基础底面面积A_0;②根据偏心距的大小,将基础底面面积A_0增大(10%~40%),即$A=(1.1\sim1.4)A_0$,并以适当的长宽比拟定基础底面的长度l和宽度b;③然后按式(9-6)、式(9-7)验算基底压力是否满足地基承载力的要求,如不合适(太大或太小),可调整基底尺寸后再验算,直到满意为止。

三、持力层承载力计算

当轴心荷载作用时,基础底面的压力应符合式(9-6)的要求;当偏心荷载作用时,除符合式(9-6)要求外,尚应符合式(9-7)的规定。

(一)基础底面压力计算

(1)当轴心荷载作用时。

$$p_k=(F_k+G_k)/A \tag{9-22}$$

式中　F_k——相应于作用的标准组合时,上部结构传至基础顶面的竖向力值,kN;

G_k——基础自重和基础上的土重,kN;

A——基础底面面积,m^2。

(2)当偏心荷载作用时。

$$p_{kmax}=(F_k+G_k)/A+M_k/W \tag{9-23}$$

$$p_{kmin}=(F_k+G_k)/A-M_k/W \tag{9-24}$$

式中　M_k——相应于作用的标准组合时,作用于基础底面的力矩值,kN·m;

W——基础底面的抵抗矩,m^3;

p_{kmin}——相应于作用的标准组合时,基础底面边缘的最小压力值,kPa。

(3)当基础底面形状为矩形且偏心距$e>b/6$(见图9-16)时,p_{kmax}应按下式计算:

$$p_{kmax}=2(F_k+G_k)/3la \tag{9-25}$$

(二)地基承载力特征值

《建筑地基基础设计规范》(GB 50007—2011)规定:地基承载力特征值可由载荷试验或其他原位测试、公式计算,并结合工程实践经验等方法综合确定。当基础宽度大于3 m

或埋深大于0.5 m时，从载荷试验或其他原位测试、经验值等方法确定的地基承载力特征值，尚应按下式修正：

$$f_a = f_{ak} + \eta_b \gamma (b-3) + \eta_d \gamma_m (d-0.5) \quad (9\text{-}26)$$

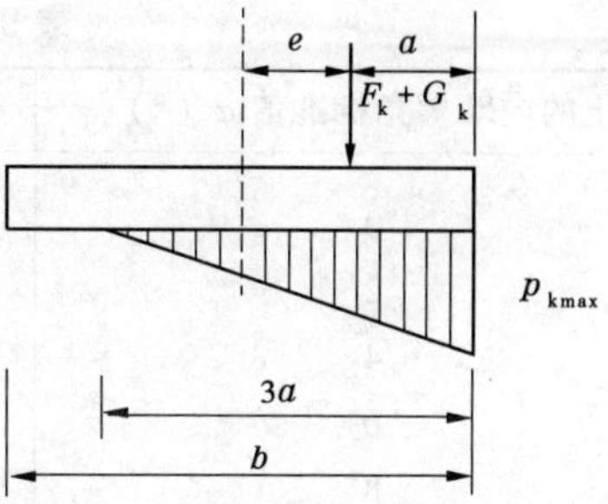

图9-16　矩形基础偏心距 $e > b/6$ 时基底压力计算示意图

式中　f_a——修正后的地基承载力特征值，kPa；

f_{ak}——地基承载力特征值，kPa，可由载荷试验或其他原位测试、公式计算，并结合工程实践经验等方法综合确定；

η_b、η_d——基础宽度和埋深的地基承载力修正系数，按基底下土的类别查表9-11取值；

γ——基础底面以下土的重度，kN/m^3，地下水位以下取浮重度；

γ_m——基础底面以上土的加权平均重度，kN/m^3，位于地下水位以下的土层取有效重度。

表9-11　承载力修正系数

土的类别		η_b	η_d
淤泥和淤泥质土		0	1.0
人工填土；e 或 I_L 大于等于0.85的黏性土		0	1.0
红黏土	含水比 $\alpha_w > 0.8$	0	1.2
	含水比 $\alpha_w \leq 0.8$	0.15	1.4
大面积压实填土	压实系数大于0.95、黏粒含量 $\rho_c \geq 10\%$ 的粉土	0	1.5
	最大干密度大于2 100 kg/m^3 的级配砂石	0	2.0
粉土	黏粒含量 $\rho_c \geq 10\%$ 的粉土	0.3	1.5
	黏粒含量 $\rho_c < 10\%$ 的粉土	0.5	2.0
e 及 I_L 均小于0.85的黏性土		0.3	1.6
粉砂、细砂（不包括很湿与饱和时的稍密状态）		2.0	3.0
中砂、粗砂、砾砂和碎石土		3.0	4.4

当偏心距 e 不大于基础底面宽度的3.3%时，根据土的抗剪强度指标确定地基承载力特征值可按式(9-27)计算，并应满足变形要求：

$$f_a = M_b \gamma b + M_d \gamma_m d + M_c c_k \quad (9\text{-}27)$$

式中　f_a——由土的抗剪强度指标确定的地基承载力特征值，kPa；

M_b、M_d、M_c——承载力系数，按表9-12确定；

b——基础底面宽度，m，大于6 m时按6 m取值，对于砂土小于3 m时按3 m取值；

c_k——基底下一倍短边宽度的深度范围内土的黏聚力标准值，kPa。

表 9-12　承载力系数 M_b、M_d、M_c

土的内摩擦角标准值 φ_k(°)	M_b	M_d	M_c
0	0	1.00	3.14
2	0.03	1.12	3.32
4	0.06	1.25	3.51
6	0.10	1.39	3.71
8	0.14	1.55	3.93
10	0.18	1.73	4.17
12	0.23	1.94	4.42
14	0.29	2.17	4.69
16	0.36	2.43	5.00
18	0.43	2.72	5.31
20	0.51	3.06	5.66
22	0.61	3.44	6.04
24	0.80	3.87	6.45
26	1.10	4.37	6.90
28	1.40	4.93	7.40
30	1.90	5.59	7.95
32	2.60	6.35	8.55
34	3.40	7.21	9.22
36	4.20	8.25	9.97
38	5.00	9.44	10.80
40	5.80	10.84	11.73

【例 9-1】　已知某带有吊车的厂房独立柱基础。作用在基础上的荷载设计值如图 9-17 所示。地基土为黏土，$\gamma = 19\ \text{kN/m}^3$，$e = 0.73$，$I_L = 0.75$，地基承载力特征值 $f_{ak} = 230\ \text{kPa}$，设基础长宽比 $n = l/b = 2$，试确定基础底面尺寸 l 和 b。

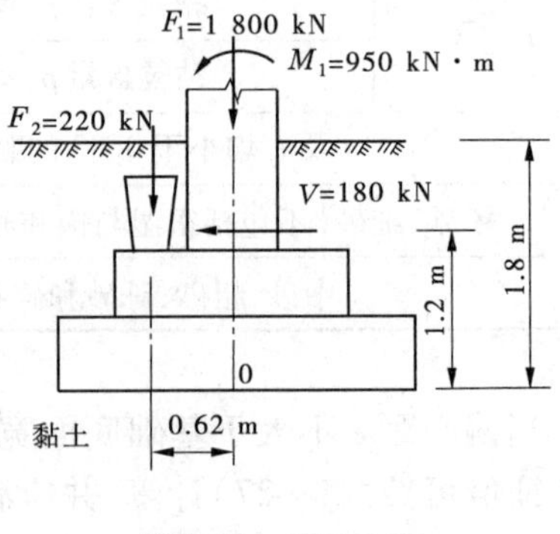

图 9-17　例 9-1 图

解：(1)确定地基承载力特征值。

根据黏土的孔隙比 $e = 0.73$ 和液性指数 $I_L = 0.75$ 查表 9-11 得 $\eta_b = 0.3$，$\eta_d = 1.6$。修正后的持力层承载力特征值 f_a(先不考虑基础宽度修正)为

$$f_a = f_{ak} + \eta_d \gamma (d - 0.5) = 230 + 1.6 \times 19 \times (1.8 - 0.5) = 269.52(\text{kPa})$$

(2)初估基础底面尺寸。

先按中心荷载计算基础底面面积 A_0：

$$A_0 \geqslant \frac{F_k}{f_a - \gamma_G h} = \frac{1\ 800 + 220}{269.52 - 20 \times 1.8} = 8.65(m^2)$$

经初步估算，荷载偏心距较大，将基础底面面积增大30%，取 $A = 1.3A_0 = 1.3 \times 8.65 = 11.25(m^2)$，得

$$b = \sqrt{\frac{A}{n}} = \sqrt{\frac{11.25}{2}} = 2.37(m)$$

取 $b = 2.4\ m, l = nb = 2 \times 2.4 = 4.8\ m$，即 $A = 2.4 \times 4.8 = 11.52(m^2)$。

(3)验算持力层的承载力。

基础及回填土重　$G = \gamma_G Ad = 20 \times 11.52 \times 1.8 = 414.7(kN)$

基底处垂直合力　$\sum N = F_1 + F_2 + G = 1\ 800 + 220 + 414.7 = 2\ 434.7(kN)$

基底处总力矩　$\sum M = M + Vh + F_2 a = 950 + 180 \times 1.2 + 220 \times 0.62 = 1\ 302.4(kN \cdot m)$

偏心距　$e = \frac{\sum M}{\sum N} = \frac{1\ 302.4}{2\ 434.7} = 0.535(m)$

$$p_{\substack{max \\ min}} = \frac{\sum N}{l \times b}\left(1 \pm \frac{6e}{l}\right) = \frac{2\ 434.7}{4.8 \times 2.4} \times \left(1 \pm \frac{6 \times 0.535}{4.8}\right) = \frac{352.7}{70.0}(kPa)$$

因 $p_{max} = 352.7\ kPa > 1.2f_a = 1.2 \times 269.52 = 323.4(kPa)$，须进行底面尺寸调整。

(4)调整基础底面面积。

基础底面面积增大40%，即取 $b = 2.5\ m, l = 2b = 2 \times 2.5 = 5.0(m)$

$$G = \gamma_G Ad = 20 \times 2.5 \times 5.0 \times 1.8 = 450(kN)$$

$$\sum N = F_1 + F_2 + G = 1\ 800 + 220 + 450 = 2\ 470(kN)$$

$$e = \frac{\sum M}{\sum N} = \frac{1\ 302.4}{2\ 470} = 0.527(m)$$

$$p_{\substack{max \\ min}} = \frac{\sum N}{l \times b}\left(1 \pm \frac{6e}{l}\right) = \frac{2\ 470}{5 \times 2.5} \times \left(1 \pm \frac{6 \times 0.527}{5}\right) = \frac{322.6}{72.6}(kPa)$$

由于　$p_{max} = 322.6\ kPa < 1.2f_a = 1.2 \times 269.52 = 323.4(kPa)$

$$p_{平均} = 197.6\ kPa < f_a = 269.52\ kPa$$

持力层承载力满足要求，所以该柱下独立基础底面尺寸可取为 $l = 5\ m$、$b = 2.5\ m$。

四、软弱下卧层承载力计算

(一)软弱下卧层的地基承载力要求

在成层地基中，当地基受力层范围内有软弱下卧层时，除按持力层承载力计算基底尺寸外，还必须按下式对软弱下卧层进行验算，即要求作用在软弱下卧层顶面处的附加应力与自重应力之和不超过软弱下卧层修正后的承载力特征值。

$$p_z + p_{cz} \leqslant f_{az} \tag{9-28}$$

式中　p_z——相应于作用的标准组合时，软弱下卧层顶面处的附加压力值，kPa；

p_{cz}——软弱下卧层顶面处土的自重压力值，kPa；

f_{az}——软弱下卧层顶面处经深度修正后的地基承载力特征值，kPa。

（二）附加应力计算

当上层土与软弱下卧层的压缩模量比 $E_{s1}/E_{s2} \geqslant 3$ 时，假设基底面处附加压力（$p_0 = p - \gamma_0 d$）按某一扩散角 θ 向下扩散，至深度 z 处的附加应力为 p_z，如图 9-18 所示，根据基底与下卧层顶面处附加应力总和相等的条件计算可得附加应力。对条形基础、矩形基础和圆形基础，式（9-28）中的 p_z 值可按下列公式简化计算：

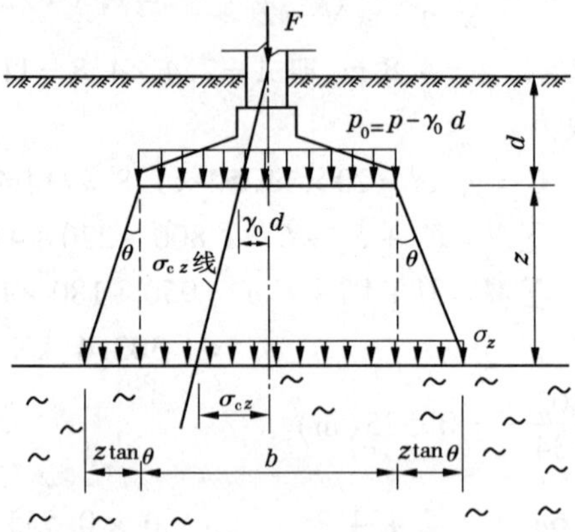

图 9-18　附加应力简化计算图

条形基础　　$p_z = b(p_k - p_c)/(b + 2z\tan\theta)$　　（9-29）

矩形基础　　$p_z = bl(p_k - p_c)/(b + 2z\tan\theta)(l + 2z\tan\theta)$　　（9-30）

圆形基础　　$p_z = D^2(p_k - p_c)/(D + 2z\tan\theta)^2$　　（9-31）

式中　b——矩形基础或条形基础底边的宽度，m；

p_c——基础底面处土的自重压力值，kPa；

z——基础底面至软弱下卧层顶面的距离，m；

θ——地基压力扩散角，（°），可按表 9-13 采用；

l——矩形基础底边的长度，m；

D——圆形基础的直径，m。

表 9-13　地基压力扩散角 θ

E_{s1}/E_{s2}	z/b	
	0.25	0.50
3	6°	23°
5	10°	25°
10	20°	30°

【例 9-2】　某一轴心受压条形基础，上部结构传来荷载设计值 $\overline{F}_k = 300$ kN/m，若取基础埋深 1.2 m，底宽 2 m，地质资料如图 9-19 所示。试验算所选基础底面宽度是否满足地基承载力要求。

解：（1）验算持力层承载力。

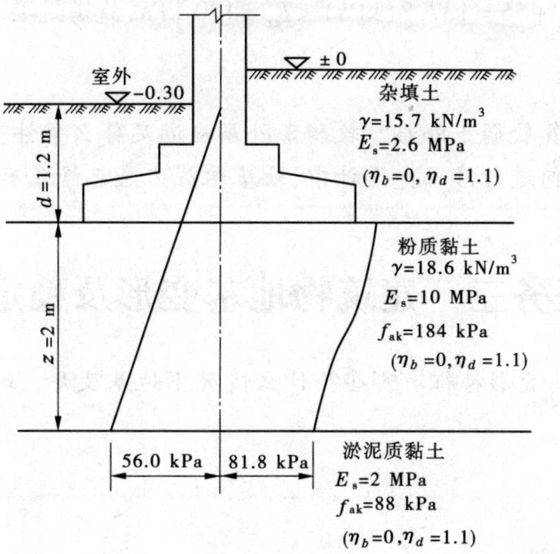

图9-19　例9-2图

假设基础底宽小于3.0 m,则持力层修正后的承载力特征值f_a为

$$f_a = f_{ak} + \eta_b\gamma(b-3) + \eta_d\gamma_0(d-0.5) = 184 + 1.1\times15.7\times(1.2-0.5) = 196.1(\text{kPa})$$

沿长度方向取1 m作为计算单元,基础及回填土重为

$$G = \gamma_G\bar{d}b = 20\times\frac{1.2+1.5}{2}\times2.0 = 54(\text{kN/m})$$

设计基底压为

$$p = \frac{F_k + G_k}{b} = \frac{300+54}{2} = 177(\text{kPa}) \leqslant f_a = 196.1\ \text{kPa}$$

所以,持力层承载力满足要求。

(2)软弱下卧层承载力验算。

软弱下卧层顶面处土的自重应力为

$$p_{cz} = \sum_{i=1}^{n}\gamma_i h_i = 1.2\times15.7 + 2\times18.6 = 56(\text{kPa})$$

由$E_{s1}/E_{s2}=5$、$z/b=2/2=1$,查表9-13得应力扩散角$\theta=25°$,软弱下卧层顶面处的附加应力为

$$p_z = \frac{b(p-\gamma_0 d)}{b+2z\tan\theta} = \frac{2\times(177-15.7\times1.2)}{2+2\times2\times\tan25°} = 81.8(\text{kPa})$$

软弱下卧层顶面以上土的加权平均重度为

$$\gamma_0' = \frac{15.7\times1.2+18.6\times2}{1.2+2} = 17.5(\text{kN/m}^3)$$

软弱下卧层顶面处修正后的承载力特征值为

$$f_{az} = f_{akz} + \eta_d\gamma_0'(d+z-0.5) = 88 + 1.1\times17.5\times(1.2+2-0.5) = 140(\text{kPa})$$

因 $p_z + p_{cz} = 81.8 + 56 = 137.8(\text{kPa}) < f_{az} = 140\ \text{kPa}$,故满足要求。

单元思考

1. 什么情况要验算软弱下卧层?软弱下卧层应满足什么条件?
2. 土层承载力如何进行修正?设计中,地基承载力忘记修正有何影响?

任务三　建筑物地基变形及稳定验算

问题引导:地基变形特征有哪些?什么情况下地基变形,如何验算?地基稳定性验算有哪些?

一、地基变形验算

(一)地基变形特征

地基的变形特征一般分为沉降量、沉降差、倾斜和局部倾斜。

1. 沉降量

沉降量指基础中心点处的沉降量,如图9-20(a)所示。对于单层排架结构(柱距6 m)柱基和高耸建筑物基础来说,其沉降量不应大于容许变形值。

2. 沉降差

沉降差指两相邻独立基础中点的沉降量差值,如图9-20(b)所示。对于框架结构、单层排架结构和砖石墙填充的边排柱,应以相邻柱基的沉降差为控制变形特征。

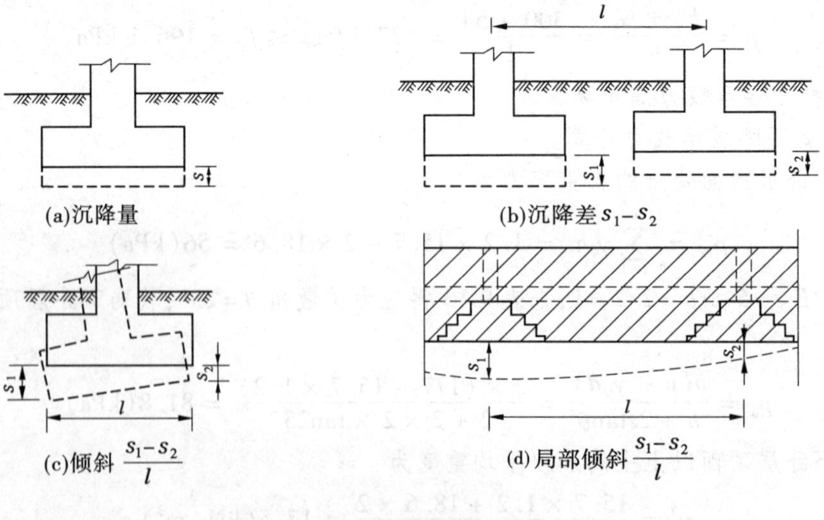

图9-20　地基变形特征

3. 倾斜

倾斜指基础在倾斜方向两端点的沉降差与其距离的比值,如图9-20(c)所示。对于地基土层不均匀和有相邻荷载影响的多层、高层建筑物和高耸结构应以倾斜为控制变形特征。对有桥式吊车的厂房，为防止吊车轨面倾斜而导致吊车滑轨或卡轨，影响正常使用，要验算纵、横向的倾斜是否超过容许值。

4. 局部倾斜

局部倾斜指砌体承重结构沿纵向的 6 ~ 10 m 内基础两点的沉降差与其距离的比值，如图 9-20(d)所示。由于砌体承重结构墙身的开裂大多是由墙身局部倾斜超过了容许值引起的，故其变形特征由局部倾斜来控制。

(二)地基变形验算

在根据地基承载力初步确定基底尺寸后，应进一步验算地基变形特征值是否超过地基的容许变形值。地基变形验算应满足《建筑地基基础设计规范》(GB 50007—2011)的规定，即地基变形特征验算应满足式(9-8)的要求，变形计算方法常用分层总和法(见项目四)。当地基变形特征验算不满足式(9-8)要求时，可先适当调整基础底面尺寸或埋深，如仍不满足要求，再考虑改变基础类型、修改上部结构形式，甚至做人工地基或采取其他工程措施以防止不均匀沉降对建筑物的破坏。

(三)控制地基不均匀沉降的措施

任何地基在建筑物荷载作用下总要产生一定的沉降或不均匀沉降。通常地基产生的均匀沉降，对建筑物安全影响不大，可预留沉降标高加以解决。但是，过量的地基不均匀沉降往往使建筑物发生倾斜与墙体开裂，影响正常使用。对建于软弱和不均匀地基上的建筑物，尤其如此。减少或消除不均匀沉降危害的途径，除改善地基条件外(如改用桩基础或进行地基处理等)，还应考虑上部结构、基础和地基三者相互影响、共同工作的特点，从建筑、结构和施工等方面采取一些综合技术措施，以达到经济、合理的效果。

1. 建筑措施

(1)建筑物的体形力求简单。建筑物的体形系指其平面形状和立面轮廓。平面形状复杂的建筑物，如“工”“T”“L”“E”字形等，在纵、横单元交叉处地基附加应力相互重叠，使该处的局部沉降增大。同时，此类建筑物整体刚性差，刚度不对称，当地基出现不均匀沉降时容易发生墙体裂缝，如图 9-21 所示。当建筑物立面高差悬殊，作用在地基上的荷载差异较大时，也容易产生过量的不均匀沉降，使建筑物倾斜和开裂，如图 9-22 所示。因此，遇软弱地基时，在满足使用的情况下，设计时可采取下列措施：①采用平面形状简单的一字形建筑物；②立面体形高差变化不宜过大，砌体承重结构房屋高差不宜超过 1 ~ 2 层；③砌体承重结构应控制其长高比不大于 2.5 ~ 3.0，使内、外纵墙避免中断、转折，减小横墙间距，以增强建筑物的整体刚度，提高调整不均匀沉降的能力。

(2)设置沉降缝。沉降缝从屋顶到基础底面，把整栋建筑物竖向断开，分成几个独立的单元。每个单元建筑物的长高比小、体形简单、整体刚度大，可有效地避免不均匀沉降。

(3)保持相邻建筑物间的净距。为了防止相邻建筑物因附加应力扩散引起地基不均匀沉降，造成建筑物的倾斜或裂缝，应在相邻建筑物之间保持有一定的距离。建在软弱地基上的相邻建筑物基础间的净距，可按表 9-14 选用。

(4)调整建筑物有关标高。由于地基的沉降，会降低建筑物原有的标高，严重时将影响建筑物的正常使用。设计时应根据可能产生的不均匀沉降，采取下列措施调整建筑物的标高:①根据沉降计算结果,提高室内地坪和地下设施的标高;②建筑物各部分(或设备)之间有联系时,可将沉降较大的标高提高;③建筑物与设备之间预留足够的净空;④当管道穿过建筑物时,预留足够尺寸的孔洞或采用柔性管道接头。

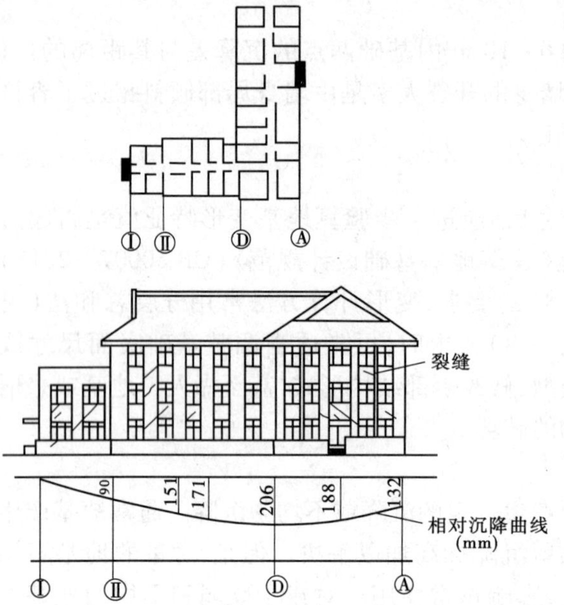

图 9-21 某"L"形建筑物一翼墙身开裂

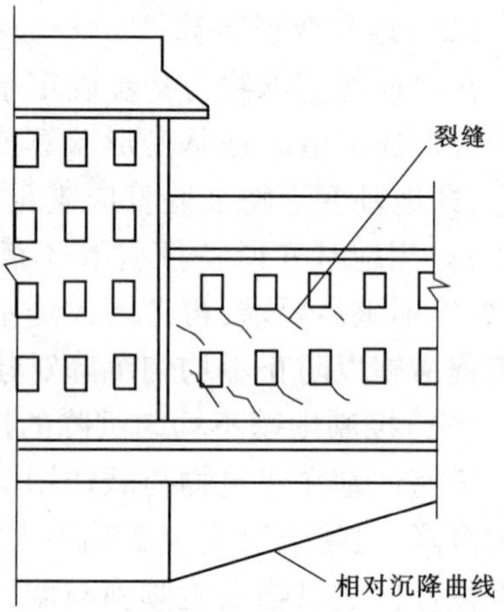

图 9-22 建筑物高差太大而开裂

表 9-14 相邻建筑物基础间的净距

(单位:m)

影响建筑物的预估平均沉降量 s(mm)	被影响建筑物的长高比	
	$2.0\leqslant\frac{L}{H_f}<3.0$	$2.0\leqslant\frac{L}{H_f}<3.0$
70 ~ 150	2 ~ 3	5 ~ 6
160 ~ 250	3 ~ 6	6 ~ 9
260 ~ 400	6 ~ 9	9 ~ 12
>400	9 ~ 12	≥12

注:1. 表中 L 为建筑物长度或沉降缝分隔的单元长度,m;H_f 为自基础底面起算的建筑物高度,m。

2. 当被影响建筑物的长高比为 $1.5<\frac{L}{H_f}<2.0$ 时,其间隔净距可适当缩小。

2. 结构措施

(1)减轻建筑物的自重。在地基所承受的荷载中,建筑物的自重占的比例很大:一般民用建筑占 60% ~75%,工业建筑占 40% ~50%。因此,为了减小沉降,应尽量减轻建筑物的自重,主要采取下列措施:①采用轻质高强的墙体材料,如轻质高强混凝土墙板、各种空心砌块、多孔砖及其他轻质墙等,以减轻墙体自重;②选用轻型结构,如采用预应力钢筋混凝土结构、轻钢结构、铝合金结构及各种轻型空间结构;③减轻基础及回填土重量,如采用宽基浅埋、空心基础、薄壳基础、无埋式薄板基础,以及架空地板代替厚填土,都可以大幅度减轻基础自重。

(2)设置圈梁。在墙体内适当的部位设置钢筋混凝土圈梁(或钢筋砖圈梁),可增强建筑物的整体性,提高砌体的抗拉和抗剪能力,防止或减小裂缝的出现和发展(在地震区还可起到抗震作用)。圈梁应按下列要求设置:①在多层房屋的基础和顶层处宜各设置一道,其他各层可隔层设置,必要时也可层层设置,但工业厂房、仓库可结合基础梁、连系梁、过梁等酌情设置;②圈梁应设置在外墙、内纵墙和主要内横墙上,并宜在平面内连成封闭系统。

(3)减小或调整基底附加压力。具体措施如下:①设置地下室或半地下室,利用挖除的土重抵消(补偿)一部分甚至全部建筑物重量,以达到减少沉降的目的;②改变基础底面尺寸,使上部结构荷载不同而基础沉降量接近。

(4)采用对不均匀沉降不敏感的结构。对单层厂房、仓库或其他公共建筑物,可采用排架、三铰拱(架)等铰接结构,当基础由于倾斜而转动或支座发生相对位移时,上部结构不会引起很大的附加应力,从而可以避免不均匀沉降的危害。但应用时要注意沉降对其他结构的影响,如对吊车梁及纵、横联系构件的损害。

3．施工措施

(1)保持地基土的原状结构,基坑开挖时,应注意不要破坏基底土的原状结构,尤其是灵敏度较高的细粒土。通常在坑底预留约200 mm厚的保护层,待垫层施工时再挖除。如地基土已被扰动,应注意清除扰动土层,并用砂、碎石回填夯实至要求标高。

(2)在必要的情况下,需要分别预估建筑物在施工期的沉降量,以便选择连接方法和施工顺序,安排施工顺序应本着先重后轻、先高后低、先主后次的原则进行。必要时还要在高或重的建筑物竣工后间隔一段时间再建低或轻的建筑物,这样可调整部分沉降差。一般多层建筑物在施工期间沉降量的完成程度,对于砂土可认为在80%以上,对于其他低压缩性土为50%～80%,对于中压缩性土为20%～50%,对于高压缩性土为5%～20%。

二、基础稳定性验算

当基础承受较大的偏心力矩和水平力时,有可能使基础发生倾斜、沿基底面滑动或与地基一起发生深层滑动。为保证其有足够的稳定性,需进行抗倾和抗滑稳定验算。如果地基受渗透压力作用,并承受较大的渗透力,还要进行抗渗稳定验算。不同构筑物的基础稳定验算内容不同,土基上的闸室要求进行基底面的抗滑稳定验算;水闸沿岸墙、翼墙及桥涵墩台需进行抗滑稳定验算和抗倾覆稳定验算。

(一)抗倾覆稳定验算

(1)桥涵墩台抗倾覆稳定验算。

对于水闸沿岸墙、翼墙及桥涵墩台基础或挡土墙基础,根据其受力情况一般要验算抗倾覆稳定,如图9-23所示。桥涵墩台基础计算时,应选基底最大受压边缘为转动中心,抗倾覆稳定安全系数 k_0 为

$$k_0 = \frac{\text{抗倾覆力矩}}{\text{抗倾覆力矩}} = \frac{y\sum P_i}{M} = \frac{y\sum P_i}{e_0\sum P_i} = \frac{s}{e_0} \geqslant [k_0] \tag{9-32}$$

$$e_0 = \frac{\sum P_i e_i + \sum H_i h_i}{\sum P_i} \tag{9-33}$$

式中　s——在截面中心至合力作用点的延长线上,自截面重心至验算倾覆轴的距离;

e_0——所有外力的合力 R 在验算截面的作用点对基底重心轴的偏心距;

$[k_0]$——墩台基础抗倾覆稳定安全系数容许值,墩台基础根据不同的荷载组合,$[k_0]=1.2\sim1.5$;

P_i——不考虑其分项系数和组合系数的作用标准组合或偶然作用(地震除外)标准值组合引起的竖向力,kN;

e_i——竖向力 P_i 对验算截面重心的力臂,m;

H_i——不考虑其分项系数和组合系数的作用标准组合或偶然作用(地震除外)标准值组合引起的水平力,kN;

h_i——水平力对验算截面的力臂,m。

(2)挡土墙抗倾覆计算见图9-24,抗倾覆安全系数 k_0 为

$$k_0 = \frac{Wb + E_y a}{E_x h} \geqslant [k_0] \tag{9-34}$$

式中　W——挡土墙的重力,kN/m;

$[k_0]$——抗倾覆稳定安全系数容许值,一般挡土墙基础 $[k_0]=1.5$,水闸沿岸墙、翼墙基本荷载组合下 $[k_0]=1.5$,特殊荷载组合下 $[k_0]=1.3$;

E_x、E_y——土压力的水平分力和竖向分力,kN/m;

h、a、b——E_x、E_y、W 对墙趾的力臂,m。

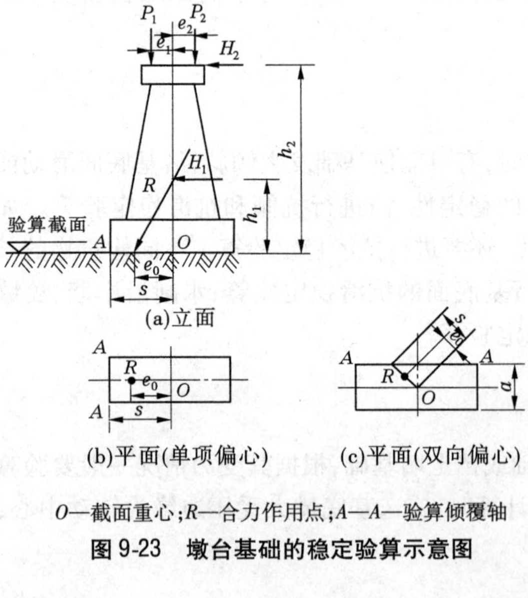

O—截面重心;R—合力作用点;A—A—验算倾覆轴

图9-23　墩台基础的稳定验算示意图

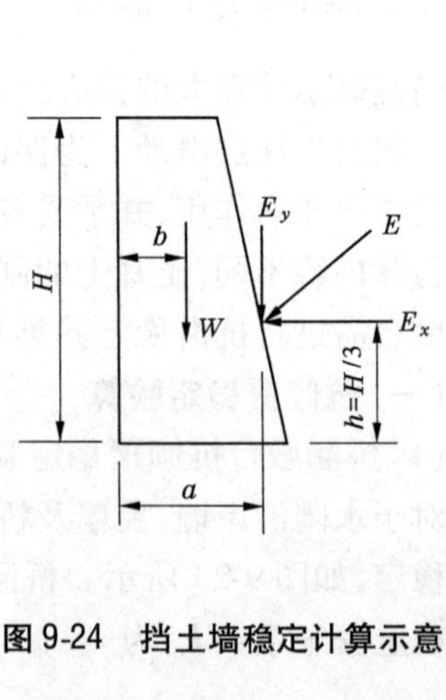

图9-24　挡土墙稳定计算示意图

(二)抗滑稳定验算

1.表层滑动稳定验算

当竖向荷载远小于地基承载力,而水平荷载较大时,有可能使建筑物沿基础与地基的接触面上产生滑动,称为表层滑动。如图 9-23 所示,抗滑稳定安全系数 k_c 应满足下述要求:

$$k_c = \frac{\mu \sum P_i}{\sum T_i} \geqslant [k_c] \tag{9-35}$$

式中　$\sum P_i$——竖向力的总和;

$\sum T_i$——水平力的总和;

μ——基础底面与地基土之间的摩擦系数,缺少实际资料时可参照表 9-15 采用。

$[k_c]$——抗滑稳定安全系数容许值,一般为 1.2~1.3。

表 9-15　基地摩擦系数 μ

地基土分类	μ	地基土分类	μ
黏土(流塑—坚硬)、粉土	0.25	软岩(极软岩—较软岩)	0.40~0.60
砂土(粉砂—砾砂)	0.30~0.40	硬岩(较硬岩—坚硬岩)	0.60~0.70
碎石土(松散—密实)	0.40~0.50		

当基底采取了抗滑动的措施后(如基础底面做成阶梯、齿墙或设置防滑锚栓的措施),对滑动验算,除考虑基底的摩阻力外,还要考虑由上述措施所产生的阻力。

2.深层滑动稳定验算

对具有高填土的桥台和挡土墙、水闸、经常受水平荷载作用的高层建筑和高耸结构,由于竖向荷载和水平荷载都较大,当地基土质较差时,有可能出现基础连同地基一起滑动的情况,这种情况称为深层滑动,如图 9-25 所示,这时需要验算深层滑动的稳定性。其验算方法可参照项目七边坡稳定验算的圆弧滑动法原理进行,但应计入建筑物所受的外荷载和建筑物重量的影响。

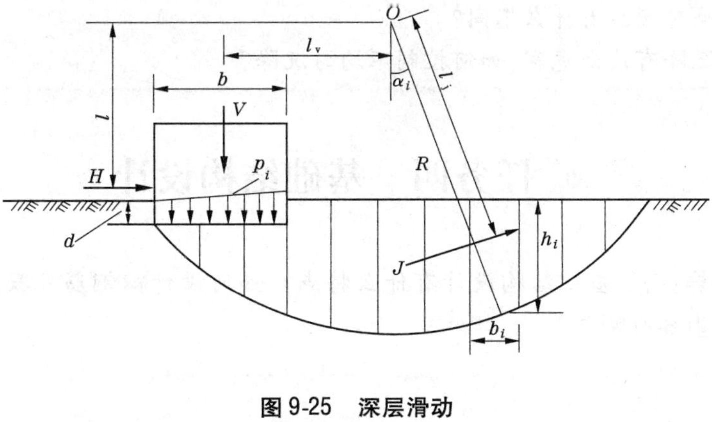

图 9-25　深层滑动

以上对地基基础的验算都应该满足规范要求,当不能满足要求时,必须采取设计措施。如桥梁、桥台基础在台后土压力引起的倾覆力矩过大,造成抗倾覆稳定不能满足要求时,可以将桥台做成如图 9-26 所示,即台身后倾的非对称形式,这样可以增加台身自重产生的抗倾覆力矩,达到抗倾稳定的安全度。但采用这种外形,在台身砌筑时应该及时回填土并夯实,以防施工时台身后倾和转动。台后一定范围内也可以填筑内摩擦角大的材料,以便减小土压力。

拱桥桥台,由于在拱脚水平推力作用下,基础抗滑稳定性不能满足要求时,可以在基底做成如图 9-27(a)所示的齿槛形式,将基底的摩擦滑动变为土体的剪切破坏,从而提高基础的抗滑动能力。如受单向水平推力时,也可以将基底设计成图 9-27(b)的倾斜形式,滑动力随倾斜角的增大而减小。

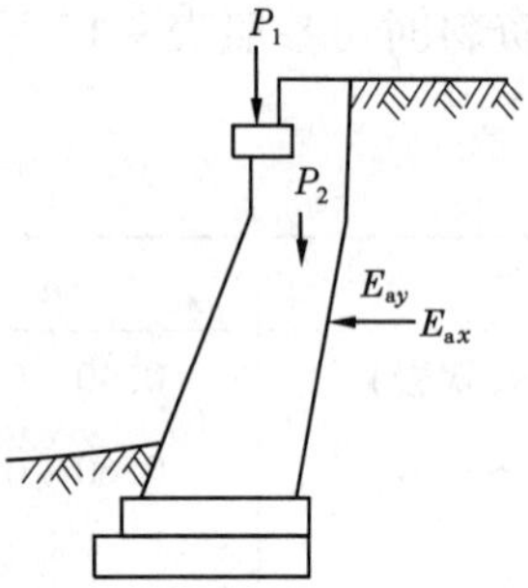

图 9-26　基础抗倾覆措施

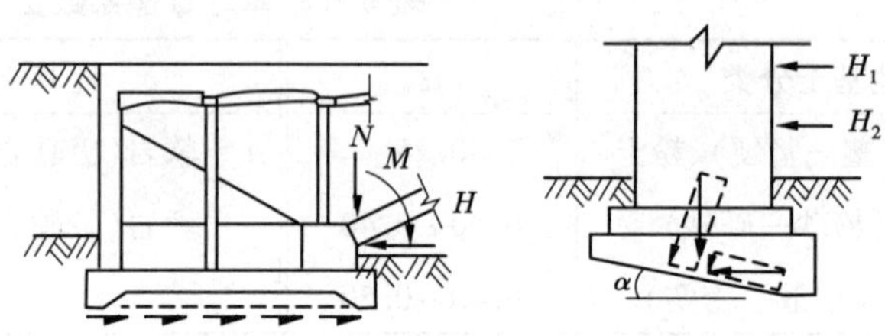

(a)　　　(b)

图 9-27　基础抗滑动措施

(三)抗渗稳定验算

对于水闸、土坝等水工建筑物,当建筑物挡水时,流经地基、坝体的渗透水流会对土体施加渗透力。当渗透力过大时就会引起地基、坝体中的土颗粒或土体移动,发生渗透变形,严重时将会导致建筑物丧失稳定,故这类建筑物还要进行抗渗稳定验算。验算方法见项目二。

单元思考

1. 倾斜与局部倾斜有什么不同?
2. 不均匀沉降有什么危害,如何控制不均匀沉降?

任务四　基础结构设计

问题引导:刚性基础结构设计有什么特点?如何设计?钢筋混凝土条形基础结构设计内容有哪些?

一、砖石基础

砖基础一般做成台阶式,应满足刚性角(俗称大放脚)的要求。为了施工方便,一般均采用两种习惯砌法：一是“两皮一收”砌法，即从基础底面起，先砌两皮砖(120 mm)后向里收1/4砖长(60 mm)，再砌两皮砖后收1/4砖长，依次一直砌收到与墙体厚度相同，如图9-28(a)所示；另一种是“二、一间隔收”砌法，即先砌两皮砖后收1/4砖长，再砌一皮砖后收1/4砖长，依次砌筑，如图9-28(b)所示。

砌石基础在满足刚性角的要求时，一般也做成台阶式，由于石块尺寸较大，分层砌筑高度一般宜取300 mm。砌筑时还要注意石块交错排列，不能形成贯通缝，以增强整体刚度。

为了保证基础的砌筑质量，基础底面下应设垫层，垫层材料可选用灰土、三合土或素混凝土。垫层每边伸出基础底面50 mm，厚度为100 mm。

无筋扩展基础可由两种材料叠合组成，如上层用砖砌体，下层用毛石砌体或用混凝土，下层混凝土的高度应不小于200 mm，并满足台阶宽高比的要求。

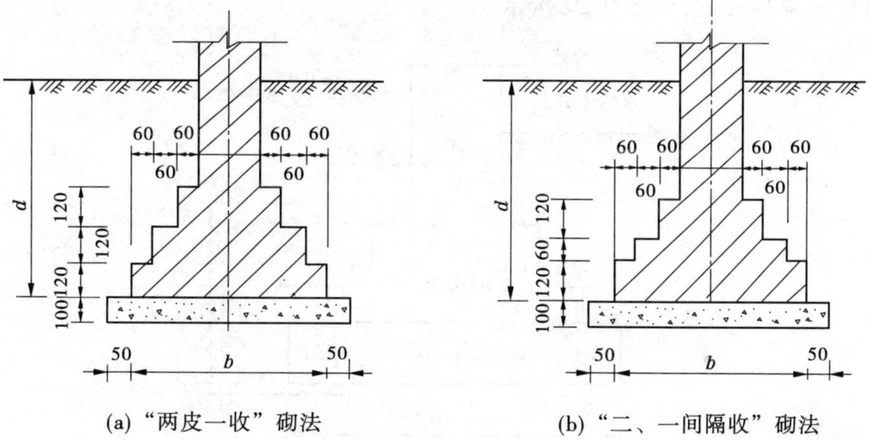

图9-28　砖基础剖面图　(单位:mm)

【例9-3】　某住宅承重墙厚240 mm，持力层为粉土，土质良好，地下水位在地表下0.8 m处，初选基础埋深0.8 m。承载力特征值$f_{ak}=168.0$ kPa，$\eta_b=0$，$\eta_d=1.1$，基底以上土的加权平均重度$\gamma_m=18$ kN/m^3，上部结构传至基础上的荷载值$F=190$ kN/m，室内、外高差0.45 m，试设计该墙下刚性条形基础。

解：(1)修正承载力特征值。假定$b<3.0$ m，仅做深度修正，修正后的承载力特征值为

$$f_a=f_{ak}+\eta_d\gamma_m(d-0.5)=168.0+1.1\times18\times(0.8-0.5)=173.94(\text{kPa})$$

(2)确定条形基础底面宽度b。

基础部分重量计算高度 $\bar{d}=\dfrac{0.8+1.25}{2}=1.03(\text{m})$

基础宽度 $b\geqslant\dfrac{F}{f_a-\gamma_G\bar{d}}=\dfrac{190}{173.94-20\times1.03}=1.24(\text{m})$

取基础宽度$b=1.25$ m <3.0 m，与假设相同，不需宽度修正。

(3)选择基础材料。

基础选择两种材料,基础上层采用 MU10 砖和 M5 砂浆砌筑的“二、一间隔收”砖基础;下层采用素混凝土强度等级为 C15,厚度为 300 mm。

(4)确定基础高度 H_0。

由 $p=\dfrac{F+G}{A}=\dfrac{190+20\times1.03\times1.25}{1.25}=172.6(\text{kPa})$,查表 9-1 得混凝土基础容许宽高比为 1∶1.00,所以混凝土层台阶宽为 300 mm。上层砖基础所需台阶数为

$$n\geqslant\frac{1}{2}\times\frac{1\,250-240-2\times300}{60}=3.4\quad 取 4 阶$$

相应的基础高度为

$$H_0=120\times2+60\times2+300=660(\text{mm})$$

因基础顶面至地面的距离≥0.1 m,取 0.14 m,则埋深 $d=0.8$ m,与初选埋深相符,满足要求。

(5)绘基础剖面图,如图 9-29 所示。

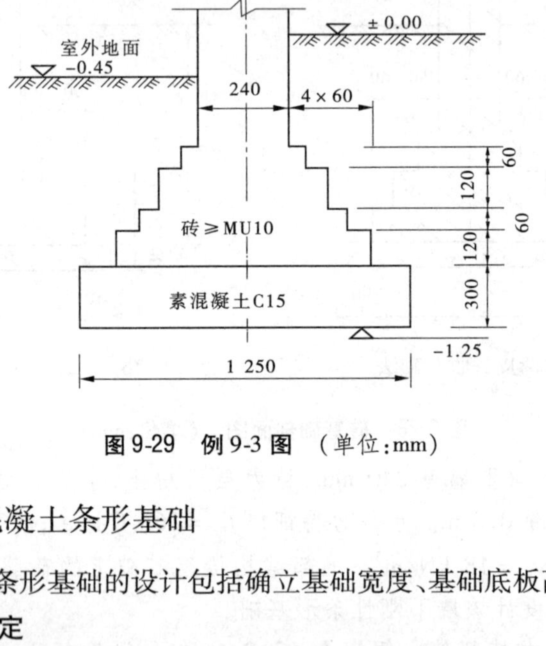

图 9-29　例 9-3 图　(单位:mm)

二、墙下钢筋混凝土条形基础

墙下钢筋混凝土条形基础的设计包括确立基础宽度、基础底板高度及基础底板配筋。

(一)基础宽度确定

基础宽度按前述的满足地基承载力的要求计算,沿纵向取 1 m 长为计算单元,中心受压按式(9-21)计算确定,偏心受压先假定基础底宽 b,在按式(9-23)和式(9-24)或式(9-25)计算基底压力,按式(9-6)、式(9-7)验算是否满足。

(二)基础底板高度确定

墙下条形基础的受力结构相似于以墙为固定端的倒置悬臂板,如图 9-30 所示,由基础自重 G 产生的均布压力与其他地基反力相抵消,故底板仅受到上部结构设计荷载 F 在基底引起的地基净反力 p_j 的作用。在Ⅰ—Ⅰ断面(悬臂板根部)处底板受到剪力和弯矩最大,用最大剪力确定基础的高度,用最大弯矩确定板配筋,则墙下条形基础的强度可满足要求。

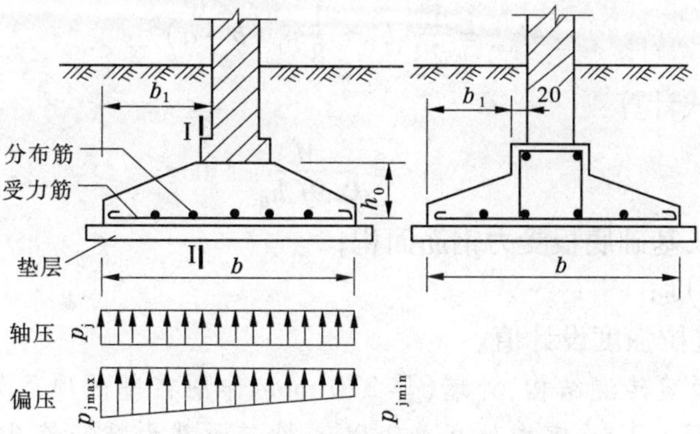

图 9-30　墙下钢筋混凝土条形基础

基础底板高度应由混凝土的抗剪强度确定：

$$V \leqslant 0.07 f_c h_0 l \tag{9-36a}$$

或

$$h_0 \geqslant \frac{V}{0.07 f_c l} \tag{9-36b}$$

$$V = p_j b_1 = \frac{1}{2} p_j (b - a) \tag{9-36c}$$

式中　V——悬臂板根部截面的剪力，kN；

f_c——混凝土轴心抗压强度设计值，kPa；

b_1——基础边缘至墙边或基础边缘至混凝土墙（梁）边的距离，m；

b——基础底宽，m；

l——墙长取 1 m；

a——砖墙厚，m；

p_j——地基净反力设计值，kPa；

h_0——基础底板的有效高度，$h_0 = h - a$，底板下设垫层时保护层厚度 $a = 40$ mm，底板下无垫层时保护层厚度 a 不小于 70 mm。

中心受压　　$$p_j = p - \frac{G}{b} = \frac{F}{b}$$

偏心受压　　$$p_{jmax} = p_{max} - \frac{G}{b}$$

$$p_{jmin} = p_{min} - \frac{G}{b}$$

墙或梁边　　$$p_{jI} = p_I - \frac{G}{b}$$

偏心受压计算时，p_j 取基础边缘最大净反力 p_{jmax} 与墙或梁边的净反力 p_{jI} 的平均值，即

$$p_j = \frac{1}{2}(p_{jmax} + p_{jI})$$

（三）基础底板配筋

悬臂板根部的最大弯矩：

$$M_{max} = \frac{1}{2}p_j b_1^2 = \frac{1}{8}p_j\,(b-a)^2 \tag{9-37}$$

钢筋面积按下式计算：

$$A_s = \frac{M}{0.9f_y h_0} \tag{9-38}$$

式中 A_s——每米长基础底板受力钢筋面积；

a——墙体厚度；

f_y——钢筋抗拉强度设计值。

【例 9-4】 已知某砖混结构，外墙（厚 370 mm）作用在基础顶面处的荷载设计值 F = 300 kN/m，基础埋深 1.1 m，室内外高差 0.9 m，地基承载力特征值 f_a = 160 kPa，设计此墙下条形基础。

解：(1) 确定基础埋深。

$$\bar{d} = \frac{1.1+2.0}{2} = 1.55(\text{m})$$

$$b \geqslant \frac{F}{f_a - \gamma_G \bar{d}} = \frac{300}{160-20\times1.55} = 2.33(\text{m})$$

取 b = 2.4 m。

由于基底宽而浅埋，故设计成墙下钢筋混凝土条形基础。

(2) 确定基础底板高度。

初选钢筋混凝土条形基础采用 C15 混凝土（f_c = 7.5 MPa = 7.5 N/mm²），基础下设素混凝土垫层，厚 100 mm。

按 $h = \frac{b}{8} = \frac{2\,400}{8} = 300(\text{mm})$，初选基础高度 h = 300 mm，基础抗剪强度验算如下：

计算地基净反力设计值

$$p_j = p - \frac{G}{b} = \frac{F}{b} = \frac{300}{2.4} = 125(\text{kPa})$$

计算Ⅰ—Ⅰ剪力设计值

$$V = \frac{1}{2}p_j(b-a) = \frac{1}{2}\times125\times(2.4-0.37) = 126.9(\text{kN/m})$$

计算基础有效高度

$$h_0 = \frac{V}{0.07f_c} = \frac{126.9\times10^3}{0.07\times7.5\times10^3} = 241.7(\text{mm})$$

实际基础有效高度

$$h_0 = h - a = 300 - 40 = 260(\text{mm}) > 241.7(\text{mm})$$

满足要求。

(3) 基础底板配筋计算。

计算Ⅰ—Ⅰ截面处的弯矩

$$M = \frac{1}{8}p_j\,(b-a)^2 = \frac{1}{8}\times125\times(2.4-0.37)^2 = 64.4(\text{kN}\cdot\text{m})$$

计算基础每米长内受力钢筋面积（选用Ⅰ级钢筋 f_y = 210 N/mm²）

$$A_s = \frac{M}{0.9h_0f_y} = \frac{64.4 \times 10^6}{0.9 \times 260 \times 210} = 1\ 311(\text{mm}^2)$$

选用Φ 16@ 150(实配 A_s =1 340 mm² > 1 311 mm²),分布筋选Φ 6@ 250。根据 h = 300 mm,选基础为锥形剖面,基础边缘高度取 200 mm,基础剖面图见图 9-31。

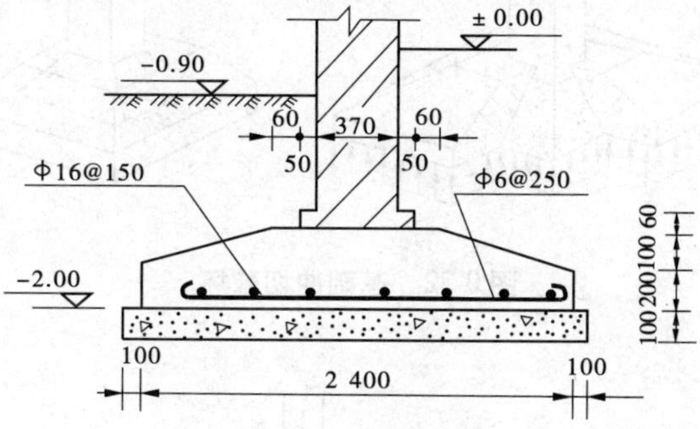

图 9-31 例 9-4 图

三、柱下钢筋混凝土独立基础

柱下钢筋混凝土独立基础的设计包括确定基础底面面积、基础高度及基础底板配筋。

(一)确定基础底面面积

基础底面面积根据持力层和下卧层强度以及变形和稳定性等确定,首先考虑持力层强度,中心受压按式(9-18)估算面积;偏心受压假定基底尺寸,按式(9-6)、式(9-7)验算地基强度,有软弱下卧层的地基再验算软弱下卧层强度,必要时进行变形及稳定性验算。

(二)确定基础高度

基础高度由抗冲切强度确定。当沿柱周边(或阶梯高度变化处)的基础高度不够时,在柱荷载与地基净反力作用下,基础底板将发生从柱边缘(或变阶处)开始沿 45°斜截面形成冲切破坏角锥体,如图 9-32 所示。为防止发生这种破坏,基础底板应有足够的高度(冲切破坏角锥体以外的地基净反力产生的冲切力 F_l 应小于基础冲切面混凝土的抗冲切能力)。对于矩形基础,柱短边 b_c 一侧的冲切破坏较柱长边 a_c 一侧危险,所以只需根据短边一侧冲切破坏条件来确定基础高度,即要求

$$F_l \leqslant 0.7\beta_{hp}f_t b_m h_0 \tag{9-39}$$

$$b_m = (b_t + b_b)/2 \tag{9-40}$$

$$F_l = A_l p_{jd} \tag{9-41}$$

式中 F_l——作用在 A_l 上的地基土净反力设计值,kN;

f_t——混凝土轴心抗拉强度设计值 ,kPa 或 N/mm²;

A_l——冲切力的作用面积,图 9-33(b)中阴影部分面积 $ABCDEF$,或图 9-33(c)中的阴影部分面积 $ABCD$;

β_{hp}——冲切承载力截面高度影响系数,当 h 不大于 800 mm 时,β_{hp} 取 1.0,当 h 大于等于 2 000 mm 时,β_{hp} 取 0.9,其间按线性内插;

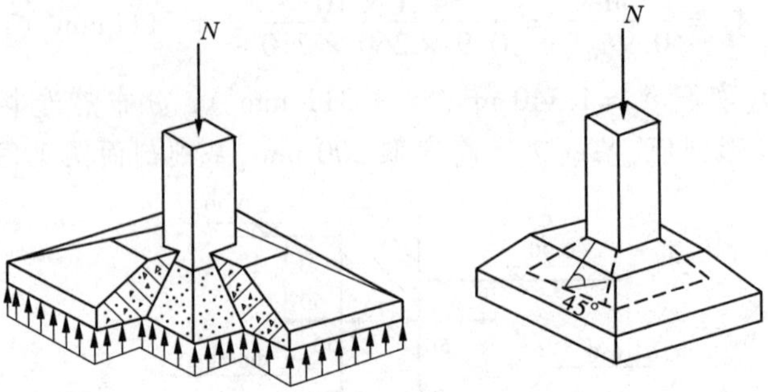

图 9-32 基础冲切破坏

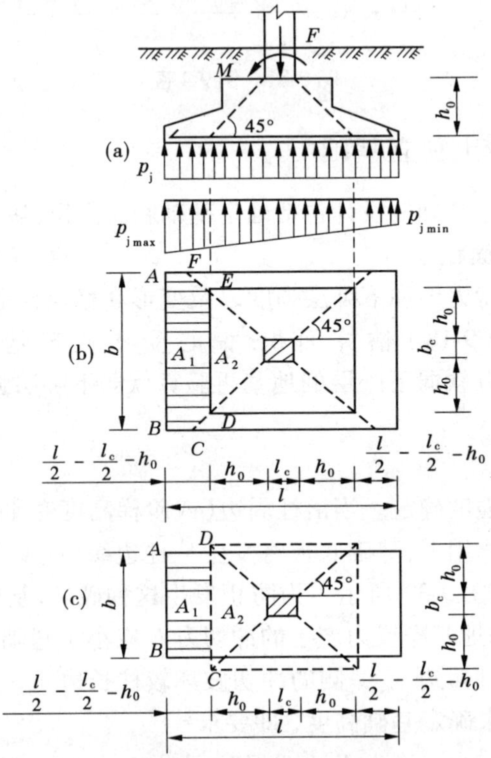

图 9-33 独立基础的受冲切承载力截面位置

h_0——基础冲切破坏锥体的有效高度；

b_m——冲切破坏锥体最不利一侧的计算长度；

b_t——冲切破坏锥体最不利一侧截面的上边长，当计算柱与基础交接处受冲切承载力时，取柱宽，当计算基础变阶处受冲切承载力时，取上阶宽；

b_b——冲切破坏锥体最不利一侧斜截面在基础底面面积范围内的下边长，当冲切破坏锥体的地面落在基础底面范围内时计算柱与基础交接处受冲切承载力时取柱宽加两倍基础有效高度，当计算基础变阶处受冲切承载力时，取上阶宽加两倍该处的基础有效高度，当冲切破坏锥体的底面在 b 方向落在基础底面以外，即 $b+2h_0 \geqslant b$ 时，$b_b = b$；

p_j——扣除基础自重后相应于荷载效应基本组合时的地基净反力设计值，当偏压冲切计算时，p_j 用 p_{jmax} 代替。

中心受压
$$p_j = p - \frac{G}{A}$$

偏心受压
$$p_{\substack{jmax \\ jmin}} = p_{\substack{max \\ min}} - \frac{G}{A}$$

柱边
$$p_{jI} = p_I - \frac{G}{A}$$

冲切破坏时的面积 A_l 可用作图法求得，即绘出距柱周边为 h_0 的矩形线以及顶角斜线，便可求得面积 A_l。

设 l_c 和 b_c 分别为 l 及 b 方向的柱边长，当 $b \geqslant b_c + 2h_0$ 时，如图 9-33(b)所示，面积 A_l 为

$$A_l = \left(\frac{l}{2} - \frac{l_c}{2} - h_0\right)b - \left(\frac{b}{2} - \frac{b_c}{2} - h_0\right)^2$$

当 $b < b_c + 2h_0$ 时，如图 9-33(c)所示，面积 A_l 为

$$A_l = \left(\frac{l}{2} - \frac{l_c}{2} - h_0\right)b$$

确定基础底板高度时，可先按经验初步选定底板高度 h，然后按式(9-39)、式(9-41)进行抗冲切强度验算。

当基础剖面为阶梯形时，冲切破坏可能沿柱周边，也可能沿变阶处发生，如图 9-34 所示。因此，还应验算变阶处的有效高度 h_{01}。验算时，仅需将柱周边尺寸 b_c 和 l_c 换成变阶处台阶的尺寸 b_1 和 l_1 用上述相同方法验算即可。如果基础底面在 45°冲切破坏线以内，则可不进行冲切验算。

(三)基础底板配筋

基础底板在地基净反力作用下，两个方向都要承受弯矩，所以底板两个方向都要配置受力筋，受力钢筋面积按两个方向的最大弯矩分别计算。

计算弯矩时，将基底沿对角线划分成四块面积，如图 9-35 所示，柱边Ⅰ—Ⅰ截面的计算弯矩为作用在梯形面积 A_{1234} 上的地基净反力合力对柱边的力矩。

梯形面积

$$A_{1234} = \frac{1}{4}(b + b_c)(l - l_c)$$

$$A_{1256} = \frac{1}{4}(b - b_c)(l + l_c)$$

梯形面积形心至柱边距离

$$y_1 = \frac{(l - l_c)(b_c + 2b)}{6(b_c + b)}$$

$$y_2 = \frac{(2l + l_c)(b - b_c)}{6(l_c + l)}$$

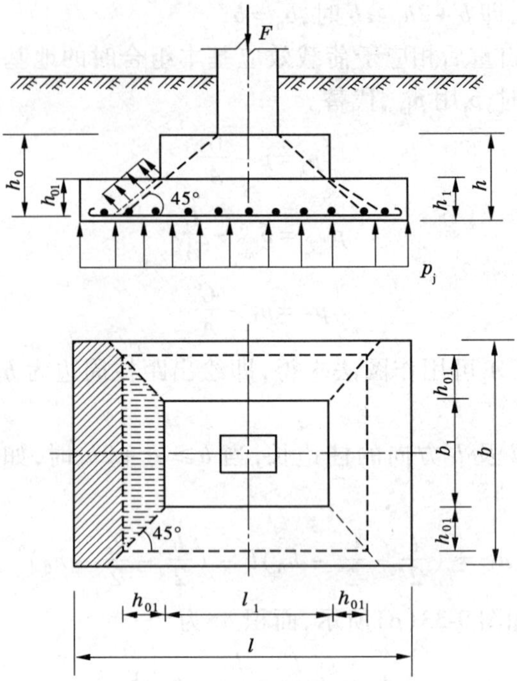

图 9-34　阶梯形基础底板厚度验算

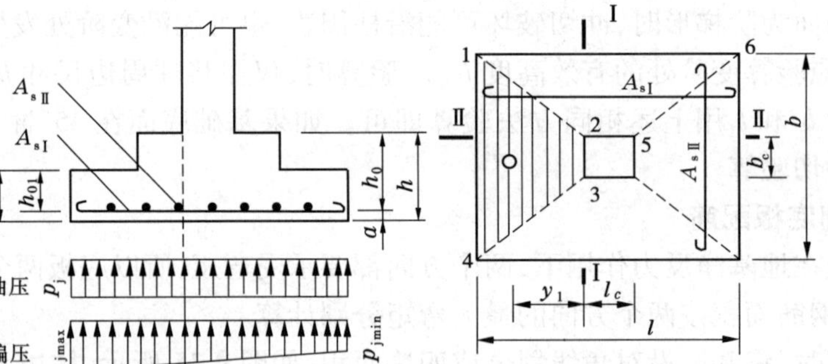

图 9-35　基础配筋示意图

中心受压时,柱边Ⅰ—Ⅰ截面弯矩为

$$M_{\mathrm{I}} = A_{1234}p_{\mathrm{j}}y_1 = \frac{1}{24}(l - l_{\mathrm{c}})^2(2b + b_{\mathrm{c}})(p - \frac{G}{A}) \tag{9-42}$$

柱边Ⅱ—Ⅱ截面弯矩为

$$M_{\mathrm{II}} = A_{1256}p_{\mathrm{j}}y_2 = \frac{1}{24}(b - b_{\mathrm{c}})^2(2l + l_{\mathrm{c}})(p - \frac{G}{A}) \tag{9-43}$$

偏心受压时:

计算柱边Ⅰ—Ⅰ截面弯矩 M_{I}，地基净反力取

$$p_j = \frac{1}{2}(p_{j\max} + p_{j\text{I}}) = \frac{1}{2}(p_{\max} + p_{\text{I}} - \frac{2G}{A})$$

$$M_{\text{I}} = \frac{1}{48}(l - l_c)^2(2b + b_c)(p_{\max} + p_{\text{I}} - \frac{2G}{A}) \tag{9-44}$$

计算柱边Ⅱ—Ⅱ截面弯矩 M_{II}，地基净反力取

$$p_j = \frac{1}{2}(p_{j\max} + p_{j\min}) = \frac{1}{2}(p_{\max} + p_{\min} - \frac{2G}{A})$$

$$M_{\text{II}} = \frac{1}{48}(b - b_c)^2(2l + l_c)(p_{\max} + p_{\min} - \frac{2G}{A}) \tag{9-45}$$

平行于 l 方向的受力钢筋面积为：

$$A_{s\text{II}} = \frac{M_{\text{II}}}{0.9f_y h_0} \tag{9-46}$$

平行于 b 方向的受力钢筋面积为

$$A_{s\text{II}} = \frac{M_{\text{II}}}{0.9f_y h_0} \tag{9-47}$$

对阶梯形基础，尚需计算变阶处截面的配筋，计算方法与上述方法相同，只需要将台阶平面尺寸代替柱截面尺寸即可。

【例 9-5】 某框架结构柱基础，上部结构传至地面处的荷载设计值 $F=750$ kN，$M=85$ kN·m，$V=10$ kN，基础埋深 $d=1.2$ m，修正后地基承载力特征值 $f_a=240$ kPa，材料选用 C20 混凝土，Ⅰ级钢筋，$f_t=1\ 100$ kPa，$f_y=210$ N/mm^2。已知柱截面尺寸 $l_c \times b_c=400$ mm × 300 mm，试设计钢筋混凝土柱基础。

解：(1) 确定柱基底面积。

$$A_0 \geqslant \frac{F}{f_a - r_G\bar{d}} = \frac{750}{240 - 20 \times 1.2} = 3.47(\text{m}^2)$$

考虑偏心荷载，取 $A=1.2 \times 3.47=4.16(\text{m}^2)$

初选基础底面尺寸：$l=2.6$ m，$b=1.6$ m。

(2) 验算持力层承载力。

作用在基底形心竖向力

$$N_{gd} = F + G = 750 + 20 \times 1.2 \times 2.6 \times 1.6 = 849.84(\text{kN})$$

$$M_{gd} = M + Vd = 85 + 10 \times 1.2 = 97(\text{kN}\cdot\text{m})$$

$$e_0 = \frac{M_{gd}}{N_{gd}} = \frac{97}{849.84} = 0.11(\text{m})$$

$$p_{\max} = \frac{N_{gd}}{A}(1 + \frac{6e_0}{l}) = \frac{849.84}{2.6 \times 1.6} \times (1 + \frac{6 \times 0.11}{2.6}) = 256.15(\text{kPa}) < 1.2f_a$$

$$p_{\min} = \frac{N_{gd}}{A}(1 - \frac{6e_0}{l}) = \frac{849.84}{2.6 \times 1.6} \times (1 - \frac{6 \times 0.11}{2.6}) = 152.43(\text{kPa})$$

$$\frac{p_{\max} + P_{\min}}{2} = \frac{256.15 + 152.43}{2} = 204.3(\text{kPa}) < f_a$$

满足要求。

(3)确定基础高度。

初选基础高度 $h=600$ mm,基础分二级台阶,下阶台阶高 $h_1=350$ mm ,取 $l_1=1.3$ m, $b_1=0.8$ mm。其下采用 100 mm 厚混凝土垫层,钢筋保护厚度 $a=40$ mm ,见图 9-36。

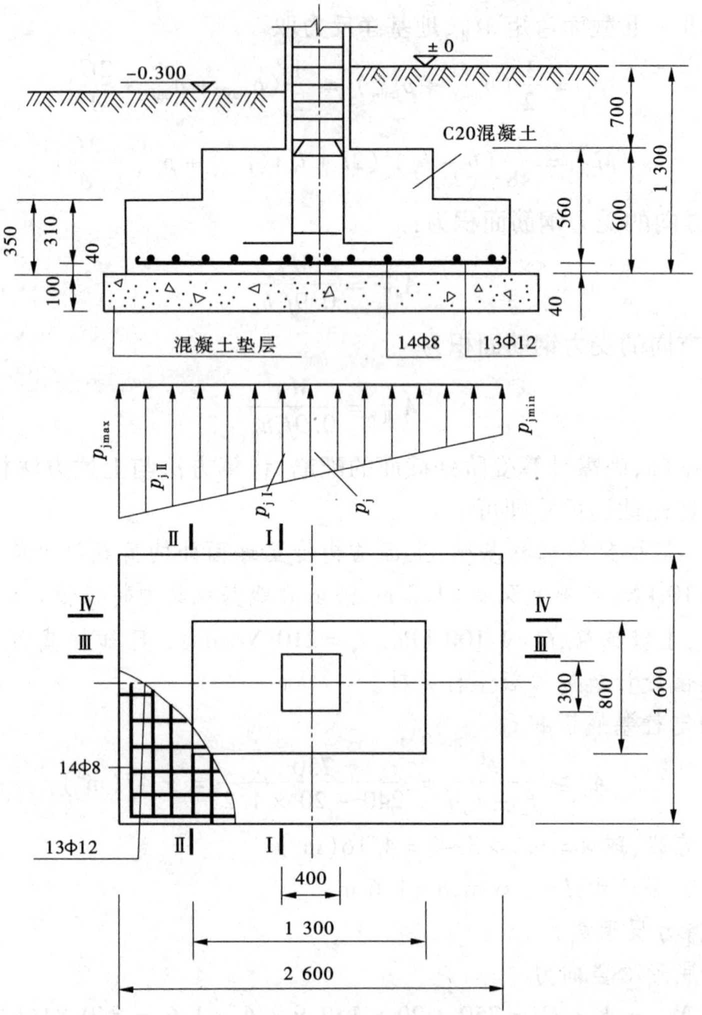

图 9-36　例 9-5 图　(单位:mm)

地基净反力　$p_{jmax}=p_{max}-\dfrac{G}{A}=256.15-\dfrac{20\times1.2\times2.6\times1.6}{2.6\times1.6}=232.15(\text{kPa})$

$$p_{jmin}=p_{min}-\frac{G}{A}=152.43-\frac{20\times1.2\times2.6\times1.6}{2.6\times16}=128.43(\text{kPa})$$

①柱边Ⅰ—Ⅰ截面抗冲切验算。

因为 $b_C+2h_0=0.3+2\times(0.6-0.04)=1.42(\text{m})<b=1.6$ m,所以

$$A_{\rm II} = \left(\frac{l}{2} - \frac{l_c}{2} - h_0\right)b - \left(\frac{b}{2} - \frac{b_c}{2} - h_0\right)^2$$

$$= \left(\frac{2.6}{2} - \frac{0.4}{2} - 0.56\right)\times 1.6 - \left(\frac{1.6}{2} - \frac{0.3}{2} - 0.56\right)^2$$

$$= 0.54 \times 1.6 - 0.008\ 1 = 0.855\ 9(\mathrm{m^2})$$

$$b_t = b_c = 0.3\ \mathrm{m}$$

$$b_b = b_c + 2h_0 = 0.3 + 2\times 0.56 = 1.42(\mathrm{m})$$

$$b_m = (b_t + b_b)/2 = (0.3 + 1.42)/2 = 0.86(\mathrm{m})$$

Ⅰ—Ⅰ截面处的冲切力设计值

$$F_{\rm II} = p_{\rm jmax}A_{\rm II} = 232.15 \times 0.855\ 9 = 198.7(\mathrm{kN})$$

抗冲切力 $0.7\beta_{hp}f_t b_m h_0 = 0.7\times 0.9\times 1\ 100\times 0.86\times 0.56 = 329.87\ \mathrm{kN} > F_{\rm II}$，满足要求。

②基础变阶处Ⅱ—Ⅱ截面抗冲切验算。

因为　$b_1 + 2h_{01} = 0.8 + 2\times 0.31 = 1.42(\mathrm{m}) < b = 1.6\ \mathrm{m}$

所以　$A_{1\rm II} = (\frac{l}{2} - \frac{l_1}{2} - h_{01})b - (\frac{b}{2} - \frac{b_1}{2} - h_{01})^2$

$$= (\frac{2.6}{2} - \frac{1.3}{2} - 0.31)\times 1.6 - (\frac{1.6}{2} - \frac{0.8}{2} - 0.31)^2$$

$$= 0.34\times 1.6 - 0.008\ 1 = 0.535\ 9(\mathrm{m^2})$$

$$b_t = b_1 = 0.8\ \mathrm{m}$$

$$b_b = b_1 + 2h_0 = 0.8 + 2\times 0.56 = 1.92(\mathrm{m})$$

$$b_m = (b_t + b_b)/2 = (0.8 + 1.92)/2 = 1.36(\mathrm{m})$$

Ⅱ—Ⅱ截面处的冲切力为

$$F_{1\rm II} = p_{\rm jmax}A_{1\rm II} = 232.15\times 0.535\ 9 = 124.41(\mathrm{kN})$$

抗冲击力　$0.7\beta_{hp}f_t b_m h_0 = 0.7\times 0.9\times 1\ 100\times 1.36\times 0.56 = 527.79 > F_{111} = 124.4$ kN，满足要求。

(4)底板配筋计算。

①基础长边方向的配筋。

Ⅰ—Ⅰ截面处柱边地基净反力为

$$p_{\rm jI} = p_{\rm jmin} + \frac{l + l_c}{2l}(p_{\rm jmax} - p_{\rm jmin})$$

$$= 128.43 + \frac{2.6 + 0.4}{2\times 2.6}\times(232.15 - 128.43) = 187.27(\mathrm{kPa})$$

柱边Ⅰ—Ⅰ截面处的弯矩为

$$M_{\rm I} = \frac{1}{48}(l - l_c)^2(2b + b_c)(p_{\rm jI} + p_{\rm jmax})$$

$$= \frac{1}{48}\times(2.6 - 0.4)^2\times(2\times 1.6 + 0.3)\times(188.27 + 232.15) = 148.37(\mathrm{kN\cdot m})$$

$$A_{\rm sI} = \frac{M_{\rm I}}{0.9f_y h_0} = \frac{148.37\times 10^6}{0.9\times 210\times 560} = 1\ 401.8(\mathrm{mm^2})$$

变阶处Ⅱ—Ⅱ截面处弯矩为

$$p_{j\,\mathrm{II}} = p_{jmin} + \frac{l + l_1}{2l}(p_{jman} - p_{jmin})$$

$$= 128.43 + \frac{2.6 + 1.3}{2 \times 2.6} \times (232.15 - 128.43) = 206.22(\mathrm{kPa})$$

$$M_{\mathrm{II}} = \frac{1}{48}(l - l_1)^2(2b + b_1)(p_{j\,\mathrm{II}} + p_{jmax})$$

$$= \frac{1}{48} \times (2.6 - 1.3)^2 \times (2 \times 1.6 + 0.8) \times (206.22 + 232.15) = 61.74(\mathrm{kN \cdot m})$$

$$A_{s\,\mathrm{II}} = \frac{M_{\mathrm{II}}}{0.9 f_y h_{01}} = \frac{61.74 \times 10^6}{0.9 \times 210 \times 310} = 1\,053.7(\mathrm{mm^2})$$

平行 l 边方向的钢筋应按 $A_{s\,\mathrm{I}}$ 和 $A_{s\,\mathrm{II}}$ 中较大者配置，实际选配钢筋为 13 Φ 12(A_s = 1 470 mm^2 > $A_{s\,\mathrm{I}}$ = 1 401.8 mm^2)。

②基础短边 b 方向的配筋。

柱边Ⅲ—Ⅲ截面处的弯矩为

$$M_{\mathrm{III}} = \frac{1}{48}(b - b_c)^2(2l + l_c)(p_{jmax} + p_{jmin})$$

$$= \frac{1}{48} \times (1.6 - 0.3)^2 \times (2 \times 2.6 + 0.4) \times (232.15 + 128.43) = 71.1(\mathrm{kN \cdot m})$$

$$A_{s\,\mathrm{III}} = \frac{M_{\mathrm{III}}}{0.9 f_y h_0} = \frac{71.1 \times 10^6}{0.9 \times 210 \times 560} = 671.8(\mathrm{mm^2})$$

变阶处Ⅳ—Ⅳ截面处弯矩为

$$M_{\mathrm{IV}} = \frac{1}{48}(b - b_1)^2(2l + l_1)(p_{jmax} + p_{jmin})$$

$$= \frac{1}{48} \times (1.6 - 0.8)^2 \times (2 \times 2.6 + 1.3) \times (232.15 + 128.43)$$

$$= 31.25(\mathrm{kN \cdot m})$$

$$A_{s\,\mathrm{IV}} = \frac{M_{\mathrm{IV}}}{0.9 f_y h_{01}} = \frac{31.25 \times 10^6}{0.9 \times 210 \times 310} = 533.4(\mathrm{mm^2})$$

平行 b 边方向的钢筋应按 $A_{s\,\mathrm{IV}}$ 配置，选用 14 Φ 8 (A_s = 703 mm^2 > $A_{s\,\mathrm{IV}}$ = 671.8 mm^2)

四、柱下钢筋混凝土条形基础

当柱下独立基础的底面面积不足以承受上部结构的荷载时，常采用柱下条形基础。对于不均匀沉降大或振动敏感的地基，为加强结构整体性，也可做成柱下条形基础。

柱下条形基础是由一根肋梁或交叉肋梁及其横向伸出的翼板组成，其截面呈倒 T 形。倒 T 形截面两侧外伸翼板的内力计算和配筋与墙下钢筋混凝土条形基础计算方法相同。肋梁(也称基础梁)的内力计算要考虑地基、基础和上部结构的相互作用，问题比较复杂，目前尚没有统一的计算方法。这里仅介绍一种简化的实用计算方法。

根据《建筑地基基础设计规范》(GB 50007—2011)规定，当地基土质均匀，上部结构刚度较大，荷载分布较均匀，且条形基础梁的高度大于 1/6 柱距时，地基反力可按直线分布，条形基础梁的内力可按连续梁计算，即采用倒梁法计算基础梁的内力。如不满足以上条件，则按弹性地基梁方法计算内力。

（一）倒梁法

倒梁法是一种计算地基梁内力的简化方法。它把基础梁看作一根倒置梁，假定作用在梁上的地基净反力为直线分布，如图 9-37（a）所示，并按偏心受压计算。

$$p_{\substack{\text{jmax}\\\text{jmin}}} = \frac{\sum F}{bl} \pm \frac{\sum M}{W} \tag{9-48}$$

式中 $\sum F$——作用于基础上竖向荷载设计值（不包括基础及回填土重）的总和，kN；

$\sum M$——外荷载对基底形心弯矩设计值的总和，kN·m；

b、l——基础的宽度和长度，m；

W——基础底面的抵抗矩，m^2。

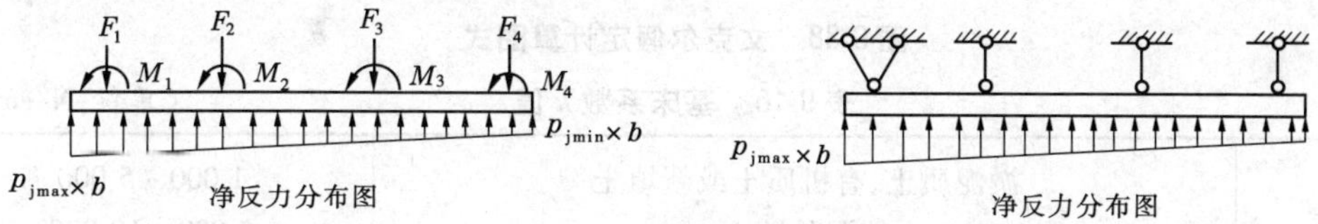

(a)基底反力分布　(b)按多跨连续梁求内力

图 9-37 用倒梁法计算地基梁简图

然后，将柱与基础梁的结点视为梁的不动铰支座，以地基净反力为荷载，按多跨连续梁方法计算梁的内力，如图 9-37（b）所示。

但是，由于倒梁法只是一种简化近似法。按此法计算出的支座反力往往不等于柱传来的轴向力，即反力不平衡。为此，工程中提出了"基底反力局部调整法"，即将支座反力与原柱的轴力之差值（可正可负）当作均布荷载，置于此支座两侧各 1/3 跨度范围内，再解此连续梁的内力，并将计算结果进行叠加。经 2～3 次调整后，使支座反力和柱轴向力基本一致。

（二）弹性地基梁计算的方法

如果把地基看成一种匀质连续半无限弹性体，设置在此地基的有限刚度梁称为弹性地基梁，求解弹性地基梁的方法很多，下面仅介绍一种常用的文克尔法。

文克尔法是 1876 年由捷克工程师文克尔提出的，他假设地基某点沉降 y 只与该点基底处的地基净反力 p 成正比，而与其他点的地基压力无关，如图 9-38 所示，关系式如下：

$$p = ky \tag{9-49}$$

式中 k——基床系数，表示产生单位沉降所需的反力，kN/m^3，由试验确定，如无试验资料，可按表 9-16 选用。

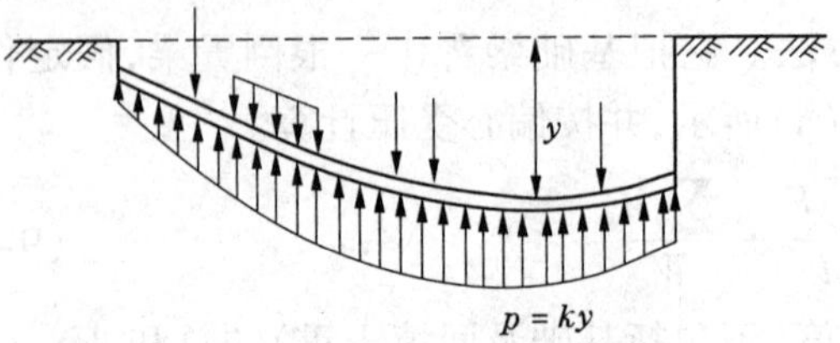

(a)地基梁受力及变形示意图

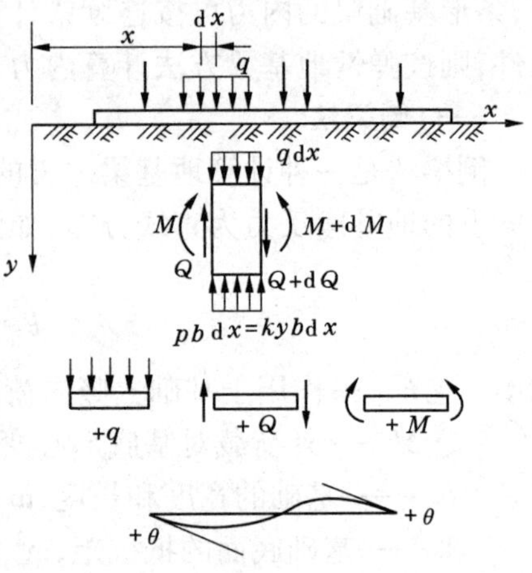

(b)受力分析

图 9-38　文克尔假定计算图式

表 9-16　基床系数 k 值　（单位:N/cm^3）

天然地基	淤泥质土、有机质土或新填土	1 000 ~ 5 000
	软弱黏性土	5 000 ~ 10 000
	黏土及粉质黏土软塑	10 000 ~ 20 000
	可塑	20 000 ~ 40 000
	硬塑	40 000 ~ 100 000
	松砂	10 000 ~ 15 000
	中密砂或松散砾石	15 000 ~ 25 000
	密实砂或中密砾石	25 000 ~ 40 000
	黄土及黄土类粉质黏土	40 000 ~ 50 000
	坚密砾石	50 000 ~ 100 000
	硬黏土	100 000 ~ 200 000
	风化岩石、石灰岩或砂岩	200 000 ~ 1 000 000
	完好的坚硬岩石	1 000 000 ~ 1 500 000
桩基	软弱土层内的摩擦桩	10 000 ~ 50 000
	穿过软弱土层达到密实砂层或黏土层的桩	50 000 ~ 150 000
	打至岩石的支承桩	8 000 000

根据文克尔的假定,可以将地基看成由无限多个各自互相独立的弹簧组成的计算模型。某点弹簧的压缩(地基的沉降)完全由该点上作用的荷载所产生,与相邻荷载无关。忽略了地基中剪应力的存在,也没有考虑由此产生的地基附加应力扩散作用对变形的影响。这是文克尔法的缺陷,故只有抗剪强度很低的流塑状态地基(如淤泥、软黏土等),或厚度不超过梁或板的短边宽度 1/2 的薄压缩层地基,适于采用这种计算模型。

设梁底翼板宽度为 b,在梁上取 dx 微分段,把此微分段上的作用力画出,如图 9-38 所示,根据静力平衡条件可得

$$Q-(Q+\mathrm{d}Q)+pb\,\mathrm{d}x-q\mathrm{d}x=0$$

或

$$-\frac{\mathrm{d}Q}{\mathrm{d}x}=q-pb \tag{9-50}$$

根据材料力学可知,梁的挠曲微分方程为

$$EI\frac{\mathrm{d}^2y}{\mathrm{d}x^2}=-M \tag{9-51}$$

$$Q=\frac{\mathrm{d}M}{\mathrm{d}x} \tag{9-52}$$

于是

$$EI\frac{\mathrm{d}^4y}{\mathrm{d}x^4}=q-pb \tag{9-53}$$

将式(9-49)代入式(9-53)中可得

$$\frac{\mathrm{d}^4y}{\mathrm{d}x^4}+\frac{1}{EI}(kby-q)=0 \tag{9-54}$$

式(9-54)通常称为弹性地基梁的挠曲微分方程式。解此微分方程即可求得梁各点的变形,再由式(9-49)求得梁下各点的地基反力。地基反力求得后,就可用结构力学方法来求梁内任意断面的内力 M、Q。实际计算时,由于计算工作量较大,可借用《弹性地基梁板计算》等书籍中的公式及表格,或运用计算机软件解决问题。

五、筏形基础的简化计算

筏形基础通常采用刚性板方法或弹性板方法进行简化计算。

当地基土软弱且均匀、筏板较厚、上部结构刚度很大时,可近似认为筏板相对于地基来说是绝对刚性的,可按刚性板方法计算。有时在柱荷载差异和柱间距差异均不超过20%时,也可以认为筏形基础是绝对刚性的。

用刚性板方法计算时,基底反力呈直线或平面分布,并按材料力学偏压公式简化计算,如图9-39所示。

$$p_{\substack{\max\\ \min}}、p_{\substack{1\\ 2}}=\frac{\sum F+G}{lb}\left(1\pm\frac{6e_x}{l}\pm\frac{6e_y}{b}\right) \tag{9-55}$$

式中 $p_{\max}$、$p_{\min}$、p_1、p_2——基底四个角的基底压力设计值,kPa;

$\sum F$——筏板上的总竖向荷载设计值,kN;

G——基础及回填土的重量,kN;

l、b——筏板地面的长与宽度,m;

e_x、e_y——上部结构荷载在 x、y 方向对基底形心的偏心距(x、y 轴通过基底形心)。

确定筏形基底面积时,同样要满足地基承载力要求,即$\frac{p_{\max}+p_{\min}}{2}\leqslant f_a$和 $p_{\max}\leqslant 1.2f_a$。

对于墙下筏形基础,由于上部结构刚度较大,可不考虑整体弯曲产生的内力,按倒楼盖计算,即按不同支承条件的单向板或双向板计算内力。但在端部第一、二开间内将地基反力增加10%~20%,按上下均匀配筋,对于压缩模量小于或等于4 MPa的地基,还应进行抗裂验算。对板厚大于1/6墙间距离的筏板,可沿纵横方向取单位长度的板带,按倒梁法计算。

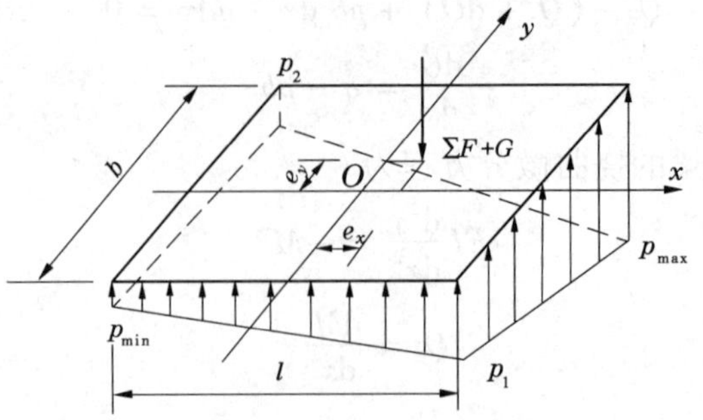

图 9-39　基底反力简化计算

对柱下无梁平板式筏形基础可仿效无梁楼盖计算方法,分别在纵横柱列上,截取宽度为相邻柱的跨中距离的板带,把板带看成各自独立的倒梁,忽略板带间的剪力,按倒梁法计算。

对柱下梁板式筏形基础,一般也按倒楼盖法计算内力,即筏板按单向或双向连续板计算,肋梁上的荷载按楼盖的规定进行划分计算,纵、横肋梁按多跨连续倒梁计算。

如果不满足刚性板条件,则为弹性板(有限刚性板)。弹性板计算比较复杂,常用的方法有有限差分法、有限单元法或链杆法等。这里不做详细介绍。

六、箱形基础的设计简介

箱形基础是顶板、底板、纵横外墙及一定数量的内隔墙构成的整体刚度较大的钢筋混凝土空间结构。它是高层建筑经常采用的一种基础形式。

箱形基础的埋深在满足地基承载力要求外还要考虑满足稳定性要求,以防建筑物整体倾斜和滑移。箱形基础的平面形状应力求简单对称,通常为矩形。基底平面形心宜与上部结构竖向静荷载的重心相重合。必要时可将箱基底板外伸,如无法做到基底形心与荷载重心重合,则偏心距不宜大于 $0.1W/A$,其中 W 为基底的抵抗矩,A 为基础底板面积。箱基顶板、底板和墙体的厚度应按结构计算或建筑功能要求确定,一般要求底板厚度不小于 300 mm,顶板厚度不小于 150 mm,外墙厚度不小于 250 mm,内墙厚度不小于 200 mm。

箱形基础由于整体刚度较大,地基反力多呈马鞍形分布;均以假定地基的应力与应变为线性关系的弹性理论为依据,建立不同的地基模型进行计算。目前,最常用的方法为地基反力系数法,详见《高层建筑箱形与筏形基础技术规程》(JGJ 6—2011)。

箱形基础的内力计算是根据上部结构的刚度不同,采用不同的计算方法。一般分为以下三种情况:

(1)上部结构为现浇剪力墙体系时,由于上部结构刚度大,可将其看成绝对刚性体,不考虑箱基的整体弯曲,箱基底板与顶板均按局部弯曲计算内力,如图 9-40(a)所示。局部弯曲计算时是把箱基的纵、横墙当作不动刚性支座,顶板和底板分别在上部结构传来的荷载或地基反力作用下,按双向或单向板计算内力。

(2)上部结构为框架体系时,由于上部结构刚度较差,箱基内力应同时考虑整体弯曲和局部弯曲所产生的两种作用。所谓整体弯曲,是指上部结构与基础一起受弯,如

图 9-40(b)所示。箱基承担的由整体弯曲产生的弯矩,是按基础刚度占整体结构总刚度的比例分配给箱基的,箱基顶板与底板的内力,则是整体弯曲和局部弯曲两种应力合理叠加的结果。

(3)当上部结构为框剪体系时,一般只按局部弯曲计算内力。但配筋时,可在构造上加适量的整体弯曲钢筋,就能满足安全要求。

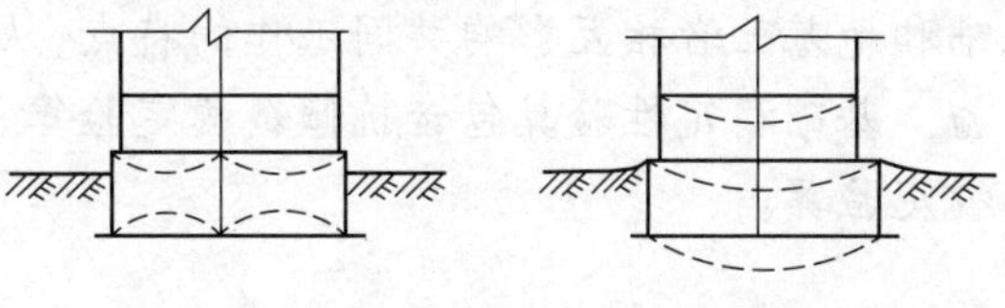

(a)箱形基础的局部弯曲　(b)箱形基础的整体弯曲

图 9-40　箱形基础计算模式

单元思考

1. 何谓弹性地基梁?计算基本原理是什么?
2. 柱下钢筋混凝土独立基础的设计内容有哪些?

小　结

(一)浅基础类型及设计原则

《建筑地基基础设计规范》(GB 50007—2011)按照材料性能将基础分为扩展基础与无筋扩展基础。砖石等脆性材料构成的基础称无筋扩展基础,扩展基础是指钢筋混凝土基础(包括柱下独立基础和墙下条形基础);无筋扩展基础体形由刚性角控制,应满足容许宽高比要求。独立基础和条形基础是浅基础的基本形式,当多个独立基础或条形基础有整体性要求时可以构成柱下条形基础、十字交叉条形基础,或筏板基础等浅基础形式。各种基础应满足构造要求,各种基础的地基都应该有足够的强度、不产生过大变形,并有足够的稳定性。

(二)基础埋深的影响因素

确定基础埋深时应该考虑建筑物用途、结构类型、基础荷载、工程地质条件与水文地质条件、相邻基础、冻土深度以及水流冲刷深度等影响。一般在满足要求情况下尽可能将基础浅埋,尽可能埋在地下水位以上。

(三)基础底面尺寸确定

基础底面尺寸必须满足持力层承载力、软弱下卧层承载力、地基变形以及上部结构要求等,一般可以根据上部结构或经验初选基底面积,然后验算持力层强度、下卧层强度以及地基变形和稳定性。偏心荷载作用时一般可以按照中心受荷情况的基底面积适当扩大来初步选定基底面积,一般要求基底压力不能出现大偏心情况,特殊情况按规范要求。持力层承载力必须大于基底压力的平均值,最大基底压力不允许超过持力层承载力的1.2 倍。

(四)建筑物地基变形与稳定验算

地基的变形特征一般分为沉降量、沉降差、倾斜和局部倾斜。对《建筑地基基础设计规范》(GB 50007—2011)规定进行地基变形验算的建筑物地基,在根据地基承载力初步确定基底尺寸后,应进一步验算地基变形特征值是否超过地基的容许变形值。过量的地基不均匀沉降往往影响建筑物正常使用。减少或消除不均匀沉降危害除改善地基条件外,还应考虑上部结构、基础和地基三者相互影响共同工作的特点,从建筑、结构和施工等方面采取一些综合技术措施。基础稳定性验算包含抗倾覆稳定验算、表层滑动稳定验算、深层滑动稳定验算和抗渗稳定验算。

(五)基础结构设计

刚性基础一般做成台阶式,应满足刚性角的要求。钢筋混凝土扩展基础的设计包括确定基础宽度或基底面积,基础底板高度及底板配筋。

柱下条形基础由一根肋梁或交叉肋梁及其横向伸出的翼板组成,其截面呈倒T形。倒T形截面两侧外伸翼板的内力计算和配筋与墙下钢筋混凝土条形基础计算方法相同,常用倒梁法或弹性地基梁计算。

练习题

9-1 某一承重墙下条形刚性基础,上部结构传来轴向荷载设计值 $F=200\ kN/m$。地基表层为素填土,层厚 1.0 m,$\gamma_1=17\ kN/m^3$,$f_{ak}=90\ kPa$;第②层为粉质黏土,层厚 2.5 m,地下水位位于第②层层面处,$\gamma_{sat2}=19\ kN/m^3$,$f_{ak}=160\ kPa(\eta_b=0.3,\eta_d=1.6)$,$E_s=5.1\ MPa$;第③层为淤泥质黏土,$\gamma_{sat3}=17.5\ kN/m^3$,$f_{ak}=100\ kPa(\eta_b=0,\eta_d=1.1)$,$E_s=1.7\ MPa$,基础埋深 1.0 m,基底宽 1.3 m。试验算基础宽度及软弱下卧层强度。

9-2 某工厂厂房为框架结构,独立基础。作用在基础顶面的竖向荷载 $N=2\ 400\ kN$,弯矩为 $M=850\ kN\cdot m$,水平力 $Q=60\ kN$。基础埋深 1.9 m,地基表层为素填土,厚度为 1.9 m,天然重度 $\gamma_1=18.0\ kN/m^3$;其下为粉质黏土层,厚 8.6 m,$e=0.9$,$I_L=0.25$,$\gamma_2=18.5\ kN/m^3$,$f_{ak}=210\ kPa$。设计基础底面尺寸。

9-3 某学校宿舍楼设计采用砖混结构,条形基础。外墙厚度 24 cm,墙基顶面荷载 $N=188\ kN/m$。地基土分 3 层:表层为耕植土,厚 0.8 m,天然重度 $\gamma_1=17\ kN/m^3$;第②层为粉土,厚 2.0 m,$f_{ak}=160\ kPa$,$\gamma_{sat2}=18.6\ kN/m^3$;第③层为淤泥质黏土,$f_{ak}=90\ kPa$,$\gamma_{sat3}=16.5\ kN/m^3$,厚 1.5 m,地下水位深 0.8 m,初定基础埋深为 0.8 m。设计刚性基础尺寸。

9-4 某承重墙厚 370 mm,承受上部结构传来轴力 $N=330\ kN/m$,基础埋深 0.8 m,室内、外高差 0.3 m,修正后地基承载力特征值 $f_a=196\ kPa$,混凝土强度 C20,Ⅰ级钢筋。试确定基础底宽及底板高度,并计算底板钢筋面积。

9-5 如图 9-41 所示,某现浇柱基础顶截面内力设计值 $N=1\ 600\ kN$、$M=95\ kN\cdot m$、$V=30\ kN$,柱截面 400 mm×800 mm,基础埋深 1.5 m,地基承载力特征值 $f_{ak}=200\ kPa(\eta_b=0.3,\eta_d=1.6)$,基底以上土的加权平均重度 $\gamma_0=18\ kN/m^3$,基底处土的重度 $\gamma=18.5$

kN/m^3，混凝土强度等级 C20（$f_t=1.1$ MPa），Ⅱ级钢筋（$f_y=310$ MPa），已知基础短边 $b=2$ m，长边 $l=3.8$ m（平行弯矩方向），验算基础底面面积、基础高度及计算底板配筋。

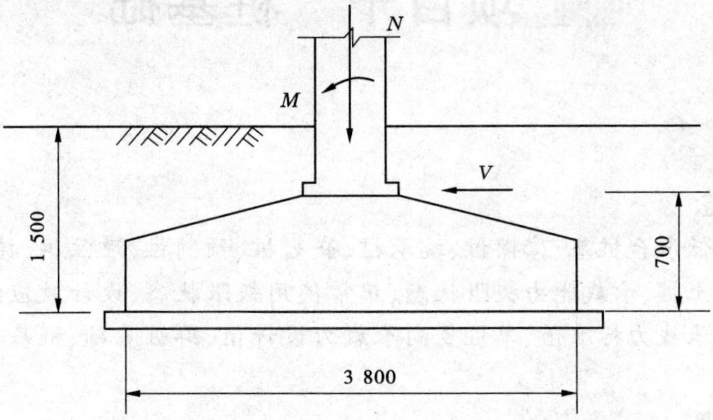

图 9-41　习题 9-5 图　（单位：mm）

项目十 桩基础

三基导学

(一)基本概念

高承台桩基、低承台桩基、摩擦桩、端承桩、嵌岩桩、预制桩、灌注桩、挖孔桩、挤土桩、非挤土桩、部分挤土桩、承载能力极限状态、正常使用极限状态、设计效应组合、单桩轴向承载力、单桩极限承载力标准值、单桩竖向承载力设计值、群桩基础、桩基负摩阻力、复合桩基。

(二)基本原理

群桩基础持力层验算、软弱下卧层验算、桩顶荷载验算、负摩阻力中性点位置、泥浆固壁原理。

(三)基本方法

极限状态设计法、静载荷试验法、静力触探法、钻孔灌注桩的施工工艺。

教学基本要求

掌握桩基础的组成与作用原理、桩的类型及适用条件、桩身承载力验算要点,单桩竖向承载力的概念及确定单桩竖向极限承载力的方法。熟悉设计选型应考虑的因素、群桩工作原理,群桩基础承载力和沉降验算方法、桩基负摩阻力的产生原因、中性点的概念和位置确定,桩基施工的一般方法、泥浆护壁的原理、钻孔灌注桩的施工工艺和注意事项,桩基础施工的质量评定内容和标准。了解桩身和承台构造、桩基内力和位移计算方法、桩型选择,桩基参数确定(包括桩长、桩径、平面布置等),承台验算内容和方法。

能力培养目标

会确定单桩极限承载力和承载力标准值,会正确选择桩型。

学习重点与难点

重点是单桩承载力确定,桩基内力和位移验算,群桩承载力和沉降验算以及桩基施工方法等。

难点是群桩基础、实际确定单桩承载力的方法。

任务一 桩基础概述

问题引导:什么是桩基础,由哪些部分组成?桩基础有哪些类型?桩基础的传力方式如何?

一、桩基础的概念

由设置于岩土中的桩和与桩顶联结的承台共同组成的基础或由柱与桩直接联结的单桩基础均称为桩基础(简称桩基);桩基础中的单桩称为基桩。

桩基础是由承台和若干根基桩连成整体,以共同承受建筑物荷载的一种深基础形式。桩基础通常作为荷载较大的建筑物基础,具有承载力高、稳定性好、沉降量小且均匀、便于机械化施工、适应性强等突出特点。与其他深基础比较,桩基础的适用范围最广,一般对下述情况可考虑选用桩基础方案:

(1)地基的上层土质太差而下层土质较好,或地基软硬不均或荷载不均,不能满足上部结构对不均匀变形的要求。

(2)地基软弱,采取地基加固措施不合适,或地基土性质特殊,如存在可液化土层、自重湿陷性黄土、膨胀土及季节性冻土等。

(3)除承受较大垂直荷载外,尚有较大偏心荷载、水平荷载、动荷载或周期性荷载作用。

(4)上部结构对基础的不均匀沉降相当敏感,或建筑物受到大面积地面超载的影响。

(5)地下水位很高,采用其他基础形式施工困难;位于水中的构筑物的基础,如桥梁、码头、钻采平台等。

(6)需要长期保存、具有重要历史意义的建筑物。

当地基上部软弱而下部不太深处藏有坚实地层时,最适宜采用桩基础。但是当软弱土层很厚,桩端达不到良好地层时,桩基础设计应考虑沉降等问题。如果桩穿过较好土层而桩端位于软弱下卧层中,则不宜采用桩基础。因此,在工程实践中,必须认真做好地基勘察,详细分析地质资料,综合考虑、精心设计施工,才能使所选基础类型发挥出最佳效益。

二、桩基础的分类

根据桩的承台位置、传力方式、施工方法及材料可把桩基础划分为不同的类别。

(一)按承台位置分类

桩基础由桩和承台组成,如图 10-1 所示。根据承台与地面的相对位置,可分为低承台桩基和高承台桩基。低承台桩基的承台底面位于地面以下,其受力性能好,具有较强的抵抗水平荷载的能力,在工业与民用建筑中,几乎都使用低承台桩基;高承台桩基的承台底面位于地面以上,且常处于水下,水平受力性能差,但可避免基础埋于水下及节省基础材料,多用于桥梁及港口工程。

(二)按传荷方式分类

《建筑桩基技术规范》(JGJ 94—2008)(简称《桩基规范》)根据竖向荷载下桩土相互作用的特点,达到承载力极限状态时,桩侧与桩端阻力的发挥程度和分担荷载比例,将桩分为摩擦型桩和端承型桩两大类和四个亚类,图 10-2 所示为桩的两种类型。

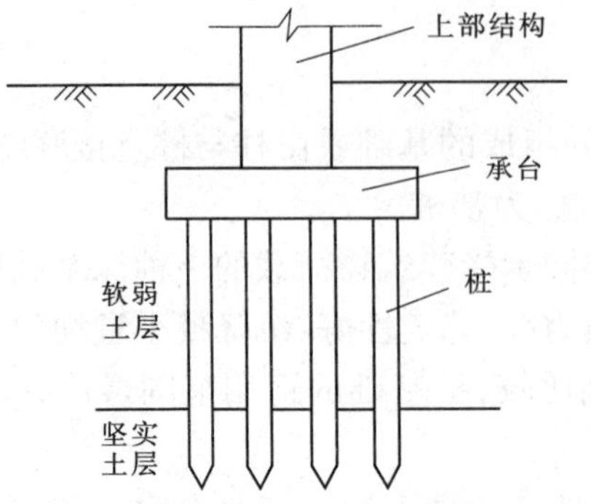

图 10-1　低承台桩基示意图

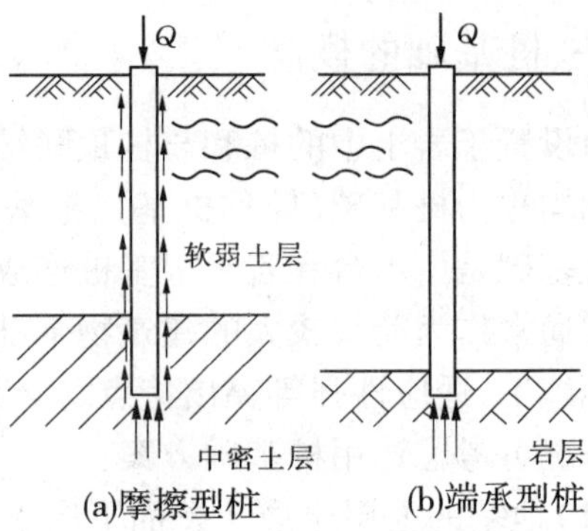

图 10-2　桩的计算图示

1. 摩擦型桩

在承载力极限状态下,桩顶荷载全部或主要由桩侧阻力承受的桩称为摩擦型桩。根据桩侧阻力分担荷载的比例,摩擦型桩又分为摩擦桩和端承摩擦桩两类。

1) 摩擦桩

在承载能力极限状态下,桩顶竖向荷载由桩侧阻力承受,桩端阻力小到可忽略不计。例如:①桩的长径比很大,桩顶荷载只通过桩身压缩产生的桩侧阻力传递给桩周土,桩端土层分担荷载很小;②桩端无较坚实的持力层;③桩底残留虚土或沉渣的灌注桩;④桩端出现脱空的打入桩等。

2) 端承摩擦桩

在承载能力极限状态下,桩顶竖向荷载主要由桩侧阻力承受。当桩的长径比不很大,桩端持力层为较坚实的黏性土、粉土和砂土时,除桩侧阻力外,还有一定的桩端阻力。这类桩在桩基中占比例很大。

2. 端承型桩

端承型桩是指在承载能力极限状态下,桩顶荷载全部或主要由桩端阻力承受,桩侧阻力相对于桩端阻力可忽略不计。根据桩端阻力分担荷载的比例,又可分为端承桩和摩擦端承桩两类。

1) 端承桩

在承载能力极限状态下,桩顶竖向荷载由桩端阻力承受,桩侧阻力小到可忽略不计。桩的长径比较小(一般小于 10),桩端设置在密实砂类、碎石类土层中或位于中、微风化及新鲜基岩中。

2) 摩擦端承桩

在承载能力极限状态下,桩顶竖向荷载主要由桩端阻力承受。通常桩端进入中密以上的砂类、碎石类土层中或位于中、微风化及新鲜基岩顶面。这类桩的侧阻力虽属次要,但不可忽略。

此外,当桩端嵌入岩层一定深度(要求桩的周边嵌入微风化或中等风化岩体的最小深度不小于 0.5 m)时,称为嵌岩桩。对于嵌岩桩,桩侧与桩端荷载分担比例与孔底沉渣及进入基岩深度有关,桩的长径比不是制约荷载分担的唯一因素。

（三）按成桩方法分类

（1）非挤土桩。干作业法、泥浆护壁法、套管护壁法成孔及人工挖孔均属非挤土桩。

（2）部分挤土桩。部分挤土灌注桩、预钻孔打入式敞口桩均属部分挤土桩。

（3）挤土桩。挤土灌注桩、挤土法打入或静压预制桩均为挤土桩。

（四）按桩径大小分类

按设计直径 d 可以分为：小直径桩（$d \leqslant 250$ mm）、中等直径桩（250 mm $< d <$ 800 mm）和大直径桩（$d \geqslant 800$ mm）。

（五）按施工方法及材料分类

根据桩的施工方法不同，桩基础主要可分为预制桩和灌注桩两大类。

1. 预制桩

预制桩可用混凝土、钢材或木料在现场或工厂制作，然后以锤击（或辅以高压射水）、振动打入、静压或旋入等方式设置就位。

1）混凝土预制桩

混凝土预制桩的横截面有方、圆等多种形状。一般普通实心方桩的截面边长为200～500 mm，如图 10-3 所示，桩长在 25～30 m 以内，工厂预制时分节长度小于 12 m，沉桩时在现场连接为所需桩长。分节接头应保证质量以满足桩身承受轴力、弯矩和剪力的要求，通常可用钢板、角钢焊接，并涂以沥青以防腐蚀。也可采用钢板垂直插头加水平销连接，其施工快捷，不影响桩的强度和承载力。

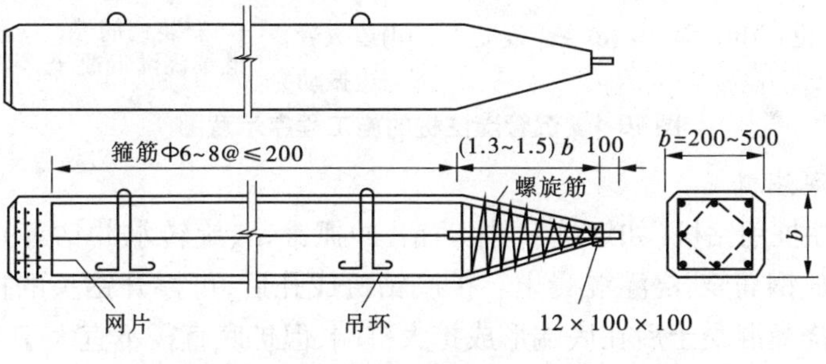

图 10-3　钢筋混凝土预制桩　（单位：mm）

2）钢桩

常用的钢桩有下端开口或闭口的钢管桩和 H 型钢桩等。一般钢管桩的直径为 250～1 200 mm。钢桩的穿透能力强、自重轻、锤击沉桩效果好，承载能力高，无论起吊、运输还是沉桩、接桩都很方便。其缺点是耗钢量大、成本高、易锈蚀，我国只在少数重点工程中使用，如上海宝钢工程就采用了直径 914.4 mm、壁厚 16 mm、长 61 m 等几种规格的钢管桩。

3）木桩

木桩常用松木、杉木或橡木做成，一般桩径为 160～260 mm，桩长 4～6m，桩顶锯平并加铁箍，桩尖削成棱锥形。木桩制作和运输方便、打桩设备简单，在我国使用历史悠久，但目前已很少使用，只在某些加固工程或能就地取材的临时工程中采用。木桩在淡水中耐久性好，但在海水及干湿交替的环境中极易腐烂，因此一般应打入地下水位以下不少于0.5 m。

2. 灌注桩

灌注桩是在设计桩位处直接成孔,然后在孔内放钢筋笼(也有直接插或省去钢筋的),再浇灌混凝土而成。其横截面呈圆形,可以做成大直径和扩底桩。保证灌注桩承载力的关键在于桩身的成型及混凝土质量。灌注桩通常可按成孔方法分为沉管、钻(冲)孔及挖孔灌注桩。

1)沉管灌注桩

沉管灌注桩常有锤击沉管、振动沉管和内击式沉管等不同的施工方法。利用锤击或振动等方法沉管成孔,然后浇灌混凝土,拔出套管,其施工程序如图 10-4 所示。一般可分为单打、复打(浇灌混凝土并拔管后,立即在原位再次沉管及浇灌混凝土)和反插法(灌满混凝土后,先振动再拔管,一般拔 0.5 ~ 1.0 m,再反插 0.3 ~ 0.5 m)三种。复打后的桩横截面面积增大、承载力提高,但其造价也相应提高。

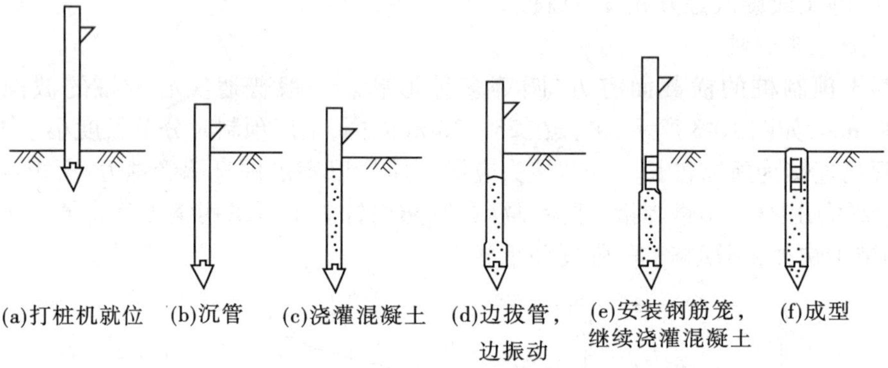

图 10-4　沉管灌注桩的施工程序示意图

2)钻(冲)孔灌注桩

钻(冲)孔灌注桩用钻机(如螺旋钻、振动钻、冲抓锥钻、旋转水冲钻等)钻土成孔,然后清除孔底残渣,安放钢筋笼,浇灌混凝土。扩底钻机成孔后,可撑开钻头的扩孔刀刃使之旋转切土扩大桩孔,浇灌混凝土后在底端形成扩大桩端,但扩底直径不宜大于 3 倍桩身直径。

目前,国内钻(冲)孔灌注桩多用泥浆护壁,泥浆应选用膨润土或高塑性黏土在现场加水搅拌制成,一般要求其泥浆比重为 1.1 ~ 1.15,黏度为 10 ~ 25 s,含砂率小于 6%,胶体率大于 95%。

施工时泥浆水面应高出地下水面 1 m 以上,清孔后在水下浇灌混凝土,其施工程序如图 10-5 所示。常用桩径为 800 mm、1 000 mm、1 200 mm 等。其最大优点是入土深,能进入岩层,刚度大,承载力高,桩身变形小,并可方便地进行水下施工。

3)挖孔灌注桩

挖孔灌注桩可采用人工或机械挖掘成孔,逐段边开挖边支护,达所需深度后再进行扩孔、安装钢筋及浇灌混凝土而成。

挖孔灌注桩内径一般应≥800 mm,开挖直径≥1 000 mm,护壁厚≥100 mm,分节支护,每节高 500 ~ 1 000 mm,可用混凝土浇筑或砖砌筑,桩身长度宜限制在 40 m 以内。图 10-6 所示为人工挖孔灌注桩示例。

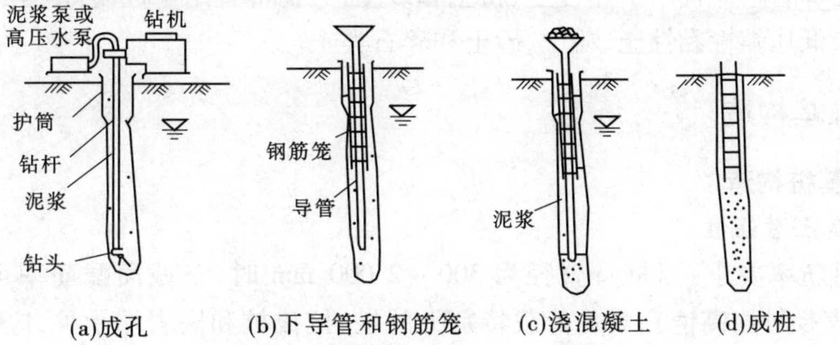

图 10-5 钻(冲)孔灌注桩施工程序

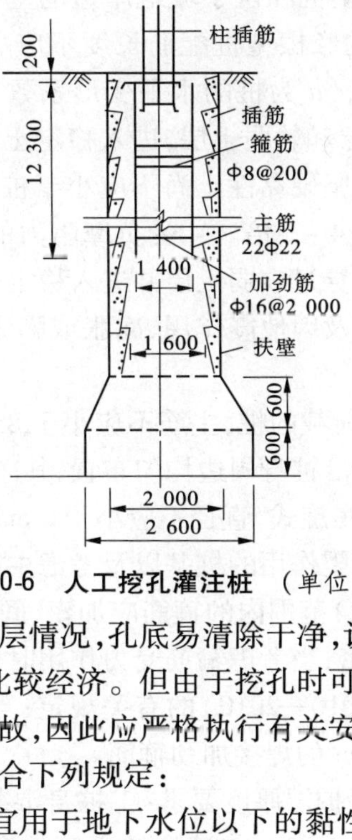

图 10-6 人工挖孔灌注桩 (单位:mm)

挖孔灌注桩可直接观察地层情况,孔底易清除干净,设备简单,噪声小,场内各桩可同时施工,且桩径大、适应性强,比较经济。但由于挖孔时可能存在塌方、流砂、缺氧、有害气体、触电等危险,易造成安全事故,因此应严格执行有关安全操作的规定。

不同桩型的适用条件应符合下列规定:

(1)泥浆护壁钻孔灌注桩宜用于地下水位以下的黏性土、粉土、砂土、填土、碎石土及风化岩层。

(2)旋挖成孔灌注桩宜用于黏性土、粉土、砂土、填土、碎石土及风化岩层。

(3)冲孔灌注桩除宜用于上述地质情况外,还能穿透旧基础、建筑垃圾填土或大孤石等障碍物。在岩溶发育地区应慎重使用,使用时,应适当加密勘察钻孔。

(4)长螺旋钻孔压灌桩后插钢筋笼宜用于黏性土、粉土、砂土、填土、非密实的碎石类土、强风化岩。

(5)干作业钻、挖孔灌注桩宜用于地下水位以上的黏性土、粉土、填土、中等密实以上的砂土、风化岩层。

(6)在地下水位较高,有承压水的砂土层、滞水层、厚度较大的流塑状淤泥、淤泥质土层中不得选用人工挖孔灌注桩。

(7)沉管灌注桩宜用于黏性土、粉土和砂土;夯扩桩宜用于桩端持力层为埋深不超过20 m的中、低压缩性黏性土、粉土、砂土和碎石类土。

三、桩基构造

(一)基桩构造

1. 混凝土灌注桩

(1)配筋率要求:当桩身直径为300 ~ 2 000 mm时,正截面配筋率可取0.65% ~ 0.2%(小直径桩取高值);对受荷载特别大的桩、抗拔桩和嵌岩端承桩,应根据计算确定配筋率,并不应小于上述规定值。

(2)配筋长度要求:①端承型桩和位于坡地岸边的基桩应沿桩身等截面或变截面通长配筋。②桩径大于600 mm的摩擦型桩配筋长度不应小于桩长的2/3;当受水平荷载时,配筋长度尚不宜小于4.0/a,(a为桩的水平变形系数)。③对于受地震作用的基桩,桩身配筋长度应穿过可液化土层和软弱土层,进入稳定土层的深度)应按计算确定;对于碎石土,砾、粗、中砂,密实粉土,坚硬黏性土尚不应小于桩身直径的2 ~ 3倍;对于其他非岩石土,尚不宜小于桩身直径的4 ~ 5倍。④受负摩阻力的桩、因先成桩后开挖基坑而随地基土回弹的桩,其配筋长度应穿过软弱土层并进入稳定土层,进入的深度不应小于桩身直径的2 ~ 3倍。⑤专用抗拔桩及因地震作用、冻胀或膨胀力作用而受拔力的桩,应等截面或变截面通长配筋。

(3)主筋要求:对于受水平荷载的桩,主筋不应小于8 Φ 12;对于抗压桩和抗拔桩,主筋不应少于6 Φ 10;纵向主筋应沿桩身周边均匀布置,其净距不应小于60 mm。

(4)箍筋要求:箍筋应采用螺旋式,直径不应小于6 mm,间距宜为200 ~ 300 mm;受水平荷载较大的桩基、承受水平地震作用的桩基以及考虑主筋作用计算桩身受压承载力时,桩顶以下5d(d为桩身设计直径)范围内的箍筋应加密,间距不应大于100 mm;当桩身位于液化土层范围内时箍筋应加密;当考虑箍筋受力作用时,箍筋配置应符合现行国家标准《混凝土结构设计规范》(GB 50010—2010)的有关规定;当钢筋笼长度超过4 m时,应每隔2 m设一道直径不小于12 mm的焊接加劲箍筋。

(5)桩身混凝土及混凝土保护层厚度要求:①桩身混凝土强度等级不得小于C25,混凝土预制桩尖强度等级不得小于C30;②灌注桩主筋的混凝土保护层厚度不应小于35 mm,水下灌注桩的主筋混凝土保护层厚度不得小于50 mm;③四类、五类环境中桩身混凝土保护层厚度应符合国家现行标准《港口工程混凝土结构设计规范》(JTJ 267—1998)、《工业建筑防腐蚀设计规范》(GB 50046—2008)的相关规定。

(6)扩底灌注桩扩底端尺寸:①对于持力层承载力较高、上覆土层较差的抗压桩和桩端以上有一定厚度较好土层的抗拔桩,可采用扩底桩,如图10-7所示;扩底端直径与桩身直径之比为D/d,其应根据承载力要求及扩底端侧面和桩端持力层土性特征以及扩底施工方法确定;挖孔灌注桩的D/d不应大于3,钻孔灌注桩的D/d不应大于2.5;②扩底端侧面的斜率应根据实际成孔及土体自立条件确定,a/h_c可取1/4 ~ 1/2,砂土可取1/4,粉土、黏性土可取1/3 ~ 1/2;③抗压桩扩底端底面宜呈锅底形,矢高h_b可取(0.15 ~ 0.20)D。

2. 混凝土预制桩

(1)截面尺寸：混凝土预制桩的截面边长不应小于200 mm；预应力混凝土预制实心桩的截面边长不宜小于350 mm。

(2)混凝土及保护层要求：预制桩的混凝土强度等级不宜低于C30；预应力混凝土实心桩的混凝土强度等级不应低于C40；预制桩纵向钢筋的混凝土保护层厚度不宜小于30 mm。

(3)配筋要求：预制桩的桩身配筋应按吊运、打桩及桩在使用中的受力等条件计算确定。采用锤击法沉桩时，预制桩的最小配筋率不宜小于0.8%。静压法沉桩时，最小配筋率不宜小于0.6%，主筋直径不宜小于14 mm，打入桩桩顶以下4～5倍桩身直径长度范围内箍筋应加密，并设置钢筋网片。

(4)预制桩的分节长度要求：应根据施工条件及运输条件确定预制桩的分节长度；每根桩的接头数量不宜超过3个。

(5)桩尖构造：预制桩的桩尖可将主筋合拢焊在桩尖辅助钢筋上，对于持力层为密实砂和碎石类土时，宜在桩尖处包以钢钣桩靴，加强桩尖。

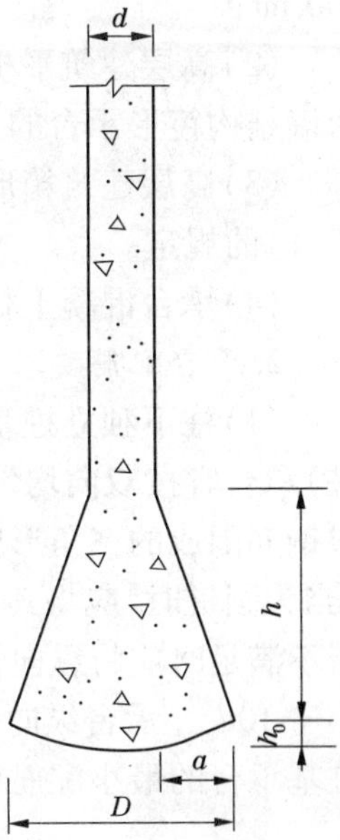

图10-7　扩底桩构造

3. 预应力混凝土空心桩

(1)预应力混凝土空心桩分类：按截面形式可分为管桩、空心方桩，按混凝土强度等级可分为预应力高强混凝土(PHC)桩、预应力混凝土(PC)桩。离心成型的先张法预应力混凝土桩的截面尺寸、配筋、桩身极限弯矩、桩身竖向受压承载力设计值等参数可按《桩基规范》附录B确定。

(2)预应力混凝土空心桩桩尖形式：宜根据地层性质选择闭口型或敞口型。闭口型分为平底十字型和锥型。

(3)预应力混凝土空心桩质量要求：尚应符合国家现行标准《先张法预应力混凝土管桩》(GB 13476—2009)、《先张法预应力混凝土薄壁管桩》(JC 888—2001)和《预应力混凝土空心方桩》(JG 197—2006)及其他的有关标准规定。

(4)预应力混凝土桩的连接：可采用端板焊接连接、法兰连接、机械啮合连接、螺纹连接。每根桩的接头数量不宜超过3个。

(5)其他：桩端嵌入遇水易软化的强风化岩、全风化岩和非饱和土的预应力混凝土空心桩，沉桩后，应对桩端以上2 m左右范围内采取有效的防渗措施，可采用微膨胀混凝土填芯或在内壁预涂柔性防水材料。

(二)承台构造

1. 基本要求

桩基承台的构造除应满足抗冲切、抗剪切、抗弯承载力和上部结构要求，尚应符合下列要求：

(1)独立柱下桩基承台的最小宽度不应小于500 mm，边桩中心至承台边缘的距离不应小于桩的直径或边长，且桩的外边缘至承台边缘的距离不应小于150 mm。对于墙下条形承台梁，桩的外边缘至承台梁边缘的距离不应小于75 mm。承台的最小厚度不应小于

300 mm。

(2)高层建筑平板式和梁板式筏形承台的最小厚度不应小于400 mm,墙下布桩的剪力墙结构筏形承台的最小厚度不应小于200 mm。

(3)高层建筑箱形承台的构造应符合《高层建筑筏形与箱形基础技术规范》(JGJ 6—2011)的规定。

(4)承台混凝土材料及其强度等级应符合结构混凝土耐久性的要求和抗渗要求。

2. 承台配筋要求

(1)柱下独立桩基承台纵向受力钢筋应通长配置(见图10-8(a)),对四桩以上(含四桩)承台宜按双向均匀布置,对三桩的三角形承台应按三向板带均匀布置,且最里面的三根钢筋围成的三角形应在柱截面范围内(见图10-8(b))。纵向钢筋锚固长度自边桩内侧(当为圆桩时,应将其直径乘以0.8等效为方桩)算起,不应小于$35d_g$(d_g为钢筋直径);当不满足时应将纵向钢筋向上弯折,此时水平段的长度不应小于$25d_g$,弯折段长度不应小于$10d_g$。承台纵向受力钢筋的直径不应小于12 mm,间距不应大于200 mm。柱下独立桩基承台的最小配筋率不应小于0.15%。

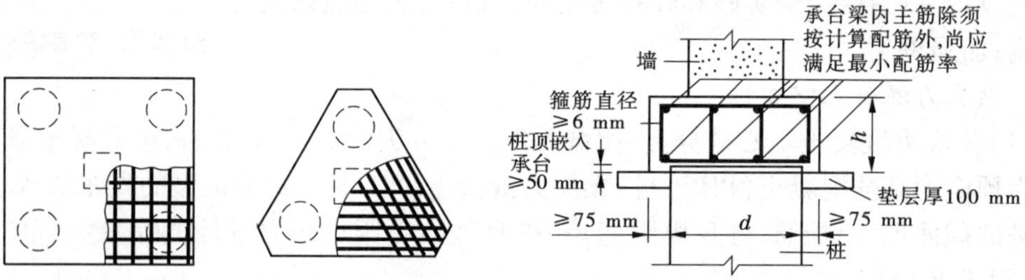

(a)矩形承台配筋　(b)三桩承台配筋　(c)条形承台梁配筋

图10-8　承台配筋示意图

(2)柱下独立两桩承台,应按现行国家标准《混凝土结构设计规范》(GB 50010—2010)中的深受弯构件配置纵向受拉钢筋、水平及竖向分布钢筋。承台纵向受力钢筋端部的锚固长度及构造应与柱下多桩承台的规定相同。

(3)条形承台梁的纵向主筋应符合现行国家标准《混凝土结构设计规范》(GB 50010—2010)关于最小配筋率的规定(见图10-8(c)),主筋直径不应小于12 mm,架立筋直径不应小于10 mm,箍筋直径不应小于6 mm。承台梁端部纵向受力钢筋的锚固长度及构造应与柱下多桩承台的规定相同。

(4)筏形承台板或箱形承台板在计算中当仅考虑局部弯矩作用时,考虑到整体弯曲的影响,在纵横两个方向的下层钢筋配筋率不宜小于0.15%;上层钢筋应按计算配筋率全部连通。

当筏板的厚度大于2 000 mm时,宜在板厚中间部位设置直径不小于12 mm、间距不大于300 mm的双向钢筋网。

(5)承台底面钢筋的混凝土保护层厚度,当有混凝土垫层时,不应小于50 mm,无垫层时不应小于70 mm;此外尚不应小于桩头嵌入承台内的长度。

3. 桩与承台的连接构造

(1)桩嵌入承台内的长度对中等直径桩不宜小于50 mm;对大直径桩不宜小于100 mm。

(2)混凝土桩的桩顶纵向主筋应锚入承台内,其锚入长度不宜小于纵向主筋直径的35倍。对于抗拔桩,桩顶纵向主筋的锚固长度应按现行国家标准《混凝土结构设计规范》(GB 50010—2010)的确定。

(3)对于大直径灌注桩,当采用一柱一桩时可设置承台或将桩与柱直接连接。

4. 柱与承台的连接构造

(1)对于一柱一桩基础,柱与桩直接连接时,柱纵向主筋锚入桩身内长度不应小于纵向主筋直径的35倍。

(2)对于多桩承台,柱纵向主筋应锚入承台不应小于纵向主筋直径的35倍;当承台高度不满足锚固要求时,竖向锚固长度不应小于纵向主筋直径的20倍,并向柱轴线方向呈90°弯折。

(3)当有抗震设防要求时,对于一、二级抗震等级的柱,纵向主筋锚固长度应乘以系数1.15;对于三级抗震等级的柱,纵向主筋锚固长度应乘以系数1.05。

5. 承台与承台之间的连接构造

(1)一柱一桩时,应在桩顶两个主轴方向上设置联系梁。当桩与柱的截面直径之比大于2时,可不设联系梁。

(2)两桩桩基的承台,应在其短向设置联系梁。

(3)有抗震设防要求的柱下桩基承台,宜沿两个主轴方向设置联系梁。

(4)联系梁顶面宜与承台顶面位于同一标高。联系梁宽度不宜小于250 mm,其高度可取承台中心距的1/10~1/15,且不宜小于400 mm。

(5)联系梁配筋应按计算确定,梁上下部配筋不宜小于2根直径12 mm钢筋;位于同一轴线上的联系梁纵筋宜通长配置。

6. 承台和地下室外墙与基坑侧壁间隙处理

承台和地下室外墙与基坑侧壁间隙应灌注素混凝土,或采用灰土、级配砂石、压实性较好的素土分层夯实,其压实系数不宜小于0.94。

四、桩基设计内容及设计原则

(一)桩基设计内容

(1)选择桩的类型和几何尺寸。

(2)确定单桩承载力。

(3)确定桩的数量、间距和布桩方式。

(4)验算桩基的承载力和沉降。

(5)桩身结构设计。

(6)承台设计。

(7)绘制桩基施工图。

设计桩基应先根据建筑物的特点和有关要求,进行岩土工程勘察和场地施工条件等资料的收集工作,设计时应考虑桩的设置方法及其影响。

(二)桩基设计原则

1. 极限状态法

承载能力极限状态,指桩基达到最大承载能力、整体失稳或发生不适于继续承载的变形。正常使用极限状态,指桩基达到建筑物正常使用所规定的变形限值或达到耐久性要求的某项限值。

2. 桩基设计原则

根据建筑规模、功能特征、对差异变形的适应性、场地地基和建筑物体型的复杂性以及由于桩基问题可能造成建筑破坏或影响正常使用的程度,应将桩基设计分为表10-1所列的三个设计等级。桩基设计时,应根据表10-1确定设计等级,根据要求进行如下计算和验算:

表10-1　建筑桩基设计等级

设计等级	建筑物类型
甲级	(1)重要的建筑; (2)30层以上或高度超过100 m的高层建筑; (3)体形复杂且层数相差超过10层的高低(含纯地下室)连体建筑; (4)20层以上框架－核心筒结构及其他对差异沉降有特殊要求的建筑; (5)场地和地基复杂的7层以上的一般建筑及坡地、岸边建筑; (6)对相邻既有工程影响较大的建筑
乙级	除甲级、丙级外的建筑
丙级	场地和地基条件简单、荷载分布均匀的7层以下的一般建筑

(1)桩基应根据具体条件分别进行下列承载能力计算和稳定性验算:①应根据桩基的使用功能和受力特征分别进行桩基的竖向承载力计算和水平承载力计算。②应对桩身和承台结构承载力进行计算;对于桩侧土不排水抗剪强度小于10 kPa,且长径比大于50的桩应进行桩身压屈验算;对于混凝土预制桩应按吊装、运输和锤击作用进行桩身承载力验算;对于钢管桩应进行局部压屈验算。③当桩端平面以下存在软弱下卧层时,应进行软弱下卧层承载力验算。④对位于坡地、岸边的桩基应进行整体稳定性验算。⑤对于抗浮、抗拔桩基,应进行基桩和群桩的抗拔承载力计算。⑥对于抗震设防区的桩基应进行抗震承载力验算。

(2)以下桩基尚应进行变形验算:①设计等级为甲级的非嵌岩桩和非深厚坚硬持力层的建筑桩基;②设计等级为乙级的体形复杂、荷载分布显著不均匀或桩端平面以下存在软弱土层的建筑桩基;③软土地基多层建筑减沉复合疏桩基础。

(3)对不允许出现裂缝或需限制裂缝宽度的混凝土桩身和承台还应进行抗裂或裂缝宽度验算。

(4)对受水平荷载较大,或对水平位移有严格限制的建筑桩基,应计算其水平位移。

(5)应根据桩基所处的环境类别和相应的裂缝控制等级,验算桩和承台正截面的抗裂和裂缝宽度。

3. 设计效应组合

桩基设计时，所采用的作用效应组合与相应的抗力应符合下列规定：

(1)确定桩数和布桩时，应采用传至承台底面的荷载效应标准组合；相应的抗力应采用基桩或复合基桩承载力特征值。

(2)计算荷载作用下的桩基沉降和水平位移时，应采用荷载效应准永久组合；计算水平地震作用、风载作用下的桩基水平位移时，应采用水平地震作用、风载效应标准组合。

(3)验算坡地、岸边建筑桩基的整体稳定性时，应采用荷载效应标准组合；抗震设防区，应采用地震作用效应和荷载效应的标准组合。

(4)在计算桩基结构承载力、确定尺寸和配筋时，应采用传至承台顶面的荷载效应基本组合。当进行承台和桩身裂缝控制验算时，应分别采用荷载效应标准组合和荷载效应准永久组合。

(5)桩基结构设计安全等级、结构设计使用年限和结构重要性系数 γ_0 应按现行有关建筑结构规范的规定采用，除临时性建筑外，重要性系数 γ_0 不应小于1.0。

(6)当桩基结构进行抗震验算时，其承载力调整系数 γ_{RE} 应按现行国家标准《建筑抗震设计规范》(GB 50011—2010)的规定采用。

单元思考

1. 摩擦桩、端承摩擦桩有何区别？端承桩与摩擦端承桩有何区别？

2. 何谓设计效应组合？何谓极限状态法？如何考虑？

任务二　桩基计算

问题引导：什么是单桩竖向承载力？单桩竖向承载力与哪些因素有关？确定单桩竖向承载力有哪些方法？什么是桩顶作用效应？

一、单桩竖向极限承载力标准值

单桩竖向极限承载力标准值是指单桩在竖向荷载作用下到达破坏状态前或出现不适于继续承载的变形时所对应的最大荷载。

(一)一般规定

设计采用的单桩竖向极限承载力标准值应符合下列规定：

(1)设计等级为甲级的建筑桩基，应通过单桩静载试验确定。

(2)设计等级为乙级的建筑桩基，当地质条件简单时，可参照地质条件相同的试桩资料，结合静力触探等原位测试和经验参数综合确定；其余均应通过单桩静载荷试验确定。

(3)设计等级为丙级的建筑桩基，可根据原位测试和经验参数确定。

单桩竖向极限承载力标准值、极限侧阻力标准值和极限端阻力标准值应按下列规定确定：

(1)单桩竖向抗压静载荷试验应按现行行业标准《建筑基桩检测技术规范》(JGJ 106—2014)执行。

(2)对于大直径端承型桩,也可通过深层平板(平板直径应与孔径一致)载荷试验确定极限端阻力。

(3)对于嵌岩桩,可通过直径为 0.3 m 岩基平板载荷试验确定极限端阻力标准值,也可通过直径为 0.3 m 嵌岩短墩载荷试验确定极限侧阻力标准值和极限端阻力标准值。

(4)桩的极限侧阻力标准值和极限端阻力标准值宜通过埋设桩身轴力测试元件由静载荷试验确定,并通过测试结果建立极限侧阻力标准值和极限端阻力标准值与土层物理指标、岩石饱和单轴抗压强度以及与静力触探等土的原位测试指标间的经验关系,以经验参数法确定单桩竖向极限承载力。

(二)静载荷试验方法

静载荷试验是评价单桩承载力最为直观和可靠的方法,除考虑到地基土的支承能力外,也计入了桩身材料强度对承载力的影响。在同一条件下的试桩数量不宜少于总数的1%,并不应少于3根。工程总桩数在50根以内时不应少于2根。

对于预制桩,由于打桩时土中产生的孔隙水应力有待消散,土体因打桩扰动而降低的强度随时间逐渐恢复。因此,为了使试验能真实反映桩的承载力,要求在桩身强度满足设计要求的前提下进行试桩。砂土间歇时间不少于10 d,粉土和黏性土不少于15 d,饱和黏性土不少于25 d。

1. 静载荷试验装置及方法

静载荷试验装置主要由加荷稳压、提供反力和沉降观测三部分组成,如图 10-9 所示。桩顶的油压千斤顶对桩顶施加压力,千斤顶的反力由锚桩反力装置、压重平台反力装置或锚桩压重联合反力装置来平衡。安装在基准梁上的百分表或电子位移计用于量测桩顶的沉降。

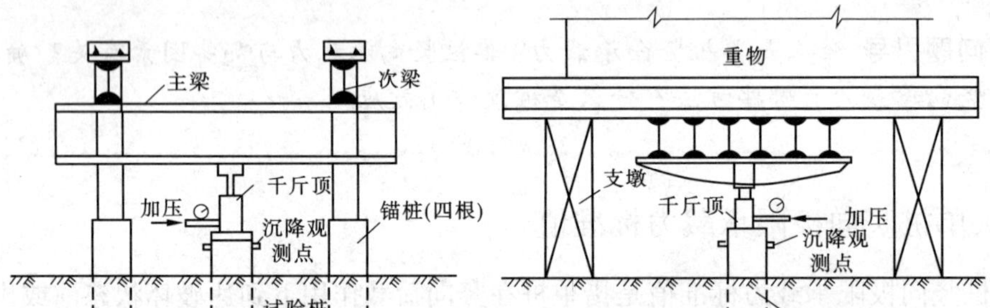

(a)锚桩横梁反力装置　　(b)压重平台反力装置

图 10-9　单桩静载荷试验的加载装置

试验时加载方式通常有慢速维持荷载法、快速维持荷载法、等贯入速率法、等时间间隔加载法以及循环加载法等。工程桩验收监测宜采用慢速维持荷载法;为设计提供的单桩竖向抗压静载荷试验采用慢速维持荷载法,即逐级加载,每级荷载值为最大加载值或预估极限承载力的1/10,其中,第一级加载量可取分级荷载的2倍。当连续两次每级荷载作用下桩顶沉降量不超过0.1 mm/h时,认为已趋于稳定,然后施加下一级荷载直到试桩破坏,再分级卸载到零。对于工程桩的检验性试验,也可采用快速维持荷载法,即一般每隔 1 h 加一级荷载。

2. 终止加载条件

当出现下列情况之一时即可终止加载：①某级荷载下，桩顶沉降量为前一级荷载下沉量的 5 倍，且桩顶总沉降量超过 40 mm。②某级荷载下，桩顶沉降量大于前一级荷载下沉量的 2 倍，且经 24 h 尚未达到相对稳定标准。③已达到设计要求的最大加载值且桩顶沉降达到相对稳定标准。④工程桩做锚桩时，锚桩上拔量已达到允许值。⑤荷载—沉降曲线呈缓变型时，可加载至桩顶总沉降量 60 ~80 mm；当桩端阻力尚未充分发挥时，可加载至桩顶累计沉降量超过 80 mm。

3. 单桩极限承载力确定

一般认为，当桩顶发生剧烈或不停滞的沉降时，桩即处于破坏状态，相应的荷载称为极限荷载(极限承载力 Q_u)。由桩的静载荷试验结果绘出荷载与桩顶沉降关系 $Q\sim s$ 曲线(见图 10-10)或 $s\sim \lg t$ 曲线(如图 10-11)，再根据 $Q\sim s$ 曲线或 $s\sim \lg t$ 曲线特性，采用下述方法确定单桩竖向极限承载力 Q_u。

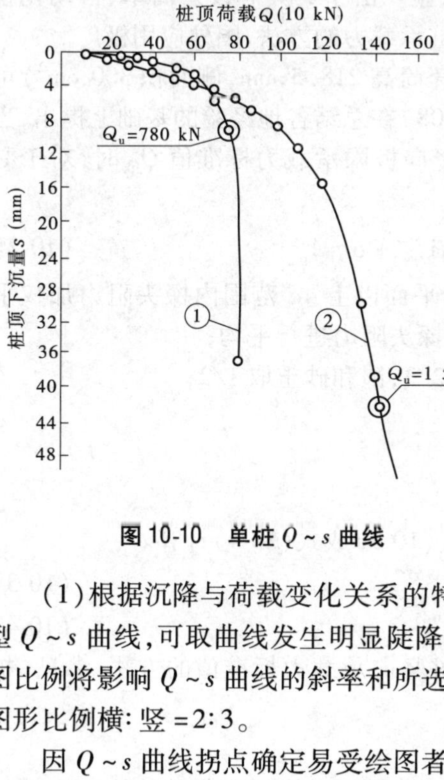

图 10-10　单桩 $Q\sim s$ 曲线

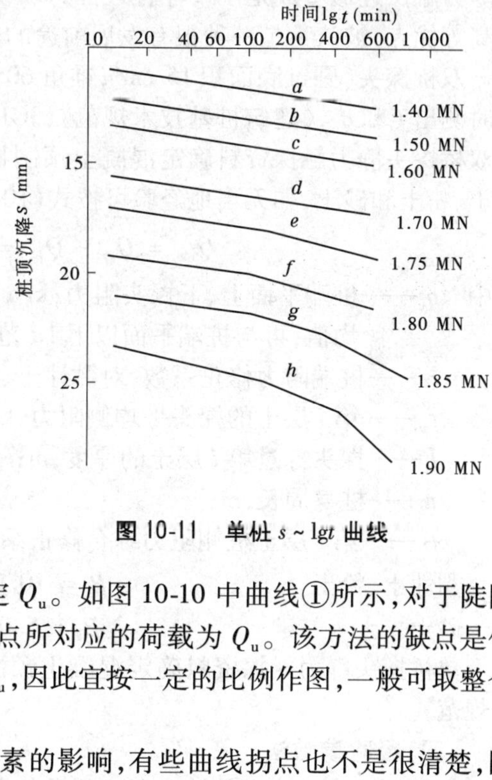

图 10-11　单桩 $s\sim \lg t$ 曲线

(1)根据沉降与荷载变化关系的特征确定 Q_u。如图 10-10 中曲线①所示，对于陡降型 $Q\sim s$ 曲线，可取曲线发生明显陡降的起始点所对应的荷载为 Q_u。该方法的缺点是作图比例将影响 $Q\sim s$ 曲线的斜率和所选择的 Q_u，因此宜按一定的比例作图，一般可取整个图形比例横：竖 =2∶3。

因 $Q\sim s$ 曲线拐点确定易受绘图者主观因素的影响，有些曲线拐点也不是很清楚，因此国外多用切线交汇法，即取相应于 $Q\sim s$ 曲线始段和末段两点切线交点所对应的荷载作为极限荷载 Q_u。

(2)根据沉降随时间的变化特征确定 Q_u。在图 10-11 所示曲线中，取 $s\sim \lg t$ 曲线尾部出现明显向下弯曲的前一级荷载值作为 Q_u。

(3)根据沉降量确定 Q_u。对于缓变型 $Q\sim s$ 曲线，如图 10-10 中曲线②所示，可取 $s=40$ mm 对应的荷载值为 Q_u。对于直径大于或等于 800 mm 的大直径桩可取 $s=0.05d$(d

为桩端直径)所对应的荷载值;当桩长大于 40 m 时,宜考虑桩身的弹性压缩。

(4)单桩竖向抗压极限承载力特征值。测出每根试桩的竖向抗压极限承载力值 Q_{ui},可通过统计确定单桩竖向抗压极限承载力特征值 Q_{uk}。首先,按式(10-1)计算 n 根桩的竖向抗压极限承载力平均值 Q_{um},即

$$Q_{um} = \frac{1}{n}\sum_{i=1}^{n} Q_{ui} \tag{10-1}$$

当极差不超过平均值的 30% 时,可取平均值作为单桩竖向抗压极限承载力;当极差超过平均值的 30% 时,应分析原因,结合桩型、施工工艺、地基条件、基础形式等工程具体情况确定极限承载力;不能明确极差过大原因时,宜增加试桩数量。试桩数量小于 3 根或承台下的桩数不大于 3 根时,应取低值。

单桩竖向抗压承载力特征值应按单桩竖向抗压极限承载力的 50% 取值。

(三)静力触探法

静力触探与桩的静载荷试验虽有很大区别,但与桩打入土中的过程基本相似,所以可把静力触探近似看成是小尺寸打入桩的现场模拟试验。由于其具有设备简单、自动化程度高等优点,被认为是一种很有发展前途的确定单桩承载力的方法,国外应用极广。

双桥探头(圆锥底面积 15 cm^2,锥角 60°,摩擦套筒高 218.5 mm,侧面积 300 cm^2)可同时测出 f_s 和 q_c,《建筑桩基技术规范》(JGJ 94—2008)在总结各地经验的基础上提出,当按双桥探头静力触探资料确定混凝土预制桩单桩竖向极限承载力标准值 Q_{uk} 时,对于黏性土、粉土和砂土,如无当地经验可按式(10-2)计算

$$Q_{uk} = Q_{sk} + Q_{pk} = u\sum l_i\beta_i f_{si} + \alpha q_c A_p \tag{10-2}$$

式中 q_c——桩端平面上、下探头阻力,kPa,取桩端平面以上 $4d$ 范围内探头阻力加权平均值,再与桩端平面以下 $1d$ 范围内的探头阻力进行平均;

α——桩端阻力修正系数,对黏性土、粉土取 2/3,饱和砂土取 1/2;

f_{si}——第 i 层土的探头平均侧阻力,kPa;

l_i——探头穿过第 i 层土的厚度,m;

u——桩身周长,m;

β_i——第 i 层土桩侧阻力综合修正系数,按式(10-3)或式(10-4)计算。

黏性土、粉土
$$\beta_i = 10.04(f_{si})^{-0.55} \tag{10-3}$$

砂土
$$\beta_i = 5.05(f_{si})^{-0.45} \tag{10-4}$$

单桥探头静力触探资料确定混凝土预制桩单桩竖向承载力标准值的方法,参见《桩基规范》。

(四)经验参数法

利用经验公式确定单桩竖向极限承载力标准值 Q_{uk} 是一种沿用多年的传统方法,《桩基规范》推荐根据土的物理指标与承载力参数之间的经验关系确定单桩竖向极限承载力标准值 Q_{uk} 时,宜按下面介绍的公式估算。

1. 一般预制桩及灌注桩

$$Q_{uk} = Q_{sk} + Q_{pk} = u\sum q_{sik} l_i + q_{pk}A_p \tag{10-5}$$

式中 Q_{sk}——单桩总极限侧阻力标准值,kN;

Q_{pk}——单桩总极限端阻力标准值，kN；

q_{sik}——桩侧第 i 层土的极限侧阻力标准值，kPa，无当地经验值时，可按表 10-2 取值；

q_{pk}——极限端阻力标准值，kPa，无当地经验值时，可按表 10-3 取值；

其他符号意义同前。

表 10-2　桩的极限侧阻力标准值 q_{sik}　　（单位：kPa）

土的名称	土的状态		混凝土预制桩	泥浆护壁钻（冲）孔桩	干作业钻孔桩
填土			22～30	20～28	20～28
淤泥			14～20	12～18	12～18
淤泥质土			22～30	20～28	20～28
黏性土	流塑	$I_L>1$	24～40	21～38	21～38
	软塑	$0.75<I_L\leqslant 1$	40～55	38～53	38～53
	可塑	$0.50<I_L\leqslant 0.75$	55～70	53～68	53～66
	硬可塑	$0.25<I_L\leqslant 0.50$	70～86	68～84	66～82
	硬塑	$0<I_L\leqslant 0.25$	86～98	84～96	82～94
	坚硬	$I_L\leqslant 0$	98～105	96～102	94～104
红黏土	$0.7<\alpha_\omega\leqslant 1$		13～32	12～30	12～30
	$0.5<\alpha_\omega\leqslant 0.7$		32～74	30～70	30～70
粉土	稍密	$e>0.9$	26～46	24～42	24～42
	中密	$0.75\leqslant e\leqslant 0.9$	46～66	42～62	42～62
	密实	$e<0.75$	66～88	62～82	62～82
粉细砂	稍密	$10<N\leqslant 15$	24～48	22～46	22～46
	中密	$15<N\leqslant 30$	48～66	46～64	46～64
	密实	$N>30$	66～88	64～86	64～86
中砂	中密	$15<N\leqslant 30$	54～74	53～72	53～72
	密实	$N>30$	74～95	72～94	72～94
粗砂	中密	$15<N\leqslant 30$	74～95	74～95	76～98
	密实	$N>30$	95～116	95～116	98～120
砾砂	稍密	$5<N_{63.5}\leqslant 15$	70～110	50～90	60～100
	中密（密实）	$N_{63.5}>15$	116～138	116～130	112～130
圆砾、角砾	中密、密实	$N_{63.5}>10$	160～200	135～150	135～150
碎石、卵石	中密、密实	$N_{63.5}>10$	200～300	140～170	150～170
全风化软质岩		$30<N\leqslant 50$	100～120	80～100	80～100
全风化硬质岩		$30<N\leqslant 50$	140～160	120～140	120～150
强风化硬质岩		$N_{63.5}>10$	160～240	140～200	140～220
强风化软质岩		$N_{63.5}>10$	220～300	160～240	160～260

注：1. 对于尚未完成自重固结的填土和以生活垃圾为主的杂填土，不计算其侧阻力。

2. α_ω 为含水比，$\alpha_\omega=\omega/\omega_L$，$\omega$ 为土的天然含水量，ω_L 为土的液限。

3. N 为标准贯入击数，$N_{63.5}$ 为重型圆锥动力触探击数。

4. 全风化、强风化软质岩和全风化、强风化硬质岩是指其母岩分别为 $f_{rk}\leqslant 15$ MPa、$f_{rk}>30$ MPa 的岩石。

表 10-3　桩的极限端阻力标准值 q_{pk}

（单位:kPa）

土的名称	桩型 土的状态		混凝土预制桩桩长 l(m)				泥浆护壁钻(冲)孔桩桩长 l(m)				干作业钻孔桩桩长 l(m)		
			$l\leqslant9$	$9<l\leqslant16$	$16<l\leqslant30$	$l>30$	$5\leqslant l<10$	$10\leqslant l<15$	$15\leqslant l<30$	$l\geqslant30$	$5\leqslant l<10$	$10\leqslant l<15$	$l\geqslant15$
黏性土	软塑	$0.75<I_L\leqslant1$	210~850	650~1 400	1 200~1 800	1 300~1 900	150~250	250~300	300~450	300~450	200~400	400~700	700~950
	可塑	$0.50<I_L\leqslant0.75$	850~1 700	1 400~2 200	1 900~2 800	2 300~3 600	350~450	450~600	600~750	750~800	500~700	800~1 100	1 000~1 600
	硬可塑	$0.25<I_L\leqslant0.50$	1 500~2 300	2 300~3 300	2 700~3 600	3 600~4 400	800~900	900~1 000	1 000~1 200	1 200~1 400	850~1 100	1 500~1 700	1 700~1 900
	硬塑	$0<I_L\leqslant0.25$	2 500~3 800	3 800~5 500	5 500~6 000	6 000~6 800	1 100~1 200	1 200~1 400	1 400~1 600	1 600~1 800	1 600~1 800	2 200~2 400	2 600~2 800
粉土	中密	$0.75<e\leqslant0.9$	950~1 700	1 400~2 100	1 900~2 700	2 500~3 400	300~500	500~650	650~750	750~850	800~1 200	1 200~1 400	1 400~1 600
	密实	$e<0.75$	1 500~2 600	2 100~3 000	2 700~3 600	3 600~4 400	650~900	750~950	950~1 100	1 100~1 200	1 200~1 700	1 400~1 900	1 600~2 100
粉砂	稍密	$10<N\leqslant15$	1 000~1 600	1 500~2 300	1 900~2 700	2 100~3 000	350~500	450~600	600~700	650~750	500~950	1 300~1 600	1 500~1 700
	中密、密实	$N>15$	1 400~2 200	2 100~3 000	3 000~4 500	3 800~5 500	600~750	750~900	900~1 100	1 100~1 200	900~1 000	1 700~1 900	1 700~1 900
细砂	中密、密实	$N>15$	2 500~4 000	3 600~5 000	4 400~6 000	5 300~7 000	650~850	900~1 200	1 200~1 500	1 500~1 800	1 200~1 600	2 000~2 400	2 400~2 700
中砂			4 000~6 000	5 500~7 000	6 500~8 000	7 500~9 000	850~1 050	1 100~1 500	1 500~1 900	1 900~2 100	1 800~2 400	2 800~3 800	3 600~4 400
粗砂			5 700~7 500	7 500~8 500	8 500~1 000	9 500~11 000	1 500~1 800	2 100~2 400	2 400~2 600	2 600~2 800	2 900~3 600	4 000~4 600	4 600~5 200
砾砂	中密、密实	N>15	6 000~9 500		9 000~10 500		1 400~2 000		2 000~3 200		3 500~5 000		
角砾、圆砾		$N_{63.5}>10$	7 000~10 000		9 500~11 500		1 800~2 200		2 200~3 600		4 000~5 500		
碎石、卵石		$N_{63.5}>10$	8 000~11 000		10 500~13 000		2 000~3 000		3 000~4 000		4 500~6 500		
全风化软质岩		30<N≤50	4 000~6 000				1 000~1 600				1 200~2 000		
全风化硬质岩		30<N≤50	5 000~8 000				1 200~2 000				1 400~2 400		
强风化软质岩		$N_{63.5}>10$	6 000~9 000				1 400~2 200				1 600~2 600		
强风化硬质岩		$N_{63.5}>10$	7 000~11 000				1 800~2 800				2 000~3 000		

注:1. 砂土和碎石类土中桩的极限端阻力取值,宜综合考虑土的密实度,桩端进入持力层的深径比 h_b/d,土愈密实,h_b/d 愈大,取值愈高。

2. 预制桩的岩石极限端阻力指桩端支承于中、微风化基岩表面或进入强风化岩、软质岩一定深度条件下极限端阻力。

3. 全风化、强风化软质岩和全风化、强风化硬质岩指其母岩分别为 $f_{rk}\leqslant15\ MPa$、$f_{rk}>30\ MPa$ 的岩石。

2. 大直径桩($d \geqslant 0.8$ m)

大直径桩的桩底持力层一般都呈渐进破坏，其 $Q \sim s$ 曲线呈缓变型，单桩承载力的取值常以沉降控制，极限端阻力随桩径的增大而减小，且以持力层为无黏性土为甚。由于大直径桩一般为钻、冲、挖孔灌注桩，在无黏性土的成孔过程中将使孔壁因应力解除而松弛，故侧阻的降幅随孔径的增大而增大。《桩基规范》推荐其单桩的竖向极限承载力标准值按式(10-6)计算

$$Q_{uk} = Q_{sk} + Q_{pk} = u \sum \psi_{si} q_{sik} l_i + \psi_p q_{pk} A_p \tag{10-6}$$

式中 q_{sik}——桩侧第 i 层土的极限侧阻力标准值，无当地经验值时，可按表 10-5 取值，对于扩底桩变截面以上 $2d$ 长度范围不计侧阻力；

q_{pk}——桩径为 0.8 m 的极限端阻力标准值，对于干作业挖孔(清底干净)可采用深层载荷板试验确定，当不能用深层载荷板试验时，可按表 10-4 取值；

ψ_{si}、ψ_p——大直径桩侧阻、端阻尺寸效应系数，按表 10-5 取值。

此外，对于混凝土护壁的大直径挖孔灌注桩，其设计桩径取护壁外直径。

表 10-4　干作业桩(清底干净，$d = 0.8$ m)极限端阻力标准值 q_{pk}　(单位:kPa)

土的名称		状态		
黏性土		$0.25 < I_L \leqslant 0.75$	$0 < I_L \leqslant 0.25$	$I_L \leqslant 0$
		800 ~ 1 800	1 800 ~ 2 400	2 400 ~ 3 000
粉土			$0.75 < e \leqslant 0.9$	$e \leqslant 0.75$
			1 000 ~ 1 500	1 500 ~ 2 000
砂土、碎石类土		稍密	中密	密实
	粉砂	500 ~ 700	800 ~ 1 100	1 200 ~ 2 000
	细砂	700 ~ 1 100	1 200 ~ 1 800	2 000 ~ 2 500
	中砂	1 000 ~ 2 000	2 200 ~ 3 200	3 500 ~ 5 000
	粗砂	1 200 ~ 2 200	2 500 ~ 3 500	4 000 ~ 5 500
	砾砂	1 400 ~ 2 400	2 600 ~ 4 000	5 000 ~ 7 000
	圆砾、角砾	1 600 ~ 3 000	3 200 ~ 5 000	6 000 ~ 9 000
	卵石、碎石	2 000 ~ 3 000	3 300 ~ 5 000	7 000 ~ 11 000

注：1. 当进入持力层深度 h_b 为：$h_b \leqslant D$、$D < h_b < 4D$、$h_b \geqslant 4D$ 时，q_{pk} 可分别取较低值、中值、高值，其中 D 为桩端扩底设计直径。

2. 砂土的密实度可根据标贯击数 N 判定，$N \leqslant 10$ 为松散，$10 < N \leqslant 15$ 为稍密，$15 < N \leqslant 30$ 为中密，$N > 30$ 为密实。

3. 当桩的长径比 $l/d \leqslant 8$ 时，q_{pk} 宜取低值。

4. 当对沉降要求不严时，q_{pk} 可取高值。

表 10-5　大直径桩侧阻尺寸效应系数 ψ_{si}、端阻尺寸效应系数 ψ_p

土的类别	黏性土、粉土	砂土、碎石类土
ψ_{si}	$(0.8/d)^{1/5}$	$(0.8/d)^{1/3}$
ψ_p	$(0.8/D)^{1/4}$	$(0.8/D)^{1/3}$

3. 嵌岩桩

随着高层建筑及桥梁工程的高速发展，嵌岩桩的应用日益广泛，近十年来大量试验研究成果和工程应用经验均表明，一般情况下，只要嵌岩桩不是很短，上覆土层的侧阻力就能部分发挥。此外，嵌岩深度内也有侧阻力作用，故传递到桩端的应力随嵌岩深度增大而递减，当嵌岩深度达 $5d$ 时，该应力接近于零。所以，桩端嵌岩深度一般不必很大，超过某一界限则无助于提高桩的竖向承载力。嵌岩单桩的极限承载力标准值 Q_{uk} 由桩周土总极限侧阻力 Q_{sk} 和嵌岩段总极限阻力 Q_{rk} 组成，可按式(10-7)计算

$$Q_{uk} = Q_{sk} + Q_{rk} = u\sum q_{sik} l_i + \zeta_r f_{rk} A_p \tag{10-7}$$

式中　q_{sik}——桩周第 i 层土的极限侧阻力标准值，无当地经验时，可根据成桩工艺按表 10-2 取值；

Q_{sk}、Q_{rk}——土的总极限侧阻力、嵌岩段总极限阻力；

f_{rk}——岩石饱和单轴抗压强度标准值，黏土质岩取天然湿度单轴抗压强度标准值；

h_r——桩身嵌岩(中等风化、微风化、新鲜基岩)深度，超过 $5d$ 时，取 $h_r = 5d$，当岩层表面倾斜时，以坡下方的嵌岩深度为准；

ζ_r——嵌岩段侧阻和端阻综合系数，与嵌岩深径比 h_r/d、岩石软硬程度和成桩工艺有关，可按表 10-6 采用，表中数值适用于泥浆护壁成桩，对于干作业成桩(清底干净)和泥浆护壁成桩后注浆，应取表 10-6 中所列数据的 1.2 倍。

表 10-6　嵌岩段侧阻和端阻修正系数 ζ_r

嵌岩深径比 h_r/d	0	0.5	1.0	2.0	3.0	4.0	5.0	6.0	7.0	8.0
极软岩、软岩	0.6	0.8	0.95	1.18	1.35	1.48	1.57	1.63	1.66	1.70
较硬岩、坚硬岩	0.45	0.65	0.81	0.90	1.00	1.04				

注：1. 极软岩、软岩指 $f_{rk} \leqslant 15$ MPa，较硬岩、坚硬岩指 $f_{rk} > 30$ MPa，介于二者之间可内插取值。

2. h_r 为桩身嵌岩深度，当岩面倾斜时，以坡下方嵌岩深度为准；当 h_r/d 为非表列值时，ζ_r 可内插取值。

二、桩基竖向承载力计算

(一) 桩顶竖向作用效应计算

1. 桩顶竖向作用效应计算公式

对于一般建筑物和受水平力(包括力矩与水平剪力)较小的高层建筑群桩基础，应按下列公式计算柱、墙、核心筒群桩中基桩或复合基桩的桩顶竖向作用效应：

(1) 轴心竖向力作用下：

$$N_k = \frac{F_k + G_k}{n} \tag{10-8}$$

(2)偏心竖向力作用下：

$$N_{ik} = \frac{F_k + G_k}{n} \pm \frac{M_{xk} y_i}{\sum y_j^2} \pm \frac{M_{yk} x_i}{\sum x_j^2} \tag{10-9}$$

式中 F_k——荷载效应标准组合下，作用于承台顶面的竖向力；

G_k——桩基承台和承台上土自重标准值，对稳定的地下水位以下部分应扣除水的浮力；

N_k——荷载效应标准组合轴心竖向力作用下，基桩或复合基桩的平均竖向力；

N_{ik}——荷载效应标准组合偏心竖向力作用下，第 i 基桩或复合基桩的竖向力；

M_{xk}、M_{yk}——荷载效应标准组合下，作用于承台底面，绕通过桩群形心的 x、y 主轴的力矩；

x_i、x_j、y_i、y_j——第 i、j 基桩或复合基桩至 y、x 轴的距离。

n——桩基中的桩数。

2. 抗震设防区桩基竖向作用效应

(1)对于主要承受竖向荷载的抗震设防区低承台桩基，在同时满足下列条件时，桩顶作用效应计算可不考虑地震作用：①按现行国家标准《建筑抗震设计规范》(GB 50011—2010)(2016 版)规定可不进行桩基抗震承载力验算的建筑物；②建筑场地位于建筑抗震的有利地段。

(2)属于下列情况之一的桩基，计算各基桩的作用效应、桩身内力和位移时，宜考虑承台(包括地下墙体)与基桩协同工作和土的弹性抗力作用，其计算方法可按《建筑桩基技术规范》(JGJ 94—2008)附录 C 进行：①位于 8 度和 8 度以上抗震设防区和其他受较大水平力的高层建筑，当其桩基承台刚度较大或由于上部结构与承台协同作用能增强承台的刚度时；②受较大水平力及 8 度和 8 度以上地震作用的高承台桩基。

(二)桩基竖向承载力基本要求

单桩竖向承载力是指单桩在竖向荷载作用下的承载能力，它取决于土对桩的支承阻力和桩身材料强度两个方面。一般由土对桩的支承阻力控制，对于端承桩、超长桩和桩身材料有缺陷的桩，可能由桩身强度控制。桩基竖向承载力计算应符合下列要求：

(1)荷载效应标准组合。

轴心竖向力作用下

$$N_k \leqslant R \tag{10-10}$$

偏心竖向力作用下除满足式(10-10)外，尚应满足下式的要求：

$$N_{kmax} \leqslant 1.2\ R \tag{10-11}$$

(2)地震作用效应和荷载效应标准组合。

轴心竖向力作用下

$$N_{Ek} \leqslant 1.25\ R \tag{10-12}$$

偏心竖向力作用下，除满足式(10-12)外，尚应满足下式的要求：

$$N_{Ekmax} \leqslant 1.5\ R \tag{10-13}$$

式中　N_k——荷载效应标准组合轴心竖向力作用下，基桩或复合基桩的平均竖向力；

N——荷载效应标准组合偏心竖向力作用下，桩顶最大竖向力；

N_{Ek}——地震作用效应和荷载效应标准组合下，基桩或复合基桩的平均竖向力；

N_{Ekmax}——地震作用效应和荷载效应标准组合下，基桩或复合基桩的最大竖向力；

R——基桩或复合基桩竖向承载力特征值。

三、竖向承载力特征值计算

(一)单桩竖向承载力特征值

单桩竖向极限承载力标准值除以安全系数后的承载力值称为单桩竖向承载力特征值R_a。应按式(10-14)确定：

$$R_a = \frac{Q_{uk}}{K} \tag{10-14}$$

式中　Q_{uk}——单桩竖向极限承载力标准值；

K——安全系数，取$K=2$。

(二)基桩竖向承载力特征值

(1)对于端承型桩基、桩数少于4根的摩擦型柱下独立桩基，或由于地层土性、使用条件等因素不宜考虑承台效应时，基桩竖向承载力特征值应取单桩竖向承载力特征值。

(2)对于符合下列条件之一的摩擦型桩基，宜考虑承台效应确定其复合基桩的竖向承载力特征值：①上部结构整体刚度较好、体形简单的建(构)筑物；②对差异沉降适应性较强的排架结构和柔性构筑物；③按变刚度调平原则设计的桩基刚度相对弱化区；④软土地基的减沉复合疏桩基础。

考虑承台效应的复合基桩竖向承载力特征值可按下列公式确定：

不考虑地震作用时
$$R = R_a + \eta_c f_{ak} A_c \tag{10-15}$$

考虑地震作用时
$$R = R_a + \zeta_a \eta_c f_{ak} A_c / 1.25 \tag{10-16}$$

$$A_c = (A - nA_{ps})/n \tag{10-17}$$

式中　η_c——承台效应系数，可按表10-7取值；

f_{ak}——承台下1/2承台宽度且不超过5 m深度范围内各层土的地基承载力特征值按厚度加权的平均值；

A_c——计算基桩所对应的承台底净面积；

A_{ps}——桩身截面面积；

A——承台计算域面积，对于柱下独立桩基，A为承台总面积，对于桩筏基础，A为柱、墙筏板的1/2跨距和悬臂边2.5倍筏板厚度所围成的面积，桩集中布置于单片墙下的桩筏基础，取墙两边各1/2跨距围成的面积，按条形基础计算η_c；

ζ_a——地基抗震承载力调整系数，应按现行国家标准《建筑抗震设计规范》(GB 50011—2010)(2016版)采用。

当承台底为可液化土、湿陷性土、高灵敏度软土、欠固结土、新填土时，沉桩引起超孔隙水应力和土体隆起时，不考虑承台效应，取$\eta_c=0$。

表 10-7　承台效应系数 η_c

B_c/l	s_a/d				
	3	4	5	6	>6
≤0.4	0.06~0.08	0.14~0.17	0.22~0.26	0.32~0.38	0.50~0.80
0.4~0.8	0.08~0.10	0.17~0.20	0.26~0.30	0.38~0.44	
>0.8	0.10~0.12	0.20~0.22	0.30~0.34	0.44~0.50	
单排桩条形承台	0.15~0.18	0.25~0.30	0.38~0.45	0.50~0.60	

注：1. 表中 s_a/d 为桩中心距与桩径之比，B_c/l 为承台宽度与桩长之比。当计算桩为非正方形排列时，$s_a=\sqrt{A/n}$，A 为承台计算域面积，n 为总桩数。

2. 对于桩布置于墙下的箱、筏承台，η_c 可按单排桩条基取值。

3. 对于单排桩条形承台，当承台宽度小于 1.5d 时，η_c 按非条形承台取值。

4. 对于采用后注浆灌注桩的承台，η_c 宜取低值。

5. 对于饱和黏性土中的挤土桩基、软土地基上的桩基承台，η_c 宜取低值的 80%。

（三）按桩身材料强度验算单桩竖向承载力特征值

按材料强度确定单桩竖向承载力时，可将桩视为轴心受压杆件，根据桩材相应按《混凝土结构设计规范》（GB 50010—2010）或现行《钢结构设计规范》（GB 50017—2009）计算。对于混凝土桩

$$R=\psi(f_cA_p+f'_yA_g) \tag{10-18}$$

式中　R——单桩竖向承载力特征值，kN；

ψ——混凝土构件稳定系数，对于低承台桩基，考虑土的侧向约束可取 $\psi=1.0$，但穿过很厚软黏土层和可液化土层的端承桩或高承台桩基，其值应小于 1.0；

f_c——混凝土的轴心抗压强度设计值，kPa；

f'_y——纵向钢筋的抗压强度设计值，kPa；

A_p——桩身的横截面面积，m^2；

A_g——纵向钢筋的横截面面积，m^2。

单元思考

1. 静载试验如何确定单桩承载力？

2. 单桩竖向承载力特征值如何确定？

任务三　桩的负摩阻力及桩的抗拔力

问题引导：什么是桩的负摩阻力？负摩阻力与哪些因素有关？什么情况下考虑桩的抗拔力？

一、桩侧负摩阻力

(一)桩侧负摩阻力产生的原因

桩、土之间相对位移的方向决定了桩侧摩阻力的方向，当桩周土由于自重固结、湿陷、地面荷载作用等而产生大于基桩的沉降所引起的对桩表面方向向下的摩阻力，称为负摩阻力。通常，在下列情况下应考虑桩侧负摩擦阻力作用：

(1)桩穿越较厚松散填土、自重湿陷性黄土、欠固结土、液化土层进入相对较硬土层时。

(2)桩周存在软弱土层，邻近桩侧地面承受局部较大的长期荷载，或地面大面积堆载(包括填土)时。

(3)由于降低地下水位，使桩周土有效应力增大，并产生显著压缩沉降时。

(二)桩侧负摩阻力计算

要确定桩侧负摩阻力的大小，首先就得确定产生负摩阻力的深度及其强度大小。桩身负摩阻力并不一定发生于整个软弱压缩土层中，而是在桩周土相对于桩产生向下位移的范围内，它与桩周土的压缩、固结、桩身压缩及桩底沉降等直接有关。图10-12给出了穿过软弱压缩土层而达到坚硬土层的桩竖向荷载的传递情况。由图可见，在 l_n 深度内桩周土相对于桩而产生向下的位移，作用在桩侧的摩阻力方向向下，为负摩阻力；在 l_n 深度以下，桩截面相对于桩周土产生向下的位移，桩侧摩阻力方向向上，为正摩阻力；而在 l_n 深度处桩周土与桩截面沉降相等，两者无相对位移发生，其摩阻力为零，这种摩阻力为零的点称为中性点。图10-12(b)为沉降分布图，图10-12(c)、(d)分别为桩侧摩阻力和桩身轴力分布曲线，其中在中性点处桩身轴力达到最大值，l_n 为中性点的深度，应按桩周土沉降与桩截面沉降相等的条件确定，也可由表10-8确定。

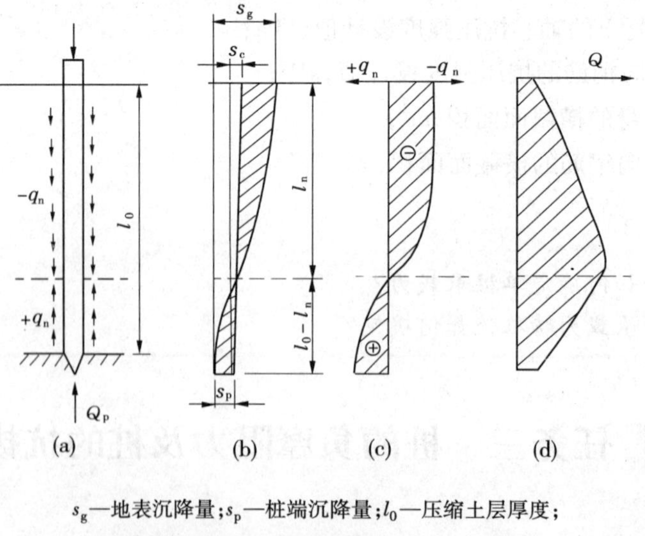

s_g—地表沉降量；s_p—桩端沉降量；l_0—压缩土层厚度；

l_n—中性点深度；s_c—桩顶沉降量；Q_p—桩身轴向力

图10-12　桩的负摩阻力中性点示意图

表 10-8 中性点深度比 l_n/l_0

持力层土类	黏性土、粉土	中密以上砂	砾石、卵石	基岩
l_n/l_0	0.5～0.6	0.7～0.8	0.9	1.0

注：1. l_0、l_n 分别为中性点深度和桩周沉降变形土层下沉深度。

2. 桩穿越自重湿陷性黄土时，l_n 按表列值增大 10%（持力层为基岩者除外）。

3. 当桩周土层固结与桩基固结沉降同时完成时，取 $l_n=0$。

4. 当桩周土层计算沉降量小于 20 mm 时，l_n 应按表列数值乘以 0.4～0.8 折减。

实测资料表明，单桩负摩阻力标准值可按下式计算：

$$q_{si}^{n}=\zeta_{ni}\sigma'_i \tag{10-19}$$

式中 ζ_{ni}——桩周第 i 层土负摩阻力系数，可按表 10-9 取用；

σ'_i——桩周第 i 层土平均竖向有效应力，kPa。

表 10-9 负摩阻力系数 ζ_n

桩周土类	饱和软土	黏性土、粉土	砂土	自重湿陷性黄土
ζ_n	0.15～0.25	0.25～0.40	0.35～0.50	0.20～0.35

注：1. 在同一类土中，对挤土桩取较大值，对非挤土桩取较小值。

2. 填土按其组成取表中较大值。

当填土、自重湿陷性黄土、欠固结土层固结和地下水位降低时

$$\sigma'_i=\sigma'\gamma_i$$

当地面有满布荷载时

$$\sigma'_i=p+\sigma'_{\gamma i}$$

$$\sigma'_{\gamma i}=\sum_{m=1}^{i-1}\left(\gamma_m\Delta z_m+\frac{1}{2}\gamma_i\Delta z_i\right) \tag{10-20}$$

式中 $\sigma'_{\gamma i}$——由土自重应力引起的桩周第 i 层土平均竖向有效应力，桩群外围桩自地面算起，桩群内部桩自承台底算起；

γ_i、γ_m——第 i 层和其上第 m 层土的重度，地下水位以下取浮重度；

Δz_i、Δz_m——第 i 层、第 m 层土的厚度；

z_i——自地面算起的第 i 层土的中点深度；

p——地面均布荷载。

群桩中任一基桩的下拉荷载 Q_g^n 可按下式计算

$$Q_g^n=\eta_n u\sum q_{si}^n l_i \tag{10-21}$$

式中 u——桩的周长，m；

l_i——中性点以上各土层的厚度，m；

η_n——负摩阻力群桩效应系数，$\eta_n=s_{ax}s_{ay}/[\pi d(q_s^n/\gamma_0+d/4)]$，当 $\eta_n>1$ 时，取 $\eta_n=1$，s_{ax}、s_{ay} 纵、横向桩的中心距，γ_0 为中性点以上的桩周土按厚度计算的加权平均有效重度（地下水位以下取浮重度），q_s^n 为中性点以上桩周土的平均负摩阻力标准值。

对于摩擦型基桩可取桩身计算中性点以上侧阻力为零,并可按下式计算基桩承载力

$$N_k \leqslant R_a \tag{10-22}$$

对于端承型基桩除应满足式(10-22)要求外,尚应考虑下拉荷载按下式验算承载力

$$N_k + Q_g^n \leqslant R_a \tag{10-23}$$

式中　R_a——竖向承载力特征值,只计算中性点以下部分的侧阻值和端阻值;

其他符号意义同前。

在桩基设计中,应尽量采取某些措施减小负摩阻力。例如,在预制桩表面涂一薄层沥青,或者对钢桩再加一层 3 mm 左右的塑料薄膜(兼作防锈蚀用),对现场灌注桩也可用在桩与土之间灌注蒙脱土浆等方法来消除或降低负摩阻力的影响。

二、桩的抗拔力

对于高耸结构物桩基(如高压输电塔、电视塔、微波通信塔等)、承受巨大浮托力作用的基础(如地下室、地下油罐、取水泵房等),以及承受巨大水平荷载的桩结构(如码头、桥台、挡土墙等),桩侧部分或全部承受上拔力,此时尚需验算桩的抗拔承载力。

桩的抗拔承载力主要取决于桩身材料强度及桩与土之间的抗拔侧阻力以及桩身自重,上拔时形成的桩端真空吸引力所占比例不大,且可靠性不高,可不予考虑。目前,有关抗拔承载力的机制研究尚不充分。

(一)单桩抗拔极限承载力确定

《桩基规范》规定,群桩基础及其基桩的抗拔极限承载力的确定应符合下列规定:

(1)对于设计等级为甲级和乙级的建筑桩基,基桩的抗拔极限承载力应通过现场单桩上拔静载荷试验确定。单桩上拔静载荷试验及抗拔极限承载力标准值的取值可按现行行业标准《建筑基桩检测技术规范》(JGJ 106—2014)进行。

(2)如无当地经验,则群桩基础及设计等级为丙级的建筑桩基,基桩的抗拔极限承载力取值可按下列规定计算:

①群桩呈非整体破坏时,基桩的抗拔极限承载力标准值 T_{uk} 可按下式计算

$$T_{uk} = \sum \lambda_i q_{sik} u_i l_i \tag{10-24}$$

式中　λ_i——抗拔系数,可按表 10-10 取值;

q_{sik}——桩侧表面第 i 层土的抗压极限侧阻力标准值,可按表 10-2 取值;

u_i——桩周长,对于等直径桩取 $u = \pi d$,扩底桩按表 10-11 规定取值。

表 10-10　抗拔系数 λ_i

土类	砂土	黏性土、粉土
λ_i	0.50 ~ 0.70	0.70 ~ 0.80

注:桩长 l 与桩径 d 之比小于 20 时,λ_i 取小值。

表 10-11　桩周长 u_i

自桩底算起的长度 l_i	$\leqslant(4\sim10)d$	$>(4\sim10)d$
u_i	πD	πd

注：l_i对于软土取低值，对于卵石、砾石取高值；l_i取值按内摩擦角增大而增加。D为桩端扩底设计直径，d为桩身设计直径。

②群桩呈整体破坏时，基桩的抗拔极限承载力标准值 T_{gk} 可按下式计算

$$T_{gk}=\frac{1}{n}u_1\sum\lambda_i q_{sik}l_i \tag{10-25}$$

式中　u_1——桩群外围周长。

（二）基桩的抗拔承载力验算

承受拔力的桩基应按下列公式同时验算群桩基础呈整体破坏和呈非整体破坏时基桩的抗拔承载力。

$$N_k\leqslant T_{gk}/2+G_{gp} \tag{10-26}$$

$$N_k\leqslant T_{uk}/2+G_p \tag{10-27}$$

式中　N_k——按荷载效应标准组合计算的基桩抗拔力；

G_p——基桩自重，地下水位以下取浮重度；

G_{gp}——群桩基础所包围体积的桩土总自重除以总桩数，地下水位以下取浮重度。

单元思考

1. 什么条件下产生负摩阻力？根本原因是什么？

2. 负摩阻力有什么影响？

任务四　群桩基础

问题引导：什么是群桩？群桩基础沉降与单桩沉降有何关系？群桩如何进行平面布置？如何计算桩基沉降？

一、桩的平面布置

（一）基桩布置原则

（1）桩的间距过大，承台体积增加，造价提高；间距过小，桩的承载能力不能充分发挥，且给施工造成困难。桩的最小中心距应符合表 10-12 的规定；当施工中采取减小挤土效应的可靠措施时，可根据当地经验适当减小。

表 10-12　桩的最小中心距

土类与成桩工艺		桩排数不少于 3,且桩根数不少于 9 的摩擦桩基	其他情况
非挤土灌注桩		3.0d	2.5d
部分挤土灌注桩		3.5d	3.0d
挤土灌注桩	非饱和土	4.0d	3.5d
	饱和黏性土	4.5d	4.0d
钻、挖孔扩底灌注桩		$2D$ 或 $D+2$ m(当 $D>2$ m 时)	$1.5D$ 或 $D+1.5$ m(当 $D>2$ m 时)
沉管夯扩、钻孔挤扩灌注桩	非饱和土	$2.2D$ 且 4.0d	$2.0D$ 且 3.5d
	饱和黏性土	$2.5D$ 且 4.5d	$2.2D$ 且 4.0d

注:1. d 为圆桩直径或方桩边长,D 为扩大端设计直径。

2. 当纵横向桩距不相等时,其最小中心距应满足"其他情况"一栏的规定。

3. 当为端承型桩时,非挤土灌注桩的"其他情况"一栏可减小至 2.5d。

(2)排列基桩时,宜使桩群承载力合力作用点与竖向永久荷载合力作用点重合,并使基桩受水平力和力矩较大方向有较大抗弯截面模量。

(3)对于桩箱基础、剪力墙结构桩筏(含平板和梁板式承台)基础,宜将桩布置于墙下。

(4)对于框架－核心筒结构桩筏基础,应按荷载分布考虑相互影响,将桩相对集中布置于核心筒和柱下,外围框架柱宜采用复合桩基,桩长宜小于核心筒下基桩(有合适桩端持力层时)。

(5)应选择较硬土层作为桩端持力层。桩端全断面进入持力层的深度,对于黏性土、粉土不宜小于 2d,砂土不宜小于 1.5d,碎石类土,不宜小于 1d。当存在软弱下卧层时,桩端以下硬持力层厚度不宜小于 3d。

(6)对于嵌岩桩,嵌岩深度应综合荷载、上覆土层、基岩、桩径、桩长诸因素确定;嵌入倾斜的完整和较完整岩的全断面深度不宜小于 0.4d 且不小于 0.5 m,倾斜度大于 30% 的中风化岩,宜根据倾斜度及岩石完整性适当加大嵌岩深度;对于嵌入平整、完整的坚硬岩和较硬岩,嵌岩深度不宜小于 0.2d,且不应小于 0.2 m。

(二)桩位的布置形式

桩在平面内可布置成矩形(或方形)、三角形或梅花形,如图 10-13(a)所示;条形基础下的桩,可采用单排或双排布置,如图 10-13(b)所示,也可采用不等间距布置形式。

为了使桩基中各桩受力均匀,布置时应尽可能使上部荷载的中心与桩群的横截面形心重合或接近。当作用在承台底面的弯矩较大时,应增加桩基横截面的惯性矩。对于柱下单独桩基和整片式桩基,宜采用外密内疏的布置方式;对于横墙下的桩基,可在外纵墙之外布设 1 ~2 根"探头"桩,如图 10-14 所示。此外,在有门洞的墙下布桩时应将桩设置在门洞的两侧,梁式或板式基础下的群桩,布置时应注意多在柱、墙下布桩,使梁板中的弯矩尽量减小,以减少梁和板跨中的桩数。

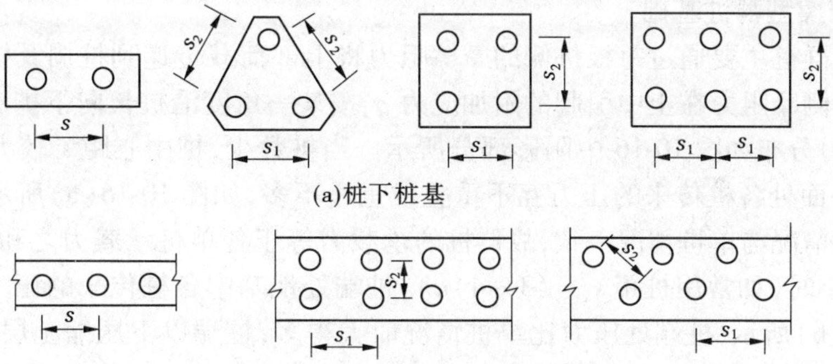

(a)桩下桩基

(b)墙下桩基

图 10-13　桩的平面布置示例

二、群桩基础的工作原理

在实际工程中,除少量大直径桩基外,一般都是由两根以上的基桩组成的群桩基础,在竖向荷载作用下,各桩的承载力发挥和沉降性状往往都与相同情况下的单桩有显著差别,承台底部产生的土也将分担部分荷载。因此,在设计时必须综合考虑,确定桩基的竖向承载力设计值。

对于群桩基础,作用于承台上的荷载实际上是由桩和地基土共同承担的,由于承台、桩、地基土的相互作用情况不同,使桩端、桩侧阻力和地基土的阻力因桩基类型而异。

(一)端承型群桩基础

柱桩群桩基础通过承台分配到各基桩桩顶的荷载,绝大部分或全部由桩身直接传递到桩底,由桩底岩层(或坚硬土层)支承。由于桩底持力层坚硬,桩底贯入变形小,低桩承台的承台底面地基反力与桩侧摩阻力和桩底反力相比所占比例很小,可忽略不计。因此,承台分担荷载的作用和桩侧摩阻力的扩散作用一般均不予考虑。桩底压力分布面积较小,各桩的压力叠加作用也小(只可能发生在持力层深部),群桩基础中的各基桩的工作状态近同于单桩,如图 10-15 所示。可近似认为端承型群桩基础中各基桩的工作性状与单桩基本一致;同时,由于桩的变形很小,桩间土基本不承受荷载,群桩基础的承载力就等于各单桩的承载力之和,群桩的沉降量也与单桩基本相同,即群桩效应系数 $\eta=1$。因此,群桩效应是针对摩擦桩群桩基础而言的。

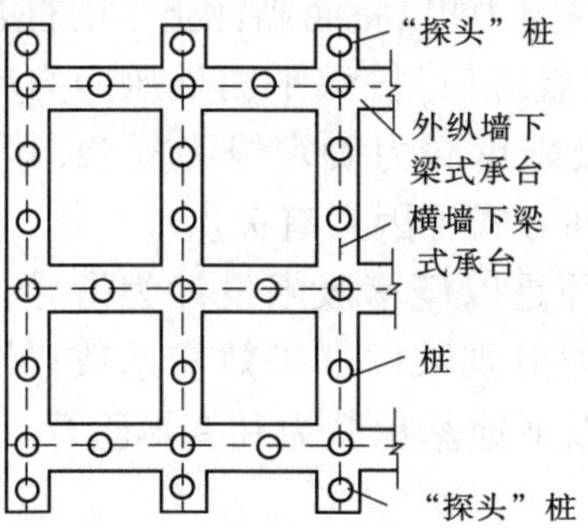

图 10-14　横墙下“探头”桩的布置

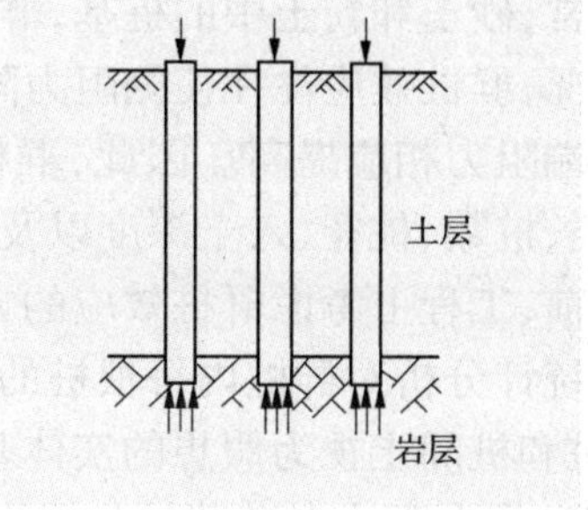

图 10-15　端承型群桩基础

(二)摩擦型群桩基础

摩擦型群桩主要通过每根桩侧的摩擦阻力将上部荷载传递到桩周及桩端土层中,且一般假定桩侧摩阻力在土中引起的附加应力 σ_z 按某一角度沿桩长向下扩散分布,至桩端平面处,压力分布如图 10-16 中阴影部分所示。当桩数少,桩中心距 s_a 较大时(例如 $s_a > 6d$),桩端平面处各桩传来的压力互不重叠或重叠不多,如图 10-16(a)所示,此时群桩中各桩的工作情况与单桩情况一致,故群桩的承载力等于各单桩承载力之和。但当桩数较多、桩距较小时(如常用桩距 $s_a=(3\sim4)d$),桩端处地基中各桩传来的压力将相互重叠,如图 10-16(b)所示,桩端处压力比单桩情况时大得多,桩端以下压缩土层的厚度也比单桩要深,此时群桩中各桩的工作状态与单桩情况迥然不同,一般群桩承载力小于各单桩承载力之总和,群桩沉降量则大于单桩的沉降量,即群桩效应。群桩的承载力与各单桩承载力之和的比值称为群桩效应系数。

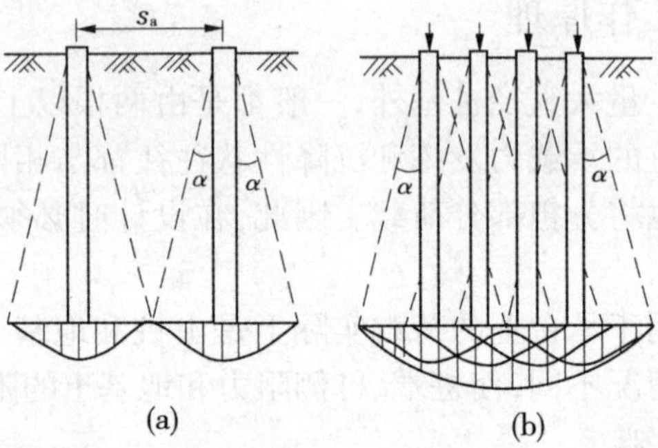

图 10-16　摩擦型群桩桩端平面上的压力分布

显然,若限制群桩的沉降量与单桩沉降量相同,则群桩中每一根桩的平均承载力就比单桩时要低,即群桩效应系数 $\eta<1$。

国内外大量工程实践和试验研究结果表明,采用单一的群桩效应系数不能正确反映群桩基础的工作状况,低估了群桩基础的承载能力。其原因是:①群桩基础的沉降量只需满足建筑物桩基变形允许值的要求,无须按单桩的沉降量控制;②群桩基础中的一根桩与单桩的工作条件不同,其极限承载力也不一样。由于群桩基础成桩时桩侧土体受挤密的程度高,潜在的侧阻力大,桩间土的竖向变形量比单桩时大,故桩与土的相对位移减小,影响侧阻力的发挥。

通常,砂土和粉土中的桩基,群桩效应使桩的侧阻力提高;而黏性土中的桩基,在常见桩距情况,群桩效应往往使侧阻力降低。考虑群桩效应后,桩端平面处压应力增加较多,极限桩端阻力相应提高。因此,群桩基础中桩的极限承载力确定极为复杂,其与桩的间距、土质、桩数、桩径、入土深度以及桩的类型和排列方式等因素有关。

目前,工程上考虑群桩效应的方法有两种:一种是以概率极限设计为指导,通过实测资料的统计分析对群桩内每根桩的侧阻力和端阻力分别乘以群桩效应系数;另一种是把承台、桩和桩间土视为假想的实体基础,进行基底以下地基承载力和变形验算。

(三)承台下土对荷载的分担作用

桩基在荷载作用下,由桩和承台底地基土共同承担荷载,构成复合桩基,如图 10-17 所示。

复合桩基中基桩的承载力含有承台底部的支持力，故称为复合基桩。承台底土体分担的荷载随桩群相对于基土向下位移幅度的加大而增强。为了保证承台底与土保持接触而不脱开，并提供足够的支持力，桩端必须贯入持力层促使群桩整体下沉。此外，桩身受荷压缩，产生桩—土相对滑移，也使承台下基土反力增加。

研究表明，承台下基土反力比平板基础底面下基土的反力要低（由于桩侧土因桩的竖向位移而发生剪切变形所致），其大小及分布形式，与桩顶荷载大小、桩径、桩长比、承台下基土和桩端土质、承台刚度以及桩群的几何特征等因素有关。通常，台底分担荷载的比例可从百分之十几直至百分之五十以上。刚性承台底面土反力呈马鞍形分布，如图 10-17 所示。若以桩群外围包络线为界，将承台底面面积分为内、外两区，如图 10-18 所示，则内区反力比外区反力小而且比较均匀，桩距增大时内、外区反力差别明显降低。承台底基土分担的荷载总值增加时，反力的塑性重分布不显著而保持反力图式基本不变。利用承台底基土反力分布的上述特征，可以通过加大外区与内区的面积比来提高承台分担荷载的份额。

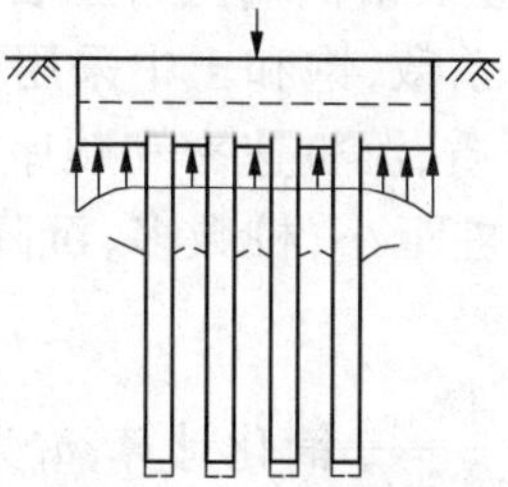

图 10-17　复合桩基

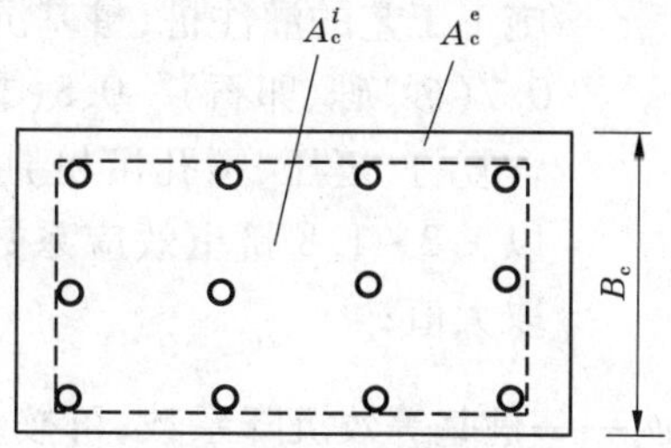

图 10-18　承台底分区图

设计复合桩基时应注意：承台分担荷载以桩基的整体下沉为前提，故只有在桩基沉降不会危及建筑物的安全和正常使用，且承台底不与软土直接接触时，才宜于开发利用承台底土反力的潜力。因此，在下列情况下通常不能考虑承台的荷载分担效应：①承受经常出现的动力作用，如铁路桥梁桩基；②承台下存在可能产生负摩阻力的土层，如湿陷性黄土、欠固结土、新填土、高灵敏度软土以及可液化土，或由于降水促使地基土固结而与承台脱开；③在饱和软土中沉入密集桩群，引起超静孔隙水应力和土体隆起，随着时间推移，桩间土逐渐固结下沉而与承台脱离等。

三、桩基沉降计算

当建筑物对桩基的沉降有特殊要求，或桩端存在有软弱下卧层，或为摩擦型群桩基础时，尚应考虑桩基的沉降验算。

目前，在工程中计算桩基沉降量，仍假定桩群为一假想的实体深基础，按与浅基础相同的计算方法和步骤计算桩尖平面以下由附加应力引起的压缩层范围内地基的变形量，但计算过程中各土层的压缩模量，按实际的自重应力和附加应力由试验曲线确定；同时，基底边长取承台底面边长（a_c、b_c）；最后引入桩基等效沉降系数 ψ_e 对沉降计算结果加以修正，因此对于桩中心距不大于 6 倍桩径的桩基，其最终沉降量计算可采用等效作用分层总和法。等效作用面位于桩端平面，等效作用面积为桩承台投影面积，等效作用附加压力近似取承台底平均附加压力。等效作用面以下的应力分布采用各向同性均质直线变形体理论。计算模式，桩基任一点最终沉降量可用角点法按下式计算

$$s = \psi \psi_e s' = \psi \psi_e \sum_{j=1}^{m} p_{0j} \sum_{i=1}^{n} \frac{z_{ij}\alpha_{ij} - z_{(i-1)j}\alpha_{(i-1)j}}{E_{si}} \tag{10-28}$$

式中 s——桩基最终沉降量；

s'——用角点法划分荷载，按实体深基础分层总和法计算的桩基沉降量，桩基沉降计算深度 z_n 应按应力比法确定；

m——角点法计算点对应的矩形荷载分块数；

p_{0j}——第 j 块矩形底面在荷载效应准永久组合下的附加压力；

n——桩基沉降计算深度范围内所划分的土层数；

E_{si}——等效作用面以下第 i 层土的压缩模量，采用地基土在自重压力至自重压力加附加压力作用时的压缩模量；

ψ——桩基沉降计算经验系数，无当地经验时可按表 10-13 取值，对于采用后注浆施工工艺的灌注桩，桩基沉降计算经验系数应根据桩端持力土层类别，乘以 0.7(砂、砾、卵石)~0.8(黏性土、粉土)折减系数，饱和土中采用预制桩(不含复打、复压、引孔沉桩)时，应根据桩距、土质、沉桩速率和顺序等因素，乘以 1.3~1.8 挤土效应系数，土的渗透性低，桩距小，桩数多，沉降速率快时取大值；

ψ_e——桩基等效沉降系数，可按 $\psi_e = C_0 + \dfrac{n_b - 1}{C_1(n_b - 1) + C_2}$ 简化计算，n_b 为矩形布桩时的短边布桩数，当布桩不规则，$n_b > 1$ 时，可按式 $n_b = \sqrt{nB_c/L_c}$ 近似计算，$n_b = 1$ 时，按《桩基规范》中单排桩情况计算，C_0、C_1、C_2 为根据群桩距径比 s_a/d、长径比 l/d 及基础长宽比 L_c/B_c，按《桩基规范》附录 E 确定，L_c、B_c、n 为矩形承台的长、宽及总桩数。

表 10-13 桩基沉降计算经验系数 ψ

$\overline{E}_s$(MPa)	≤10	15	20	35	≥50
ψ	1.2	0.9	0.65	0.50	0.40

注：1. $\overline{E}_s$ 为沉降计算深度范围内压缩模量的当量值，可按下式计算：$\overline{E}_s = \dfrac{\sum A_i}{\sum \dfrac{A_i}{E_{s_i}}}$，式中，$A_i$ 为第 i 层土附加压力系数沿土层厚度的积分值，可近似按分块面积计算。

2. ψ 可根据 $\overline{E}_s$ 内插取值。

当布桩不规则时，等效距径比可按下列公式近似计算：

圆形桩
$$\frac{s_a}{d} = \frac{\sqrt{A}}{\sqrt{n} \cdot d} \tag{10-29}$$

方形桩
$$\frac{s_a}{b} = \frac{0.886\sqrt{A}}{\sqrt{n}b} \tag{10-30}$$

式中　A——桩基承台总面积；

b——方形桩截面边长。

计算桩基沉降时，应考虑相邻基础的影响，采用叠加原理计算；桩基等效沉降系数可按独立基础计算。

当桩基形状不规则时，可采用等代矩形面积计算桩基等效沉降系数，等效矩形的长宽比可根据承台实际尺寸和形状确定。

桩基的允许变形值如无当地经验，可按表 9-8 规定采用，对于表中未包括的建筑物，其桩基容许变形值可根据上部结构对桩基变形的适应能力和使用要求确定。

四、群桩基础软弱下卧层验算

当桩端平面以下受力层范围内存在软弱下卧层时，应进行下卧层的承载力验算。根据该下卧层发生强度破坏的可能性，可分为整体冲剪破坏和基桩冲剪破坏两种情况，如图 10-19 所示。

（1）对于桩距不超过 $6d$ 的群桩基础，桩端持力层下存在承载力低于桩端持力层承载力 1/3 的软弱下卧层时，可按下列公式验算软弱下卧层的承载力

$$\sigma_z + \gamma_0 z \leqslant f_{az} \tag{10-31}$$

式中　σ_z——作用于软弱下卧层顶面的附加应力；

γ_0——软弱层顶面以上各土层重度加权平均值（地下水位以下取浮重度）；

z——地面至软弱层顶面的深度；

f_{az}——软弱下卧层经深度 z 修正的地基极限承载力特征值。

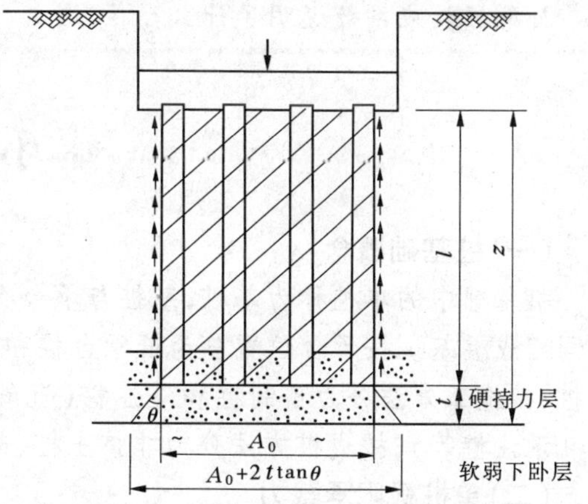

图 10-19　软弱下卧层承载力验算

桩距 $s_a \leqslant 6d$ 的群桩基础，一般可做整体冲剪破坏考虑，下卧层顶面处附加应力 σ_z 按下式计算

$$\sigma_z = \frac{(F_k + G_k) - \frac{3}{2}(A_0 + B_0)\sum q_{sik} l_i}{(A_0 + 2t\tan\theta)(B_0 + 2t\tan\theta)} \tag{10-32}$$

式中　q_{sik}——桩周第 i 层土的极限侧阻力标准值，无当地经验时，可根据成桩工艺按表 10-2 取值；

t——硬持力层厚度；

θ——桩端硬持力层压力扩散角，按表 10-14 取值；

A_0、B_0——桩群外围桩边包络线内矩形面积的长、短边长。

表 10-14　桩端持力层压力扩散角 θ　(°)

E_{s1}/E_{s2}	1	3	5	10
$t=0.25B_0$	4	6	10	20
$t\geqslant 0.5B_0$	12	23	25	30

注:1. E_{s1}、E_{s2}为硬持力层、软持力层的压缩模量。

2. 当 $t<0.25B_0$时,取 $\theta=0°$,必要时,宜通过试验确定;$0.25B_0<t<0.5B_0$时,可内插取值。

(2)对于单桩、单排桩、桩中心距大于 $6d$ 的疏桩基础的沉降计算,应分为承台底地基土不分担荷载的桩基和地基土分担荷载的复合桩基两种形式分别考虑,具体计算参见《桩基规范》。

单元思考

1. 端承桩群桩基础与摩擦桩群桩基础承载力有什么不同?

2. 群桩效应系数说明了什么?

小　结

(一)桩基础概念

桩基础中的单桩称为基桩,基桩与承台有效联结,承台将外荷载传递给基桩,与基桩共同组成桩基。按承台位置分为低承台桩和高承台桩;按传荷方式分为摩擦型桩和端承型桩;按施工方法分为预制桩和灌注桩(沉管灌注桩、钻孔灌注桩、挖孔桩、爆破桩、冲击成孔灌注桩等);按成桩方法分为非挤土桩、部分挤土桩、挤土桩。

(二)单桩极限承载力

桩在外荷载作用下发生弹性压缩,并与周围土体产生相对位移,同时通过桩底支持力和周围土体的摩阻力平衡上部传来的荷载,并将荷载传递给土体。单桩竖向极限承载力是基桩在不被破坏和不产生过大变形时所能承担的最大竖向荷载,单桩水平极限承载力是基桩所能承受的最大水平荷载。单桩极限承载力一般用标准值表示,其大小一是取决于桩身材料的强度,二是取决于地基土对桩的支承能力。设计时两者必须兼顾,取其小值。

单桩容许承载力确定可以通过静载荷试验法、静力触探试验法、规范经验公式法或动力试桩法确定,单桩轴向受压容许承载力等于极限荷载除安全系数(规范规定为2)。常用静载荷试验方法和静力触探法确定单桩承载力。静载荷试验方法是根据 $Q\sim s$ 曲线确定每根试桩的极限承载力 Q_u,计算 n 根桩的极限承载力平均值 Q_{um} 和标准差 σ_n,由此确定单桩承载力标准值 Q_{uk}。

(三)桩的负摩阻力

桩的负摩阻力是桩在桩侧土体相对桩体产生向下的位移时土对桩所产生的向下的摩阻力,产生负摩阻力的范围是桩侧土层相对于桩产生下沉的范围,发生于桩的上部。桩身从上到下由负摩阻力逐渐变为正摩阻力,其中摩阻力为零的点称为中性点。中性点的位置与土体的强度和桩身刚度有关,一般可按经验估算。

(四)桩基群桩验算

端承型群桩基础通过承台分配到各基桩桩顶的荷载,绝大部分或全部由桩身直接传递到桩底,由桩底岩层(或坚硬土层)支承。由摩擦桩组成的群桩基础,在竖向荷载作用下,桩顶上的作用荷载主要通过桩侧土的摩阻力传递到桩周土体。设计时需考虑桩基的整体沉降。

练习题

10-1　某工程桩基采用预制混凝土桩,桩截面尺寸为 350 mm×350 mm,桩长 10 m,各土层分布情况如图 10-20 所示,试确定该基桩的竖向承载力标准值 Q_{uk} 和基桩的竖向承载力特征值 R(不考虑承台效应)。

10-2　某建筑物采用单桩基础,桩径 $d=0.5$ m,旋转钻施工,地质剖面如图 10-21 所示,试求该桩受到的下拉荷载值。

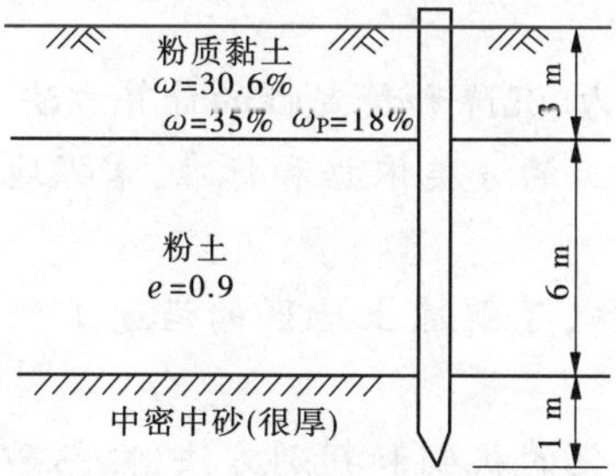

图 10-20

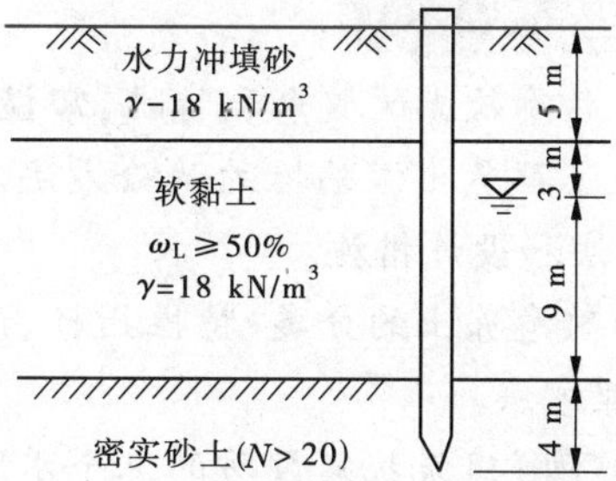

图 10-21

10-3　某工程一群桩基础中桩的布置及承台尺寸如图 10-22 所示,其中桩采用 $d=500$ mm 的钢筋混凝土预制桩,桩长 12 m,承台埋深 1.2 m。土层分布第一层为 3 m 厚的杂填土,第二层为 4 m 厚的可塑状态黏土,其下为很厚的中密中砂层。上部结构传至承台的轴心荷载标准值 $F=5\ 400$ kN,弯距 $M=1\ 200$ kN·m,试验算该桩基础是否满足设计要求。

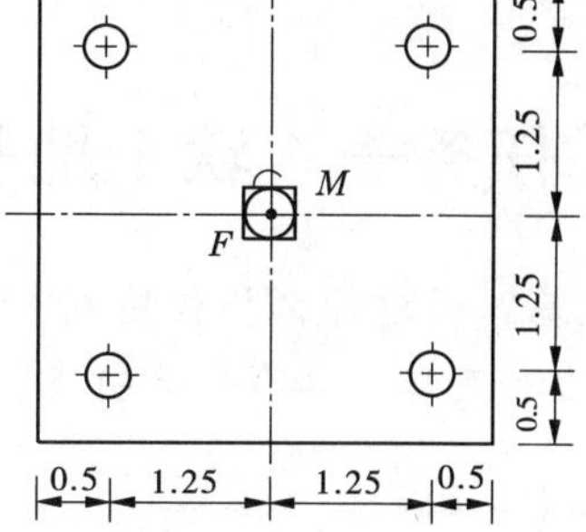

图 10-22　(单位:m)

项目十一　特殊地基

三基导学

(一)基本概念

软土,湿陷性黄土、湿陷系数、总湿陷量、自重湿陷性黄土、非自重湿陷性黄土、黄土地基湿陷性等级,季节冻土、冻胀力、冻胀系数、融沉系数、融沉性,液化地基、临界标准贯入击数、抗震设防目标、抗震措施。

(二)基本原理

反应谱理论、拟静力设计理论。

(三)基本方法

软土承载力确定,液化判别、时程反映分析法。

教学基本要求

(1)熟悉软土的概念和特性,掌握软土地基承载力、沉降和稳定性的计算方法。

(2)了解黄土湿陷性的试验方法,熟悉湿陷性黄土的分类依据和标准,掌握地基处理原则、方法和设计措施。

(3)熟悉冻土的分类、特性指标、试验及评价方法,了解冻土地区的沿途工程设计原则与处理方法。

(4)了解建筑抗震设防的三个水准要求,掌握液化的机制和判别方法,熟悉砂土液化的危害和基础工程的抗震措施。

能力培养目标

能针对特殊土的性质选择合适的地基基础方案。

学习重点与难点

重点是各种特殊土的特性和对基础工程的影响。难点是根据特殊土的性质选择合适的地基基础方案。

任务一　软土地基

问题引导:什么是软土地基?通过什么指标鉴别?软土有什么特性,对地基有什么影响?软土地基承载力和变形计算有什么特点?

软土是指在滨海、湖泊、谷地、河滩上沉积的天然含水率高、孔隙比大、压缩性强、抗剪强度和承载力低的软塑到流塑状态的黏性土。常含有机物,当 $e>1.5$ 时称为淤泥,$1.0<$

$e<1.5$ 时称为淤泥质土(淤泥质黏土、淤泥质粉质黏土)。习惯上也把工程性质接近淤泥的黏性土统称为软土。部分冲填土也视为软土。

由于沉积环境的不同及成因的区别,各处软土的性质成层情况各有特点。我国沿海地区、内陆平原以及山区沟谷等广泛分布有各种成因的软土,因此工程设计中按地质特点将其分为滨海沉积、湖泊沉积、河滩沉积、谷地沉积和沼泽沉积五个类型;又可根据土质不同分为泥炭、腐殖土、有机质土、黏性土、粉性土五种类型。当土的燃灼量大于5%且小于60%,而天然孔隙比大于1.5时称为有机质土;燃灼量大于60%,天然孔隙比大于5时称为泥炭。

一、软土的鉴别及工程性质

(一)软土的工程鉴别

国内目前对软土的鉴别还没有统一标准,建设部颁布的《软土地区工程地质勘察规范》(JGJ 83—2011)规定:软土天然孔隙比大于或等于1.0、天然含水率大于液限,具有较高压缩性、低强度,高灵敏度、低透水性和高流变性,且在较大地震作用下可能出现震陷的细粒土,包括淤泥、淤泥质土、泥炭、泥炭质土等。铁道部《铁路工程岩土分类标准》(TB 10077—2001)是将天然含水率大于或等于液限、天然孔隙比大于或等于1.0、压缩系数 $a_{0.1\sim0.2}\geqslant0.5\ \text{MPa}^{-1}$、不排水强度小于30 kPa的黏性土判定为软土。交通部《公路土工试验规范》(JTG E40—2007)是以天然含水率、孔隙比压缩系数、饱和度和内摩擦角等五项指标划分软土。交通运输部2013年颁布的《公路软土地基路堤设计与施工技术细则》(JTG/T D31-02-2013)规定:天然含水率大于或等于35%或液限、天然孔隙比大于或等于1.0、十字板剪切强度小于35 kPa划分为软土。

(二)软土的工程性质

软土无论按何依据划分,但都具有如下共同特性:

(1)颜色以深色为主,粒度成分以细粒为主,有机质含量高。

(2)天然含水率高,重度小,天然内含水率大于液限,超过30%;相对含水率大于1.0;软土的饱和度高达100%,甚至更大,天然重度为1.5~19 kN/m^3。

(3)天然孔隙比大,一般大于1.0。

(4)渗透系数小,一般小于 10^{-6} cm/s数量级,沉降速度慢,固结时间长。

(5)黏粒含量高,塑性指数大。

(6)高压缩性,压缩系数大,基础沉降量大,一般压缩系数大于0.5 MPa^{-1}。

(7)强度指标小,软土的快剪黏聚力小于10 kPa,内摩擦角小于5°;固结快剪强度指标略高,黏聚力小于15 kPa,内摩擦角小于10°。

(8)软土的灵敏度高,一般为2~10,有时更高,具有显著的流变性和触变性。

软土厚度较大的地区,由于表层经受长期气候的影响,含水量减小,在收缩固结作用下,表面形成所谓的“硬壳”。这一处于地下水位以上的非饱和“硬壳”层厚度通常不大,一般为0.5~3 m,有时可以考虑作为小桥涵等基础的持力层。

二、地基的承载力、沉降和稳定性的计算

在软土地基设计计算中,由于它的工程特性常需要解决地基强度、沉降和稳定性的计

算问题,它们与一般地基的计算是有所区别的。现分述如下。

(一)软土地基的承载力

软土地基的承载力应同时满足强度和变形两个方面的要求。按强度要求确定软土地基承载力主要有以下方法。

1. 根据极限承载力理论公式确定

由于 $\varphi=0$,$q=\gamma_2 h$,饱和软黏土上条形基础的极限承载力 p_u(kPa)按普朗特尔－雷斯诺极限荷载公式计算。

$$p_u = 5.14C_u + \gamma_2 D \tag{11-1}$$

式中 C_u——软土排水抗剪强度,可用三轴剪切仪、十字板剪切仪测定,也可用室内无侧限抗压强度 q_u 的一半计算;

γ_2——基底以上土的重度,kN/m^3,地下水位以下取浮重度;

D——基础埋置深度,m,受水流冲刷处,由一般冲刷线算起。

据此,考虑矩形基础的形状修正系数及水平荷载作用时的影响系数,并考虑必要的安全数,《公路桥涵地基与基础设计规范》(JTG D63—2007)提出软土地基承载力容许值 $[f_a]$ 用项目八式(8-23)计算。

2. 根据土的物理性质指标确定

软土大多是饱和的,天然含水率 ω 基本反映了土的孔隙比大小,当饱和度 $S_r=1$,$e=\omega G/S_r=\omega G$(G 为土颗粒比重),e 为1时,相应天然含水率 ω 约为36%;e 为1.5时,相应的 ω 约55%,所以一般情况下,地基的强度、地基承载力是与其天然含水率密切相关的。根据统计资料,ω 与软土地基基础承载力容许值 $[f_{a0}]$ 关系如表8-17所示。

对于小桥涵,软土地基础承载力容许值 $[f_{a0}]$ 可用式(8-22)和式(8-23)计算的。当按式(8-23)计算时,不应再按基础埋深及宽度进行修正,但须进行地基沉降验算,保证满足基础沉降的要求。

3. 根据临塑荷载计算确定

软土地基承载力在考虑变形因素时可按临塑荷载公式估算,以控制沉降在一般结构物容许范围之内。条形基础临塑荷载 p_{cr} 计算公式为:$p_{cr}=N_q\gamma D+N_c c$,由于饱和软土 $\varphi_u=0$,$c=c_u$ 时,$N_q=1$,$N_c=\pi$ 则

$$p_{cr} = \gamma_2 h + 3.14c \tag{11-2}$$

可认为式(11-2)用于矩形基础较用于条形基础偏于安全。我国有些地区和部门根据该地区软土情况,采用略高于临塑荷载的临界荷载 $p_{1/4}$。

4. 根据原位测试方法确定

由室内试验测定土的物理力学指标(如 c_u 等)因常受土扰动影响使结果不正确;而一般土的承载力理论公式用于软土也有偏差,因此采用现场原位测试的方法往往克服以上缺点。软土地基常用的原位测试方法有:根据荷载试验或旁压试验确定地基承载力,以十字板剪切试验测定软黏土不排水抗剪强度换算地基承载力值,按标准贯入试验或静力触探结果用经验公式计算地基承载力等。

对较重要和规模比较大的工程,确定软土地基的承载力宜综合以上方法,结合软土沉

积年代、成层情况、下卧层性质等考虑，并注意满足结构物对沉降和稳定的要求。

（二）软土地基的沉降计算

软土地基在外力作用下，随时间发展的沉降一般认为可划分为初始沉降 s_d，固结沉降 s_c 和次固结沉降 s_s 三部分，如图 11-1 所示。软土地基的总沉降量 s 为 s_d、s_c、s_s 三者之和。

1. 初始沉降 s_d

初始沉降包括土的两种沉降：一种是由地基土的弹性变形产生的；另一种是由于软土渗透系数低，加荷后初期不能排水固结，因而土产生剪切变形。此时沉降是由软土侧向剪切变形引起的。当软土较厚时，初始沉降是不宜忽略的。前一部分可用弹性理论公式计算。

$$s_d = \frac{pb(1-\mu^2)}{E_d}\omega \tag{11-3}$$

式中　p——基础底面平均应力；

b——矩形基础的宽度；

μ——软土的泊松比，可取 $\mu = 0.5$；

E_d——软土的弹性模量，可用三轴剪切仪不排水试验求得，$E_d = (500 \sim 1\ 000)c_u$，其中 c_u 为不排水剪强度；

ω——沉降影响系数，与基础形状、计算点位置有关，按照项目四表 4-1 查用。

由于工程设计中地基承载力的采用都限制塑性区的发展，因而土体初始侧向剪切位移引起的沉降在总的初始沉降中所占不大，目前一般不计或略作估算。有时也用 $s_d = (0.2 \sim 0.3)s_c$ 进行估算初始沉降。

2. 固结沉降 s_c

在荷载作用下，软土地基缓慢地排水固结发生的沉降，孔隙水被逐渐地排出，孔隙体积逐渐减小，从而土体压缩产生体积变形而引起沉降，是地基沉降的最主要部分。在实际中一般采用分层总和法计算固结沉降。

3. 次固结沉降 s_s

长期现场观测表明，在理论计算的固结过程结束后，软土地基因土骨架的蠕动继续发生长期的、缓慢的压缩，称为次固结沉降，如图 11-2 所示。当软土较厚，含高塑性矿物等较多时，次固结沉降对沉降要求严格的结构物不宜忽略。地基次固结沉降 s_s 可按下式计算：

$$s_s = \sum_{i=1}^{n} \frac{C_{\alpha i}}{1+e_{2i}} \lg\left(\frac{t_1}{t_2}\right) h_i \tag{11-4}$$

式中　$C_{\alpha i}$——第 i 层土的次固结系数，由固结压力下试验的 $e \sim \lg t$ 曲线斜率求得，其取值与粒径、矿物成分有关，一般 $C_{\alpha i} = 0.005 \sim 0.03$；

e_{2i}——第 i 层土在固结压力下完成排水固结时的孔隙比；

t_1、t_2——完成固结（固结度为 100%）时间及计算次固结沉降时间，$t_1 > t_2$。

事实上这三种沉降并不能截然分开，而是交错发生的，只是某个阶段以一种沉降变形为主而已。不同的土，三个组成部分的相对大小及时间是不同。

（三）软土地基的稳定性分析

软土地基上结构物承受水平推力后，由于地基土抗剪强度低，有发生基础连同部分地

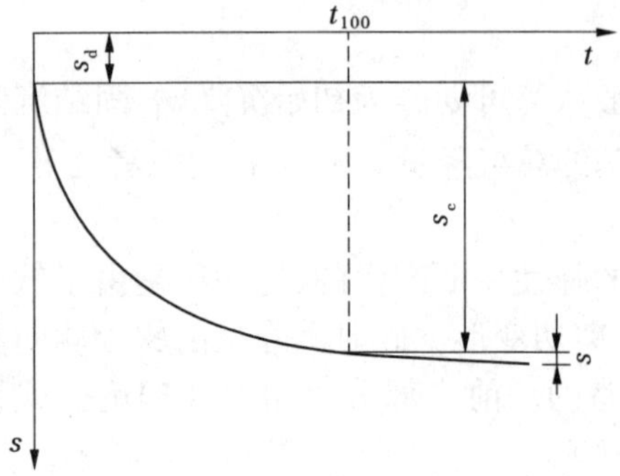

图 11-1　软土地基沉降的组成

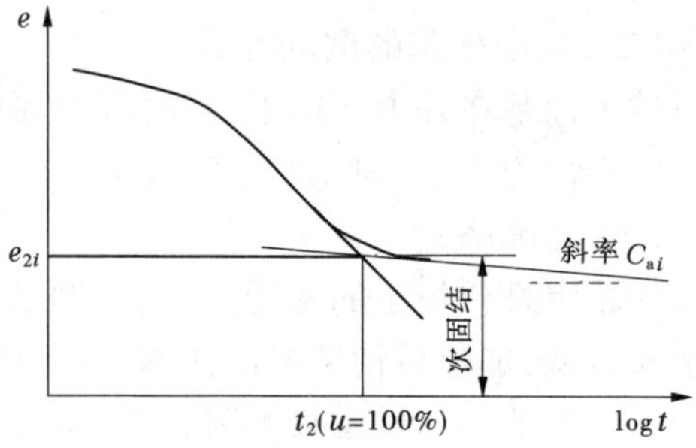

图 11-2　$e \sim \lg t$ 曲线

基土滑移失稳的可能性。建筑在软土地基的桥台、挡土墙等承受侧向推力的结构物，在保证其地基承载力、沉降满足要求的同时，应进行稳定性分析。软土地基上构造物为天然地基浅基础时，稳定分析参见项目九浅基础相关内容。

对于桩基础，假定的滑动圆弧面可发生在桩底以上，如图 11-3 所示。只有软土层很厚而桩长度又很短的特殊情况才发生在桩底以下。由于设计中考虑承台底以上全部外力均由基桩承担，所以分析时可以不计这部分外力作用于滑动弧面上的分力，只考虑承台底面到滑弧面以上土柱重，即在图 11-3 中 P、M 不应计入其影响，而阴影部分土的重力应计入其影响。不属于基桩承担的滑裂体范围内的荷载仍应考虑其在滑动圆弧面的作用。

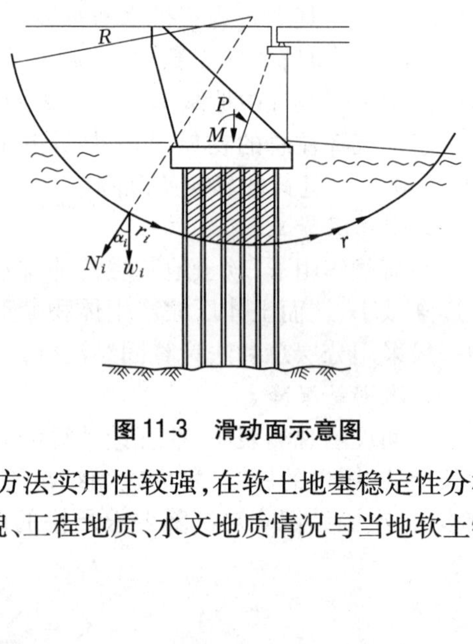

图 11-3　滑动面示意图

现行的各种条分法均需经反复迭代，计算工作量很大。目前一般可以用电算法，这种分析方法实用性较强，在软土地基稳定性分析中得到广泛应用，计算结果应结合现场地形、地貌、工程地质、水文地质情况与当地软土特性全面分析判断。

三、软土地基基础工程应注意的事项

在软土地区修建建(构)筑物必须首先进行较详细的工程地质、水文地质勘测，查明该处软土的地质及工程特性，掌握全面、翔实的资料，这是正确布置建(构)筑物、选择适当结构类型的首要条件，也是保证设计和施工能紧密结合实际情况、采取有针对性措施的必要条件。

软土地基的强度、变形和稳定是工程中必须全面、充分注意的问题，是造成建(构)筑物基础过大沉降、不均匀沉降、位移、倾斜、开裂、失稳或严重损坏等事故的主要原因。国内外从实际中对软土地基上基础工程设计技术、施工方法、地基加固等方面已积累了不少成功经验和科研成果。只要使用得当是可以保证软土地基上建(构)筑物的安全的。以下着重介绍有关软土地区桥梁基础工程应注意的事项,其他人工建(构)筑物也可参考。

(一)全面掌握工程地质资料合理布设桥涵

不同沉降类型的软土,有时其物理性质指标虽然相似,但工程性质可能相差很大,其力学性质参数宜尽可能通过现场原位测试取得。

软土地区的桥梁位置(尤其大型桥梁)既要与路线走向协调,又要注意建(构)筑物对工程地质的要求,如果地基土属深、厚软黏土,特别是流动性的淤泥、泥炭和高灵敏度的软土,不仅设计技术条件复杂,而且将给施工、养护、运营带来许多困难,工程造价也将增加,应力求避免,选择软土较薄、均匀、灵敏度小的地段可能更有利。对于小桥涵,可优先考虑地表"硬壳"层较厚、软土均匀处,采用明挖刚性扩大基础,降低造价。

在确定桥梁总长、桥台位置时,除应考虑泄洪、通航要求外,宜进一步结合桥台、引道的结构和稳定考虑。如能利用地形、地质条件,适当地布置或延长引桥,使桥台置于地质较好或软土较薄处,以引桥替代高路堤,减小桥台和填土的高度,将有利于桥台、路堤的结构和稳定,在对造价、占地、养护费用、营运条件等通盘考虑后,往往在技术和经济上是合理的。

软土地基桥梁宜采用轻型结构,减轻上部结构及墩台自重。由于地基容易产生较大的不均匀沉降,一般以采用静定结构或整体性较好的结构为宜,如桥梁上部可采用钢筋混凝土空心板或箱形梁;桥台采用柱式、支撑梁轻型桥台或框架等组合式桥台;桥墩宜用桩柱式、排架式、空心墩等;涵洞宜用钢筋混凝土管涵、整体基础钢筋混凝土盖板涵、箱涵等以保证涵身刚度和整体性。

(二)软土地基桥梁基础设计措施

我国在软土地区常用的桥梁基础是刚性扩大浅基础(天然地基或人工地基)和桩基础,有时也用沉井基础。现结合软土地基的特点,介绍设计时应注意的几个问题。

1. 刚性扩大浅基础

在较稳定、均匀、有一定强度的软土上修建对沉降要求不高的矮小桥梁,常争取采用天然地基(或配合砂砾垫层)上的刚性扩大浅基础。如软土表层有较厚的"硬壳"应尽可能考虑采用。刚性扩大浅基础常因软土的局部塑性变形而使墩台发生不均匀沉降,由于台后填土的影响使桥台前后端沉降不均匀而发生后仰也是常见的工程事故,有时还同时使桥台向前滑移。因此,在设计时应注意对基础边缘(如桥台基础的前趾、后踵)的沉降验算及其抗滑动、抗倾覆的验算。

设计时可采用人工地基,如有针对性地布设砂砾垫层,对地基进行加载预压以减少地基的沉降和调整沉降差,或采用深层搅拌法,以水泥土搅拌桩或粉体喷射搅拌桩加固软土地基,按复合地基理论验算地基各控制点的承载力和沉降(加固范围应包括桥头路堤地基的一部分);采取轻型桥台、埋置式桥台等结构措施,必要时改用桩基础等。对于小桥(如单孔跨径不超过8 m,孔数不多于3孔),可将相邻墩台刚性扩大浅基础联合成整体,形成联合基础板,在满足地基承载力和沉降要求的同时,可以解决桥台前倾后仰和滑移问题,但此时为避免基础板过厚,常采用配置受力钢筋而改为钢筋混凝土基础。为了防止小桥基础向桥孔滑移,也可以在基础间设置钢筋混凝土(或混凝土)支撑梁。

软土地基上相邻墩台间距小于 5 m 时,《公路桥涵地基与基础设计规范》(JTG D63—2007)要求考虑邻近墩台对软土地基所引起的附加竖向压应力。基础形式选择应进行技术、经济方案比较。

2. 桩基础和沉井基础

在较深的软土地基,大中型桥梁常采用桩基础,它能获得较好的技术效果,若经济上合理,应是首选方案。施工方法可以是打(压)入桩、钻孔灌柱桩等。要求基桩穿过软土深入硬土(基岩)层,以保证足够的承载力和较小的沉降。软土很厚采用长摩擦桩时,应注意桩底软土强度和沉降的验算,必要时可对桩周软土进行压浆处理或做成扩底灌注桩。

打入桩的桩距应较一般土质的适当加大,并注意安排好桩的施打顺序,避免已打入的邻桩被挤移或上抬,影响质量。钻孔灌注桩一般应先试桩取得施工经验,避免成孔时发生缩孔、塌孔现象。

软土地基桩基础设计中,应充分注意由于软土侧向移动而使基桩挠曲和受到附加水平压力;以及由于软土下沉而对基桩发生负摩阻力的影响。

在较厚软弱土上施工沉井,往往因下沉速度过快而发生沉井倾斜、位移等,应事先注意采取防备措施,如选用轻型沉井、平面形状采用圆形或长宽比较小的矩形,立面形状采用竖直式等,施工时尽量对称挖土控制均匀下沉,并及时纠偏。

(三)桥台及桥头路堤软土地基的稳定措施

软土地基抗剪强度低,在稍大的水平力作用下桥台和桥头路堤容易发生地基的纵向滑动失稳,设计时应按已介绍的方法进行验算。如稳定性不够,小桥可采用支撑梁、人工地基等,中桥除将浅基础改为桩基础、采用人工地基、延长引桥使填土高度降低或桥台移至稳定土层上外,常用的方法是采用减少台后土压力或在台前加筑反压护道(应注意台前过水面积的保证),埋置式桥台也可同时放缓溜坡。反压护道(溜坡)长度、高度、坡度,以及地基加固方法等都应该经计算确定,施工时注意台前、台后填土进度的配合,避免有过大的高差。桥头路堤填土(包括桥台锥坡)横向失稳也须经过验算加以保证,需要时也应放缓溜坡或加筑反压护道。

桥头路堤填土稍高时,路堤下沉使桥台后倾是软土地区桥梁工程经常发生的事故。除应对桥台基础采取前述有针对性的结构措施及改用轻质材料填筑路堤外,一般也常对路堤的地基采取人工加固处理。

我国近年来软土地基加固技术发展很快,浅层加固处理的砂砾垫层,深层加固处理的各种堆载排水固结法、振冲法、深层搅拌法、高压喷射注浆法等得到广泛的应用。强夯法是一种加固地基的新方法,工程中也逐渐被推广,但其理论与施工方法正在完善中。

单元思考

1. 软土有哪些,粗粒土有软土吗?
2. 为什么说软土沉降速度慢、固结时间长?
3. 软土的承载力为什么应同时满足强度和变形要求?

任务二　湿陷性黄土地基

问题引导：什么是湿陷性黄土，对工程有什么影响？湿陷性黄土有什么特点，用什么指标判定？湿陷性黄土有哪些类别？湿陷性地基有哪些处理措施？

湿陷性黄土是黄土的一种，凡天然黄土在一定压力作用下，受水浸湿后，土的结构迅速破坏，发生显著附加沉降，强度也随之降低的称为湿陷性黄土。湿陷性黄土分为自重湿陷性黄土和非自重湿陷性黄土两种。湿陷性黄土地基的湿陷特性会给建（构）筑物带来不同程度的危害，使建（构）筑物大幅沉降、开裂、倾斜甚至严重影响安全和使用。在我国主要分布在黄河流域，即河南西部、山西、陕西、甘肃大部分地区，其次是宁夏、青海、河北的部分地区，此外新疆、山东、辽宁等地局部也有发现。在黄土地区修筑桥梁等建（构）筑物对湿陷性地基应有可靠的判定方法和全面的认识，在设计施工中要因势利导，做好合理而经济的设计施工方案，防止和消除它的湿陷性。

一、黄土湿陷性的判定和地基的评价

（一）黄土湿陷性的判定

湿陷性黄土除具备黄土的一般特征如呈黄色或黄褐色、以粉土颗粒为主、具有肉眼可见的孔隙等外，它呈松散多孔结构状态，孔隙比常在1.0以上，天然剖面上具有垂直节理，含水溶性盐（碳酸盐、硫酸盐类等）较多。垂直节理、大孔性、松散多孔结构和土粒间的加固凝聚力遇水即降低或消失，是湿陷性黄土的特征。

黄土湿陷性采用湿陷系数 δ_s 值来判定。δ_s 通过室内浸水侧限压缩试验来测定，如图11-4所示。把保持天然含水率和结构的黄土土样逐步加压，达到规定试验压力，土样压缩稳定后，对土样进行浸水，使含水率接近饱和，土样迅速下沉，达到稳定后得到土样的高度 h'_p，按式（11-5）计算出土的湿陷系数 δ_s。

$$\delta_s = \frac{h_p - h'_p}{h_0} \tag{11-5}$$

式中　h_0——土样的原始高度，mm；

h_p——原状土样在规定试验压力 p 下，压缩稳定后的高度，mm；

h'_p——原状土样在压力 p 作用下浸水，达到湿陷稳定后的高度，mm。

湿陷系数 δ_s 为单位厚度的环刀试样在一定压力下下沉稳定后，试样浸水饱和所产生的附加下沉，它反映了黄土层的湿陷程度。我国《湿陷性黄土地区建筑规范》（GB 50025—2004）规定，上述室内压缩试验确定 δ_s 时，试验压力取值：在基础底面下10 m以内用200 kPa，10 m以下到非湿陷性黄土层顶面用上覆土层的饱和自重压力（当大于300 kPa时仍用300 kPa）；当基底压力大于300 kPa时，宜按实际压力；对压缩性较高的新近堆积黄土，基底下5 m以内的土层宜用100～150 kPa压力，5～10 m和10 m以下至非湿陷性黄土层顶面，应分别用200 kPa和上覆土的饱和自重压力。

《湿陷性黄土地区建筑规范》(GB 50025—2004)规定 $\delta_s \geqslant 0.015$ 为湿陷性黄土,否则为非湿陷性黄土。一般认为 $0.015 \leqslant \delta_s \leqslant 0.03$ 为湿陷性轻微,$0.03 < \delta_s \leqslant 0.07$ 为湿陷性中等,$\delta_s > 0.07$ 为湿陷性强烈。自重湿陷系数按式(11-6)计算。

$$\delta_{zs} = \frac{h_z - h'_z}{h_0} \tag{11-6}$$

式中 h_z——原状土样在加压至一定压力时,下沉稳定后的高度, mm;

h'_z——上述加压稳定后的试样,在浸水(饱和)作用下,附加下沉稳定后的高度,mm;

h_0——试样的原始高度。

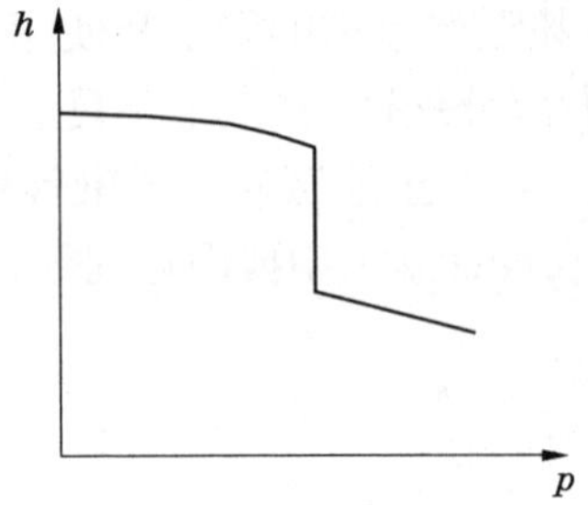

(a)压缩曲线

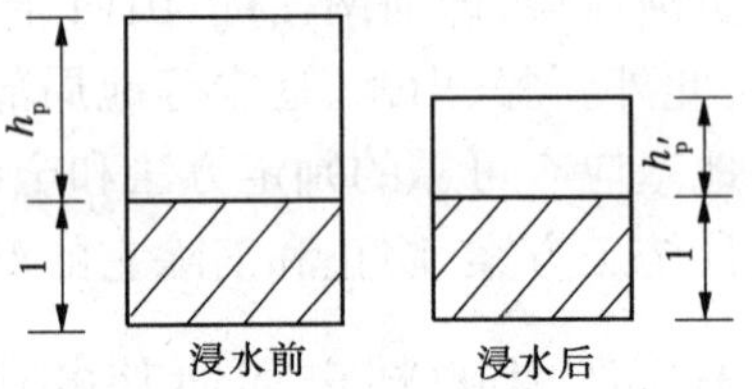

(b)在压力作用下浸水前后的土样高度

图 11-4　黄土的浸水压缩

(二)湿陷性黄土场地的湿陷类型划分

湿陷性黄土分为非自重湿陷性黄土和自重湿陷性黄土两种。其应按自重湿陷量的实测值 Δ'_{zs} 或计算值 Δ_{zs} 判定,并应符合下列规定:当自重湿陷量的实测值 Δ'_{zs} 或计算值 Δ_{zs} 小于或等于 70 mm 时,应定为非自重湿陷性黄土场地;当自重湿陷量的实测值 Δ'_{zs} 或计算值 Δ_{zs} 大于 70 mm 时,应定为自重湿陷性黄土场地;当自重湿陷量的实测值和计算值出现矛盾时,应按自重湿陷量的实测值判定。

对于自重湿陷性黄土,要求采用较非自重湿陷性黄土地基更有效的措施,保证桥梁等建(构)筑物的安全和正常使用。《湿陷性黄土地区建筑规范》(GB 50025—2004)用计算自重湿陷量 Δ_{zs} 来划分两种地基,Δ_{zs}(cm)按下式计算:

$$\Delta_{zs} = \beta_0 \sum_{i=1}^{n} \delta_{zsi} h_i \tag{11-7}$$

式中 δ_{zsi}——第 i 层土的自重湿陷系数;

h_i——地基中第 i 层土的厚度,mm;

β_0——根据我国建筑经验,因各地区土质而异的修正系数,当缺乏试验数据时可按下述规定取值:陇西地区可取 1.5,陇东、陕北、晋西地区可取 1.2,关中地区取 0.9,其他地区取 0.5;

n——计算总厚度内土层数。

当 $\Delta_{zs} > 70$ mm 时,为自重湿陷性黄土地基;当 $\Delta_{zs} \leqslant 70$ mm 时,为非湿陷性黄土地基。

用式(11-7)计算时,应自天然地面(当挖、填方的厚度和面积较大时,应自设计地面)

算起，至其下非湿陷性黄土层的顶面止，其中自重湿陷系数 δ_{zs} 值小于 0.015 的土层（属于非自重性湿陷黄土层）不累计在内。

（三）湿陷性黄土地基的湿陷等级判定

湿陷性黄土地基的湿陷等级，即地基土受水浸湿饱和，发生湿润的程度，可以用地基内各土层湿陷下沉稳定后所发生的湿陷量来衡量，湿陷量越大，对桥涵等建（构）筑物的危害性越大，其设计施工和处理措施要求也相应越高。

《湿陷性黄土地区建筑规范》（GB 50025—2004）对地基湿陷量 Δ_s（mm）用下式计算：

$$\Delta_s = \sum_{i=1}^{n} \beta\delta_{si}h_i \tag{11-8}$$

式中　δ_{si}——第 i 层土的湿陷系数；

h_i——第 i 层土的厚度，mm；

β——考虑地基土浸水概率、侧向挤出条件等因素的修正系数，基底下 0 ~ 5 m 深度内，取 $\beta = 1.50$，基底下 5 ~ 10 m 深度内，取 $\beta = 1$，基底下 10 m 以下至非湿陷性黄土层顶面，在自重湿陷性黄土场地，可取工程所在地区的 β_0 值，见式（11-7）。

由于我国黄土的湿陷性上部土层比下部土层大，而且地基上部土层受水浸湿的可能性也较大，因此在用式（11-8）计算土层深度时，湿陷量的计算值 Δ_s 的计算深度，应自基础底面（当基底标高不确定时，自地面下 1.5 m）算起；在非自重湿陷性黄土场地，累计至基底下 10 m（或地基压缩层）深度止；在自重湿陷性黄土场地，累计至非湿陷黄土层的顶面止。其中湿陷系数 δ_s（10 m 以下为 δ_{zs}）小于 0.015 的土层不累计在内。地下水浸泡的那部分黄土层一般不具有湿陷性，如计算土层深度内已见地下水，则算到年平均地下水位止。

湿陷性黄土地基的湿陷等级应根据湿陷量的计算值 Δ_s 和自重湿陷量的计算值 Δ_{zs} 等因素按表 11-1 判定。

表 11-1　湿陷性黄土地基的湿陷等级

Δ_s (mm)	湿陷类型		
	非自重湿陷性地基	自重湿陷性地基	
	$\Delta_{zs} \leqslant 70$ mm	$70 < \Delta_{zs} \leqslant 350$ mm	$\Delta_{zs} > 350$ mm
≤300	Ⅰ（轻微）	Ⅱ（中等）	—
$300 < \Delta_s \leqslant 700$	Ⅱ（中等）	Ⅱ或Ⅲ	Ⅲ（严重）
>700	Ⅱ（中等）	Ⅲ（严重）	Ⅳ（很严重）

注：当自重湿陷量计算值 $\Delta_s > 600$ mm、自重湿陷量的计算值 $\Delta_{zs} > 300$ mm 时可判为Ⅲ级，其余判为Ⅱ级。

二、湿陷性黄土地基的处理措施

（一）湿陷性黄土的处理

对湿陷性黄土地基进行处理的目的主要是改善土的力学性质，减少地基因浸水而引起的湿陷变形。同时,湿陷性黄土地基经处理后,承载力有所提高。常见的处理湿陷性黄土地基的方法有灰土或素土垫层法、强夯法、挤密法、预浸水法以及其他经试验研究或实践证明行之有效的方法等。

1. 灰土或素土垫层法

将基底下一定深度的湿陷性土层挖除,然后用三七灰土或素土回填,分层夯实。这种方法施工简单,效果显著。但施工时需要保证施工质量,对回填的灰土或素土,应通过室内击实试验,控制最佳含水率和施工干密度,否则达不到预期的效果。一般用于地下水位以上的局部或整片处理,可处理的厚度在 1 ~ 3 m。

2. 强夯法

强夯法是将重锤提升到较大高度自由下落,利用重锤下落的冲击能将地基夯实。一般用于地下水位以上,饱和度 $S_r \leqslant 60\%$ 的湿陷性黄土的局部或整片处理,可处理的厚度在 3 ~ 12 m。

3. 挤密法

振冲挤密、土桩或灰土桩、砂桩、夯实水泥土桩以及爆破法等,可以挤密黄土的松散、大孔结构,从而消除或减少地基的湿陷性,提高地基强度。此法一般用于地下水位以上,饱和度 $S_r \leqslant 65\%$ 的湿陷性黄土,可消除 5 ~ 15 m 内地基土的湿陷性,采用这种方法应在地基表层采取防水措施(如表层夯实)。

4. 预浸水法

利用自重性湿陷黄土地基的自重湿陷性,在建(构)筑物修筑之前,将地基充分浸水,使其在自重作用下发生湿陷,再修建(构)筑物。它主要适用于地基湿陷等级为Ⅲ级或Ⅳ级的自重湿陷性黄土场地,可以消除 6 m 以下湿陷性黄土层的全部湿陷性,6 m 以上仍需用垫层法或其他方法处理。但这种方法需水量大,处理时间长(3 ~ 6 月),可能使附近地表发生开裂、下沉。

(二)结构措施

建(构)筑物的形式尽量采用简支梁等对不均匀沉降不敏感的结构;加大基础刚度,使受力均匀;对长度较大、形状复杂的建(构)筑物采取沉降缝等措施,将其分为若干独立单元。

在桥梁工程中,对较高的墩台和超静定结构,采用刚性扩大浅基础、桩基础或沉井基础等形式,并将其基底设置到非湿陷的土层中;对一般的大中桥梁,重要的道路人工建(构)筑物,如属于Ⅱ级非自重湿陷性黄土,应将基础置于非湿陷性黄土层或对全部湿陷性黄土层采取处理或加强结构措施;如属于Ⅰ级非自重湿陷性黄土,应对全部湿陷性黄土,进行处理。

(三)施工措施

在雨期、冬期选择垫层法、强夯法和挤密法等处理地基时,施工期间应采取防雨和防冻措施,防止填料(土或灰土)受雨水淋湿或冻结,并应防止地面水流入已处理和未处理的基坑或基槽内。选择垫层法和挤密法处理湿陷性黄土地基,不得使用盐渍土、膨胀土、冻土、有机质等不良土料和粗颗粒的透水性(如砂、石)材料作为填料。

地基处理前,除应做好场地平整、道路畅通和接通水、电外,还应清除场地内影响地基处理施工的地上和地下管线及其他障碍物。在地基处理施工进程中,应对地基处理的施工质量进行监理,地基处理施工结束后,应按有关现行国家标准进行工程质量检验和验收。

采用垫层、强夯和挤密等方法处理地基的承载力特征值,应在现场通过试验测定结果确定。试验点的数量,应根据建筑物类别和地基处理面积确定。但单独建(构)筑物或在同一土层参加统计的试验点,不宜少于3点。

单元思考

1. 什么是湿陷系数、什么是自重湿陷系数,两者有什么不同?
2. 如何计算湿陷量,如何划分湿陷等级?

任务三　冻土地区基础工程

问题引导:什么是季节性冻土,有什么危害?多年冻土与季节性冻土有什么不同?季节性冻土如何分类?预防冻胀的措施有哪些?冻土地基的承载力如何确定?

《冻土地区建筑地基基础设计规范》(JGJ 118—2011)将含有冰的土称为冻土,冻结状态保持二年或二年以上的土称为多年冻土。地表层寒季冻结,暖季全部融化的土称为季节冻土。季节冻土在我国分布很广,东北、华北、西北是厚0.5 m以上季节冻土层的主要分布地区。多年冻土分布在严寒地区,这些地区冰冻期长达7个月,基本上集中在两大区域:纬度较大的内蒙古和黑龙江、大小兴安岭一带;海拔较高的青藏高原和甘肃、新疆的高山区,其厚度从不足一米到几十米。

冻土地区建筑物产生冻害的影响因素很复杂,但主要可以归结为温度、土质、水和压力四个要素。温度和压力的变化是外因,土质和水是内因。其中水是一个很重要的因素,水冻结成冰,强度剧增,冻融成水,承载力几乎为零,同时伴随着复杂的物理化学变化。这些特点会使多年冻土和季节冻土给建筑物带来不同的危害,因而对冻土区的地基和基础进行设计和施工要有特殊的要求。

一、季节冻土区地基与基础

(一)季节冻土按冻胀性的分类

季节冻土地区建筑物的破坏多是由地基土冻胀组成的。水结成冰,体积膨胀约9%,加上水分的迁移,使冻土的膨胀量更大。由于冻土的侧面和底面都有约束,所以多表现为向上的隆胀。

季节冻土按冻胀变形量和对建筑物的危害分为五类(见表11-2),并以野外观测的冻胀系数 k_d 为分类标准:

$$k_d = \frac{\Delta h}{Z_0} \times 100\% \tag{11-9}$$

式中　Δh——地面最大冻胀量，m；

Z_0——最大冻结深度，m。

表 11-2　季节性冻胀土的分类

名称	k_d	特点
不冻胀土	$k_d < 1\%$	冻结时基本无水分迁移，冻胀变形很小，对各种浅基础都没有任何危害
弱冻胀土	$1\% < k_d \leqslant 3.5\%$	冻结时水分迁移很少，地表没明显隆起，对一般浅埋基础也没有任何危害
冻胀土	$3.5\% < k_d \leqslant 6\%$	冻结时有较多水分迁移，形成冰夹层，如建筑物自重轻、基础埋置过浅，会产生较大的冻胀变形，冻深大时会由于切向冻胀力而上拔
强冻胀土	$6\% < k_d \leqslant 13\%$	冻结时水分大量迁移，形成较厚冰夹层，冻胀严重，即使基础埋置超过冻结线，也可能由于切向冻胀力而上拔
特强冻胀土	$13\% < k_d$	冻胀量很大，是使桥梁基础冻胀上拔的主要原因

(二)防冻胀措施

考虑地基土冻胀影响，基础最小埋深 h 的确定见项目九。基础位于冻胀和强冻胀地基土时，由于切向冻胀力的作用，常引起建筑物的隆起，或使脆弱截面处被拉断，在东北、西北、内蒙古等地区均发生过这种现象，目前多从减小冻胀力和改善周围土的冻胀性来防治冻胀。

(1)减少墩台和基础的面积。

(2)根据试验，提高建筑物表面的光滑度，可大大降低切向冻胀力，因此应尽量减少墩台和基础受冻拔作用范围的粗糙程度。

(3)基础四周换填较纯净的砂或砂卵石等粗颗粒的土并夯实。

(4)圬工接缝处易冻断，因此应尽量减少施工接缝。基底截面处是薄弱环节，需埋置短钢筋。

(5)由于切向冻胀力在地面处较大，向下迅速减小，故基础顶面宜小于基底截面，以减小切向冻胀力。

(三)季节冻土地基墩台基础抗冻拔验算

季节冻土地基墩台基础抗冻拔稳定性按式(11-10)计算：

$$N + W + Q_T \geqslant kT \tag{11-10}$$

式中　Q_T——基础侧面与暖土层的摩擦力，$Q_T = A'_m f_i$，A'_m为在暖土层中基础的侧面积，m^2，f_i为季节融土层单位面积容许摩阻力，无实测资料时，黏性土取 20 kPa，砂性土取 30 kPa；

N——作用在基础(基桩顶)上的建筑物重力或施工中冬季最小竖向力，kN；

W——基础自重力及襟边上土重力，kN；

k——安全系数，砌筑或架设上部结构前 $k = 1.1$，砌筑或架设上部结构后，对于静

定的结构 $k=1.2$，对于超静定结构 $k=1.3$；

T——对扩大基础或基桩的切向冻胀力，kN，$T=n_T A_T \tau_T + A_1 \tau_1$，$A_T$ 为在融化土层中基础侧面积，m^2，τ_T 为季节冻土层中基础和墩身侧向单位面积切向冻胀力，按表 11-3 选用，A_1 为河底以上冰层中墩身侧面积，m^2，τ_1 为水结冰后与墩身侧面的单位面积切向冻胀力，对混凝土可用 190 kPa，n_T 为标准冻深修正系数，无实测冻深值时修正，基地不穿透季节冻土层时取 $n_T=1.1$，穿透时 n_T 按表 11-4 取值。

表 11-3 季节冻土单位面积切向冻胀力值

冻胀类别	不冻胀	弱冻胀	冻胀	强冻胀	特强冻胀
冻胀力 τ_T(kPa)	0 ~ 15	15 ~ 50	50 ~ 80	80 ~ 160	160 ~ 240

表 11-4 标准冻深修正系数 n_T

冻胀类别	不冻胀	弱冻胀	冻胀	强冻胀	特强冻胀
n_T	1.0	0.95	0.90	0.85	0.75

二、多年冻土地区基础工程

（一）多年冻土按其融沉性的等级划分

多年冻土的融沉性是评价其工程性质的重要指标，可用融沉系数 A 作为分级控制指标，等级划分见表 11-5。

表 11-5 多年冻土地基等级划分

等级	名称	A	特点
Ⅰ	不融沉	$A<1\%$	仅次于岩石的地基修筑建筑物时可不考虑冻融问题
Ⅱ	弱融沉	$1\% \leqslant A<5\%$	多年冻土中较好的地基土，可直接作为建筑物的地基，当控制基底最大融深在 3 m 以上时，建筑物不会遭到明显融沉破坏
Ⅲ	融沉	$5\% \leqslant A<10\%$	具有较大的融沉量而且冬季回冻时有较大的冻胀量。作为地基的一般基底，融深不得大于 1 m，并采取专门措施，如深基保温防止基底融化等
Ⅳ	强融沉	$10\% \leqslant A<25\%$	融沉量很大，因施工营运时均不允许地基发生融化，设计时应保持冻土不融或采用桩基础
Ⅴ	融陷	$25\% \leqslant A$	是含土冰层，融化后呈流动、饱和状态，不能直接作地基应进行专门处理

$$A=\frac{h_m-h_T}{h_m}\times 100\% \tag{11-11}$$

式中　h_m——季节融化层冻土试样冻结时的高度,m;

h_T——季节融化层冻土试样融化后的高度,m。

(二)多年冻土地区的地基设计原则

1. 保持冻结原则

保持基础底部多年冻土在营运过程中处于冻结状态。此原则宜用于多年冻土相对稳定地带,因其厚度较大,地温较低,易于保持其冻结状态。此时地基容许承载力可按多年冻土考虑。

2. 容许融化的原则

容许基底的多年冻土在施工营运过程中融化。

(1)自然融化。用于冻土厚度不大、地温较高、多年冻土不够稳定地区,不融沉或弱融沉区和融沉区的边缘地带,但地基总沉降量不得超过容许值。

(2)人工融化。砌筑基础前采用人工融化冻土或挖出换填,用于厚度较薄或多年冻土不稳定地区的融沉、强融沉地区。

保持冻结原则和自然融化原则的选择应与冻土地基基础的设计相适应,根据我国多年冻土的特点,常年流水的较大河流沿岸,由于洪水的渗透和冲刷大都不稳定,一般不易保持冻结状态。

(三)多年冻土地基容许承载力[σ_0]的确定

1. 根据规范推荐值确定

对于多年冻土地基容许承载力的确定,中小桥涵当采用保持冻结原则设计时,可查《冻土地区建筑地基基础设计规范》(JTJ 118—2011)附录A表A.0.1得到,大型桥涵和含冰层的土的承载力则建议实测确定。

2. 理论公式计算

理论上可通过临塑荷载p_{cr}(kPa)和极限荷载p_u(kPa)确定多年冻土地基容许承载力,计算公式如下可作参考:

$$p_{cr} = 2c_s + \gamma_2 h \tag{11-12}$$

$$p_u = 5.71c_s + \gamma_2 h \tag{11-13}$$

式中　C_s——冻土的长期黏聚力,kPa,应由试验求得;

$\gamma_2 h$——基底埋深以上的自重压力,kPa。

p_{cr}可直接作为多年冻土地基容许承载力,而p_u应除以安全系数1.5~2.0作为多年冻土地基容许承载力。

(四)多年冻土地基基桩承载力的确定

采取保持冻结原则时,多年冻土地基基桩轴向容许承载力可按下式计算:

$$[P] = \sum_{i=1}^{n} f_i A_{1i} + \sum_{i=1}^{n} \tau_{ji} A_{2i} + m_0[\sigma_0]A \tag{11-14}$$

式中　f_i——各季节融土层单位面积容许摩阻力,kPa,同式(11-10);

A_{1i}——地面到人为上限间各融土层的桩侧面积,m^2;

τ_{ji}——各多年冻土层在长期荷载和该土层月平均最高地温时单位面积容许冻结力,kPa,按表11-6选用;

A_{2i}——各多年冻土层与桩侧的冻结面积，m^2；

m_0——桩尖支撑力的折减系数，根据不同施工方法取 $m_0=0.5\sim0.9$，钻孔插入桩由于桩底有不密实残留土取低值；

A——桩底支承面积，m^2；

$[\sigma_0]$——桩底处多年冻土容许承载力，确定方法同上。

表 11-6 多年冻土与基础表面的单位面积冻结力 （单位：kPa）

土的名称	土层的月最高平均气温(℃)						
	-0.5	-1.0	-1.5	-2.0	-2.5	-3.0	-4.0
黏性土	60	90	120	150	180	220	280
砂类土	70	130	170	210	250	290	380
碎石土	80	110	150	190	230	270	350

（五）多年冻土地区基础抗拔验算

多年冻土地区，当季节融化层为冻胀土或强冻胀土时，扩大基础（或基桩）冻拔稳定验算：

$$N + W + Q_T + Q_m \geqslant kT \tag{11-15}$$

式中 Q_m——基础多年冻土的长期冻结力，kPa，$Q_m=\sum\tau_{ji}A_{zi}$，A_{zi}为某一多年冻土层基础侧面积；

Q_T——基础侧面与暖土层的摩擦力，冬季冻结后季节融化层与多年冻土衔接 $Q_T=0$，不衔接时（其间夹有暖土层）时，基桩 $Q_T=0.4U\sum_{i=1}^{n}\tau_i l_i$，$U$为桩周长，钻孔桩按成孔直径计算，m；

N——作用在基桩顶的建筑物重力或施工中冬季最小竖向力，kN；

W——基础自重力，kN，高桩承台为河床到承台底桩的重力，低桩承台基桩不计重力；

T——基桩的切向冻胀力，kN，墩台基础 $T=A_T\tau_T+A_1\tau_1$，桩基按 $T=n_TA_T\tau_T+A_1\tau_1$ 计算。

（六）多年冻土的融沉计算

采用融化原则设计时，除满足融土地基容许承载力要求外，还应满足建筑物对沉降的要求。冻土地基的沉降量 s 计算如下：

$$s = \sum_{i=1}^{n} A_i h_i + \sum_{i=1}^{n} \alpha_i \sigma_{ci} h_i + \sum_{i=1}^{n} \alpha_i \sigma_{pi} h_i \tag{11-16}$$

式中 A_i——第 i 层土的融化系数，见式(11-11)；

h_i——第 i 层冻土厚度，mm；

α_i——第 i 层冻土压缩系数；

σ_{ci}——第 i 层土中点处的自重应力，kPa；

σ_{pi}——第 i 层土中点处建筑物恒载的附加应力，kPa。

基底融化压缩层计算厚度可参照基底持力层厚度及融化层厚度确定。

(七)防融沉措施

(1)对采用融化原则的基底土可换填碎石、卵石、砾石或粗砂,换填深度应达到季节融化深度。

(2)采用冻结原则的基础宜在冬季施工,采用融化原则的基础宜夏季施工。

(3)对融沉、强融沉土宜用轻型桥台,适当增大基底面积、减小压应力或结合具体情况加大基础埋深。

(4)采用冻结原则时,施工中应保护地面上的覆盖植被,或以保湿性能好的材料铺盖地表,减少热渗入量。施工和养护中,保证建筑物周围排水畅通,防止地表水灌入基坑内。

单元思考

1. 季节冻土按什么分类?切向冻胀力大小如何确定?

2. 多年冻土按什么分类?多年冻土的承载力如何计算?

任务四　地震液化与基础抗震设计

问题引导:什么是液化,液化机制如何?地基液化如何判别?基础工程抗震设计原则是什么?基础工程常用哪些抗震措施?

我国地处环太平洋地震带和地中海南亚地震带之间,是个地震频发的国家。世界每年发生约500万次地震,其中有破坏性的地震约140多次。综合分析已发生的地震对桥梁、道路结构产生的危害,其中很多是由于地基与基础遭到破坏而造成的。因此,对地基与基础的震害应有足够的重视,实践证明,正确进行抗震设计,并采取有效抗震措施,就能减轻或避免损失。

一、地震液化机制与判别

(一)地震作用下地基土的液化机制

地震时地基土的液化是指地面以下一定深度范围内(一般指20 m)的饱和粉细砂土和粉土层,在地震过程中发生喷砂冒水失去承载力形成类似液体性状的现象。国内外大地震中,砂土液化情况相当普遍,是造成震害的主要原因之一。

饱和松散砂土地基在地震作用下,颗粒发生相对位移,有增密趋势,而细砂、粉砂的透水性小,导致孔隙水压力暂时显著增大。当孔隙水压力上升到土总法向压应力时,有效应力下降为零,抗剪强度完全丧失,处于没有抵抗外荷载能力的悬浮状态,发生了砂土的液化。

根据砂土液化机制和液化现象分析,影响砂土震动液化的主要因素有:土的性质、地震前土的应力状态、震动的特征等。

(二)砂土液化可能性的判别

地基土液化的判别方法比较多,但都还不完善,因为影响砂土液化的因素较多且较复杂。现有方法大致可归纳为经验对比、现场试验和室内试验三类，一般都采用现场试验方法来判定，因为它能综合反映各种有关的影响因素。我国抗震设计规范根据国内调查资料和国内外现场试验资料，对地基土液化的可能性先按现场条件，运用经验对比方法初步判定，再通过现场标准贯入试验进一步判定。

以下简介《建筑抗震设计规范》(GB 50011—2010)(2016 版)的判别方法。

首先，当地震烈度为 7 度、8 度、9 度，其粉土的黏粒含量分别不小于 10%、13%、16% 时，可判为不液化土；地质年代为第四纪晚更新世(Q_3)及其以前的土层，地震烈度为 7 度、8 度时可判别为不液化土层；天然地基上的建筑，当上覆非液化土层厚度和地下水位深度符合下列条件之一时，可不考虑液化影响：

$$d_u > d_0 + d_b - 2 \tag{11-17}$$

$$d_w > d_0 + d_b - 3 \tag{11-18}$$

$$d_u + d_w > 1.5d_0 + 2d_b - 4.5 \tag{11-19}$$

式中　d_w——地下水位深度，m，宜按设计基准期内年平均最高水位采用；

d_u——上覆非液化土层厚度，m，宜将淤泥和淤泥质土层扣除；

d_b——基础埋深，m，不超过 2 m 时，采用 2 m；

d_0——液化土特征深度，m，可按表 11-7 采用。

表 11-7　液化特征深度　(单位：m)

饱和土类别	地震烈度		
	7 度	8 度	9 度
粉土	6	7	8
砂土	7	8	9

当不满足以上条件时需进一步判别。地面下 20 m 范围内，饱和土标准贯入击数 N 小于液化判别标准贯入击数临界值 N_{cr} 时应判为液化土。

地面以下 20 m 深度范围内，液化判别标准贯入锤击数临界值可按下式计算：

$$N_{cr} = N_0\beta[\ln(0.6d_s + 1.5) - 0.1d_w]\sqrt{\frac{3}{\rho_c}} \tag{11-20}$$

式中　N_{cr}——液化判别标准贯入锤击数临界值；

N_0——液化判别标准贯入锤击数基准值，取值见表 11-8；

d_s——饱和土标准贯入点深度，m；

d_w——场地地下水埋深，m；

ρ_c——土中黏粒含量百分数，当 ρ_c 小于 3 或为砂土时取 3；

β——调整系数，设计地震第一组取 0.80，第二组取 0.95，第三组取 1.05。

表 11-8　液化判别标准贯入锤击数基准值 N_0

设计基本地震加速度 g	0.10	0.15	0.20	0.30	0.40
液化判别标准贯入锤击数基准值	7	10	12	16	19

对存在液化土层的地基,应探明液化土层的深度和厚度,按下式计算液化指数 I_{IE},并按表 11-9 综合划分地基的液化等级:

$$I_{IE} = \sum_{i=1}^{n} (1 - \frac{N_i}{N_{cri}}) d_i W_i \tag{11-21}$$

式中 n——在判别深度范围内每一个钻孔标准贯入试验点总数;

N_i、N_{cri}——i 点的标准贯入锤击数的实测值和临界值;

d_i——i 点所代表的土层厚度,可用与上、下两试验点深度差的一半,m;

W_i——i 土层单位厚度的层位影响权函数值,m^{-1},当该层中点深度不大于 5 m 时应采用 10,等于 20 m 时,应采用零值,5 ~ 20 m 时应按线性内插法取值。

表 11-9 液化等级与液化指数的对应关系

液化等级	轻微	中等	严重
液化指数 I_{IE}	$0 < I_{IE} \leqslant 6$	$6 < I_{IE} \leqslant 18$	$I_{IE} > 18$

消除地基液化的措施,一般可用换土法、加密法、桩基、深基础或封闭法等。

二、基础工程抗震设计

(一)基础工程抗震设计的基本要求

我国抗震设防的目标一般表述为“小震不坏、中震可修、大震不倒”,通俗一点讲就是“裂而不倒”。我国抗震设防的所有建筑应按《建筑工程抗震设防分类标准》(GB 50223—2008)确定其抗震设防类别及其抗震设防标准。

在破坏性地震发生后,立即恢复交通运输是减轻和迅速消除震灾的重要条件,因此公路工程的抗震工作是具有重要意义的。公路建筑物的基础工程抗震设计应与整体建筑物的抗震要求一致,《公路工程抗震规范》(JTG B02—2013)根据建筑物所属公路等级和所处地质条件,要求发生相当基本烈度地震时,建筑物位于一般地段的高速公路和一级公路,经一般修整即可以正常使用;位于一般地段的二级公路与位于软弱黏土层或液化土层上的高速公路和一级公路建筑物经短期抢修即可恢复使用;三、四级公路工程和位于抗震危险地段的软弱黏性土层或液化土层上的二级公路及位于抗震危险地段的高速公路和一级公路应保证桥梁、隧道及重要的建筑物不发生严重破坏。

(二)对抗震有利的场地和地基

我国公路抗震工程中,将场地土分为四类(见表 11-10)。

表 11-10 场地土分类

类别	土质特点
Ⅰ类场地土	岩石,紧密的碎石土
Ⅱ类场地土	中密、松散的碎石土,密实、中密的砾、粗中砂;$[\sigma_0]$ >250 kPa 的黏性土
Ⅲ类场地土	松散的砾、粗、中砂,密实、中密的细砂粉砂;$[\sigma_0]$ ≤250 kPa 的黏性土
Ⅳ类场地土	淤泥土,松散的细、粉砂;新近沉积的黏性土;$[\sigma_0]$ <130 kPa 的填土

Ⅰ类场地土及开阔、平坦均匀的Ⅱ类场地土对抗震有利，应尽量利用；Ⅳ类场地土、软土、可液化土以及地基土层在平面分布上强弱不均匀，非岩质的陡坡边缘等处一般震害较严重，河床下基岩向河槽倾斜较大，并被切割成槽处，地基下有暗河、溶洞等地段都应避开。选择有利的工程地质条件、有利抗震地段布置建筑物可以减轻甚至避免地基、基础的震害，也能使地震反应减少。

（三）基础抗震强度和稳定性的验算

目前我国《公路工程抗震规范》（JTG B02—2013）中，对基本烈度为7度、8度、9度的地区，在地震荷载计算中与世界各国发展趋势基本一致：对各种上部结构的桥墩、基础采用考虑地基和建筑物动力特性的反应谱理论；而对刚度大的建筑物和挡土墙、桥台采用静力理论；对跨度大（如超过150 m）、墩高大（如超过30 m）或结构复杂的特大桥及烈度更高地区则建议用时程反映分析法。

1. 反应谱理论计算桥墩基础地震荷载

根据大量地震记录和计算，《公路工程抗震规范》（JTG B02—2013）对四类不同场地土采用四条不同反应谱线（见图11-5）。图中β为动力放大系数；T为建筑物作为单质点振动体系自振周期。

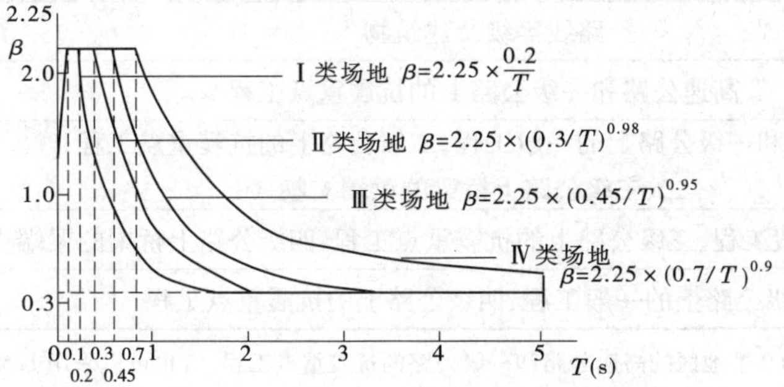

图11-5　地震水平加速度反应谱曲线

由于作用在地基与基础上的地震荷载应结合上部结构及桥墩的地震荷载计算，以下以简支梁及常用的柔性墩为例介绍该桥墩地基及基础地震荷载计算的基本方法。

桥梁轻型柔性墩及基础可以将整个结构体系简化为单质点振动体系，按反应谱理论计算顺桥向的地震荷载（见图11-6），计算公式为

$$Q_E = C_1 C_z k_h \beta G_t \tag{11-22}$$

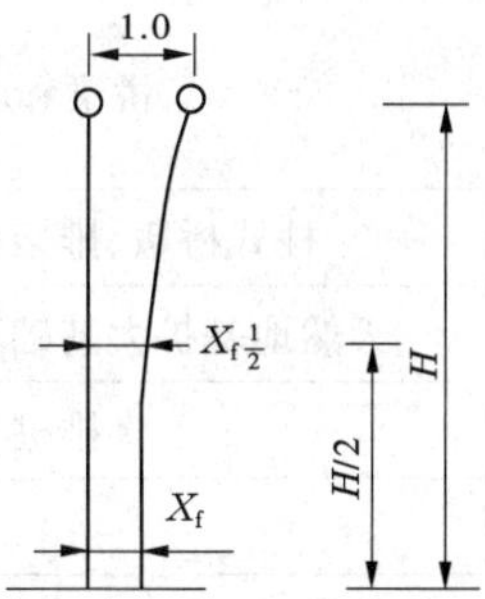

图11-6　柔性墩计算模型

式中　Q_E——作用于支座顶面处的水平地震荷载，kN；

C_1——根据路线等级及建筑物的重要性和修复的难易程度，对地震作用进行的重要性修正系数按表11-11采用；

C_z——综合影响系数，反映建筑物实际地震反应与理论计算之间差异的系数，按表11-12采用；

k_h——水平地震系数,地震烈度为7度、8度、9度时,k_h分别取0.1、0.2、0.4;

β——动力放大系数,按图11-5取值;

G_t——支座顶面处的换算质点重力,kN,$G_t = G_{sp} + G_{cp} + \eta G_p$;

G_{sp}——桥梁上部结构重力,对于简支梁为相应于墩顶固定支座的一孔梁的重力,kN;

G_{cp}——盖梁重力;

G_p——墩身重力,对于扩大基础和沉井基础,为顶面以上墩身重力,对于桩基础,为一般冲刷线以上墩及桩基重力;

η——将G_p换算为相当集中于墩上支座顶面重力的换算系数,可按下式采用$\eta = 0.16(X_f^2 + 2X_{f\frac{1}{2}}^2 + X_f X_{f\frac{1}{2}} + X_{f\frac{1}{2}} + 1)$

X_f——考虑地基变形时,顺桥向作用于支座顶面上的单位水平力,在一般冲刷线(桩基础)或基础顶面(扩大基础、沉井基础)处引起的水平位移与支座顶面处的水平位移之比;

$X_{f\frac{1}{2}}$——考虑地基变形时,顺桥向作用于支座顶面上的单位水平力,在墩身计算高度$H/2$处引起的水平位移与支座顶面处的水平位移之比。

表11-11 重要性修正系数 C_1

路线等级及建筑物	C_1
高速公路和一级公路上的抗震重点工程	1.7
高速公路和一级公路上的一般工程,二级公路上的抗震重点工程,二、三级公路上桥梁的梁端支座	1.3
二级公路上的一般工程、三级公路上的抗震重点工程、四级公路上桥梁的梁端支座	1.0
三级公路上的一般工程、四级公路上的抗震重点工程	0.6

注:1. 位于基本烈度为9度地区的高速公路和一级公路的抗震重点工程,C_1也可以采用1.5。

2. 抗震重点工程指特大桥、大桥、隧道和破坏后修复(抢修)困难的路基、中桥和挡土墙等工程。

表11-12 综合影响系数 C_z

桥梁和墩台类型		桥墩计算高度(m)		
		$H<10$	$10 \leqslant H<20$	$20 \leqslant H<30$
梁桥	柱式桥墩、排架桥墩、薄壁墩等柔性墩	0.30	0.33	0.35
	天然地基扩大基础和沉井基础上的实体桥墩	0.20	0.25	0.30
	多排桩基础上的桥墩	0.25	0.30	0.35
	桥台	0.35		
拱桥		0.35		

一般情况下桥梁、桥墩的自振周期T可按下式计算:

$$T = 2\pi\left(\frac{G_t\delta}{g}\right)^{\frac{1}{2}} \tag{11-23}$$

式中　δ——振动体系的柔度系数，m/kN，即在顺桥向作用于支座顶面上单位水平力在该点引起的水平位移，计算时应考虑地基的变形；

g——重力加速度；

其他符号意义同前。

在求得 Q_E（作用于支座顶面）后，即可计算基础的地震力。具体方法参考有关抗震工程专著。

2. 桥台、挡土墙基础地震荷载的计算（静力理论）

静力理论认为建筑物为刚性，地震时不变形，各部分受到地震水平加速度与地面相同，也不考虑不同场地对地震反应的影响。

1）桥台基础地震荷载的计算

桥台重力的水平地震荷载 Q_{Ea}（kN）可用下式计算（作用在台身重心处）：

$$Q_{Ea} = C_1 C_z K_h G_{au} \tag{11-24}$$

式中　G_{au}——基础顶面以上台身重力，kN，计算设有固定支座桥梁的桥台基础时，应计入一孔梁的重力。

在验算桥台或挡土墙基础时，尚需考虑台（墙）后填土受地震影响的土压力。计算方法一般是在库仑土压力理论基础上，考虑地震的水平运动，台（墙）后滑动土楔体（重力 W）受到的水平地震力为 $C_z K_h W$，它与土楔体重力的合力是 W'，W' 与重力方向的偏角为 η'，$\eta' = \arctan C_z K_h$，η' 称为地震角。计算中假定主动土压力 E_a 的作用方向与地震时的主动土压力 E_{ea} 的方向相同；地震对土楔体滑动面的反力 R' 也与无地震时的 R 的方向相同。

如图 11-7 所示的挡土墙，由于地震作用，墙后滑动土楔体静力平衡三角形由无地震时的 ABC 改变为 ADF，从图中可看出地震作用前后发生的变化：

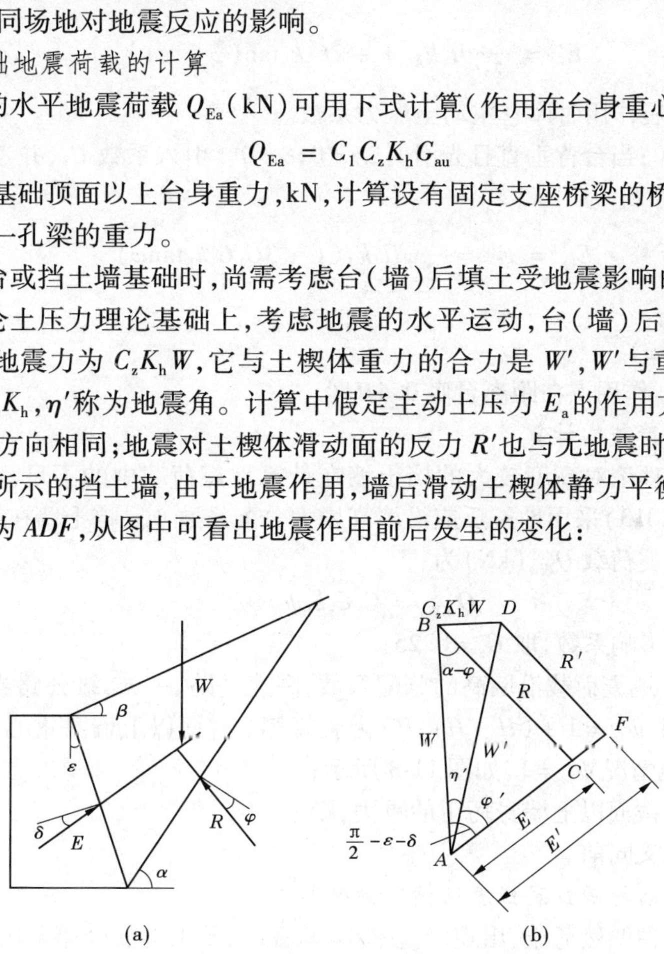

图 11-7　地震作用下的库仑土压力计算

$$\angle\varphi = \angle BAF = \frac{\pi}{2} - \varepsilon - \delta \text{ 改变为 } \angle\varphi' = \angle DAF = \frac{\pi}{2} - \varepsilon - (\delta + \eta')$$

$$\angle ABC = \alpha - \varphi \text{ 改变为 } \angle ADF = \alpha - (\varphi - \eta')$$

$$W \text{ 改变为 } \frac{W}{\cos\eta'}$$

即相当于 δ 换为 $\delta+\eta'$,φ 换为 $\varphi-\eta'$,γ 换为 $\frac{W}{\cos\eta'}$(γ 为土的重度)。

地震作用时作用于每延米宽台(墙)背主动土压力 E' 为

$$E' = \frac{1}{2}\gamma H^2 \frac{\cos^2(\varphi-\varepsilon-\eta')}{\cos\eta'\cos^2\varepsilon\cos(\delta+\eta'+\varepsilon)\times\left[1+\sqrt{\frac{\sin(\varphi+\delta)\sin(\varphi-\eta'-\beta)}{\cos(\delta+\eta'+\varepsilon)\cos(\varepsilon-\beta)}}\right]^2}$$

$$= \frac{1}{2}\gamma H^2 k'_A \tag{11-25}$$

经整理可得

$$E' = \frac{1}{2}\gamma H^2 k_A[1+2C_z k_h \tan(\varphi-\varepsilon)] \tag{11-26}$$

式中 k_A——无地震作用时库仑主动土压力系数。

对于桥台,$\beta=0$;当台背垂直且光滑时,$\varepsilon=0$,$\delta=0$。引入系数 C_1,并考虑应有的安全度,台背主动土压力 E_{ea} 为

$$E_{ea} = E' = \frac{1}{2}\gamma H^2 k_A(1+3C_1 C_z k_h \tan\varphi) \tag{11-27}$$

式中 $k_A = \frac{\cos^2\varphi}{(1+\sin\varphi)^2}$。

主动土压力 E_{ea} 作用点在距离台底 0.4H 处。

2)挡土墙地震荷载的计算

为了弥补静力理论对高度较大的挡土墙在计算地震荷载中的不足,《公路工程抗震规范》(JTG B02—2013)采用地震反应沿墙高增大分配系数 ψ_{iw},挡土墙在第 i 截面以上墙身重心处的水平地震荷载 Q_{iEw}(kN)为

$$Q_{iEW} = C_1 C_z k_h \psi_{iw} G_{iw} \tag{11-28}$$

式中 C_z——综合影响系数,取 $C_z=0.25$;

ψ_{iw}——水平地震荷载沿墙高的分配系数,高速公路、一、二级公路当挡墙高 $H>12$ m 时,$\psi_{iw}=1+(H_{iw}/H)$,H_{iw} 为验算第 i 截面以上墙身重心到墙底的高度,其他情况 $\psi_{iw}=1$,如图 11-8 所示;

G_{iw}——第 i 截面以上墙身圬工的重力,kN;

其他符号意义同前。

3. 墩、台、挡土墙基础抗震强度及稳定性的验算

地震荷载是一种偶然荷载,出现的概率小,验算时,要求的安全储备比无地震时稍小,《公路工程抗震规范》(JTG B02—2013)规定:

(1)地基土容许承载力,可按经过宽度、埋深修正后的地基容许承载力乘以容许承载力提高系数 k,见表 11-13。

柱桩的轴向抗震容许承载力一般提高 50%,摩擦桩的轴向抗震容许承载力可参考表 11-13 选取承载力提高系数,Ⅳ类场地的地基一般不提高,液化土层以上地基承载力不宜提高,液化土层适当折减。

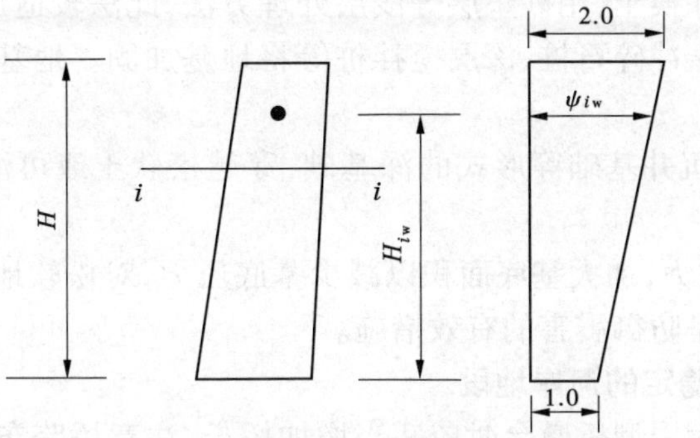

图 11-8　挡土墙 Ψ_{iW} 沿墙高分布简图

表 11-13　地基土抗震容许承载力系数 k 及基底合力偏心距 e

地基土	k	e
岩石，密实的碎石土，密实的砾、粗、中砂，老黏性土，$[f_a] \geqslant 300$ kPa 的一般黏性土	1.5	$\leqslant 2.0\rho$
中密的碎石土，中密的砾、粗、中砂，200 kPa $\leqslant [f_a] < 300$ kPa 的一般黏性土	1.3	$\leqslant 1.5\rho$
密、中密的细砂、粉砂，100 kPa $\leqslant [f_a] < 200$ kPa 的一般黏性土	1.1	$\leqslant 1.2\rho$
新近沉积的黏性土，软土，松散的砂，填土，$[f_a] < 100$ kPa 的一般黏性土	1.0	$\leqslant 1.0\rho$

注：ρ 为截面核心半径，m。

(2)建筑物基底合力偏心距 e 可根据地基土的类别、性能提高，应满足表 11-13 的数值。

(3)抗震稳定验算中，墩台抗滑稳定系数 k_c 不宜小于 1.1，抗倾覆稳定系数 k_0 不宜小于 1.2。

(4)地基内液化土层以上地基容许承载力不应修正和提高。液化土层不宜直接作为建筑物地基，当难以避免时，应采取相应的抗震措施。

(5)基础的结构抗震强度和稳定性验算方法与现行公路桥梁结构设计规范一致，都采用分项系数表达的极限状态法，但集中荷载安全系数(长期荷载和非长期荷载)予以降低，荷载组合系数也采用了较低的数值。

地震区建筑物地基基础的设计应该同时保证满足各种荷载组合作用下(有、无地震作用)验算的强度和稳定性要求。

三、基础工程的抗震措施

对建筑物及基础采取有针对性的抗震措施，在抗震工程中是十分重要的，而且往往能取得较好的效果。

(一)对松软土地基及可液化地基

在松软土地基、可液化土地基及严重不均匀的地基上，不宜修筑大跨度的超静定结构。建造其他类型的建筑物也应根据具体情况采取下列措施：

(1)改善土的物理力学性质，提高地基抗震性能。对松软土或可液化土层层位较浅、厚度不大的可采用挖除换土,用砂垫层等浅层处理方法,此法较适用于小型建筑物;否则应考虑砂桩、碎石桩、振冲碎石桩、深层搅拌桩等将地基加固。地基加固范围应适当扩大到基础之外。

(2)采用桩基础、沉井基础等形式的深基础,穿越松软土或可液化土层,基础伸入稳定土层足够的深度。

(3)减轻建筑物重力,加大基底面积以减少基底压力,对松软地基抗震是有利的。增加基础上部结构刚度是防御震害的有效措施。

(二)对地震时不稳定的河岸地段

在此类地段修筑大中型桥墩台时应适当增加桥长、注意桥跨布置等将基础置于稳定土层上并避开河岸的滑动影响。小桥可在两墩台基础间设置支撑梁或者用片石、块石满床铺砌,以提高基础抗位移能力。挡土墙也应将基础置于稳定地基上,并在计算中考虑失稳土体的侧压力。

(三)基础本身的抗震措施

在地震区,基础一般应在结构上采取抗震措施。圬工墩台、挡土墙与基础的联结部位,由于截面突变容易震坏,应根据情况采取预埋抗剪钢筋等措施来提高抗剪能力。桩柱与承台、盖梁联结处也容易遭震害,在基本烈度为8度以上地区宜将基桩与承台连接处做成2:1或3:1的喇叭渐变形,或在该处适当增加配筋;桩基础宜做成低桩承台,发挥承台侧面土的抗震能力;柱式墩台、排架式桩墩在与盖梁、承台(基础)联结处的配筋不应少于桩柱身的最大配筋;桩柱主筋应伸入盖梁并与盖梁主筋焊接;柱式墩台、排架式桩墩均应加密构件本身和构件与基础联结处的配筋,以改善构件延性的抗震能力,桩基础的箍筋加密区域应从地面或一般冲刷线以上1倍桩径处往下延伸到桩身最大弯矩以下3倍桩径处。

单元思考

1. 为什么饱和松散砂土容易产生地震液化?
2. GB 50011—2010 如何判别液化地基?

任务五 膨胀土

问题引导:什么是膨胀土,有什么特点,对工程有什么影响?膨胀土地基沉降量如何计算?膨胀场地如何评价?膨胀土场地地基基础设计有什么要求?

《膨胀土地区建筑技术规范》(GB 50112—2013)将其黏粒成分主要由亲水性矿物组成,同时具有显著的吸水膨胀和失水收缩两种变形特性的黏性土称为膨胀土。膨胀土一般分布在盆地,山前丘陵地带和二、三级阶地上。膨胀土在我国分布较广,在云南、广西、贵州、湖北、河南等10多个省(自治区)都有不同范围的膨胀土。

一、膨胀土的组成与结构特征

(一)膨胀土物质组成

膨胀土是一种高塑性的黏性土,膨胀土中黏粒含量能占到总数的98%,黏粒成分主要以蒙脱石和伊利石为主,具有黄、红、灰、白等颜色,黏土矿物多为蒙脱石、伊利石和高岭石。蒙脱石含量越多,膨胀性就越显著。一般富含铁、锰结核和钙质结核。化学成分主要有SiO_2(45%~66%)、Al_2O_3(13%~31%)、Fe_2O_3(3%~15%)等。膨胀土大多是上更新世及以前的残坡积物、冲积物、洪积物,也有晚第三纪至第四纪的湖泊沉积及其风化层。

(二)膨胀土结构特征

膨胀土的结构致密,呈坚硬或硬塑状态,强度较高,黏聚力较大。一般裂隙较发育,竖向、斜交和水平裂隙均有,可见光滑镜面和擦痕。

二、膨胀土的工程特性

膨胀土的液限、塑限和塑性指数都较大,液限为40%~68%,塑限为17%~35%,塑性指数为18~33。膨胀土的饱和度一般都在80%以上,天然含水率在17%~30%。膨胀土的工程特性指标应符合下列规定。

(一)自由膨胀率(δ_{ef})

人工制备的烘干土在水中增加的体积与原体积的比称为自由膨胀率,按式(11-29)计算:

$$\delta_{ef} = \frac{v_w - v_0}{v_0} \tag{11-29}$$

式中　v_w——土样在水中膨胀稳定后的体积,mL;

v_0——土样原有体积,mL。

(二)膨胀率(δ_{ep})

在一定压力下,浸水膨胀稳定后试样增加的高度之比为某级荷载下膨胀土的膨胀率,可按式(11-30)计算:

$$\delta_{ep} = \frac{h_w - h_0}{h_0} \tag{11-30}$$

式中　h_w——土样膨胀稳定后的高度, mm;

h_0——土样原始高度, mm。

(三)收缩系数(λ_d)

收缩系数可通过收缩试验测得。它是土的收缩曲线的直线部分的斜率,即原状土样在直线收缩阶段,含水率减小1%时的竖向线收缩率,按照式(11-31)计算:

$$\lambda_d = \frac{\Delta\delta_s}{\Delta w} \tag{11-31}$$

式中　$\Delta\delta_s$——收缩过程中直线变化阶段与两点含水率之差对应的竖向线缩率之差(%);

Δw——收缩过程中直线变化阶段两点含水率之差(%)。

三、膨胀土地基变形

(一)膨胀土地基变形特征

膨胀土地基变形特征根据具体条件可分为膨胀变形量、收缩变形量或胀缩变形量等。

(1)场地天然地表下 1 m 处土的含水率等于或接近最小值或地面有覆盖且无蒸发可能,以及建筑物在使用期间,经常有水浸湿的地基,可按膨胀变形量计算。

(2)场地天然地表下 1 m 处土的含水率大于 1.2 倍塑限含水率或直接受高温作用的地基,可按收缩变形量计算。

(3)其他情况下可按胀缩变形量计算。

(二)膨胀土地基变形特征计算

(1)地基土的膨胀变形量应按下式计算:

$$s_e = \psi_e \sum_{i=1}^{n} \delta_{epi} h_i \tag{11-32}$$

式中 s_e——地基土的膨胀变形量, mm;

ψ_e——计算膨胀变形量的经验系数,宜根据当地经验确定,无可依据经验时,三层及三层以下建筑物可采用 0.6;

δ_{epi}——基础底面下第 i 层土在平均自重压力与对应于荷载效应准永久组合时的平均附加压力之和作用下的膨胀率(用小数计),由室内试验确定;

h_i——第 i 层土的计算厚度, mm;

n——基础底面至计算深度内所划分的土层数,膨胀变形计算深度 z_{en}(见图 11-9)应根据大气影响深度确定,有浸水可能时可按浸水影响深度确定。

(2)地基土的收缩变形量应按式(11-33)计算:

$$s_s = \psi_s \sum_{i=1}^{n} \lambda_{si} \Delta\omega_i h_i \tag{11-33}$$

式中 s_s——地基土的收缩变形量, mm;

ψ_s——计算收缩变形量的经验系数,宜根据当地经验确定,无可依据经验时,三层及三层以下建筑物可采用 0.8;

λ——基础底面下第 i 层土的收缩系数,由室内试验确定;

$\Delta\omega_i$——地基土收缩过程中,第 i 层土可能发生的含水率变化平均值(以小数表示),按式(11-34)计算;

n——基础底面至计算深度内所划分的土层数,收缩变形计算深度 z_{sn}(见图 11-10)应根据大气影响深度确定,当有热源影响时,可按热源影响深度确定,在计算深度内有稳定地下水位时,可计算至水位以上 3 m。

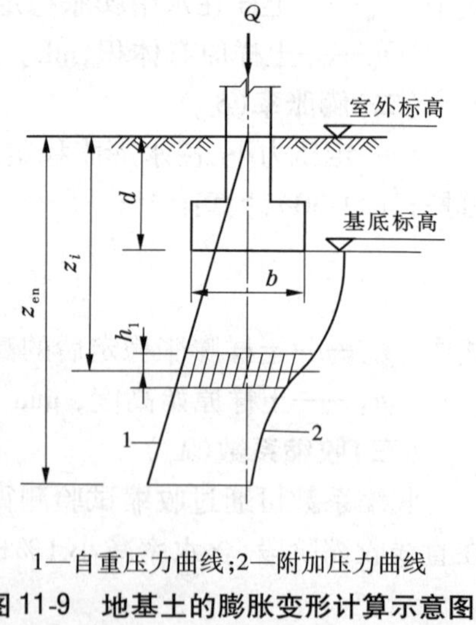

1—自重压力曲线;2—附加压力曲线

图 11-9　地基土的膨胀变形计算示意图

收缩变形计算深度内各土层的含水率变化值(见图 11-10),应按式(11-34)、

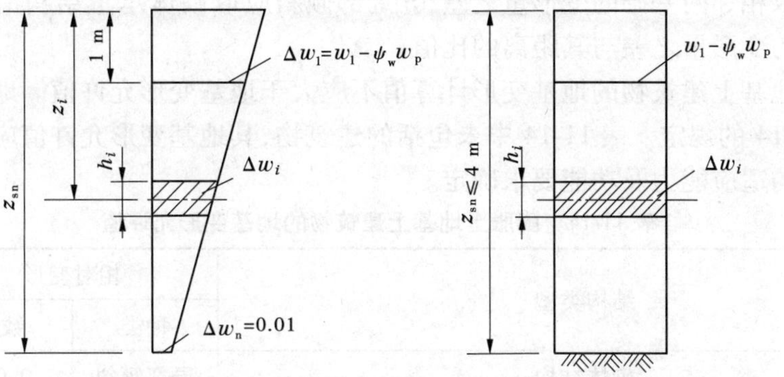

(a)一般情况　　(b)地表下4 m深度内存在不透水基岩

图11-10　地基土收缩变形计算含水率变化示意图

式(11-35)计算。地表下4 m深度内存在不透水基岩时,可假定含水率变化值为常数(见图11-10(b)):

$$\Delta\omega_i = \Delta\omega_1 - (\Delta\omega_1 - 0.01)\frac{z_i - 1}{z_{sn} - 1} \tag{11-34}$$

$$\Delta\omega_1 = \omega_1 - \psi_\omega\omega_p \tag{11-35}$$

式中　$\Delta\omega_i$—— 第i层土的含水率变化值(以小数表示);

$\Delta\omega_1$——地表下1 m处土的含水率变化值(以小数表示);

ω_1、ω_p——地表下1 m处土的天然含水率和塑限(以小数表示);

ψ_ω——土的湿度系数,在自然气候影响下,地表下1 m处土层含水率可能达到的最小值与其塑限之比。

土的湿度系数应根据当地10年以上土的含水量变化确定,无资料时,可根据当地有关气象资料按式(11-36)计算:

$$\psi_\omega = 1.152 - 0.726\alpha - 0.00107c \tag{11-36}$$

式中　α——当地9月至次年2月的月份蒸发力之和与全年蒸发力之比值(月平均气温小于0 ℃的月份不统计在内)。我国部分地区蒸发力及降水量的参考值可按《膨胀土地区建筑技术规范》(GB 50112—2013)附录H取值;

c——全年中干燥度大于1.0且月平均气温大于0 ℃月份的蒸发力与降水量差值之总和,mm,干燥度为蒸发力与降水量之比值。

(3)地基土的胀缩变形量应按式(11-37)计算:

$$s_{es} = \psi_{es}\sum_{i=1}^{n}(\delta_{es} + \lambda_{si}\Delta\omega_i)h_i \tag{11-37}$$

式中　s_{es}——地基土的胀缩变形量,mm;

δ_{es}——计算胀缩变形量的经验系数,宜根据当地经验确定,无可依据经验时,三层及三层以下可取0.7。

(三)膨胀土地基变形量取值

膨胀土地基变形量取值应符合下列规定:①膨胀变形量应取基础的最大膨胀上升量;②收缩变形量应取基础的最大收缩下沉量;③胀缩变形量应取基础的最大胀缩变形量;

④变形差应取相邻两基础的变形量之差;⑤局部倾斜应取砌体承重结构沿纵墙 6 ~ 10 m 内基础两点的变形量之差与其距离的比值。

膨胀土地基上建筑物的地基变形计算值不应大于地基变形允许值。地基变形允许值应符合表 11-14 的规定。表 11-14 中未包括的建筑物,其地基变形允许值应根据上部结构对地基变形的适应能力及功能要求确定。

表 11-14　膨胀土地基上建筑物的地基变形允许值

结构类型		相对变形		变形量(mm)
		种类	数值	
砌体结构		局部倾斜	0.001	15
房屋长度三到四开间及四角有构造柱或配筋砌体称重结构		局部倾斜	0.001 5	30
工业与民用建筑相邻用柱基	框架结构无填充墙时	变形差	$0.001l$	30
	框架结构有填充墙时	变形差	$0.000\,5l$	20
	当基础不均匀升降时不产生附加应力的结构	变形差	$0.003l$	40

四、膨胀土场地与地基评价

《膨胀土地区建筑技术规范》(GB 50112—2013)要求:场地评价应查明膨胀土的分布及地形地貌条件,并应根据工程地质特征及土的膨胀潜势和地基胀缩等级等指标,对建筑场地进行综合评价,对工程地质及土的膨胀潜势和地基胀缩等级进行分区。

(一)建筑场地的分类

建筑场地的分类应符合下列要求:

(1)地形坡度小于 5°,或地形坡度为 5° ~ 14°且距坡肩水平距离大于 10 m 的坡顶地带,应为平坦场地。

(2)地形坡度大于等于 5°,或地形坡度小于 5°且同一建筑物范围内局部地形高差大于 1 m 的场地,应为坡地场地。

(二)膨胀土判定

场地具有下列工程地质特征及建筑物破坏形态,且土的自由膨胀率 $\delta_{ef} \geqslant 40\%$ 的黏性土,应判定为膨胀土:①土的裂隙发育,常有光滑面和擦痕,有的裂隙中充填有灰白、灰绿等杂色黏土。自然条件下呈坚硬或硬塑状态;②多出露于二级或二级以上的阶地、山前和盆地边缘的丘陵地带。地形较平缓,无明显自然陡坎;③常见有浅层滑坡、地裂。新开挖坑(槽)壁易发生坍塌等现象;④建筑物多呈“倒八字”“X”或水平裂缝,裂缝随气候变化而张开和闭合。

(三)膨胀潜势等级划分

膨胀土的膨胀潜势等级按自由膨胀率大小划分,如表 11-15 所示。

表 11-15　膨胀土的膨胀潜势划分

自由膨胀率 δ_{ep}(%)	$40 \leqslant \delta_{ep} < 65$	$65 \leqslant \delta_{ep} < 90$	$\delta_{ep} \geqslant 90$
膨胀潜势	弱	中等	强

膨胀土地基应根据地基胀缩变形对低层砌体房屋的影响程度进行评价,地基的胀缩等级可根据地基分级变形量按表 11-16 分级。

表 11-16　膨胀土地基的胀缩等级

地基分级变形量(mm)	等级
$15 \leqslant S_e < 35$	Ⅰ
$35 \leqslant S_e < 70$	Ⅱ
$S_e \geqslant 70$	Ⅲ

地基分级变形量应根据膨胀土地基的变形特征确定,可分别按式(11-32)、式(11-33)和式(11-37)进行计算,其中土的膨胀率应按试验确定。

地基承载力特征值可由载荷试验或其他原位测试、结合工程实践经验等方法综合确定,并应符合下列要求:

(1)荷载较大的重要建筑物宜采用现场浸水载荷试验确定;

(2)已有大量试验资料和工程经验的地区,可按当地经验确定。

膨胀土的水平膨胀力可根据试验资料或当地经验确定。

五、膨胀土场地的地基基础设计

(一)膨胀土场地判定

膨胀土应根据土的自由膨胀率、场地的工程地质特征和建筑物破坏形态综合判定。必要时,尚应根据土的矿物成分、阳离子交换量等试验验证。进行矿物分析和化学分析时,应注重测定蒙脱石含量和阳离子交换量,蒙脱石含量和阳离子交换量与土的自由膨胀率的相关性可按表 11-17 采用。

表 11-17　膨胀土的自由膨胀率与蒙脱石含量、阳离子交换量的关系

自由膨胀率(%)	蒙脱石含量(%)	阳离子交换量 CEC(NH_4^+)(mmol/kg 土)	膨胀潜势
$40 \leqslant \delta_{ef} < 65$	7~14	170~260	弱
$65 \leqslant \delta_{ef} < 90$	14~22	260~340	中
$\delta_{ef} \geqslant 90$	>22	>340	强

注:1. 表中蒙脱石含量为干土全重含量的百分数,采用次甲基蓝吸附法测定。

2. 对不含碳酸盐的土样,采用醋酸铵法测定其阳离子交换量;对含碳酸盐的土样,采用氯化铵-醋酸铵法测定其阳离子交换量。

(二)膨胀土场地的地基基础等级划分

膨胀土场地上的建筑物,可根据其重要性、规模、功能要求和工程地质特征以及土中水分变化可能造成建筑物破坏或影响正常使用的程度,将地基基础分为甲、乙、丙三个设计等级。设计时,应根据具体情况按表 11-18 选用。

表 11-18　膨胀土场地的地基基础设计等级

设计等级	建筑物和地基类型
甲级	1. 覆盖面积大、重要的工业与民用建筑物; 2. 使用期间用水量较大的湿润车间,长期承受高温的烟囱、炉、窑,以及负温的冷库等建筑物; 3. 对地基易变性要求严格或对地基往复升降变形敏感的高温、高压、易燃、易爆的建筑物; 4. 位于坡地上的重要建筑物; 5. 胀缩等级为Ⅲ级的膨胀土地基上的低层建筑物; 6. 高度大于 3 m 的挡土结构、深度大于 5 m 的深基坑工程
乙级	除甲级、丙级以外的工业与民用建筑物
丙级	1. 次要的建筑物; 2. 场地平坦、地基条件简单且载荷均匀的胀缩等级为Ⅰ级的膨胀土地基上的建筑物

(三)膨胀土场地的地基基础设计要求

地基基础设计时,所采用的作用效应设计值应符合现行国家标准《建筑地基基础设计规范》(GB 50007—2011)的有关规定。

膨胀土地区建筑物设计使用年限及耐久性设计,应符合现行国家标准《工程结构可靠性设计统一标准》(GB 50153—2008)的规定。

地基基础设计等级为甲级的建筑物,应进行长期的升降和水平位移观测。地下室侧墙和高度大于 3 m 的挡土结构,宜对侧墙和挡土结构进行土压力观测。

地基基础设计应符合下列规定:

(1)建筑物的地基计算应满足承载力计算的有关规定。

(2)地基基础设计等级为甲级、乙级的建筑物,均应按地基变形设计。

(3)建造在坡地或斜坡附近的建筑物以及受水平荷载作用的高层建筑、高耸构筑物和挡土结构、基坑支护等工程,尚应进行稳定性验算。验算时应计及水平膨胀力的作用。

(四)膨胀土地基处理措施

(1)膨胀土地基处理可采用换土、土性改良、砂石或灰土垫层等方法。

(2)膨胀土地基换土可采用非膨胀性土、灰土或改良土,换土厚度应通过变形计算确定。膨胀土土性改良可采用掺和水泥、石灰等材料,掺和比和施工工艺应通过试验确定。

(3)平坦场地上胀缩等级为Ⅰ级、Ⅱ级的膨胀土地基宜采用砂、碎石垫层。垫层厚度不应小于300 mm。垫层宽度应大于基底宽度，两侧宜采用与垫层相同的材料回填，并应做好防水、隔水处理。

(4)对较均匀且胀缩等级为Ⅰ级的膨胀土地基，可采用条形基础，基础埋深较大或基底压力较小时，宜采用墩基础；对胀缩等级为Ⅲ级或设计等级为甲级的膨胀土地基，宜采用桩基础。

(5)桩基础设计时，基桩和承台的构造和设计计算，除应符合现行国家标准《建筑地基基础设计规范》(GB 50007—2011)的规定外，尚应符合《膨胀土地区建筑技术规范》(GB 50112—2013)的相关规定。

单元思考

1. 自由膨胀率、膨胀率有什么异同？计算收缩系数有何作用？
2. 什么是膨胀潜势，地基胀缩等级如何？

任务六　红黏土

问题引导：什么是红黏土？有什么特征？工程特性如何？

红黏土是指碳酸盐类岩石(石灰岩、白云岩、泥质泥岩等)，在亚热带温湿气候条件下，经风化而成的残积、坡积或残坡积的高塑性黏土，颜色有褐红色、棕红色或黄褐色。

一、成因和分布

红黏土主要是残积、坡积和残坡积等形式所形成的黏性土。一般条件下上部为坡积、下部为残积的情况居多。红黏土主要分布在云南、贵州、广西、安徽、四川东部等地。红黏土的形成，一般应具备气候和岩性两个条件。①气候条件：气候变化大，年降水量大于蒸发量，因而气候潮湿，有利于岩石的机械风化和化学风化，风化的结果便形成红黏土。②岩性条件：主要为碳酸盐类岩石。当岩层褶皱发育、岩石破碎、易于风化时，更易形成红黏土。

二、成分和结构特征

红黏土的黏粒(粒径 <0.005 mm)含量高，一般可达55%～70%，粒度较均匀，具有明显的分散性。黏土颗粒多以高岭石和伊利石类黏土矿物为主。黏黏性土中化学成分主要有SiO_2(33.5%～68.9%)、Al_2O_3(9.6%～12.7%)、Fe_2O_3(13.4%～36.4%)等。

红黏土常呈蜂窝状结构，含有较多裂隙(网状裂隙)、结核和各种土洞。

三、工程特性

红黏土的天然含水率一般接近于塑限ω_P，液限$\omega_L>50\%$，且黏粒含量较高，塑性指

数 I_P 为 30~50,天然孔隙比 e 为 1.1~1.7,渗透系数常小于 10^{-5} cm/s,是较好的防渗材料。

虽然红黏土的孔隙比很大,但由于粒间胶结作用,通常表层呈坚硬或硬塑状态,强度高,固结快剪 φ 值为 8°~18°,c 值可达 0.04~0.09 MPa;压缩性低,压缩模量 5~15 MPa,是较好的地基土。但在工程实践中也存在以下问题:

(1)有些地区的红黏土具有胀缩性。

(2)红黏土沿深度随着含水量的增加,土质由硬至软,接近下卧岩面时,土常呈软塑或流塑状态,其强度低,压缩性较大。

(3)土层厚度因受下卧基岩起伏的影响变化很大,易产生不均匀沉降。

(4)红黏土裂隙很发育,常具有网状裂隙,延续很深(可深至地下 3~4 m),土层中还存在由地下水或地表水形成的孔洞,这些都对建筑物的稳定有影响。

四、红黏土地基的处理

针对以上红黏土地基的特性,可采用换土,将起伏岩面进行必要的清除,对孔洞予以充填或注意采取防渗及排水措施等对红黏土地基进行处理。

单元思考

红黏土特性对工程有何影响?

小　结

软土可以分为滨海沉积、湖泊沉积、河滩沉积、谷地沉积和沼泽沉积五个类型,或泥炭、腐殖土、有机质土、黏性土、粉性土五种类型。软土具有颜色以深色为主、以细粒为主、有机质含量高、天然含水率高、天然孔隙比大、渗透系数小、塑性指数大、高压缩性、强度低、灵敏度高等特点。软土的承载力可以根据理论公式计算、规范法计算或现场原位试验确定。软土地基要注意验算地基变形和稳定性分析。

湿陷性黄土在一定压力作用下,受水浸湿后,发生显著附加沉降,因此会使结构物大幅沉降、开裂、倾斜甚至严重影响安全和使用。黄土湿陷性大小通过湿陷系数 δ_s 值来判定;湿陷性黄土分为非自重湿陷性和自重湿陷性两种;黄土地基湿陷性的等级用总湿陷量来衡量。处理湿陷性黄土地基常用垫层法、强夯法、砂桩或碎石桩法、预浸加压法等。

季节冻土按照冻胀系数分为不冻胀、弱冻胀、冻胀、强冻胀和特强冻胀五类,常用融沉性评价其工程性质,融沉系数反映融沉性大小,季节冻土从减少冻胀力和改善周围冻土的冻胀性来防治冻胀。

饱和松散的砂土在振动荷载作用下容易发生液化,液化判别常通过临界标准贯入锤击数判别。我国抗震设防的目标是“小震不坏、中震可修、大震不倒”;对基本烈度为 7 度、8 度、9 度的地区,需要考虑地震荷载对建筑物及地基基础的影响,分析方法有反应谱理论、静力理论和时程反映分析法等。

练习题

11-1　在淤泥质粉质黏土地基上修建小桥刚性扩大浅基础，软土不排水抗剪强度指标 $c_u=20$ kPa，$\varphi=0°$，$\gamma=18$ kN/m^3，$e=1.1$，$I_L=1$，$\omega=40\%$，基础平面尺寸为 2 m×8 m，埋深 2 m（在地下水位以上），请用各种方法试算地基的容许承载力（在竖向荷载作用下），并最后确定其容许承载力。

11-2　某地基土层为第四纪，地下水和土层分布情况如表 11-19 所示，该地区为 8 度区（近震），标准贯入锤击数 $N_0=10$，计算液化指数，判别液化等级。

表 11-19　习题 11-2 资料表

土名及层底埋深（m）	水位埋深（m）	试验深度（m）	黏粒含量 ρ（%）	实测值 N（击）	临界值 N_{cr}（击）	液化判定	液化指数	液化等级
粉砂 1.0	1.0	0.85	3	7				
粉土 3.5		1.85	3	8				
		2.85	9.0	6				
粉土 6.5		3.85	17.5	4				
		4.85	18.0	4				
		5.85	18.0	3				
粉土 8.5		6.85	9.8	7				
		7.85	9.0	10				
粉质黏土 10.6		8.85		8				
		9.85		6				
粉土 20		10.85	17.5	8				
		11.85	17.5	11				
		12.85	19.0	10				
		13.85	12.5	14				
		14.85	12.5	16				

参考文献

[1] 务新超. 土力学[M]. 2版. 郑州:黄河水利出版社,2009.
[2] 钱家欢. 土力学[M]. 2版. 南京:河海大学出版社,1995.
[3] 吴兴湘. 土力学及地基基础[M]. 2版. 武汉:武汉大学出版社,1990.
[4] 冯国栋. 土力学[M]. 2版. 北京:水利电力出版社,1986.
[5] 成都水力发电学校,李道荣. 土力学[M]. 2版. 北京:水利电力出版社,1993.
[6] 李相然. 土力学应试指导[M]. 北京:中国建材工业出版社,2001.
[7] 周萍,刘文,陈淑敏. 土力学[M]. 北京:水利电力出版社,1990.
[8] 孙晓明,程显霞,土力学[M]. 哈尔滨:哈尔滨地图出版社,1999.
[9] 赵明华. 土力学与基础工程[M]. 武汉:武汉工业大学出版社,2000.
[10] 高大钊. 土质学与土力学[M]. 3版. 北京:人民交通出版社,2006.
[11] 陈晓平,陈书申. 土力学与地基基础[M]. 武汉:武汉工业大学出版社,1997.
[12] 东南大学,浙江大学,湖南大学,等. 土力学[M]. 北京:中国建筑工业出版社,2001.
[13] 刘杰. 土的渗透稳定与渗流控制[M]. 北京:水利电力出版社,1992.
[14] 周萍. 土力学[M]. 北京:水利电力出版社,1988.
[15] 国家质量技术监督局,中华人民共和国建设部. 土工试验方法标准:GB/T 50123—1999[S]. 北京:中国计划出版社,1999.
[16] 中华人民共和国建设部,中华人民共和国国家质量监督检验检疫总局. 岩土工程勘察规范(2009年版):GB 50021—2001[S]. 北京:中国建筑工业出版社,2009.
[17] 中华人民共和国住房和城乡建设部,中华人民共和国国家质量监督检验检疫总局. 建筑地基基础设计规范:GB 50007—2011[S]. 北京:中国建筑工业出版社,2011.
[18] 中华人民共和国住房和城乡建设部,中华人民共和国国家质量监督检验检疫总局. 建筑抗震设计规范:GB 50011—2010[S]. 北京,中国建筑工业出版社,2010.
[19] 中华人民共和国住房和城乡建设部. 建筑桩基技术规范:JGJ 94—2008[S]. 北京:中国建筑工业出版社,2008.
[20] 中华人民共和国住房和城乡建设部. 建筑地基处理技术规范:JGJ 79—2012[S]. 北京:中国建筑工业出版社,2012.
[21] 中华人民共和国住房和城乡建设部. 建筑基坑支护技术规程:JGJ 120—2012[S]. 北京:中国建筑工业出版社,2012.
[22] 中华人民共和国住房和城乡建设部,中华人民共和国国家质量监督检验检疫总局,膨胀土地区建筑技术规范:GB 50112—2013[S]. 北京:中国建筑工业出版社,2013.
[23] 中华人民共和国交通部. 公路桥涵地基与基础设计规范:JTJ 024—2007[S]. 北京:人民交通出版社,2007.
[24] 中华人民共和国交通部. 公路土工试验规程:JTG E40—2007[S]. 北京:人民交通出版社,2007.
[25] 中华人民共和国交通部. 公路桥涵设计通用规范:JTG D60—2015[S]. 北京:人民交通出版社,2015.
[26] 国家能源局. 水闸设计规范:NB/T 35023—2014[S]. 北京:中国电力出版社,2014.